高等院校动画专业规划教材

3D ANIMATION EFFECTS

# 三维动画特效

## （第三版）

刘配团 李铁 刘晶钰 编著

清华大学出版社
北京

## 内 容 简 介

三维动画作为计算机图形学的重要组成部分，在20世纪90年代中期便得到了飞速的发展，计算机三维动画技术正拓展着我们的视觉空间，在计算机所营造的三维虚拟现实中，物质的世界得到了无限的延伸。

3ds Max 2016是Autodesk公司推出的面向个人计算机的中型三维动画制作软件，在用户界面、建模特性、材质特性、动画特性、高级灯光、渲染特性等几个方面性能卓越，极大地提高了三维动画制作与渲染输出过程的速度和质量；功能界面划分更趋合理，在三维动画制作过程中的各个功能任务组井然有序地整合在一起。

本书力求理论联系实践，通过一系列精心设计的实例，详细讲述了在3ds Max 2016中如何设置场景灯光和摄像机，如何编辑环境特效、粒子与群组动画效果、视频合成效果等；还介绍了如何利用mental ray、V-Ray等高级渲染器对编辑完成的动画进行渲染输出。本书在讲述过程中，把在三维动画特效制作过程中最常用到的具有代表性的功能进行详尽讲述，使读者在学习完本书后能够举一反三，独立完成最专业的三维动画特效制作任务。

本书适用于动画、游戏、影视特效及新媒体专业的本科生以及三维动画制作爱好者阅读和自学，也可以供动画及数字媒体专业人士参考。



**图书在版编目（CIP）数据**

三维动画特效/刘配团等编著．—3版．—北京：清华大学出版社，2018
（高等院校动画专业规划教材）
ISBN 978-7-302-50458-0

Ⅰ．①三…　Ⅱ．①刘…　Ⅲ．①三维动画软件－高等学校－教材　Ⅳ．①TP391.414

中国版本图书馆CIP数据核字（2018）第128348号

**责任编辑**：刘向威
**封面设计**：文　静
**责任校对**：胡伟民
**责任印制**：丛怀宇

**出版发行**：清华大学出版社
**网　　址**：http://www.tup.com.cn，http://www.wqbook.com
**地　　址**：北京清华大学学研大厦A座　　**邮　　编**：100084
**社 总 机**：010-62770175　　**邮　　购**：010-62786544
**投稿与读者服务**：010-62776969，c-service@tup.tsinghua.edu.cn
**质量反馈**：010-62772015，zhiliang@tup.tsinghua.edu.cn
**课件下载**：http://www.tup.com.cn，010-62795954
**印 装 者**：北京博海升彩色印刷有限公司
**经　　销**：全国新华书店
**开　　本**：185mm×260mm　　**印　　张**：16.25　　**字　　数**：437千字
**版　　次**：2007年6第1版　　2018年9月第3版　　**印　　次**：2018年9月第1次印刷
**印　　数**：1～2000
**定　　价**：79.00元

产品编号：076978-01

# 前言

ANIMATION

动画是一种具有辉煌前景的产业，存在巨大的发展潜力和广阔的市场空间，国家也在大力发展动画产业，并在政策、投资、技术、教育等多个方面提供了有力的支持。

动画产业的发展离不开人才的培养，在动画产业飞速发展的今天，国内的动画教育也在走向一个大发展的新时期。然而，在新的历史时期，中国的动画艺术要再现《大闹天宫》《哪吒闹海》《三个和尚》的辉煌，却并非易事。单就动画人才培养而言，新技术、新文化形态、新艺术表现形式、新的商业动画制片模式等都给动画教育提出了新的课题。

为此，由天津市品牌专业、天津市优势特色专业——天津工业大学动画专业牵头，在多所高校和专家组的参与下，在动画教育的办学理念、人才培养目标、教学模式、学科建设、课程体系、教学内容等方面不断进行改革创新的研究，并在多年教学积累与实践经验基础上，吸收国内外动画创作和教育的成果，组织编写了本套教材。在教材的编写过程中，作者注重理论与实践相结合、动画艺术与技术相结合，并结合动画创作的具体实例进行深入分析，强调可操作性和理论的系统性，在突出实用性的同时，力求文字浅显易懂、活泼生动。本书是整套教材中的一种，介绍了三维动画特效。

动画特效制作是三维动画制作流程中的重要环节，在该制作环节三维动画设计师要设定场景中虚拟的摄像机，研究动画场景的光影效果，制作动画场景的环境效果，如雾、火焰、爆炸、景深、体积光等。最后还要对动画序列的最终效果进行合成，并依据动画的输出质量、渲染效率和特殊要求选择适当的渲染器。3ds Max 2016 是 Autodesk 公司推出的著名三维动画制作软件，在用户界面、建模特性、材质特性、动画特性、高级灯光、渲染特性等几个方面性能卓越。3ds Max 2016 是三维动画特效制作的首选利器，利用高级灯光、视频合成、粒子流、高级渲染器等工具，极大地提升了三维动画特效制作的质量。

本书通过一系列精心设计的实例，详细讲述了在 3ds Max 2016 中如何设置场景灯光和摄像机，如何编辑环境特效、粒子与群组动画效果、视频合成效果等；还介绍了如何利用 mental ray、V-Ray 等高级渲染器对编辑完成的动画进行渲染输出。

衷心希望本套教材能够为我国培养优秀动画人才，实现动画王国中“中国学派”的复兴尽一点绵薄之力。

编　者

2018 年 3 月

ANIMATION

# Contents 目 录

ANIMATION

# 第1章　场景灯光

本章详细讲述了三维动画场景灯光设置的原则；介绍了两种类型的灯光创建系统；详细讲述了 Light Tracer(光线跟踪型)和 Radiosity(光能传递型)两种类型的全局光照系统；并通过3个高级灯光编辑的范例，介绍了三维动画场景灯光设计的技巧。

## 1.1　场景灯光设置原则

光源对象是 3ds Max 2016 中的一种特殊类型的对象，用于形成场景的光环境(室内、室外或影棚中的光照环境)。光源对象既可以隐藏在场景之外，照亮场景中的对象，也可以直接显示在场景中，模拟真实世界中的光源对象，如图 1-1 所示。

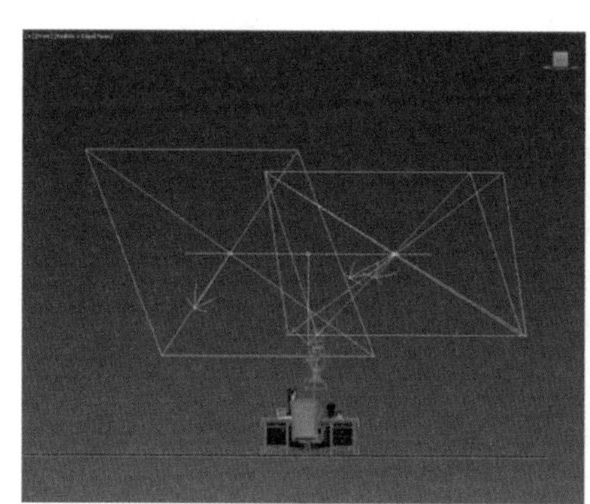

图 1-1　三维动画场景中用于模拟光源的灯光

灯光是创建真实世界视觉感受和空间感受的最有效手段之一，正确的灯光设置为最终的动画场景增添重要的信息与情感。例如低明度、冷色调、低反差的灯光可以表现悲哀、低沉或神秘莫测的场景效果；明艳、暖色调、阴影清晰的灯光适于表现热烈的场面，场景中对象的材质效果往往也依赖于适当的环境布光。对电影领域灯光技术懂得越多，就越能独创性且有效地使用 3ds Max 2016 中的灯光。

在自然世界中，太阳的白色光是由红、橙、黄、绿、青、蓝、紫多种单色光混合而成的复色光。为了创建三维动画场景的特殊气氛，尽量避免只使用白色灯光照明场景，可以根据环境气氛的需要为每盏灯加入淡淡的基调色彩。

在调节灯光的色彩时，应当注意光色混合的规律与物质性的色彩颜料不同，光的三原色是朱红、翠绿、蓝紫。三原色光是指这三种单色光可以混合产生自然界中的所有其他色光，而这三种色光本身却不能被其他色光混合产生。三原色光的混色规律依据加光混合原理，朱红色光与蓝紫色光混合形成品红色光；朱红色光与翠绿色光混合形成黄色光；蓝紫色光与翠绿色光混合形成天蓝色光；三原色光等量的混合便形成白色的复色光。朱红与天蓝、翠绿与品红、蓝紫与黄色互为补色光。互补色光是指，如果两种色光混合之后形成白色的复色光，这两种单色光就互为补色光，它们的混色规律如图 1-2 所示。

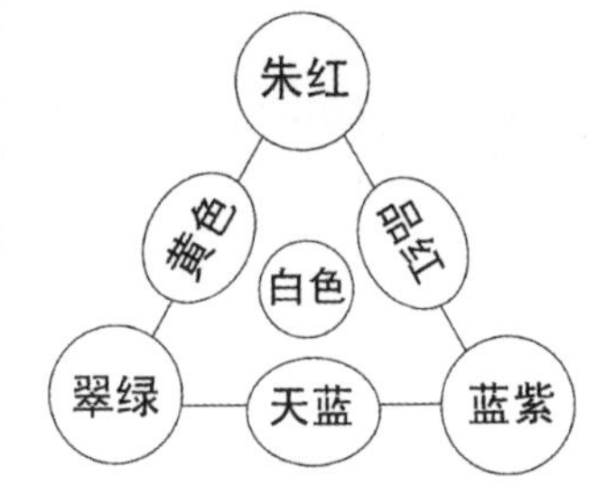


图 1-2 混色规律

在场景中创建环境灯光的原则是：

- 除非特殊的环境气氛需要，尽量少设置具有高饱和度色彩的灯光。
- 场景中的灯光数目尽可能少，过多的灯光会使场景中的对象看上去过于平板，减少了空间的层次；另外设置过多的灯光既不利于灯光的管理，也会大大增加场景渲染的时间。
- 在场景中设置聚光灯时，应当注意聚光灯的位置与投射角度，不正确的投光角度往往会破坏场景中对象的个性特征。
- 灯光和对象投射的阴影要综合进行考虑。

在设计三维动画场景的过程中，应当首先对场景中的灯光效果进行设计规划，绘制灯光效果的设计图。图 1-3 所示为三维动画电影《怪物大学》的灯光设计图；图 1-4 所示为三维动画电影《疯狂原始人》的灯光设计图。

图 1-3 《怪物大学》的灯光设计图

图 1-4 《疯狂原始人》的灯光设计图

## 1.2 灯光类型

3ds Max 2016 中共包含三种类型的灯光对象：Standard(标准)灯光、日光和 Photometric(光度控制)灯光。不同类型的标准灯光和 Photometric 灯光对象可以共享一系列相同的参数设置项目。

日光由 Daylight 和 Sunlight 共同构成，其创建工具要通过系统创建命令面板访问，如图 1-5 所示，可以精确指定日期、时间和方位，以确定日光照射的自然属性。另外，Photometric 灯光也提供了 IES Sun 和 IES Sky 两种类型的光度控制日光。

### 1.2.1 标准灯光

如图 1-6 所示，在灯光创建命令面板中一共提供了 8 种类型的标准灯光：Target Spot(目标聚光灯)、Free Spot(自由聚光灯)、Target Direct(目标平行光灯)、Free Direct(自由平行光灯)、Omni(泛光灯)、Skylight(天光)、mr Area Omni(区域泛光灯)、mr Area Spot(区域聚光灯)。

图 1-5 系统创建命令面板

图 1-6 灯光创建命令面板

不同类型的标准灯光对象以不同的投射方式照射场景，以模拟真实世界中不同类型光源的效果。与 Photometric 灯光对象不同，标准灯光对象采用的光强度参数与真实世界中光源照度的实际物理参数无关。

#### 1. Target Spot(目标聚光灯)

目标聚光灯发射类似于光锥的方向灯光，其发射的光束有点类似于手电筒的光束，只在特定的方向上照射对象并产生投射阴影，在照射范围之外的对象不受该聚光灯的影响。在场景中创建目标聚光灯之后，可以手动调整投射点和目标点的位置与方向，在参数面板中可以调整聚光灯光锥的衰减特性，还可以为聚光灯设置投影贴图。

当创建了一个目标聚光灯后，激活运动命令面板，可以发现该目标聚光灯被自动指定了 Look At (注视)动画控制器，目标聚光灯的目标对象作为默认的注视目标点，如图 1-7 所示。在运动命令面板中单击 Pick Target (拾取目标)按钮后，在场景中可以单击选择任意一个对象作为目标聚光灯的新注视目标点。

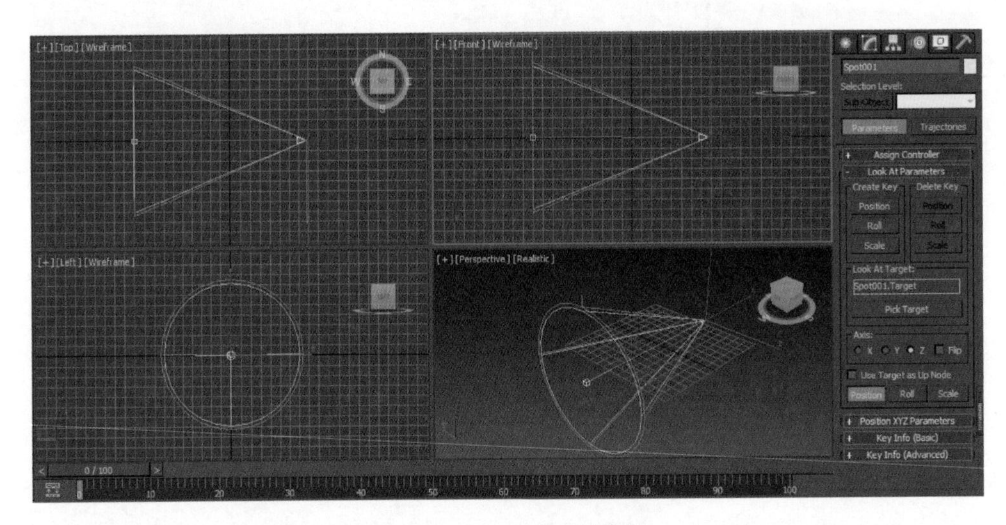

图 1-7　Look At 动画控制器

2. Free Spot(**自由聚光灯**)

自由聚光灯与目标聚光灯类似,也是发射同样的方向光锥,但不包含目标点。自由聚光灯可以整体调整光锥与任意的投射方向,所以在动画过程中,投射范围能够保持固定不变。

3. Target Direct(**目标平行光灯**)

目标平行光灯与目标聚光灯基本类似,区别是目标平行光灯发射类似于柱状的平行灯光,可以模拟极远处太阳的平行光线,同样可以手动调整投射点和目标点的位置与方向。

4. Free Direct(**自由平行光灯**)

自由平行光灯与自由聚光灯基本类似,区别是自由平行光灯发射类似于柱状的平行灯光,这种聚光灯只能整体调整光柱与投射点,不能对目标点进行调整。

**注意**:Sunlight system(阳光系统)中的照明光源就是自由平行光灯。

5. Omni(**泛光灯**)

泛光灯提供给场景均匀的照明,这种光源没有方向性,由一个发射点向各个方向均匀地发射出灯光。

泛光灯照射的区域比较大,参数也比较易于调整,而且改进后的泛光灯可以投射阴影和控制衰减范围。泛光灯投射的阴影呈中心放射状,等同于六盏聚光灯从一个中心向外照射所投射的阴影效果。由于这种灯是针对全部场景的均匀照射光源,所以在场景中建立太多的泛光灯就会使整个场景平淡没有层次。

**注意**:由于泛光灯在六个方位上都产生放射状的投影,所以泛光灯光线跟踪阴影的计算量比聚光灯光线跟踪阴影的计算量大得多,因此除非特殊情况,一般不为场景中的泛光灯指定光线跟踪阴影。

6. Skylight(**天光**)

天光对象常用于创建场景均匀的顶光照明效果,还可以为 Skylight 对象设置天空色彩或指定贴图。

**注意**:标准的 Skylight 对象与 Photometric Daylight 对象不同,Skylight 对象要与 Light Tracing(光线追踪)高级灯光设置配合使用,可以模拟 Daylight 的作用效果。

如果使用 mental ray 渲染器进行渲染，由 Skylight 照射的对象会十分灰暗，除非在 Render Scene（渲染场景）对话框的 Indirect Illumination（间接照明）卷展栏中勾选 Final Gathering（最终聚集）选项。

#### 7. mr Area Omni（区域泛光灯）

在使用 mental ray 渲染器渲染场景时，mr Area Omni 可以模拟从一个球体或圆柱体区域发射灯光的效果。如果使用默认的扫描线渲染器，mr Area Omni 与标准的泛光灯一样，都是创建点光源的效果。

#### 8. mr Area Spot（区域聚光灯）

在使用 mental ray 渲染器渲染场景时，mr Area Spot 可以模拟从一个矩形或圆形区域发射灯光的效果。如果使用默认的扫描线渲染器，mr Area Spot 与标准的聚光灯一样，都是创建点光源的效果。

### 1.2.2　Photometric（光度控制灯）

Photometric 光源对象包括 Target Light（目标光源）、Free Light（自由光源）和 mr Sky Portal（mr 天光），如图 1-8 所示。

图 1-8　Photometric 光源

Photometric 灯光系统的照射范围和衰减程度是基于真实物理世界的，可以直接按照真实世界的光源属性在全局光系统中进行布光。

光度控制灯始终使用平方倒数衰减方式，其亮度可以在特定距离处用 candelas（烛光）单位、lumens（流明）单位或 lux（勒克斯）单位表示。光度控制灯在与光线跟踪功能结合使用的时候非常有用，二者的结合可以模拟真实世界的现象，并适用于进行光照的精确分析。

使用光度控制灯时，建模中使用真实世界物体的单位尺度非常关键，灯泡属性为 100W 的光度控制灯无法照亮城市这样大的范围，因此确保单位和物体的尺寸符合真实的世界，如图 1-9 所示。

图 1-9　《海底总动员 2》中的水下光照效果

**注意：** 每一种 Photometric 灯光都支持 2～3 种不同的光线分布方式，点光源支持 Isotropic（等方向）分布、Spotlight（聚光）分布和 Web（网状）分布，线光源和面光源支持 Diffuse（漫射）分布和 Web 分布。关于不同的光线分布方式将在后面详细讲述。

mr Sky Portal 照射效果如图 1-10 所示。

图 1-10　天光照射效果

天光是一种依据实际自然法则的灯光对象，用于模拟真实的天光大气效果，光照属性将依据场景地理位置、时间和日期自动设定。

## 1.3　标准灯光设计范例

对于一般的灯光类型，都包含如下参数设置卷展栏：Name and Color（名称与色彩）、General Parameters（通用参数）、Intensity/Color/Attenuation（强度/色彩/衰减参数）、Advanced Effects（高级效果）、Shadow Parameters（阴影参数）、Shadow Map Parameters（阴影贴图参数）。

下面就通过一个灯光设计范例，对一些重要灯光参数的设置进行详尽讲述。

(1) 选择菜单命令 File→Open（文件→打开），打开如图 1-11 所示的三维场景文件。

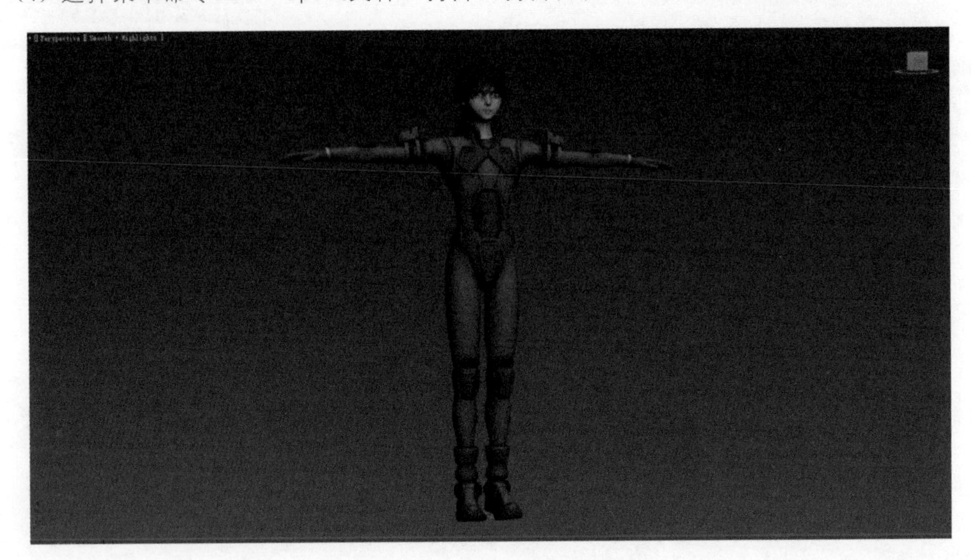

图 1-11　打开动画场景文件

(2) 在创建命令面板中单击按钮，再在灯光创建命令面板中单击 Target Direct 按钮，在场景中单击并拖动鼠标创建一盏目标平行光灯，如图 1-12 所示，单击点确定了灯光创建的位置，鼠标拖动方向决定了灯光的投射方向。

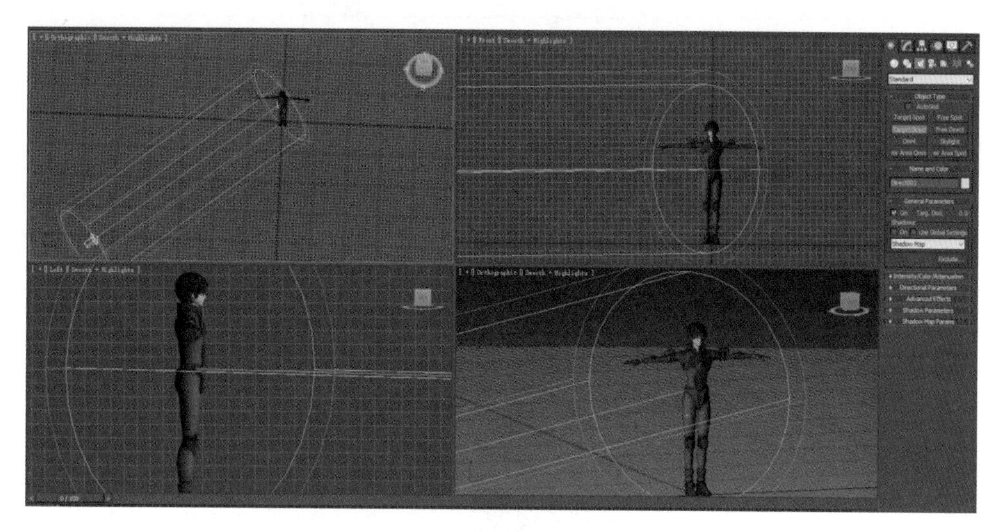

图 1-12 创建目标平行光灯

(3) 单击主工具栏中的按钮,在左视图中向上移动调整灯光的位置,如图 1-13 所示。

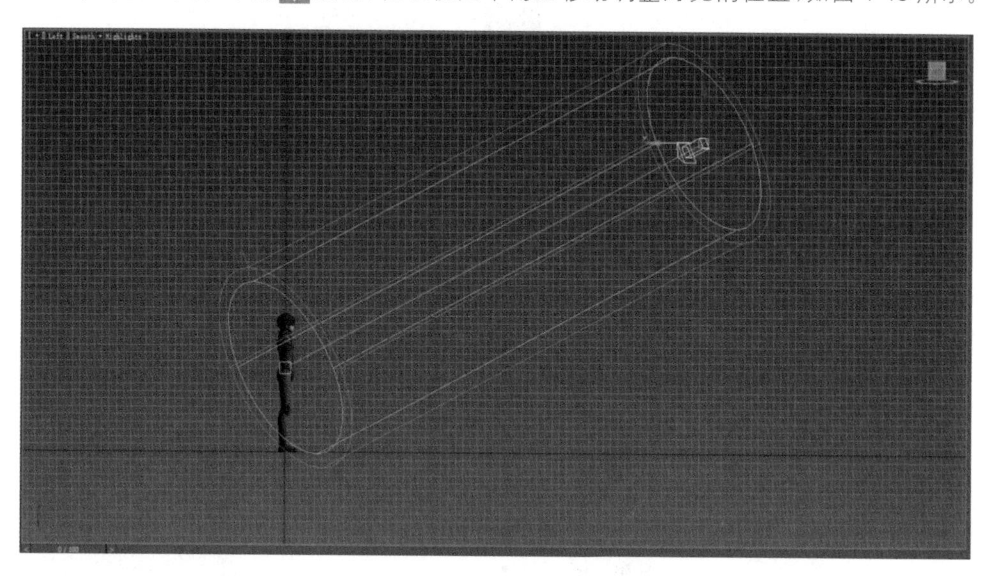

图 1-13 移动调整灯光位置

(4) 激活摄像机视图,单击主工具栏中的按钮,渲染查看灯光设置的效果。如图 1-14 所示,可以观察到灯光的投射范围不准确,对象在基准面上也没有投射阴影。

(5) 在 Shadows(阴影)项目中勾选 On 选项;在 Light Cone(光锥)项目中,将 Hotspot/Beam(聚光区/光束)参数设置为 1600.5,该参数用于指定聚光区光锥的角度,在聚光区内具有聚光灯最强的照度;将 Falloff/Field(衰减区/区域)参数设置为 1812.5,该参数用于指定衰减区光锥的角度,聚光灯照射不到衰减区以外的对象。设置效果如图 1-15 所示。

(6) 可以观察到灯光的投影效果还比较粗糙,在 Shadow Map Parameters(阴影贴图参数)卷展栏中,将 Size(尺寸)参数设置为 1024,该参数用于设定阴影贴图的尺寸,尺寸越大阴影投射越精细;将 Sample Range(采样范围)参数设置为 20,该参数用于指定阴影边缘平均采样范围的大小,采样范围越大,阴影的边缘越柔和。参数设置效果如图 1-16 所示。

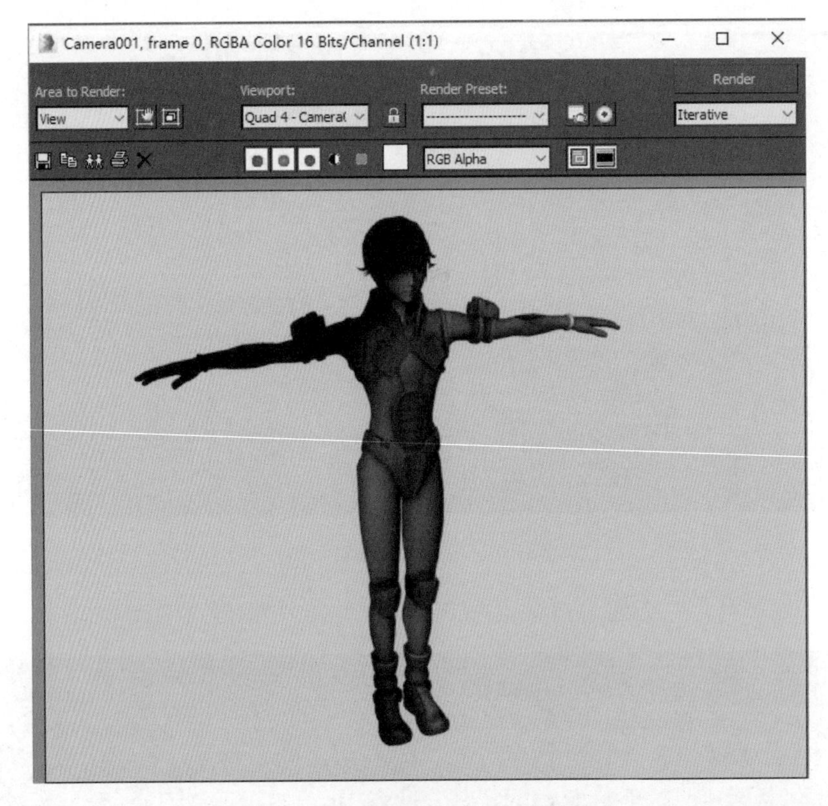


图 1-14 渲染查看灯光设置的效果

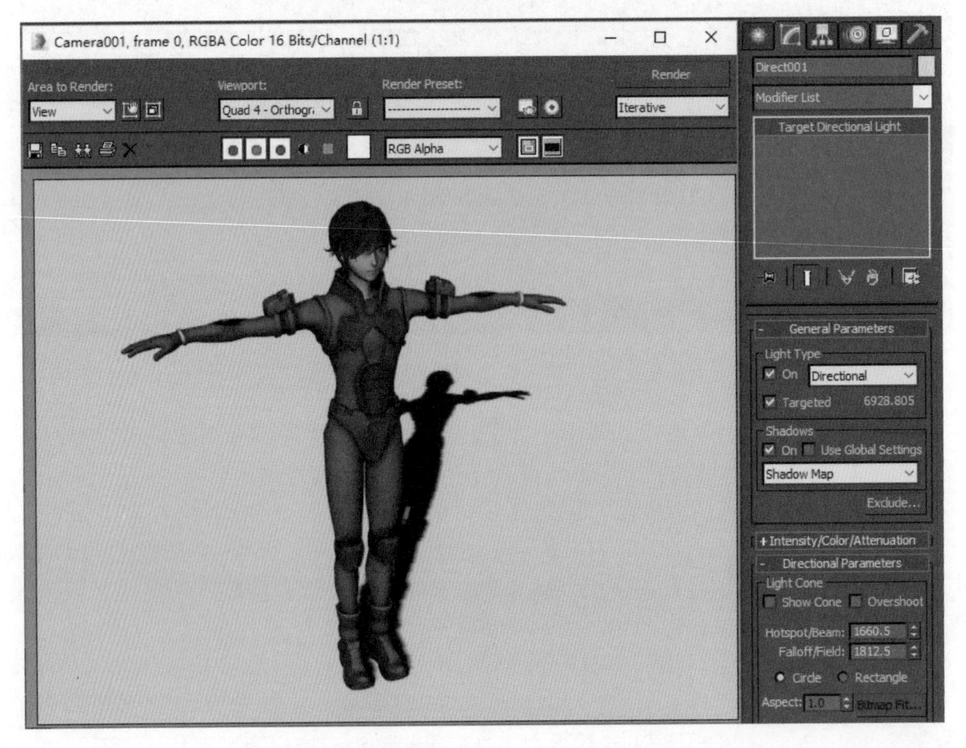


图 1-15 设置阴影、聚光区和衰减区参数

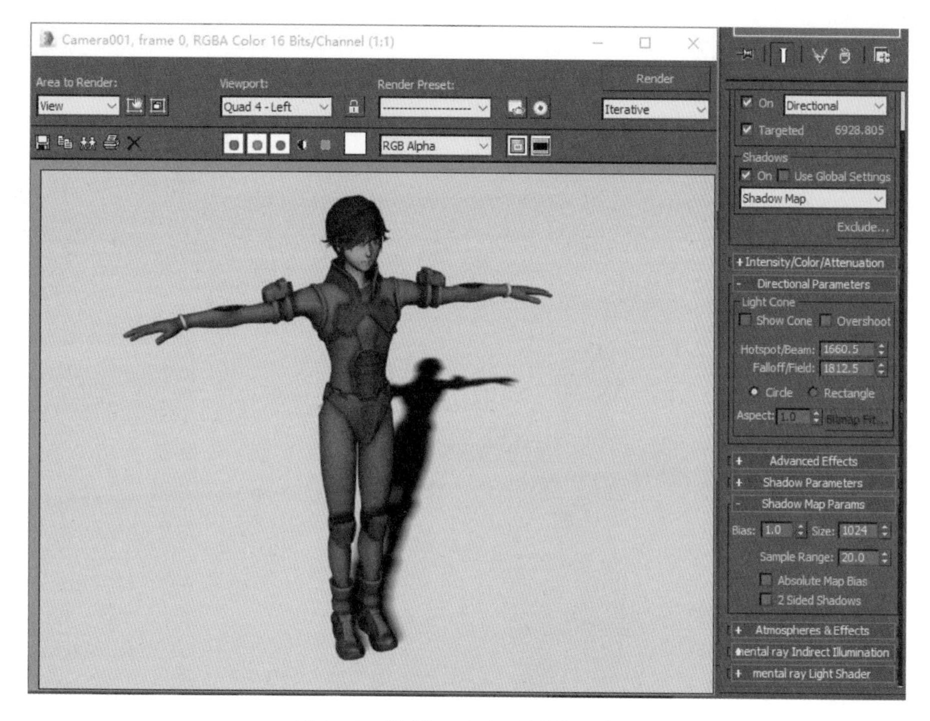


图 1-16　设置尺寸和采样范围参数

(7) 可以观察到投影与对象底面之间存在一定距离，对象看上去好像浮在空中，在 Shadow Map Parameters 卷展栏中，将 Bias(偏移)参数设置为 0.1，该参数用于使阴影靠近或远离投射阴影的对象，Bias 参数值越高，阴影越远离投射阴影的对象。参数设置效果如图 1-17 所示。

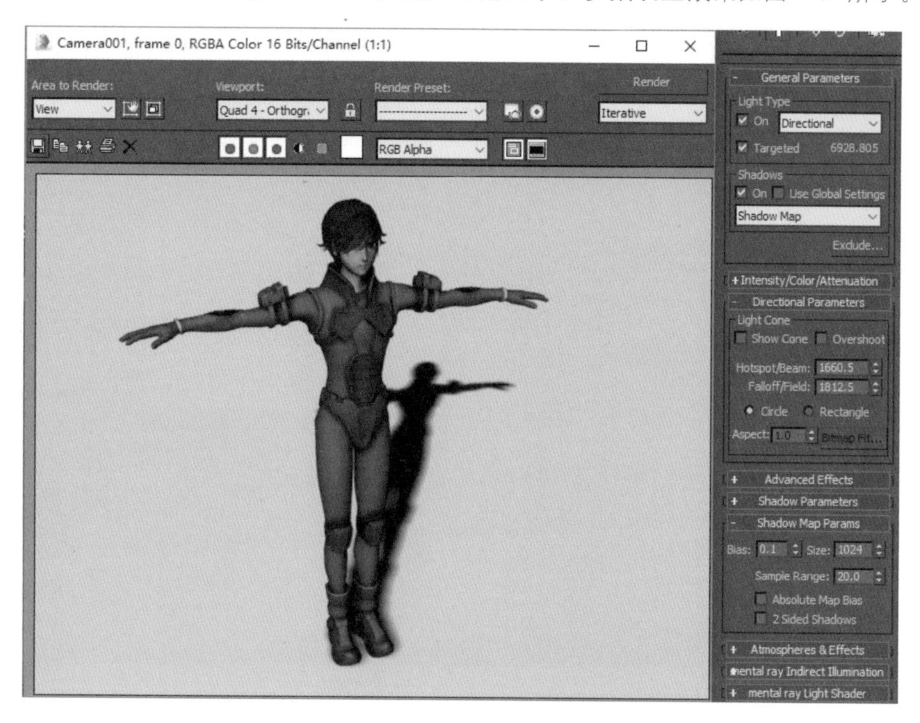


图 1-17　Bias 参数的设置效果

(8) 可以观察到对象投影过于浓黑，在 Shadow Parameters(阴影参数)卷展栏中将 Dens.(密度)参数设置为 0.6，该参数用于指定灯光投射阴影的密度，默认为 1。该参数可以为负数，用于产生白色的阴影。参数设置效果如图 1-18 所示。

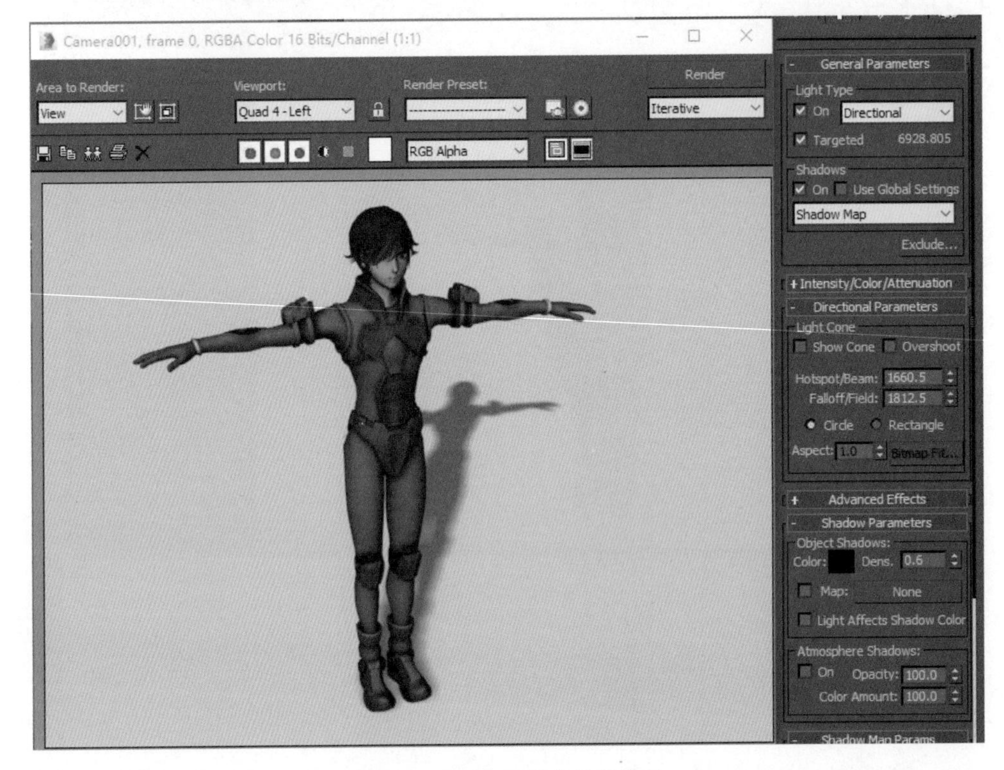


图 1-18　Dens. 参数的设置效果

(9) 在灯光创建命令面板中单击 Omni 按钮，在场景中单击并拖动鼠标创建一盏泛光灯，如图 1-19 所示。

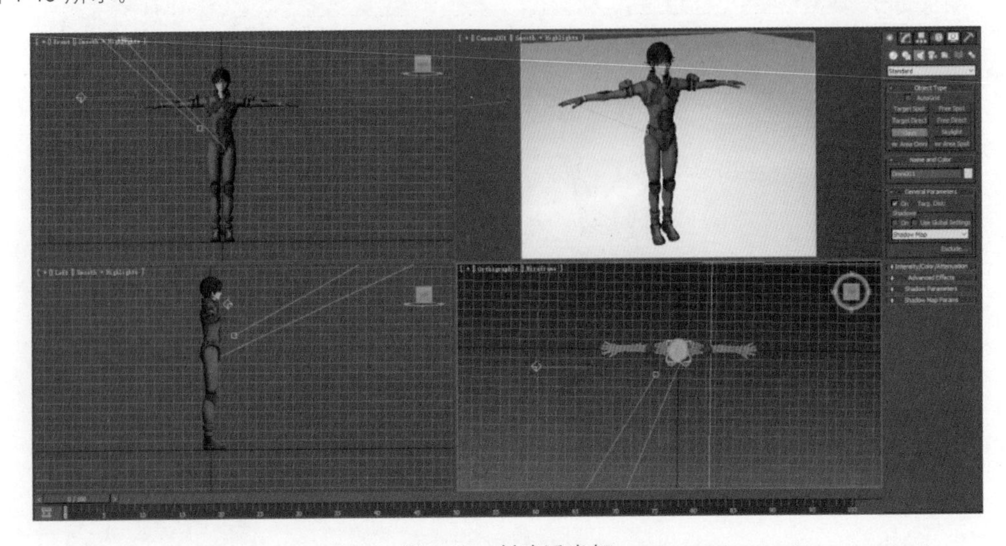

图 1-19　创建泛光灯

(10) 在 Intensity/Color/Attenuation(亮度/色彩/衰减)卷展栏中，将 Multiplier(倍增器)参数设置为 0.5，倍增器类似于灯的调光器，值小于 1 减小灯的亮度；大于 1 增加灯的亮度；当为负值时，灯光用于从场景中减去亮度。参数设置效果如图 1-20 所示。

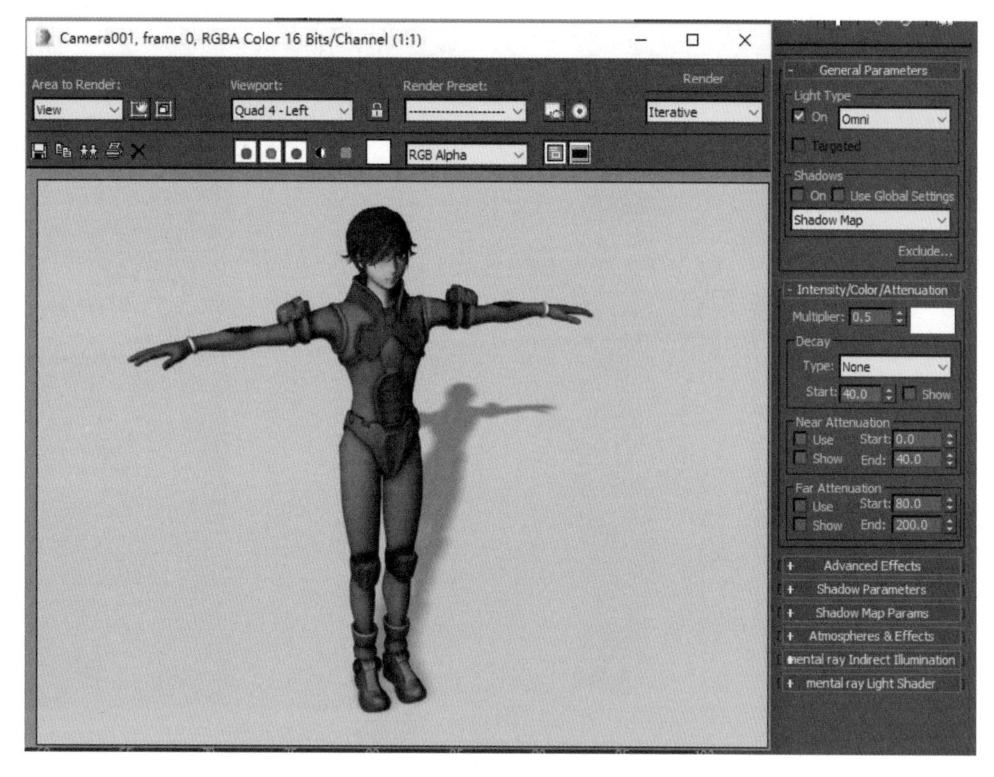


图 1-20　泛光灯的设置效果一

(11) 在创建命令面板中单击按钮，再在灯光创建命令面板中单击 Target Spot 按钮，在场景中单击并拖动鼠标创建一盏目标聚光灯，如图 1-21 所示，单击点确定了灯光创建的位置，鼠标拖动方向决定了灯光的投射方向。

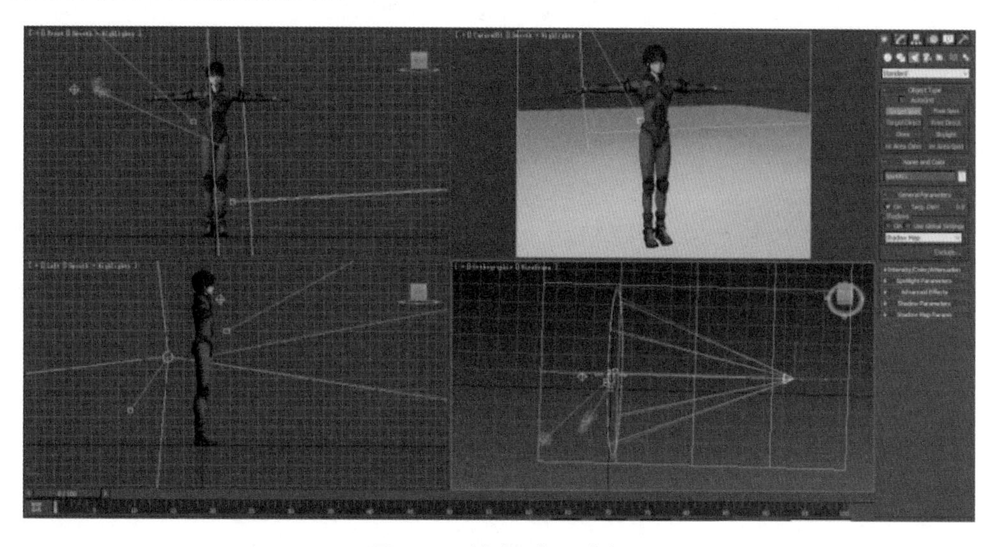

图 1-21　创建目标聚光灯

(12) 在 Intensity/Color/Attenuation 卷展栏中，将 Multiplier 参数设置为 0.7，参数设置效果如图 1-22 所示。

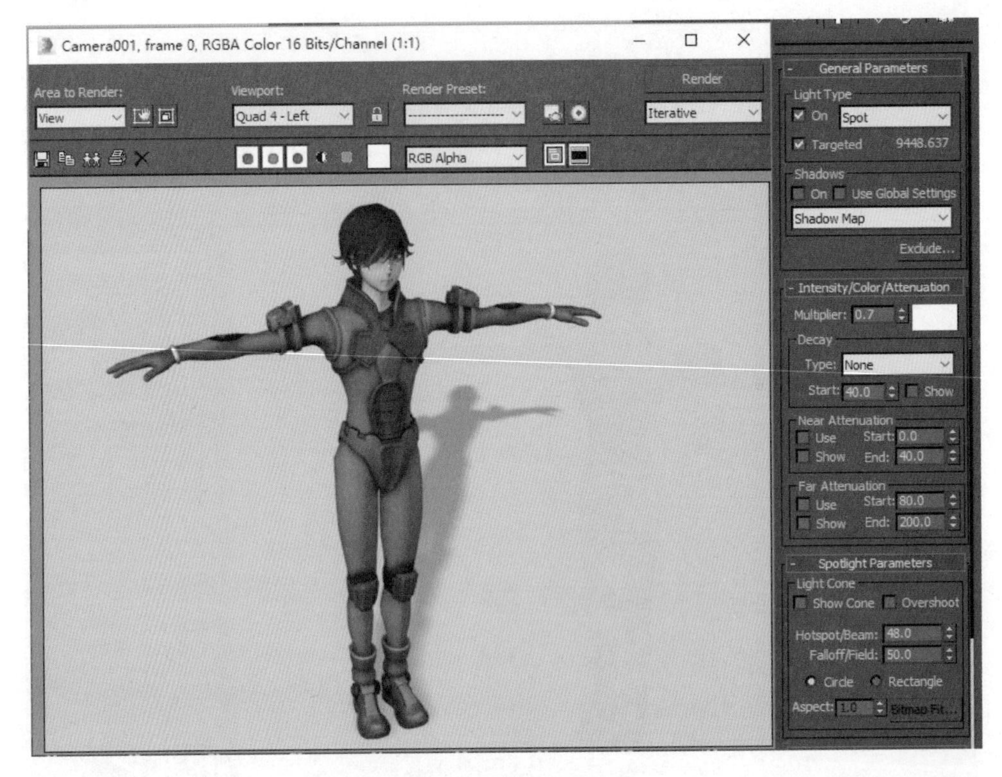


图 1-22 泛光灯的设置效果二

(13) 在灯光创建命令面板中单击 Omni 按钮，在场景中单击并拖动鼠标创建一盏泛光灯，如图 1-23 所示。

图 1-23 创建泛光灯

(14) 将泛光灯的 Multiplier 参数设置为 0.7，在 General Lighting Parameters(通用灯光参数)卷展栏中单击 Exclude(排除)按钮，弹出 Exclude/Include(排除/包含)对话框，如图 1-24 所示，在

左侧列表中选择“头部”对象后，单击 » 按钮，将其加入到右侧的排除列表中。在多灯光的复杂场景中，排除选项可以避免对象受光过量没有层次感。

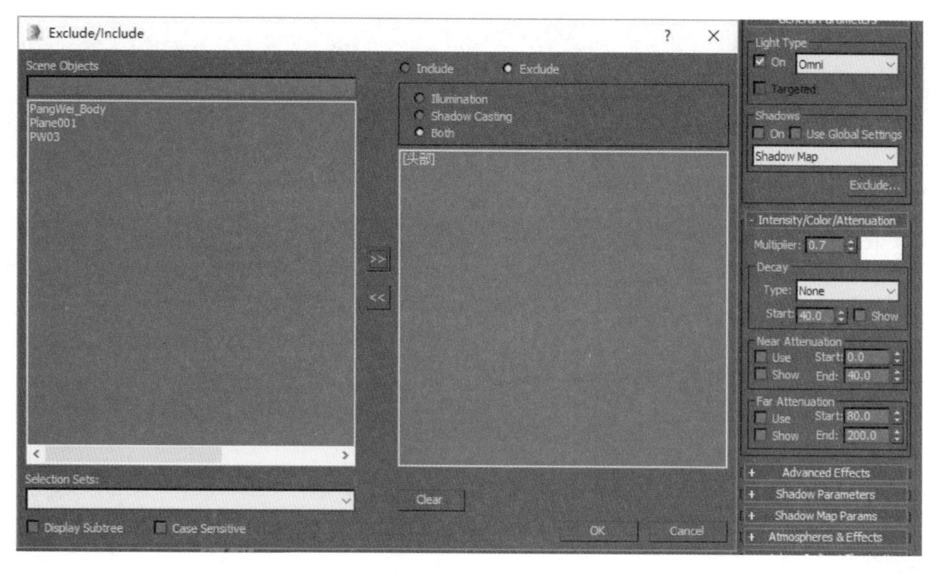


图 1-24　指定泛光灯不照射文字对象

（15）在 Intensity/Color/Attenuation 卷展栏的 Far Attenuation（远距衰减）项目中勾选 Use（使用）选项后，灯光使用远距衰减；将 Start（开始）参数设置为 55，该参数用于设置灯光开始衰减的距离；将 End（终点）参数设置为 370，该参数用于设置灯光衰减结束的距离，即灯光的最暗处。参数设置效果如图 1-25 所示。

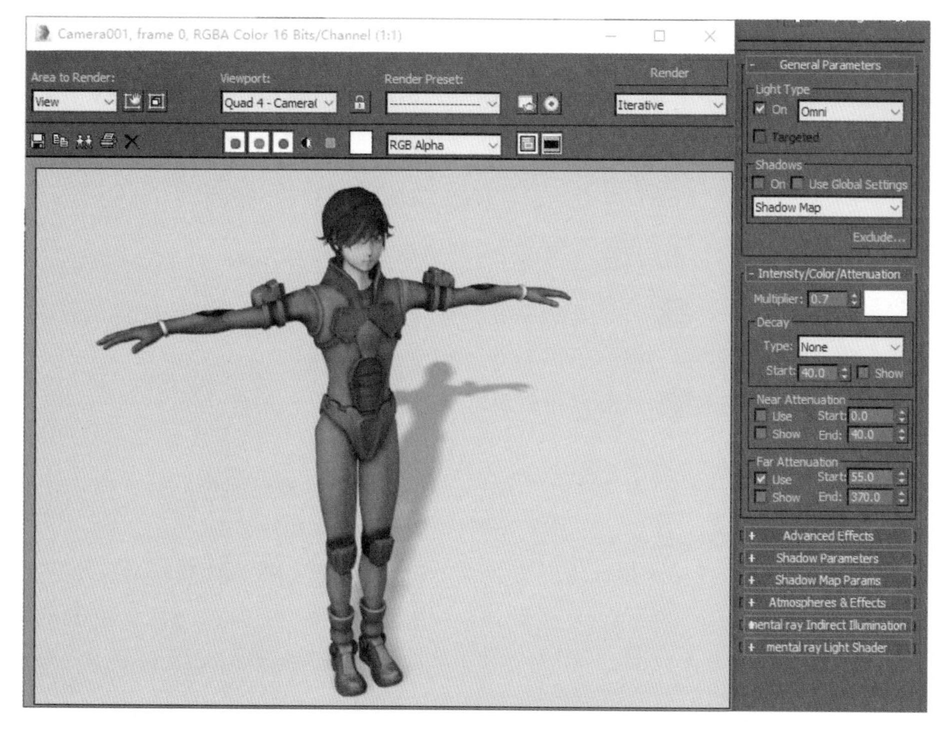


图 1-25　设置远距衰减参数

(16) 在场景中选择目标平行光灯，将 Multiplier 参数设置为 0.7。从 General Parameters 卷展栏的阴影类型下拉列表中选择 Adv. Ray Traced(高级光线跟踪)方式，如图 1-26 所示。

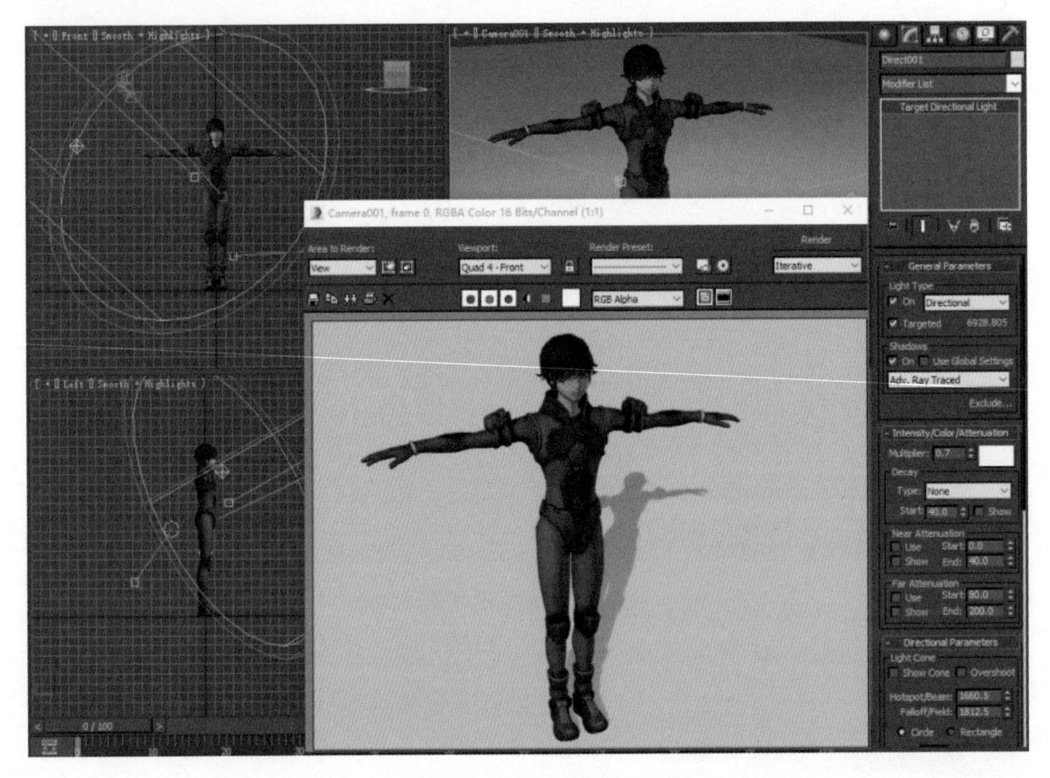


图 1-26 重新设置目标平行光灯的阴影方式

(17) 在 Adv. Ray Traced Params(高级光线跟踪参数)卷展栏中，将 Shadow Spread(阴影延展)参数设置为 20，该参数设置一个以像素为单位的范围数值，用于虚化抗锯齿的边缘。将 Shadow Bias(阴影偏斜)参数设置为 2，该选项用于使阴影靠近或远离投射阴影的对象。将 Jitter Amount(随机量)参数设置为 3，该参数为投射的光线指定一些随机变化量。参数设置效果如图 1-27 所示。

下面接着测试透明对象的阴影效果。

(1) 单击主工具栏中的按钮，打开如图 1-28 所示的材质编辑器，将身体材质的 Opacity (不透明度)参数设置为 60%。

(2) 单击主工具栏中的按钮，渲染查看灯光设置的效果。如图 1-29 所示，可以观察到透明身体的阴影还是实体的。

(3) 在 Optimizations(优化)卷展栏的 Transparent Shadows(透明阴影)项目中勾选 On(开关)选项后，透明的对象可以投射半透明材质的阴影，如图 1-30 所示。

(4) 在材质编辑器中重新将身体指定为 20%不透明材质，如图 1-31 所示。

(5) 在 Atmospheres & Effects(大气和效果)卷展栏中单击 Add(增加)按钮，弹出 Add Atmosphere or Effect (加入大气或效果)对话框，在其中选择 Volume Light(体积光)，如图 1-32 所示。

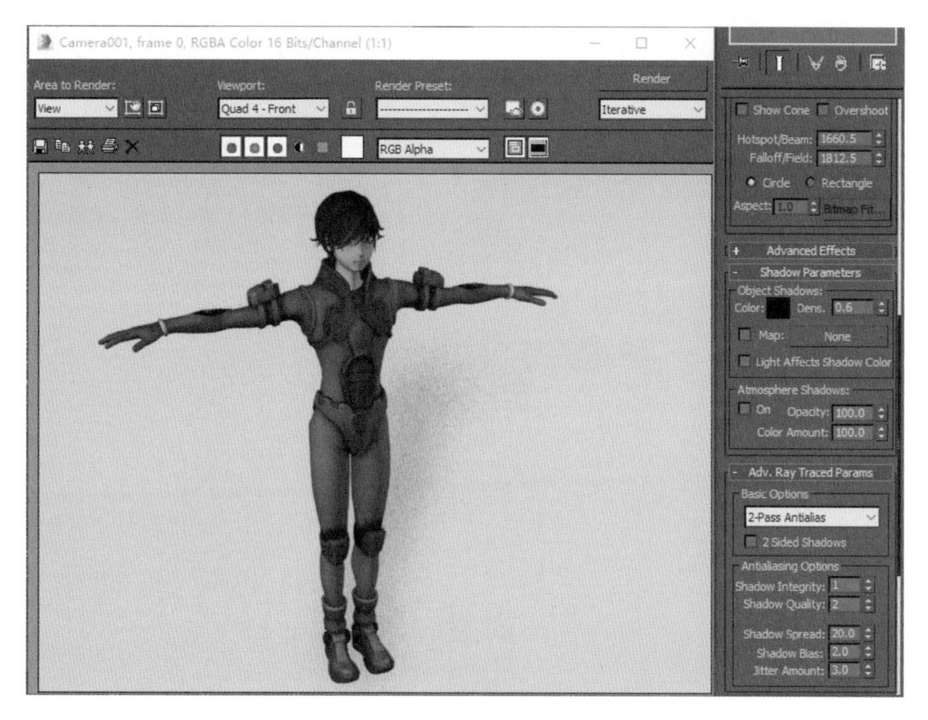


图 1-27　设置高级光线跟踪参数

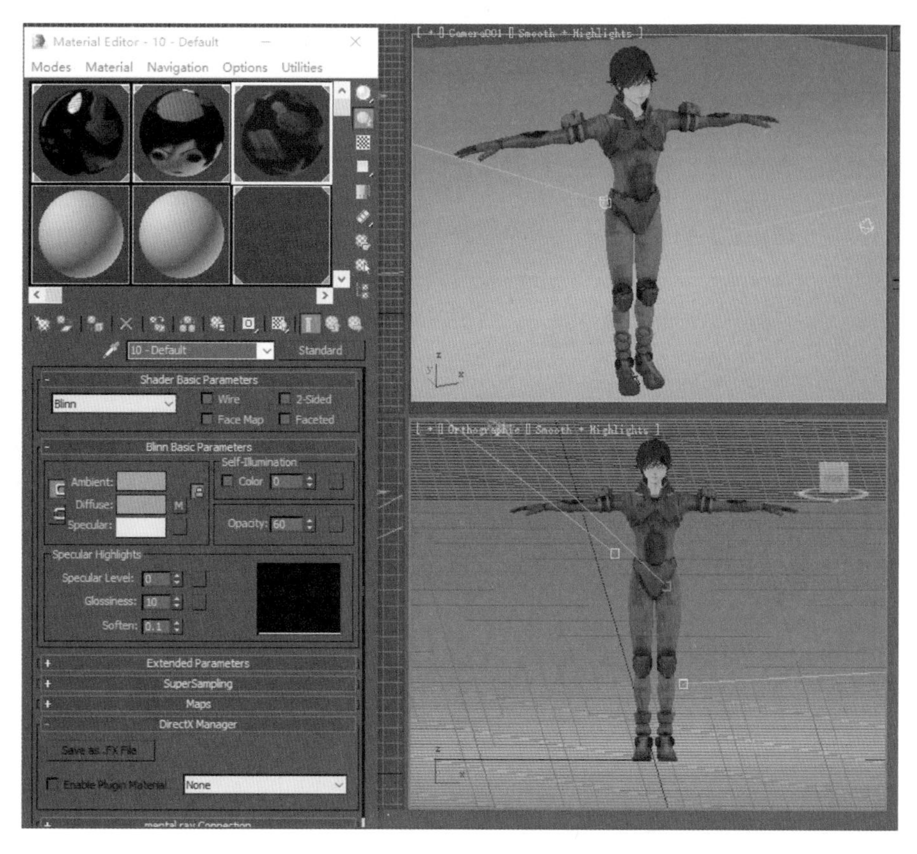


图 1-28　设置材质的不透明度参数

图 1-29　渲染查看灯光设置的效果

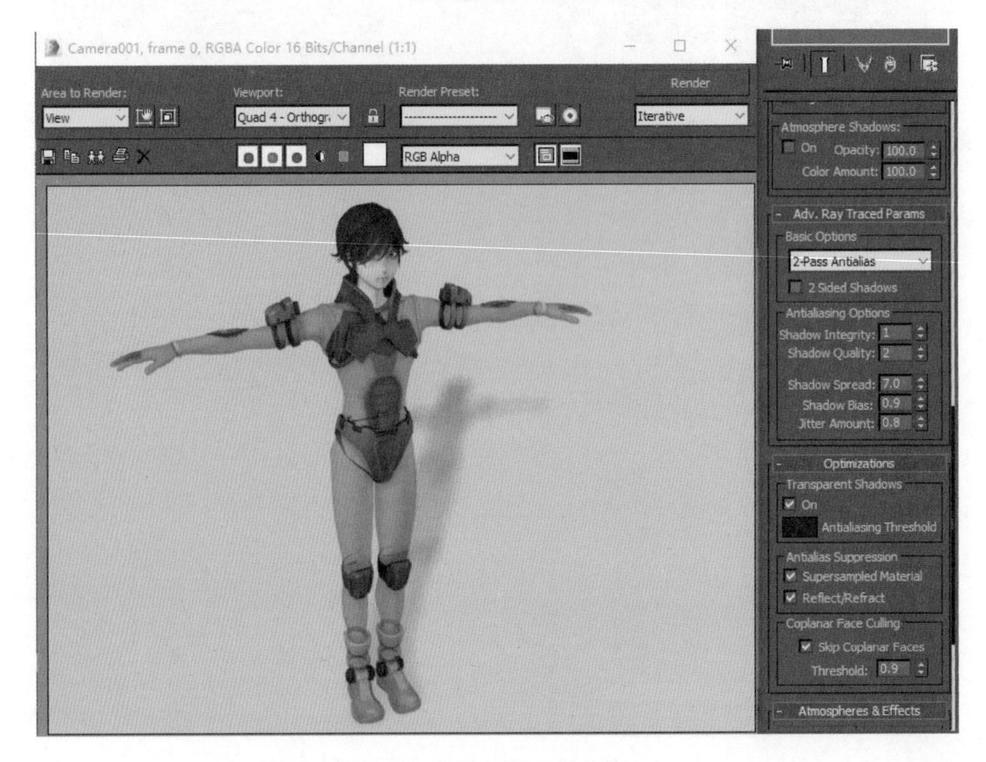


图 1-30　设置透明阴影的效果

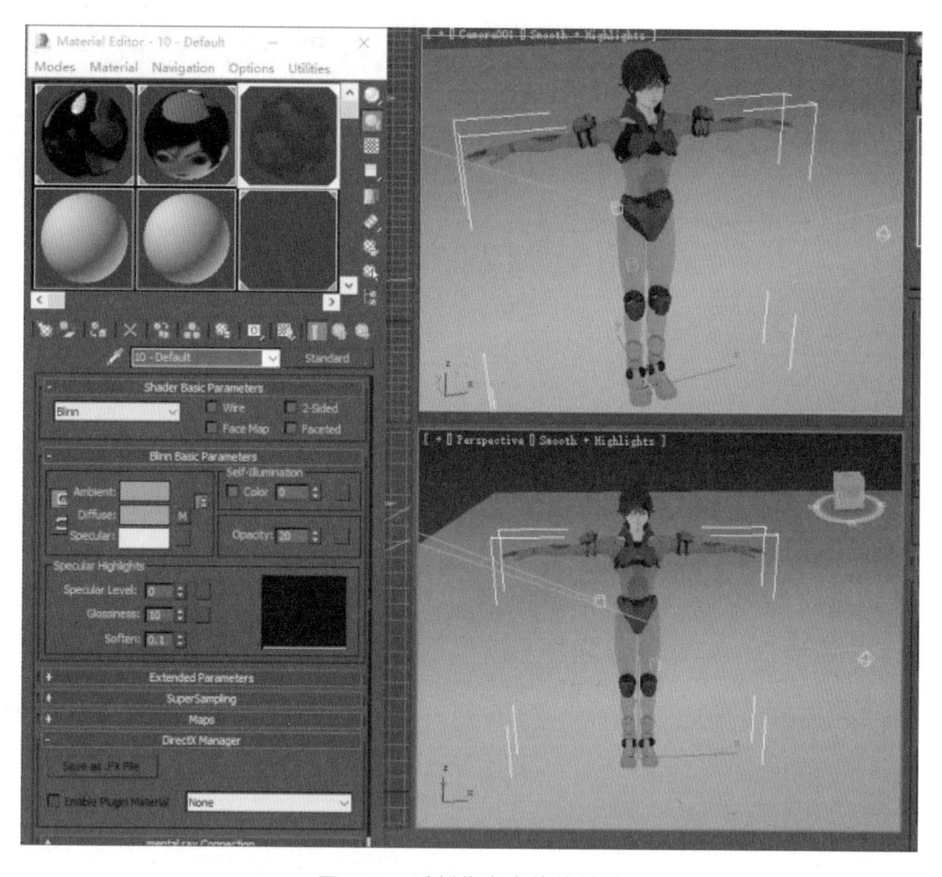


图 1-31　重新指定身体的材质

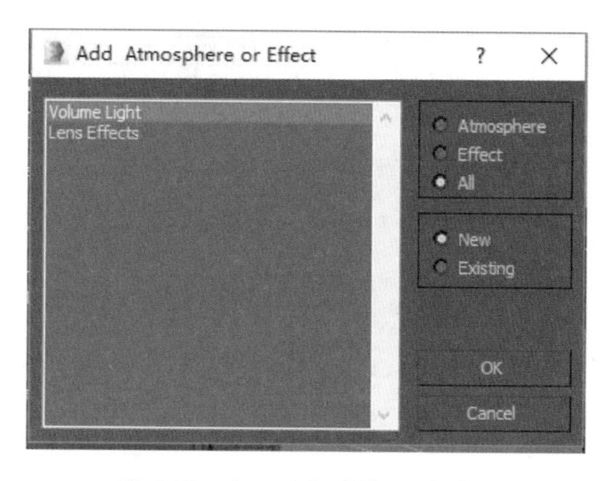


图 1-32　加入大气或效果对话框

(6) 单击主工具栏中的按钮，渲染查看体积光设置的效果，如图 1-33 所示。

(7) 在 Directional Parameters(平行光灯参数)卷展栏中，将 Hotspot/Beam 参数设置为 2；将 Falloff/Field 参数设置为 491，设置效果如图 1-34 所示。

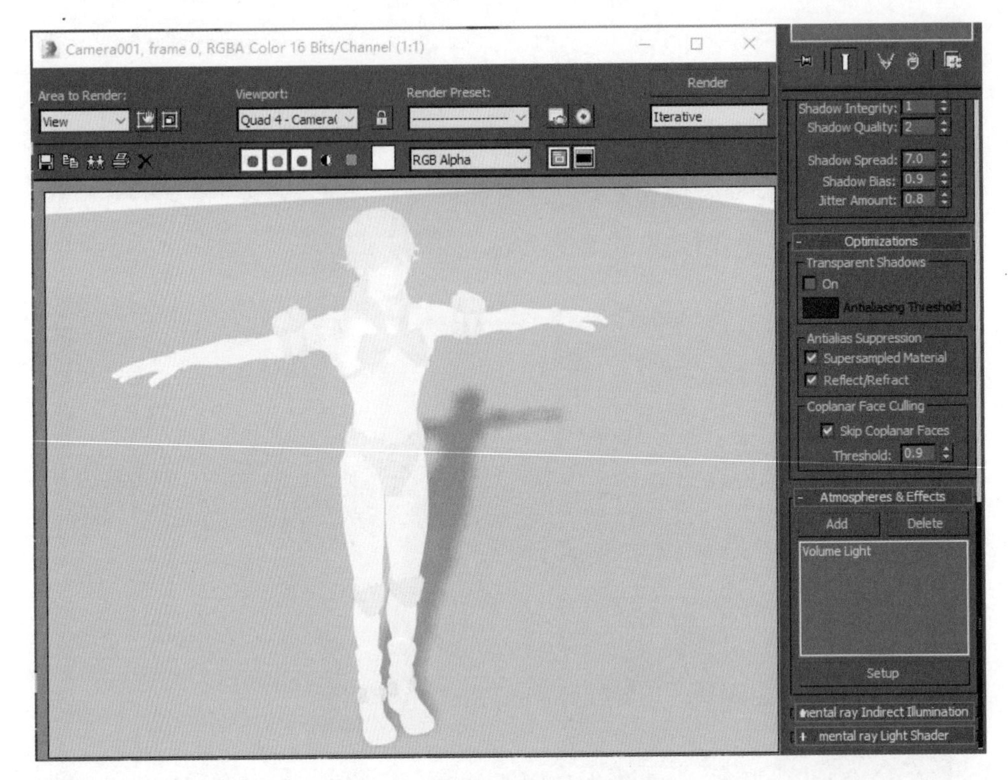


图 1-33 查看体积光的设置效果

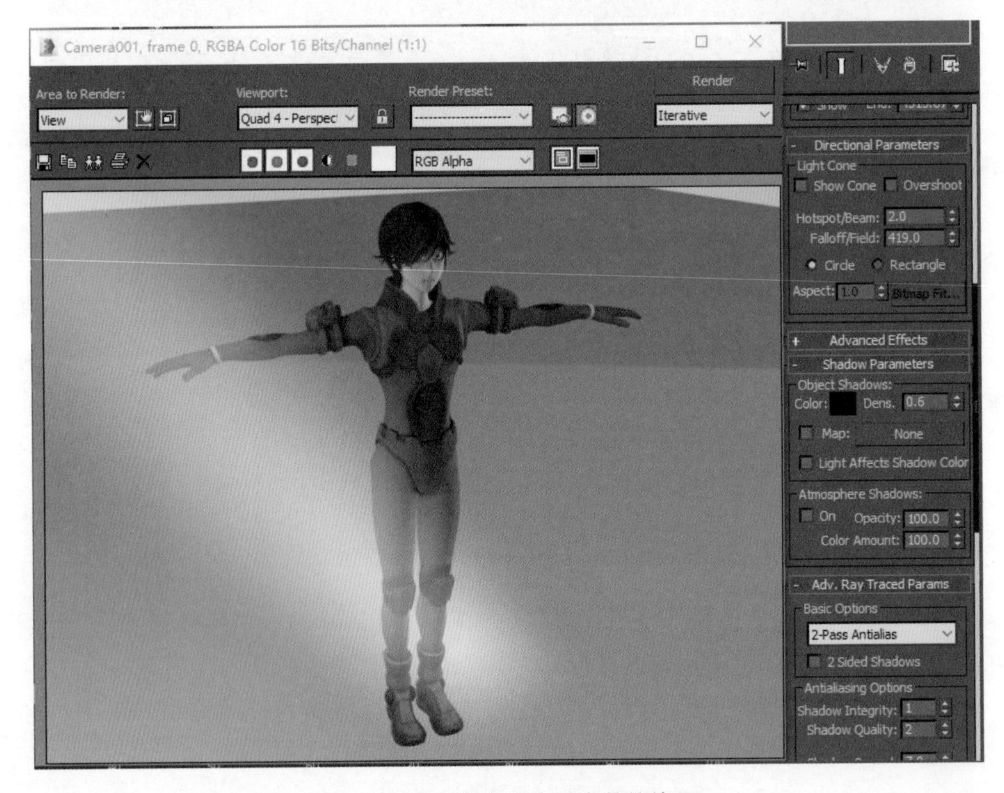


图 1-34 设置投射和衰减参数的效果

## 1.4 全局光照系统

全局光照系统主要指的是3ds Max 2016中高级光照(Advanced Lighting)功能模块。通过计算场景中物体之间反射光的相互作用,能够在渲染的画面中实现更真实的光照效果,如图1-35所示。Advanced Lighting功能模块为不同级别的用户提供了两套全局光照方案,无论你是初级用户,还是对环境光照有颇深造诣的专家,均可达到特定的真实渲染目的。

全局光照(也称GI)是一个三维动画专业术语,简而言之就是利用3ds Max 2016模拟真实世界中的光照效果,以达到最终照片质量级的渲染输出效果。传统的渲染引擎只计算光源直射的光效果,忽略场景中的环境光线反射,而环境光线反射恰恰是场景光效处理的关键。在早期版本的3ds Max中,为了模拟这种真实的环境光照效果,就必须在场景中添加额外的光源,虽然场景中自发光的物体可以被渲染成明亮的材质效果,但实际它们并没有被当作环境光源去处理,不会照射场景中的其他对象。如图1-36所示,吸尘器前面眼睛部位有两个红色光源,除了要为光源对象指定红色的自发光材质之外,还要在同一位置创建两盏红色的泛光灯,以模拟光源对象照射其他部分的效果。

图1-35 光照效果

相同的场景在全局光照系统下渲染,只需要创建几盏必要的灯光对象就可以达到真实的环境光照效果,场景中的自发光物体也就成了真正的光源,可以直接照射场景中的其他对象。全局光照系统的光源比用多盏灯去模拟的效果要真实得多。

在使用全局光照系统时,室外场景的光照效果也有较大的改进,如图1-37所示使用了光线跟踪型全局光照系统和新增天光来精确重现多云室外环境照明的情形。

一个GI系统必须考虑的基本光属性是光的反射,当光线照射到对象的表面时,部分光线被对象表面吸收,其他的则反射到环境中并对场景照明有所贡献。光在对象之间可能会反射不止一次,并可能会呈现它所反射的面的颜色。光在对象表面之间反射,每次反射都损失一些能量,几次反射后,光的效果已经小到可以忽略不计。光接触到一个有颜色的对象表面时,会带上一些该表面的颜色,这就是色彩溢出,如图1-38所示。

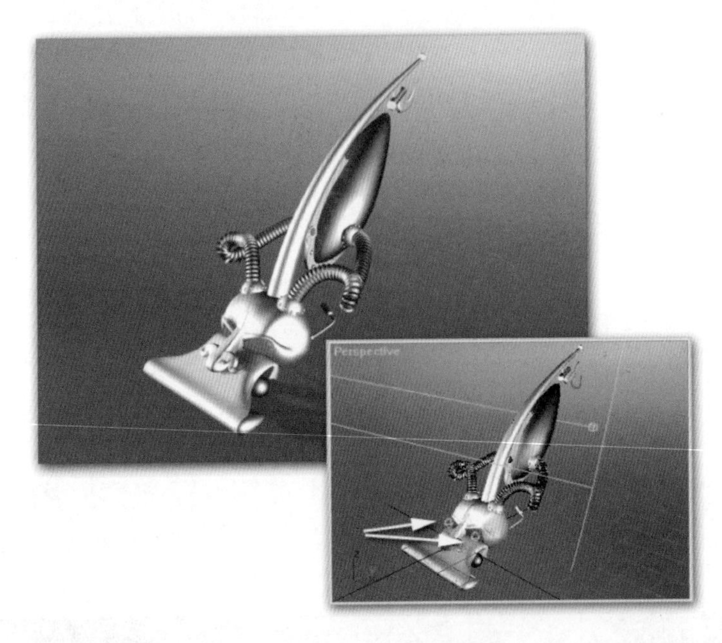


图 1-36　传统场景灯光模式

图 1-37　室外光照效果

图 1-38　色彩溢出效果

### 1.4.1　光线跟踪与光能传递

3ds Max 2016 提供了两套全局光照系统：Light Tracer（光线跟踪型）和 Radiosity（光能传递型）。

Light Tracer 是比较通用的全局光照系统。在使用过程中不需要了解太多的技术参数就能达到以假乱真的全局光照效果。Light Tracer 虽然在物理光度参数上不是十分精确，但为一般用户提供了既方便实用，又适合于任何三维模型的光照系统。

Radiosity 是比较复杂、专业的全局光照系统。在使用前首先需要将模型和场景进行必要的调整，光源对象还要经过光度计算，而且场景中对象的材质也要经过细致的设计。这种全局光照系统在物理光度参数上相对光线跟踪型要精确很多，所以对于制作精度要求较高的建筑效果图是很必要的，特别适用于建筑环境的实际光照分析。

两种全局光照系统的区别主要体现在以下几点：

- 光线跟踪型的全局光照只能在特定视角下达到逼真的效果，而光能传递型的全局光照不依赖于场景视角。
- 光线跟踪型的全局光源在渲染每一帧时都要进行照度计算，而光能传递型的全局光源只需要计算一次就可以从不同角度渲染场景，除非场景视图中的光源发生了变化或移动了场景中的物体。
- 一般情况下，光线跟踪型全局光照最好使用在需要充足照度的室外场景，或渲染角色动画，或在空白场景中渲染物体的情况下；光能传递型光源则更适用于使用聚光灯照明的室内场景或特殊光环境中的外部建筑场景的渲染。如果使用光线跟踪型全局光源来模拟室内光照效果，就需要极为小心地设置各种参数，并要耗费较长的渲染输出时间，以防止出现斑点或没有层次感的表面；而光能传递型全局光照就可以在很短的时间内获得更好的渲染输出效果。反之，如果使用光能传递型全局光源渲染包含大量多边形的角色模型，就需要更多的操作步骤，还要使用滤镜，甚至重新组织场景；而使用光线跟踪型全局光源后，在默认设置下就可以快速达到满意的渲染输出效果。

综上所述，在使用 3ds Max 2016 提供的两套全局光照系统过程中，可根据实际制作的需要选取最佳的环境光布置方案，以获得理想的渲染输出结果。

### 1.4.2 Light Tracer 全局光照系统

Light Tracer 全局光照系统使用了光线跟踪技术（Ray-tracing Technique）对场景内的光照点进行采样计算，以获得环境反光的数值，从而模拟更逼真的真实环境光照效果。这种全局光照系统虽然不能完全达到在物理光度数值上的准确无误，但其创建的渲染输出结果与现实已经十分接近了，而且使用 Light Tracer 时不用进行太多的参数设置和调整。

光线跟踪器的功能是基于采样点的，在图像中依据有规则的间距进行采样，并在物体的边缘和高对比度区域进行子采样（进一步采样）。对每一个采样点都有一定数量的随机光线透射出来对环境进行检测，得到的平均光被加到采样点上，这是一个统计过程，如果设置太低则采样点之间的变化量是可以看到的。

Light Tracer 全局光照系统对场景中的模型类型没有特殊要求，通常情况下，Light Tracer 全局光照系统使用场景中的 Standard lights（标准光源）。当使用 Logarithmic Exposure Control（对数曝光控制）时，Light Tracer 全局光照系统也可应用于 Photometric（光度计量）光源。在设置参数的过程中要不断单击主工具栏中的快速渲染按钮，查看 Light Tracer 全局光照系统的效果，主要查看大的平坦表面的噪波图案和光的反弹效果；在渲染输出的结果中，还要查看是否存在杂点和没有层次感的平板表面，同时还要查看反射的效果是否正确。

杂点可以通过调整光线的数量和滤镜的大小来消除，如果杂点只存在于特定的物体表面，可以尝试调整这些物体的光线参数，如设置 color bleed（色彩外溢）参数等，然后渲染查看它们是否影响场景光照的效果，如果影响就可以把它们排除在外。

如果在渲染输出的结果中看不到环境反射效果，可以尝试调整 Global Multiplier（全局倍增）参数或 Object Multiplier（对象倍增）参数；如果物体的反光效果太强，可以使用 Advancer Lighting Override（高级灯光优先）材质进行调整。

### 1.4.3 Radiosity 全局光照系统

Radiosity 全局光照系统可以在场景中的物体表面重现自然光下的环境反射，并能产生真实、精确的光照效果。Radiosity 全局光照系统使用场景中对象的三角结构面为计算的基本单位。

Radiosity 全局光照系统利用物体几何结构计算其表面的环境反射,几何三角结构面是 Radiosity 光源计算的最小单位,所以为了获得更为精确的输出结果,大块的表面将被分割成小的三角结构面进行计算。

当 Radiosity 全局光照系统照射到对象的三角结构面上时,接收光线的三角结构面将吸取并分析光线,然后再根据自身材质的属性、色彩和质感反射到场景中的其他对象上。其他对象的表面接收相邻对象的环境反射后,将对从不同方向反射来的光线进行叠加计算。这样的反射计算过程在不同对象的三角结构面之间反复进行,直到场景的灯光照射效果趋于柔和,达到预先设置的渲染参数值为止。如果场景中的对象离得过近或场景过于复杂,那么渲染输出的速度将会大大减慢。

Radiosity 全局光源需要配合对象的材质属性、表面属性等才能产生精确的结果,所以在建模过程中就必须加倍注意,模型的几何结构要尽可能地简洁合理。在实际三维场景中,三角结构面越多,光线计算就越真实,但是一定要注意尽量让三角面保持结构上的一致,否则光线的反射将会产生不协调的现象。

Radiosity 全局光源需要配合 Photometric 灯光使用。使用光度控制灯可以获得更加真实的结果,如果目的是分析一个房间中的光照效果,光度控制灯可以完全控制灯的亮度、颜色和光的分布。普通的灯光也能被指定 Radiosity 全局光,但光能传递的输出结果会受到很大影响。

场景中对象的三角结构面数量十分重要,如果三角结构面数量不足,渲染输出的光照效果不够精确;如果三角结构面数量太多,渲染输出的过程将会很漫长。Radiosity 全局光源的渲染引擎提供了一种自动分割三角结构面的功能,允许用户进行特定分割和进一步细分。

要激活对数曝光量控制,因为光能传递和光度控制灯需要它。

优化光能传递解决方案的设置,以便在质量、渲染时间和内存使用之间找到平衡点。根据想要得到的不同输出结果,设置会有很大差别。可以用非常长的时间渲染一幅静态图像以获得高的画面质量;如果单渲染动画的时间太长,则需要做折中处理。

以下是 Radiosity 全局光源创建和参数设置的标准工作流程:

(1) 选择菜单命令 File→Open,在弹出的"打开文件"对话框中浏览选择一个三维场景文件。三维场景中模型的几何结构要适于 Radiosity 全局光源的计算。这样既有助于获得理想的渲染输出效果,又可以避免出现渲染死角的现象。注意场景中的网格对象是如何被分割成三角结构面的,确定在场景中哪些是不重要的物体和不规则的物体,确保场景单位和物体的尺度符合真实世界中的比例。

(2) 为对象编辑并指定材质,对于场景中的自发光物体一般要使用 Advanced Lighting Override 材质,可用于增强 Radiosity 全局光源在反光物体和彩色物体上的效果。

(3) 在场景中创建 Photometric 全局光源以获得更为真实的渲染输出效果。如果是模拟一个房间里的光照效果,Photometric 全局光源可以完全依据实际的光度参数控制光源的强度、颜色等属性。另外,Radiosity 全局光源对常规光源依旧有效,但反射效果会有很大改变。

(4) Radiosity 和 Photometric 全局光源要求应用 Logarithmic Exposure(对数曝光)控制,在 Advanced Lighting 对话框中可以勾选 Logarithmic Exposure 控制项目,并采用默认的设置计算当前的 Radiosity 全局光照系统效果。

(5) 为了得到理想的渲染输出效果,需要进行多次渲染试验和调整。这样就能发现有哪些表面需要细分更多的面,有哪些物体不适于当前的渲染设置需要被排除,从而节省渲染输出的时间。

(6) 修改 Radiosity 全局光源的参数设置,以便在渲染质量、渲染时间和内存使用上取得平衡。随着输出目的的改变，参数设置的差异也会很大。静帧图像可以花较长的时间以获得较高的输出质量，但在进行动画渲染输出时，就必须在画质上作一些牺牲。

（7）光照效果不对物体进行网格表面的调整或三角结构面的细分，可以通过添加或调整 Advanced Lighting Override 材质的属性，获得表面细分的效果。

## 1.5　高级灯光编辑

本节将通过两个具体的场景灯光设计范例，详细讲述全局光照系统的使用技巧。

### 1.5.1　光线跟踪场景灯光

本节详细讲述 Light Tracer 全局光照系统的使用技巧，最终创建的场景灯光渲染效果如图 1-39 所示。

图 1-39　场景灯光渲染效果

（1）选择菜单命令 File→Open，打开如图 1-40 所示的三维场景文件。

图 1-40　打开动画场景文件

（2）在创建命令面板中单击 按钮，再在灯光创建命令面板中单击 Target Spot 按钮，在场景中单击并拖动鼠标创建一盏目标聚光灯，如图 1-41 所示。

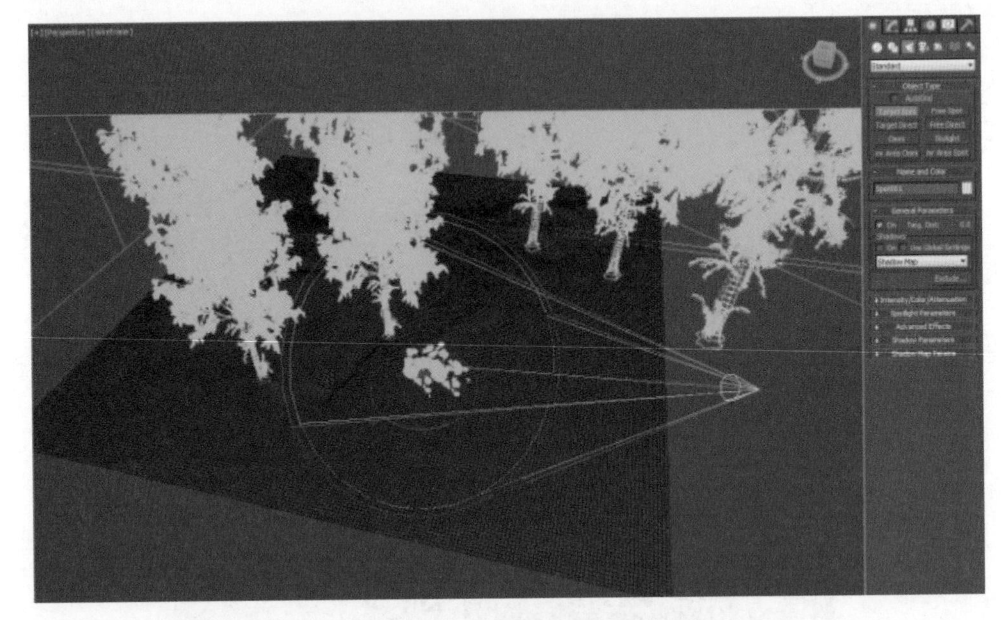

图 1-41　创建目标聚光灯

（3）在 Shadows 项目中勾选 On 选项，如图 1-42 所示。

图 1-42　设置阴影参数的效果

（4）在 Spotlight Parameters（聚光灯参数）卷展栏中，勾选 Overshoot（超越范围）选项，如图 1-43 所示。可以使聚光灯具有泛光灯的特性，既能够照亮投射范围之外的其他场景对象，同时保持聚光灯投射阴影的效果，即只有在衰减范围内的对象才投射阴影。

图 1-43　设置超越范围参数

(5) 在场景中选择目标聚光灯，从 General Lighting Parameters 卷展栏的阴影类型下拉列表中选择 Area Shadows(区域阴影)方式，如图 1-44 所示。

图 1-44　重新设置目标聚光灯的阴影方式

(6) 在灯光创建命令面板中单击 Skylight 按钮，在场景中单击并拖动鼠标创建一盏天光，如图 1-45 所示。

(7) 单击主工具栏中的按钮，渲染查看灯光设置的效果，如图 1-46 所示。

图 1-45 创建天光

图 1-46 渲染查看灯光设置的效果

(8) 选择菜单命令 Rendering→Light Tracer(渲染→光线跟踪器),弹出渲染设置对话框,在高级灯光选项卡的下拉列表中选择 Light Tracer,如图 1-47 所示。

(9) 将 Bounces(反弹)参数设置为 1,该参数用于设置全局灯光在物体表面的反射次数,反射次数越多,渲染输出的效果越真实,相应渲染输出的时间也会成倍增长,所以一般将反弹次数设为较小的数值,并记住在每一次反弹时能量都有损失,多次反弹后的影响几乎可以忽略。如图 1-48 所示,使用一次反弹,环境反射的效果看起来已经很明显了,光不仅从地面反射到暗部,还可以看见色彩混合,图像开始有了新的深度。

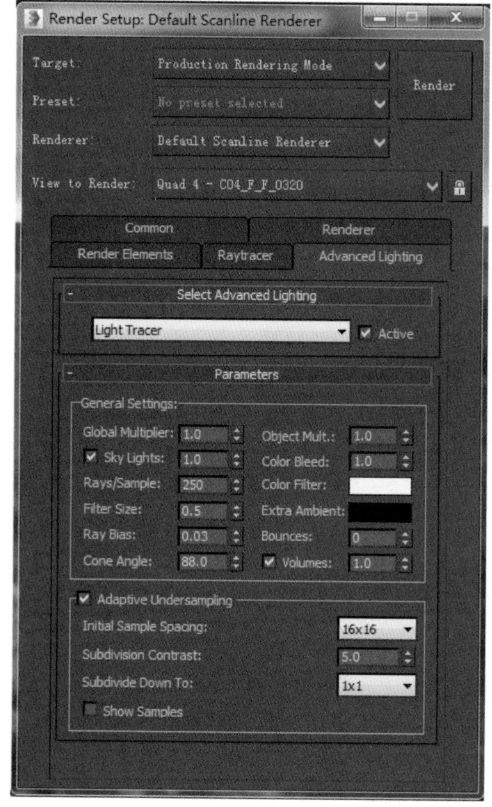


图 1-47 选择 Light Tracer

图 1-48 设置反弹参数

(10) 在 Skylight Parameters 卷展栏中单击 None 按钮,从弹出的材质/贴图浏览器中双击选择 Bitmap 贴图,如图 1-49 所示。

(11) 在弹出的 Select Bitmap Image File(选择位图图像文件)对话框中选择如图 1-50 所示的贴图。

(12) 单击主工具栏中的按钮打开如图 1-51 所示的材质编辑器,将天空色彩贴图按钮上的贴图拖动指定到材质编辑器的一个示例窗口中,在弹出的对话框中选择 Instance(关联复制)选项。

(13) 将 Blur(虚化)参数设置为 20,如图 1-52 所示。

(14) 将 Output(输出)曲线编辑为如图 1-53 所示的形态。

(15) 如图 1-54 所示,在 Area Shadows(区域阴影)卷展栏的 Basic Options(基础选项)项目中的下拉列表中选择区域灯光投射阴影的模式为 Sphere Light(球体灯光),即从一个球体区域投射光线。在 Area Light Dimensions(区域灯光尺度)项目中,将 Length(长度)、Width(宽度)、Height(高度)参数都设置为 25。

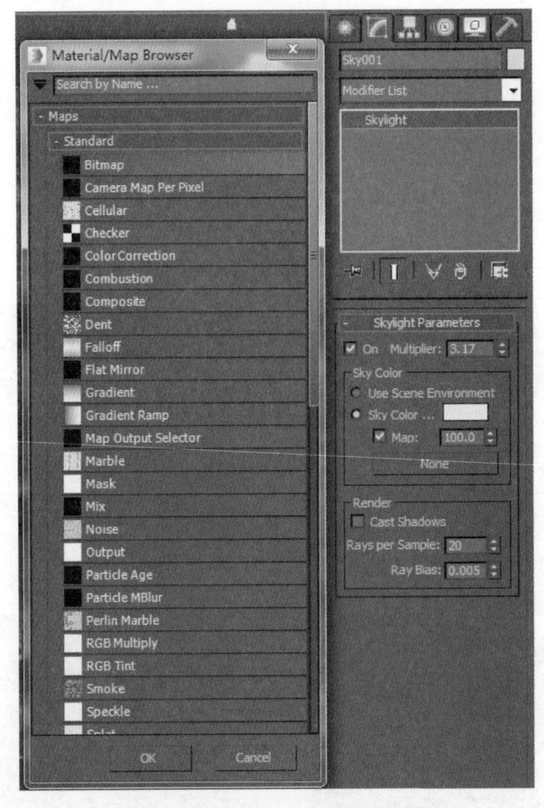


图 1-49　选择位图贴图类型

图 1-50　选择位图贴图

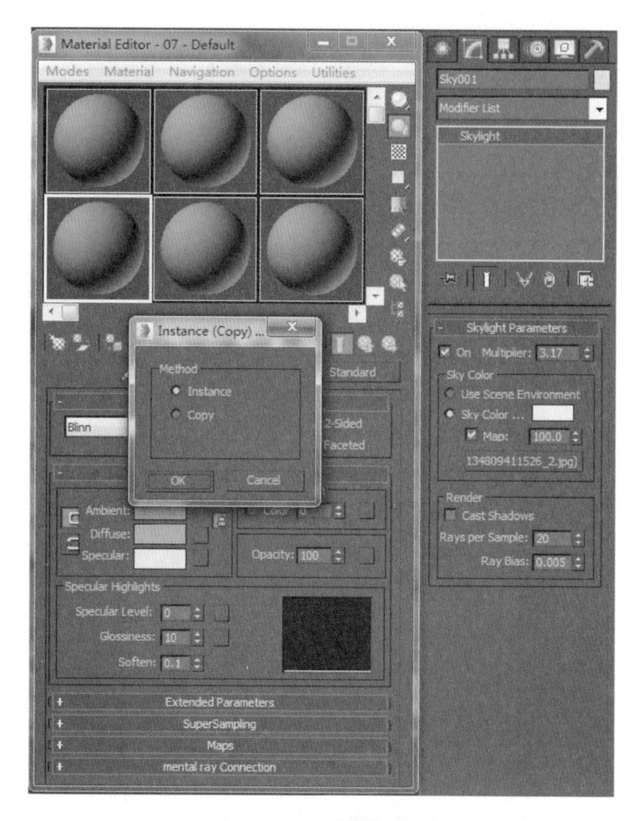


图 1-51　关联复制贴图

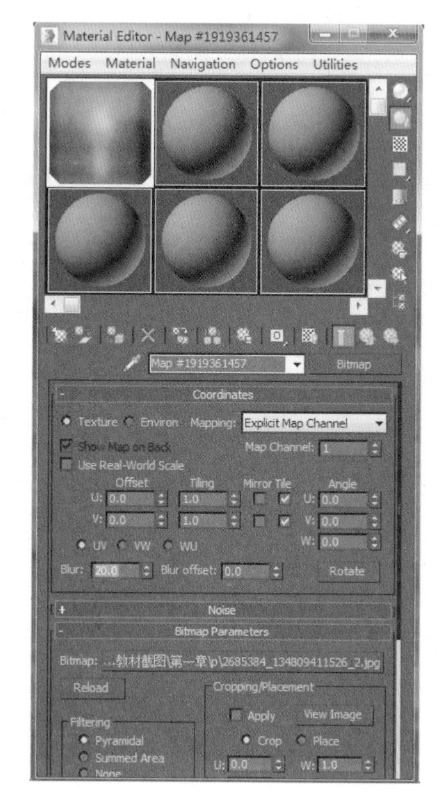


图 1-52　设置贴图虚化参数

图 1-53 设置输出曲线

图 1-54 设置灯光参数

（16）选择菜单命令 Rendering→Render 打开 Render Scene（渲染场景）对话框，参数设置如图 1-55 所示，单击 Render 按钮开始渲染。

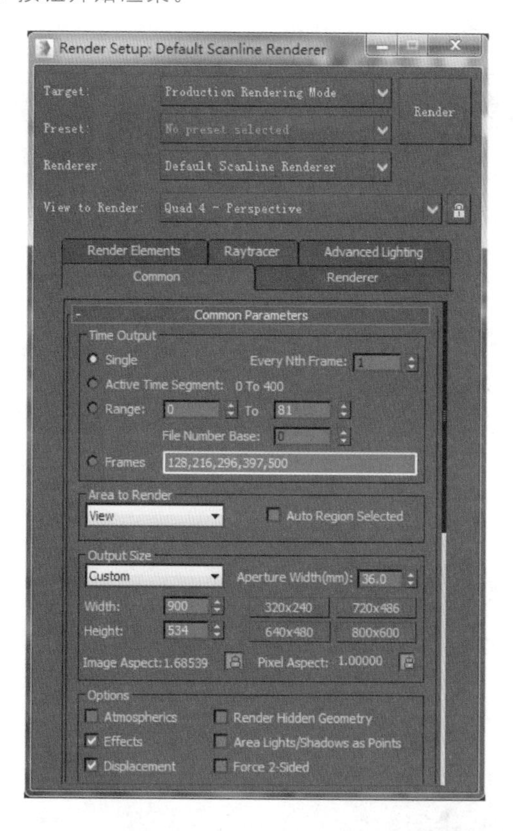

图 1-55　渲染场景灯光的效果

### 1.5.2 VaryLight 灯光

本节将详细讲述 VaryLight 灯光使用技巧，最终创建的场景灯光渲染效果如图 1-56 所示。

图 1-56　场景灯光的渲染效果

(1) 选择菜单命令 File→Open，打开如图 1-57 所示的三维场景文件。

图 1-57　打开动画场景文件

(2) 选择菜单命令 Rendering→Render，打开 Render Setup（渲染设置）对话框，在 Renderer 右侧卷展栏中选择 V-Ray Adv 类型，如图 1-58 所示。

(3) 在主工具栏中单击按钮打开材质编辑器，选择第一个材质球，单击按钮将材质赋予桌面选择的物体，如图 1-59 所示。

(4) 单击材质编辑器中的 Standard 按钮，在弹出的 Material/Map Browser（材质/贴图浏览器）对话框中双击选择 VRayMtl 材质类型，如图 1-60 所示。

(5) 在 VRayMtl 材质编辑层级，单击 Diffuse（漫反射色）右侧的 None 按钮，在弹出的材质/贴图浏览器中双击选择 Bitmap 贴图类型，如图 1-61 所示。

(6) 在弹出的选择位图图像文件对话框中选择图像，如图 1-62 所示。

(7) 贴图设置如图 1-61 所示，在材质编辑器的工具栏中单击按钮，从贴图编辑层级返回到材质编辑层级，如图 1-63 所示。

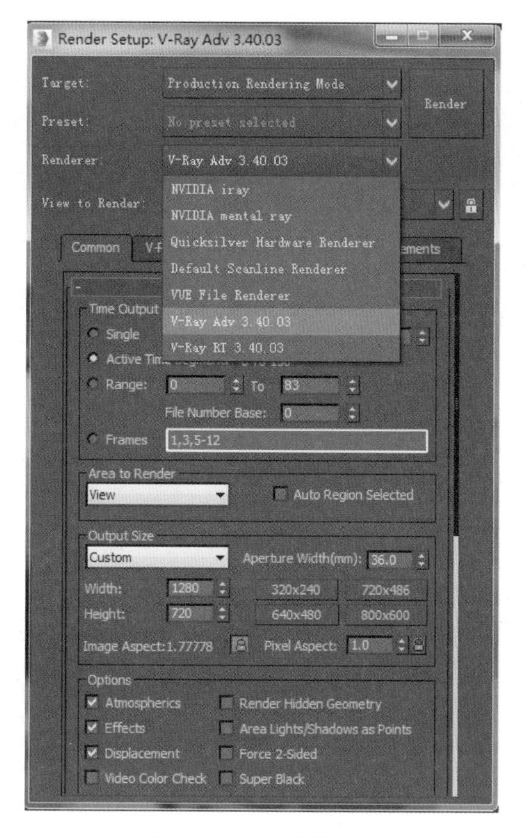


图 1-58　修改渲染设置

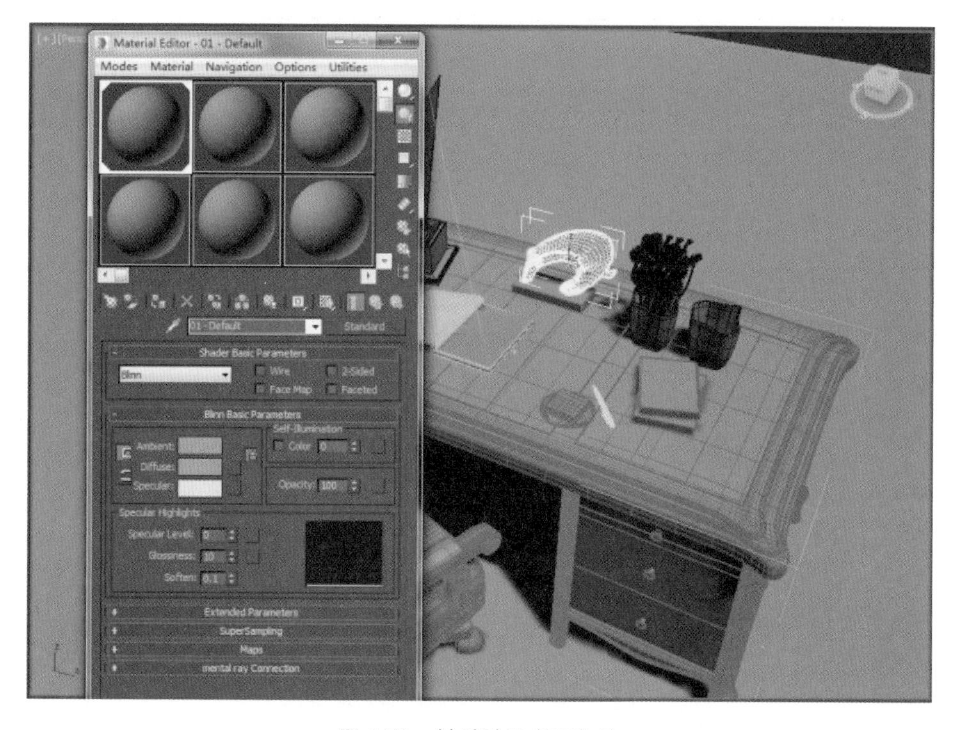


图 1-59　材质赋予桌面物体

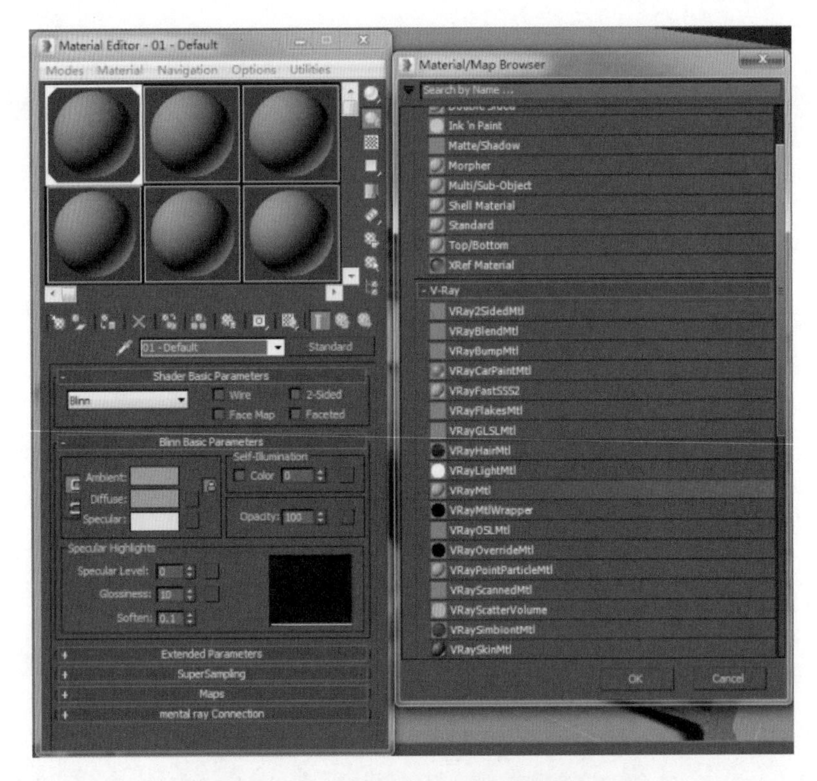


图 1-60 选择 VRayMtl 材质类型

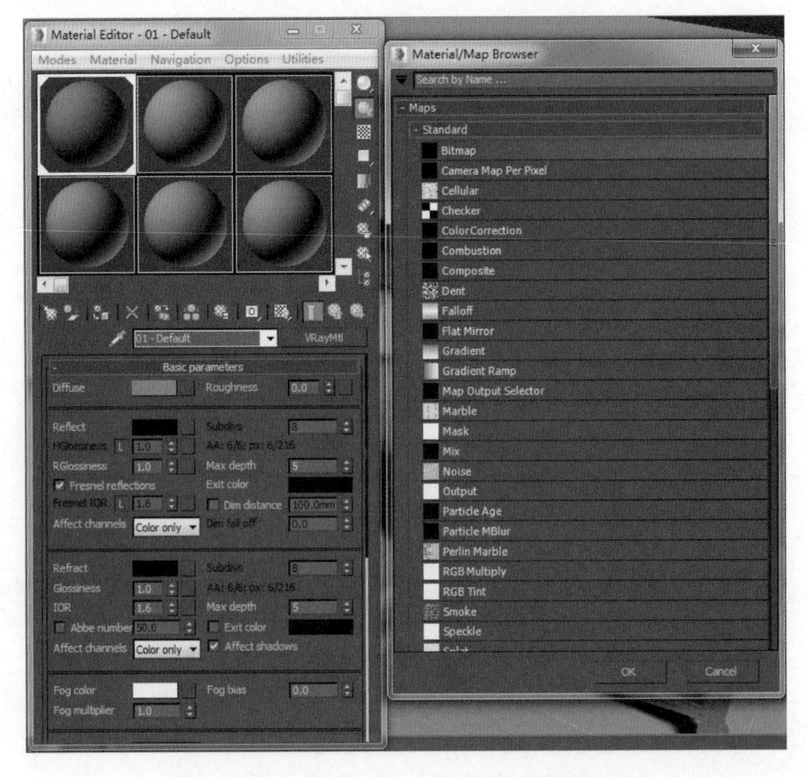


图 1-61 选择 Bitmap 贴图类型

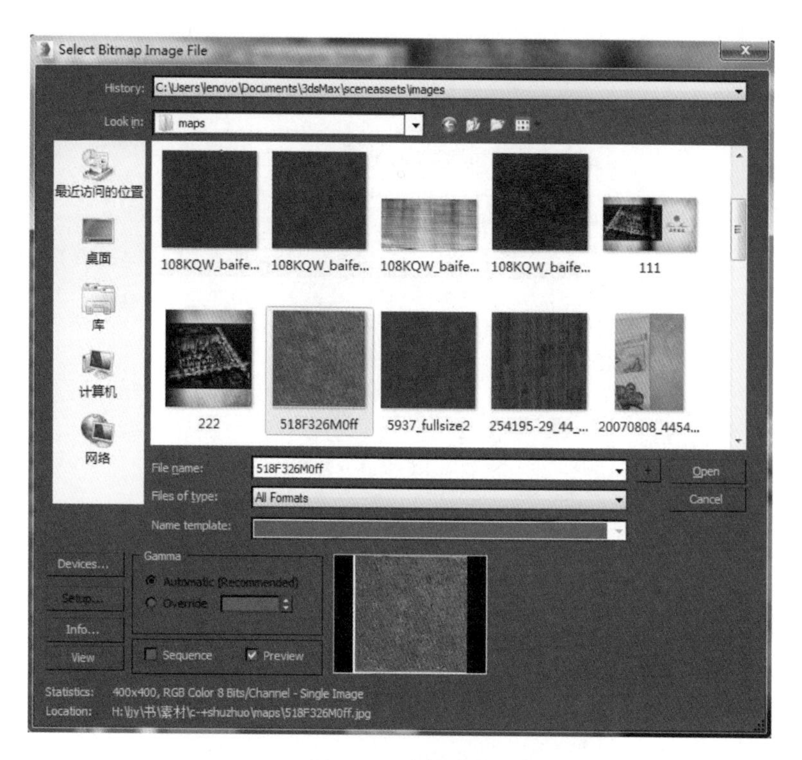


图 1-62　选择图像

图 1-63　设置贴图参数

(8) 在 Maps 卷展栏中，单击 Reflect(反射)项目右侧色块，在弹出的色彩选择对话框中选择如图 1-64 所示的浅灰色，单击 OK 按钮，参数设置如图所示。

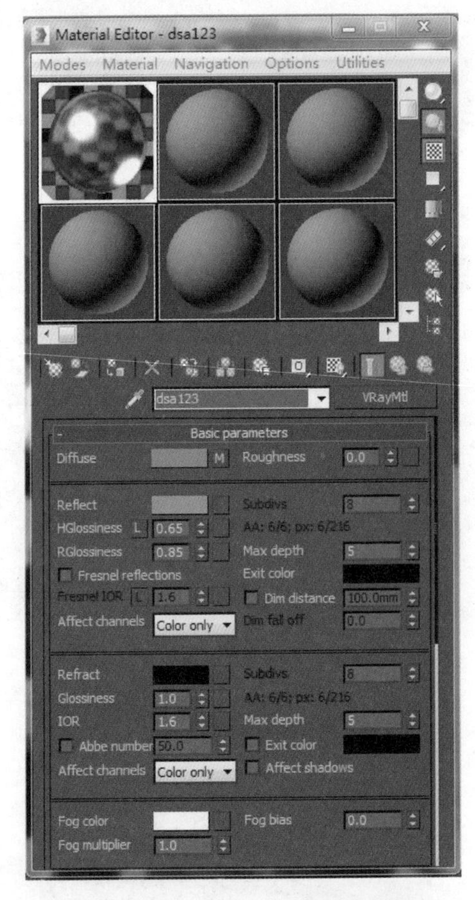


图 1-64 设置材质参数

(9) 选择桌面上的雪茄盒，同时按住 Alt + Q 键孤立显示该对象，在右侧控制面板的 Selection 卷展栏中单击按钮，进入元素编辑层级，如图 1-65 所示。

(10) 在场景中单击选择雪茄盒，再在右侧控制面板的 Surface Properties(表面属性)卷展栏中将 Set ID 参数设置为 1，如图 1-66 所示。

(11) 在场景中选择雪茄盒上的标牌对象，在 Surface Properties 卷展栏中将 Set ID 参数设置为 2，如图 1-67 所示。

(12) 在场景中选择雪茄盒上的金属构件，在 Surface Properties 卷展栏中将 Set ID 参数设置为 3，如图 1-68 所示。

(13) 在场景中选择雪茄盒中的雪茄，在 Surface Properties 卷展栏中将 Set ID 参数设置为 4，如图 1-69 所示。

(14) 在右侧控制面板的 Selection 卷展栏中再次单击按钮，从元素编辑层级返回到对象编辑层级。

(15) 单击主工具栏中的按钮打开材质编辑器，单击材质编辑器中的按钮，将一个空白材质球中的材质赋予整个雪茄盒物体，如图 1-70 所示。

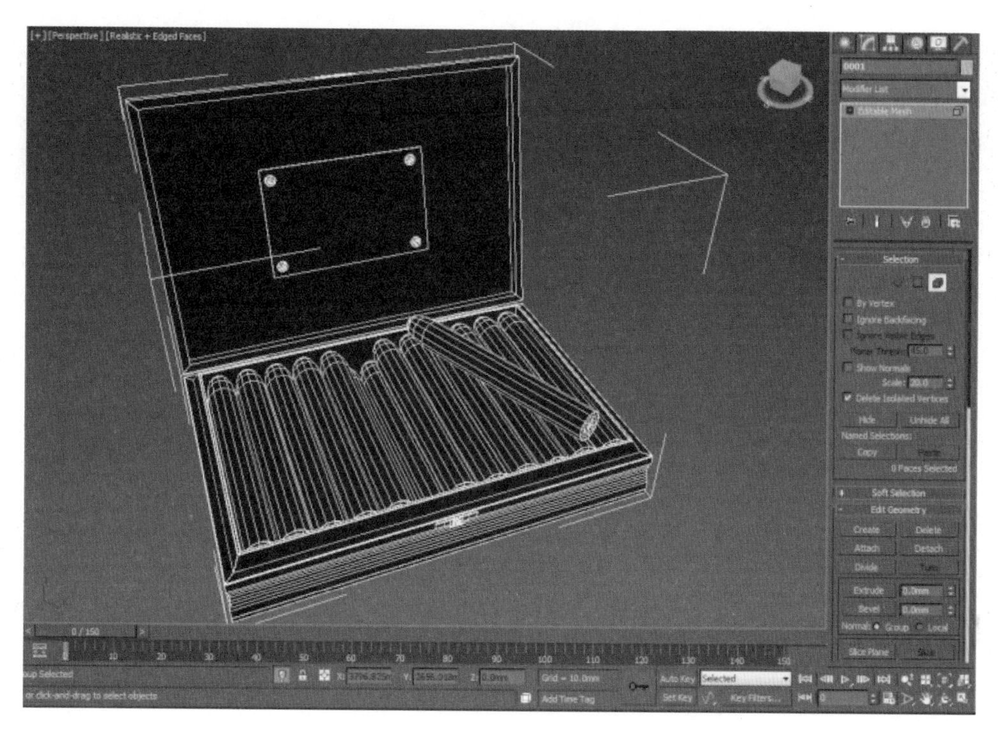


图 1-65　进入元素编辑层级

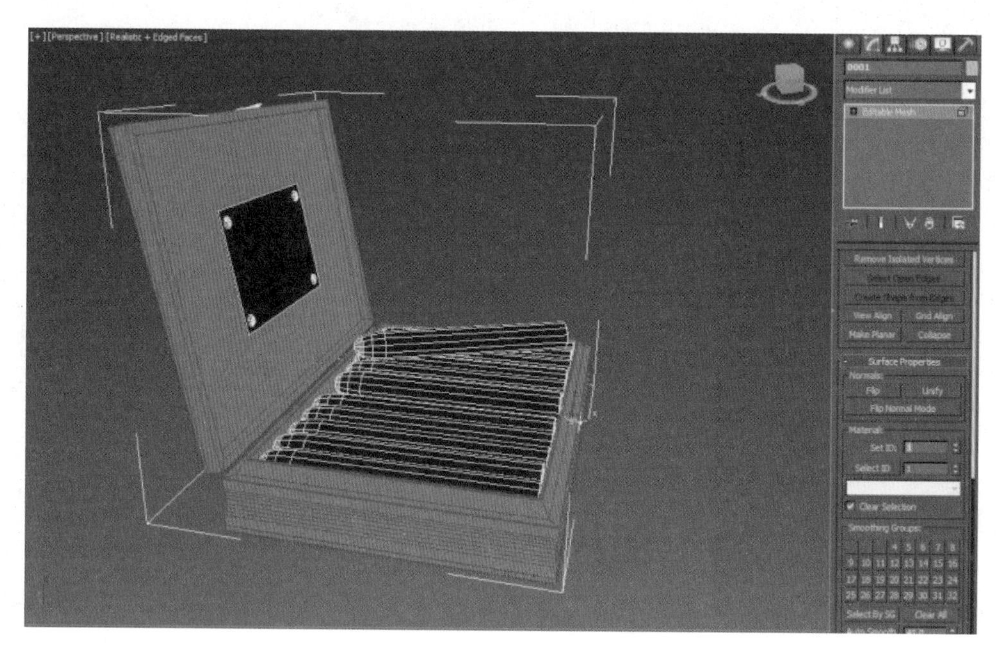


图 1-66　设置雪茄盒的 Set ID 参数

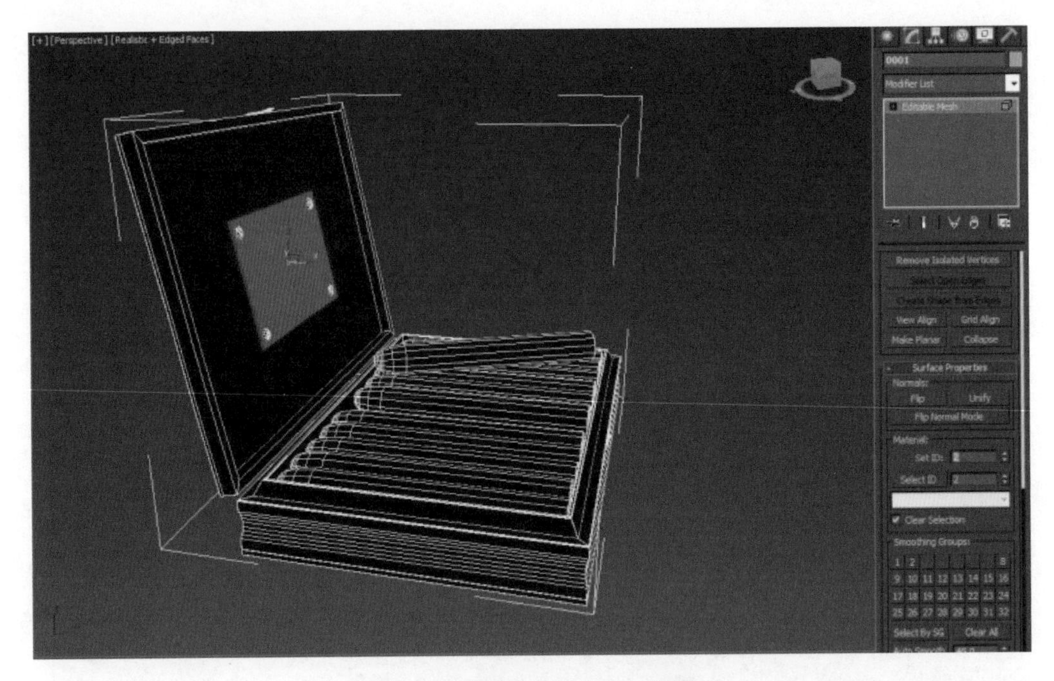


图 1-67　设置标牌的 Set ID 参数

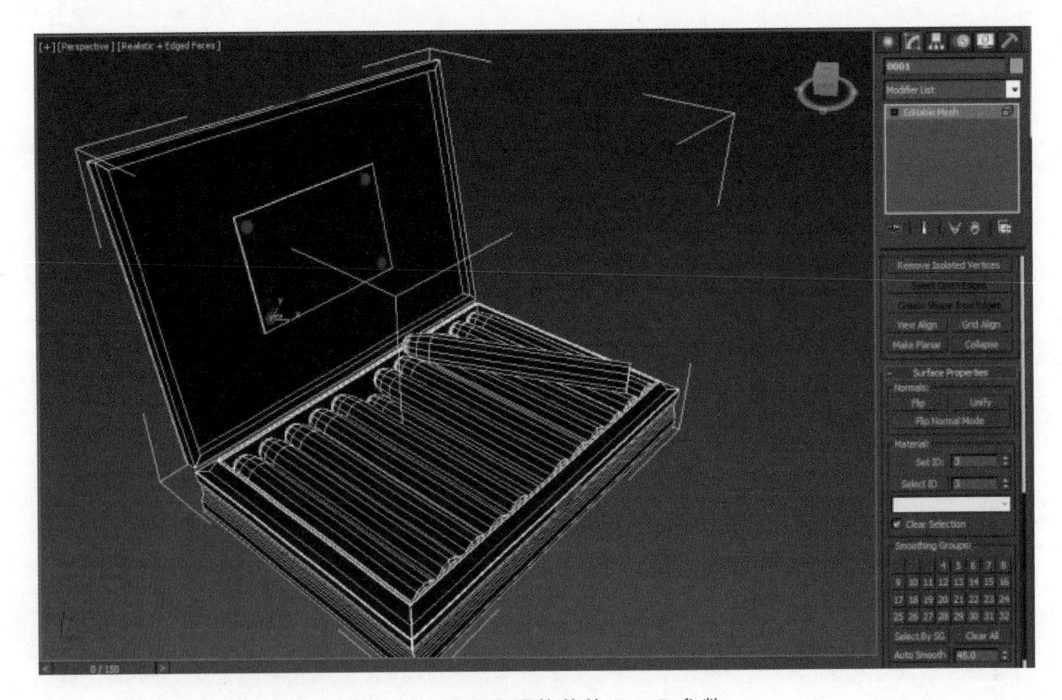


图 1-68　设置金属构件的 Set ID 参数

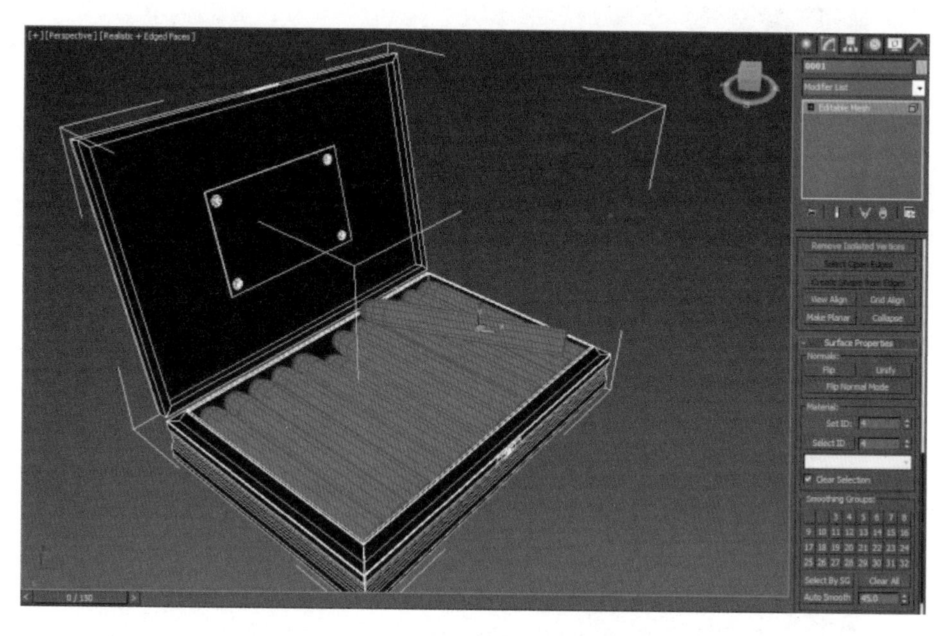

图 1-69　设置雪茄的 Set ID 参数

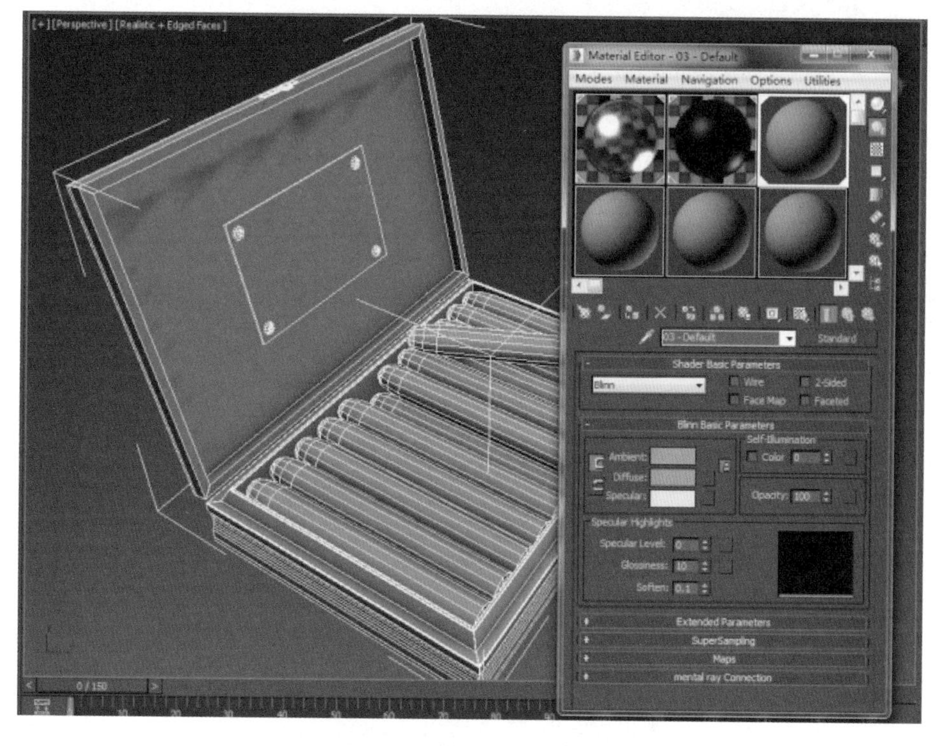


图 1-70　将材质赋予物体

（16）在材质编辑器中单击 Standard 按钮，打开如图 1-71 所示的材质/贴图浏览器，在其中双击选择 Multi/Sub-Object（多维次对象）材质类型，如图 1-71 所示。

（17）在材质编辑器中单击 Set Number（设置数量）按钮，在弹出的 Set Number of Materials（设置材质数量）对话框中将子级材质的数量设置为 4，如图 1-72 所示。

图 1-71　选择 Multi/Sub-Object 材质类型

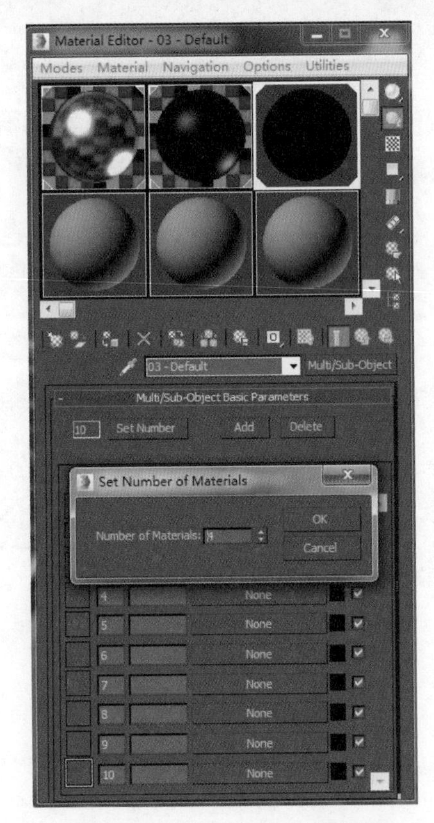


图 1-72　设置次级材质的数量

（18）单击 ID 1 右侧的 None 按钮，在弹出的材质/贴图浏览器中选择 VRayMtl 材质类型，如图 1-73 所示。

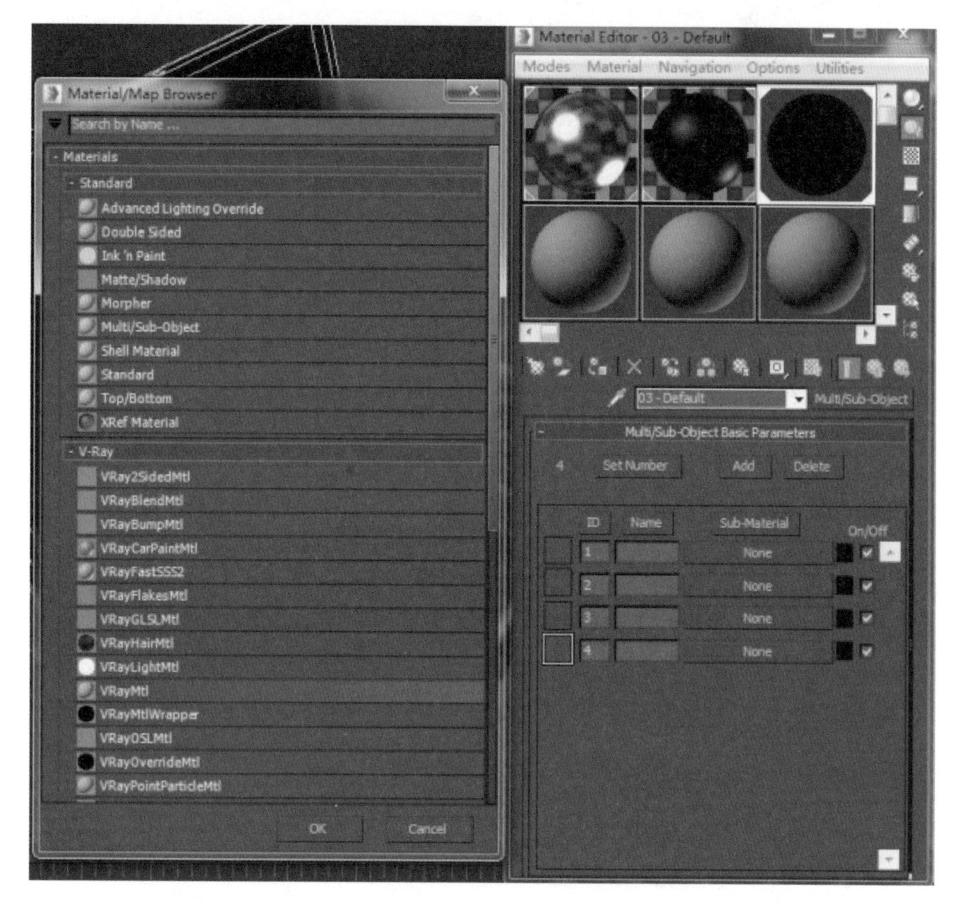


图 1-73　选择 VRayMtl 材质类型

（19）在 ID 1 材质的编辑状态，单击 Diffuse 右侧的 None 按钮，在弹出的材质/贴图浏览器中选择 Bitmap 贴图类型，如图 1-74 所示。

（20）在接着弹出的 Select Bitmap Image File 对话框中选择贴图图像，如图 1-75 所示。

在材质编辑器的工具栏中单击按钮，从 VRayMtl 材质编辑层级返回到上一层级，将 ID 1 右侧材质拖曳复制到 ID 2 右侧的 None 按钮上，并在弹出的对话框中选择 Instance，单击 OK 按钮，如图 1-76 所示。

（21）单击 ID 3 右侧的 None 按钮，在弹出的材质/贴图浏览器中选择 VRayMtl 材质类型，参数设置如图 1-77 所示。

（22）单击 Reflect 右侧的 None 按钮，在弹出的材质/贴图浏览器中选择 Falloff 贴图类型，如图 1-78 所示。

（23）Falloff 贴图参数设置如图 1-79 所示。

在材质编辑器的工具栏中单击按钮，从 Falloff 贴图编辑层级返回到 VRayMtl 层级，设置参数如图 1-80 所示。

（24）在 Maps 卷展栏中单击 Bump（凹凸贴图）右侧的 None 按钮，在弹出的材质/贴图浏览器中选择 Noise（噪波）贴图类型，如图 1-81 所示。

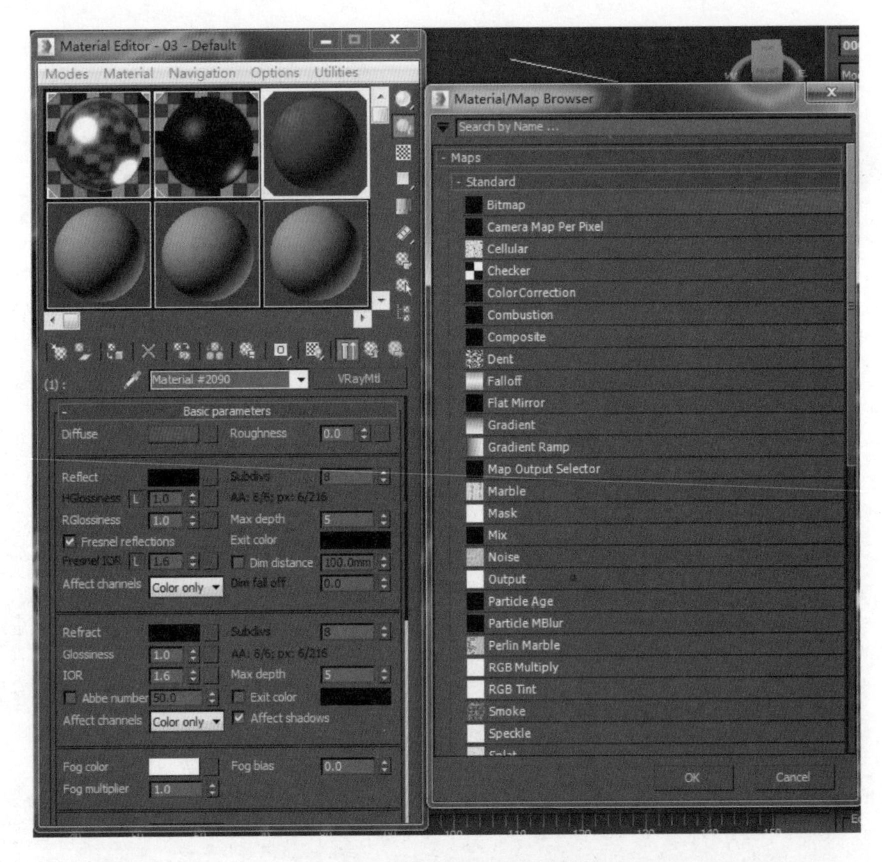


图 1-74　选择 Bitmap 贴图类型

图 1-75　选择位图图像文件

图 1-76　将 ID 1 材质复制到 ID 2 材质

图 1-77　参数设置

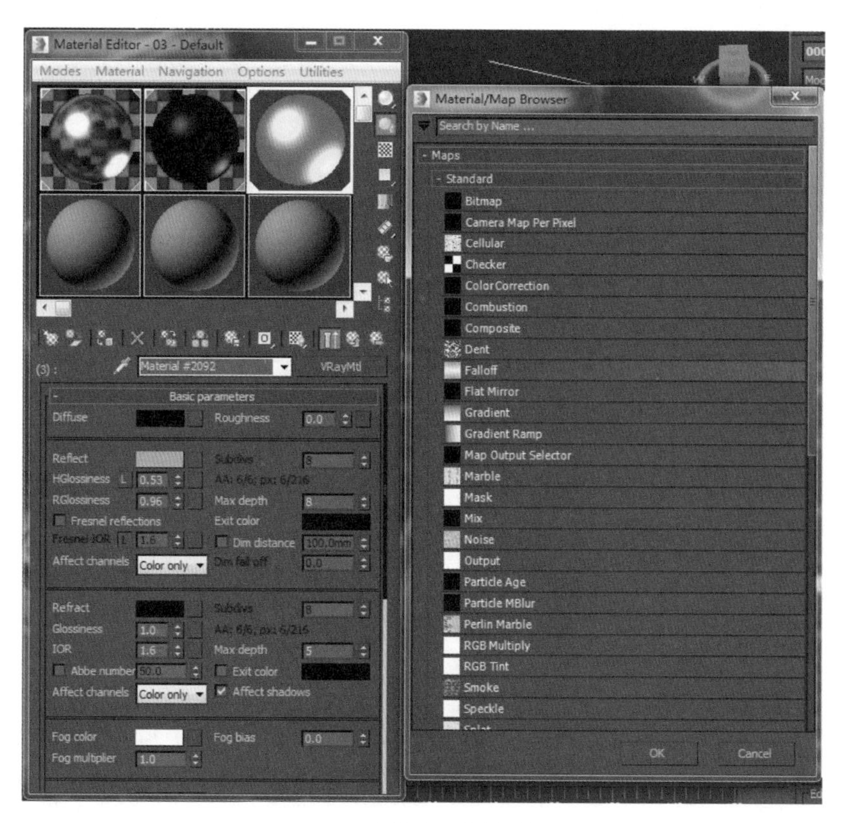


图 1-78　选择 Falloff 贴图类型

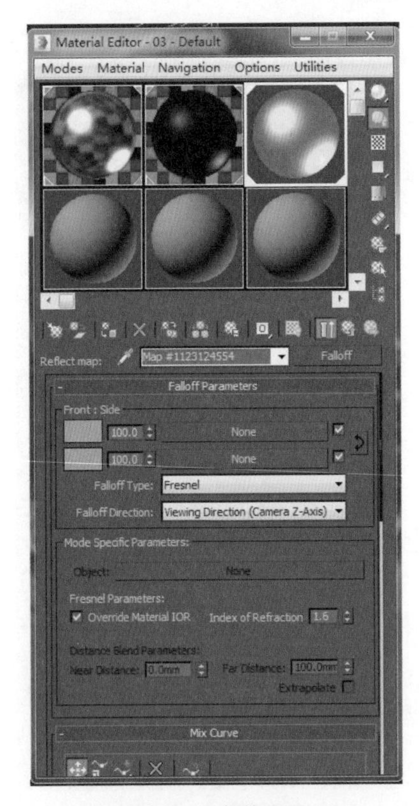


图 1-79 参数设置

图 1-80 设置 VRayMtl 材质参数

图 1-81 选择 Noise 贴图类型

（25）Noise 贴图参数设置如图 1-82 所示。

（26）单击按钮，从 Noise 贴图编辑层级返回到 VRayMtl 材质编辑层级，将 Bump 数值改为 5，如图 1-83 所示。

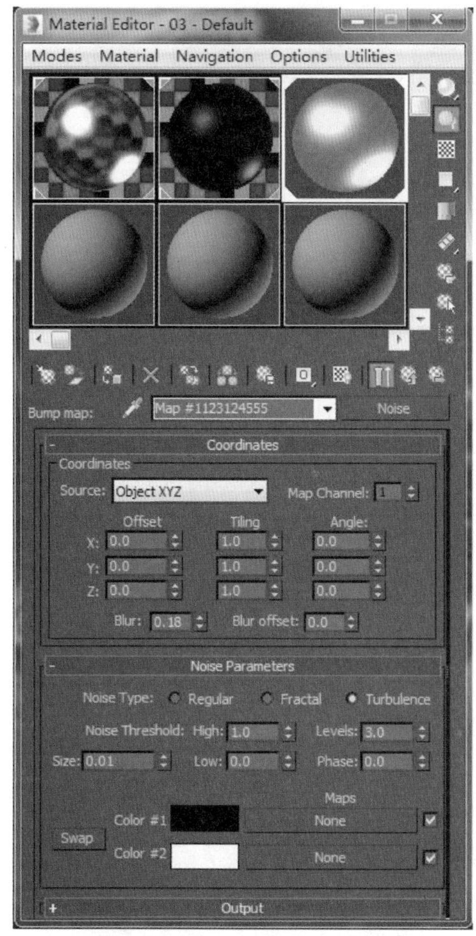


图 1-82 Noise 贴图参数设置

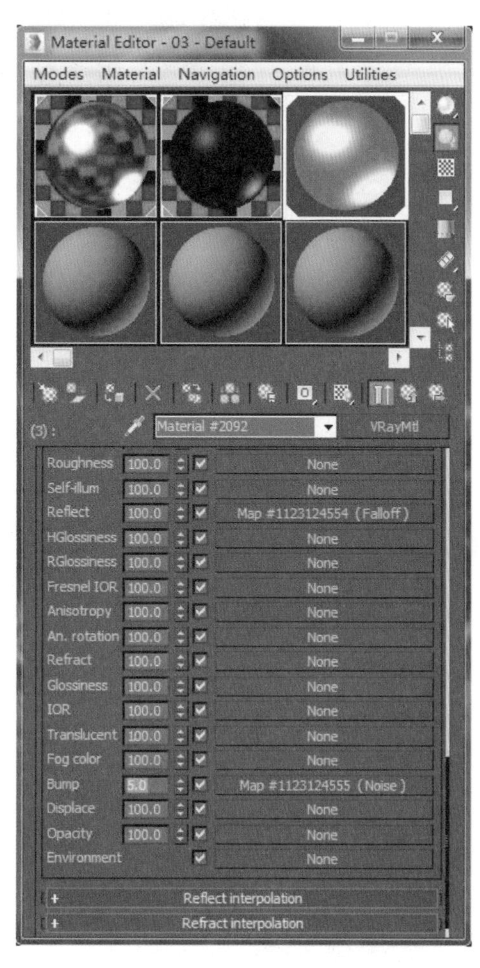


图 1-83 将 Bump 数值改为 5

（27）单击按钮，返回到上一层级的主材质编辑状态，单击 ID 4 右侧的 None 按钮，在弹出的材质/贴图浏览器中选择 VRayMtl 材质类型。

（28）在 VRayMtl 贴图编辑层级，单击 Diffuse 右侧 None 按钮，在弹出的材质/贴图浏览器中双击选择 Bitmap 贴图类型，在弹出的选择位图图像文件对话框中选择贴图图像，如图 1-84 所示。

（29）单击 Reflect 右侧的 None 按钮，在弹出的材质/贴图浏览器中选择 Falloff 贴图类型，设置参数如图 1-85 所示。

（30）单击按钮，从 Falloff 贴图编辑层级返回到 VRayMtl 材质编辑状态，参数设置如图 1-86 所示。

（31）在 Maps 卷展栏中单击 Bump 右侧的 None 按钮，在弹出的材质/贴图浏览器中选择 Bitmap 贴图类型。

（32）在弹出的选择位图图像文件对话框中选择贴图图像，如图 1-87 所示。

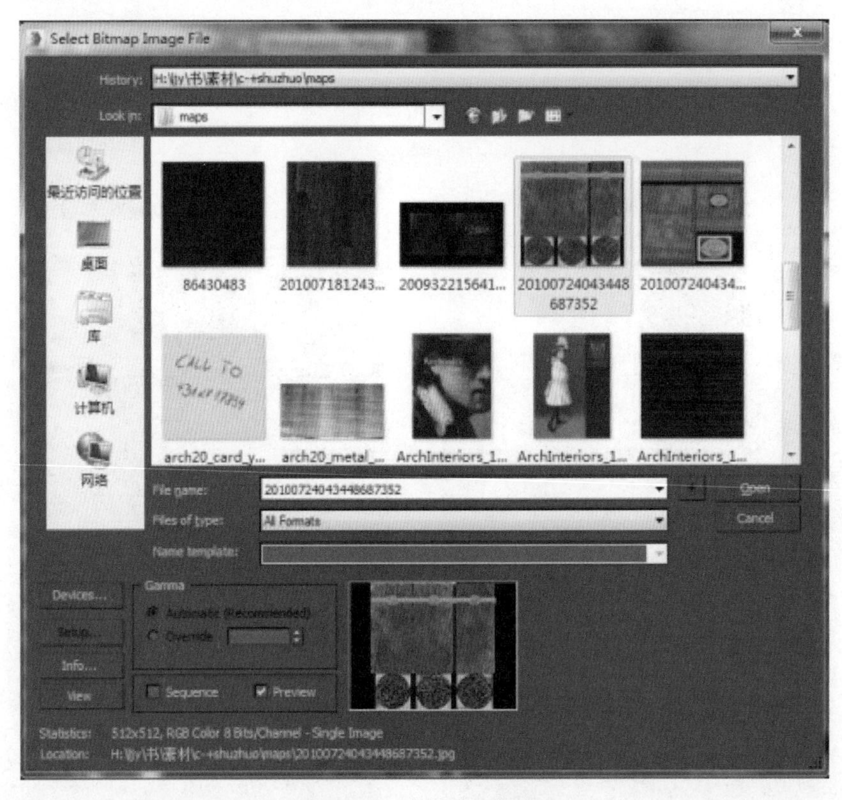

图 1-84　选择贴图图像

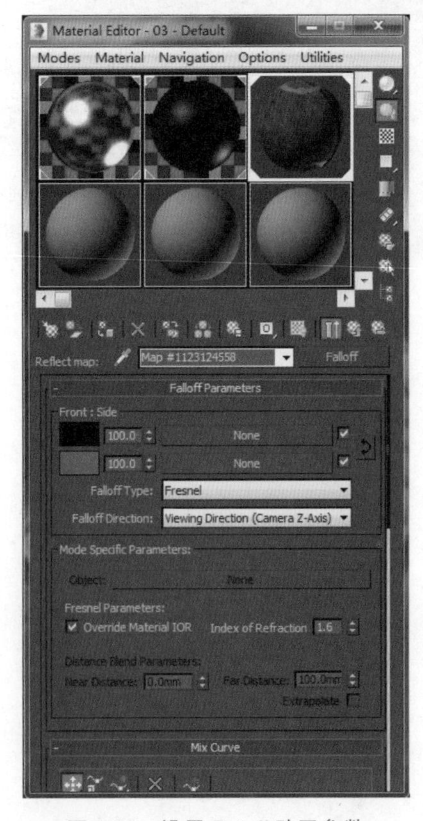

图 1-85　设置 Falloff 贴图参数

图 1-86　设置 VRayMtl 材质参数

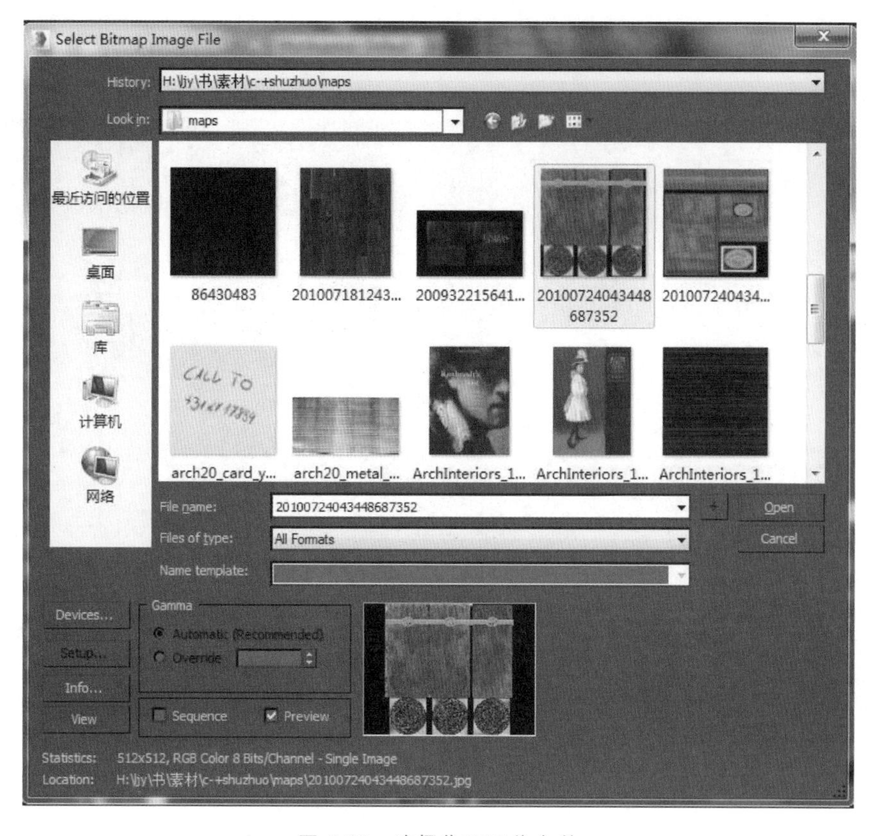


图 1-87　选择位图图像文件

(33) 关闭材质编辑器，在创建命令面板中单击 按钮，进入灯光创建命令面板，在 Vary 灯光创建类型中单击 VaryLight(Vary 灯光)按钮，在场景中单击并拖动鼠标创建一盏 Vary 灯光，参数及位置如图 1-88 所示。

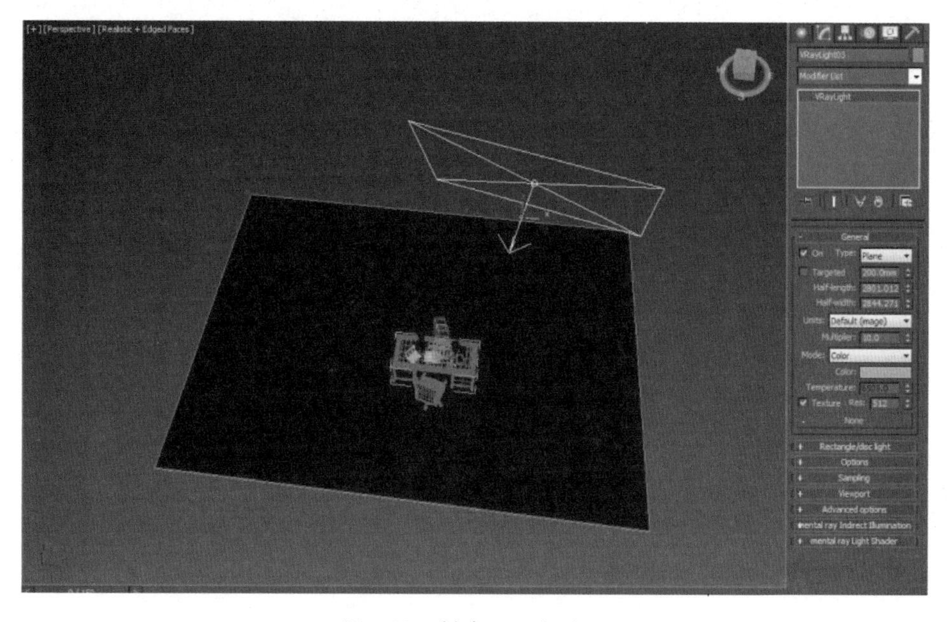


图 1-88　创建 Vary 灯光一

再次单击 VaryLight 按钮，在场景中单击并拖动鼠标创建第二盏 Vary 灯光，参数及位置设置如图 1-89 所示。

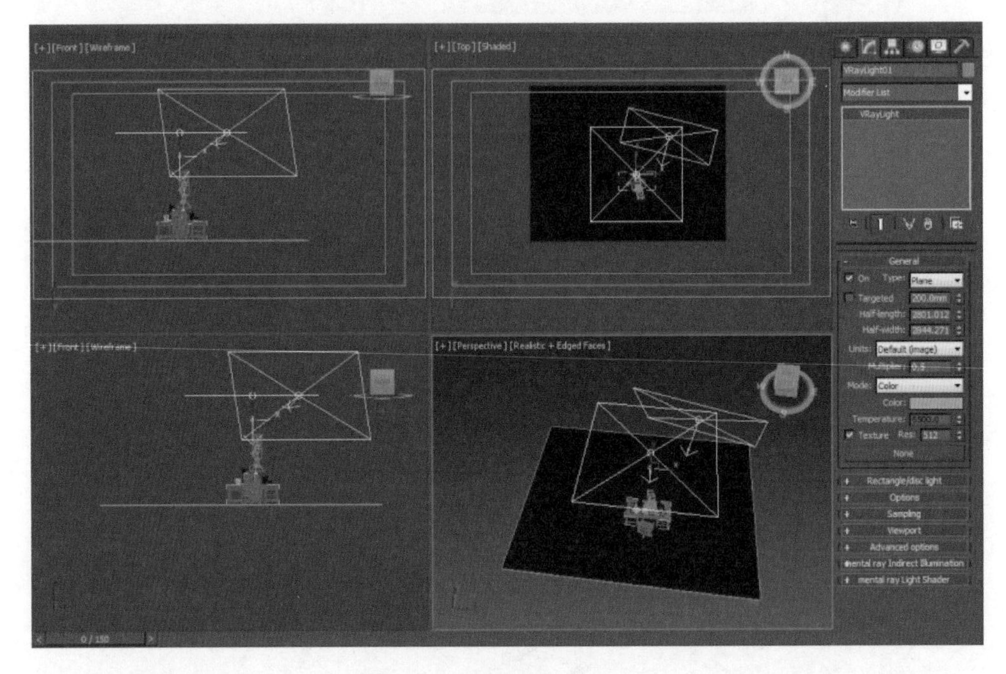


图 1-89　创建 Vary 灯光二

(34) 再次单击 VaryLight 按钮，在场景中单击并拖动鼠标创建第三盏 Vary 灯光，参数及位置设置如图 1-90 所示。

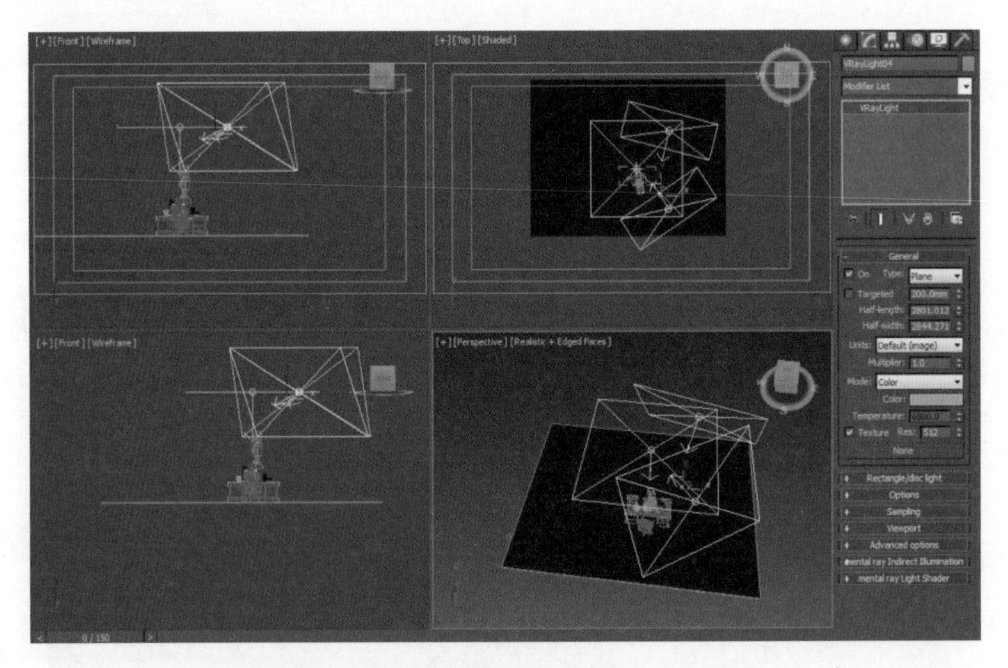


图 1-90　创建 Vary 灯光三

（35）再次单击 VaryLight 按钮，在场景中单击并拖动鼠标创建第四盏 Vary 灯光，参数及位置设置如图 1-91 所示。

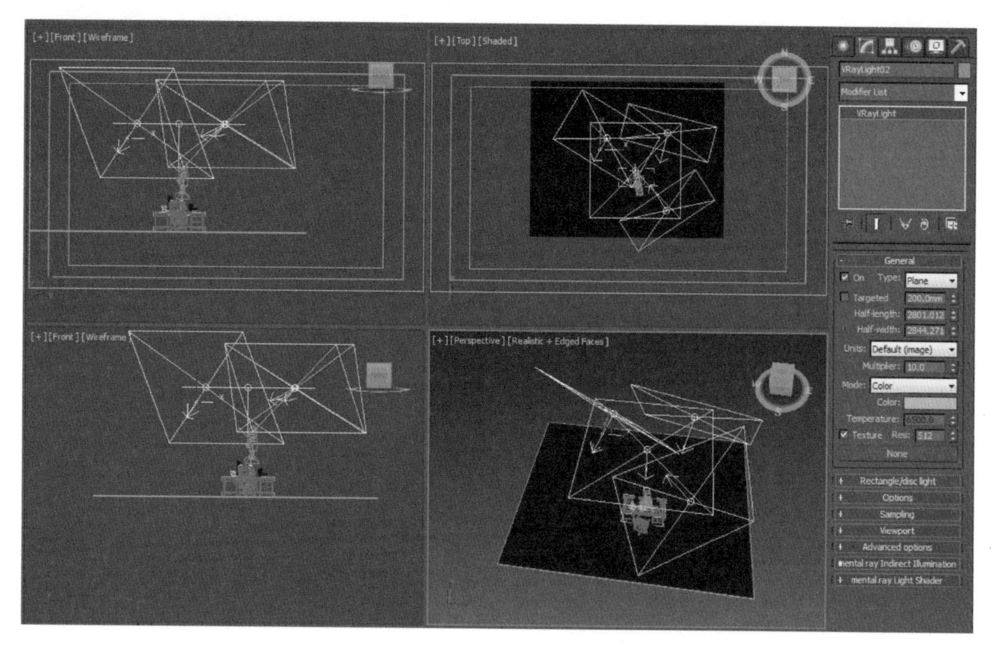


图 1-91　创建 Vary 灯光四

（36）单击主工具栏中的按钮，查看书桌的渲染效果，如图 1-92 所示。

图 1-92　查看书桌的渲染效果

## 习题

1-1 概述光能传递与光线跟踪的区别。

1-2 在 3ds Max 2016 中共包含哪三种类型的灯光对象?

1-3 使用区域阴影时,通常调节哪些参数会对场景的渲染产生又快又好的效果?

1-4 3ds Max 2016 提供了哪两套全局光照系统?两种全局光照系统的区别主要体现在哪些方面?

1-5 概述 Radiosity 全局光源创建和参数设置的标准工作流程。

# 第2章 摄像机

本章首先介绍摄像机的类型；详细讲述摄像机的创建参数；介绍在三维动画编辑过程中如何运用镜头动作；最后以一个具体的设计范例，详细讲述如何使用摄像机跟踪与匹配。

## 2.1 摄像机类型

摄像机用于拍摄三维动画的场景，动画影片通常是在摄像机视图中渲染输出的，3ds Max 2016 中的摄像机与真实世界中摄像机的属性基本相同，也具有焦距、景深、视角、透视畸变等镜头光学特性，所以在创建与调整的过程中应当充分注意拍摄过程的各种技术细节。

鼠标右击视图名称，在弹出快捷菜单中的 Views（视图）子菜单之下，列出了场景中所有摄像机视图的名称，从中选择一个摄像机的名称后，就可以将当前视图变化成该摄像机的摄像机视图，如图 2-1 所示，同时在主界面右下角出现摄像机视图控制工具。转换为摄像机视图的默认快捷键是 C。

**注意**：*激活一个摄像机视图不会自动选择该摄像机对象。*

在 3ds Max 2016 的摄像机创建命令面板中可以创建 3 种类型的摄像机，即 Target Camera（目标摄像机）、Free Camera（自由摄像机）和 Physical Camera（物理摄像机），如图 2-2 所示。

### 1. Target Camera（目标摄像机）

目标摄像机常用于拍摄视线跟踪动画，即拍摄点固定不动，将镜头的目标点链接到动画对象之上，拍摄目光跟随动画对象的场面，如图 2-3 所示。

在摄像机创建命令面板的 Object Type 卷展栏中单击 Target 按钮，在场景中单击并拖动鼠标创建一部目标摄像机，鼠标单击的位置确定了目标摄像机的拍摄点位置，鼠标拖动的方向确定了目标摄像机的拍摄方向。

### 2. Free Camera（自由摄像机）

自由摄像机没有目标拍摄点，比较适于绑定到运动对象之上，拍摄摄像机跟随运动的画面，如图 2-4 所示。

### 3. Physical Camera（物理摄像机）

这种新型摄像机是与 V-Ray 渲染器的设计公司 Chaos Group 公司共同研发的，在参数控制方面为影视动画艺术家提供了更多全新的选项，可以模拟真实世界中摄影机的控制数据，如快门速度、光圈、景深、曝光、加强的控制等。在全新的物理摄像机视图中，可以渲染输出更具写实效果的影像与动画。

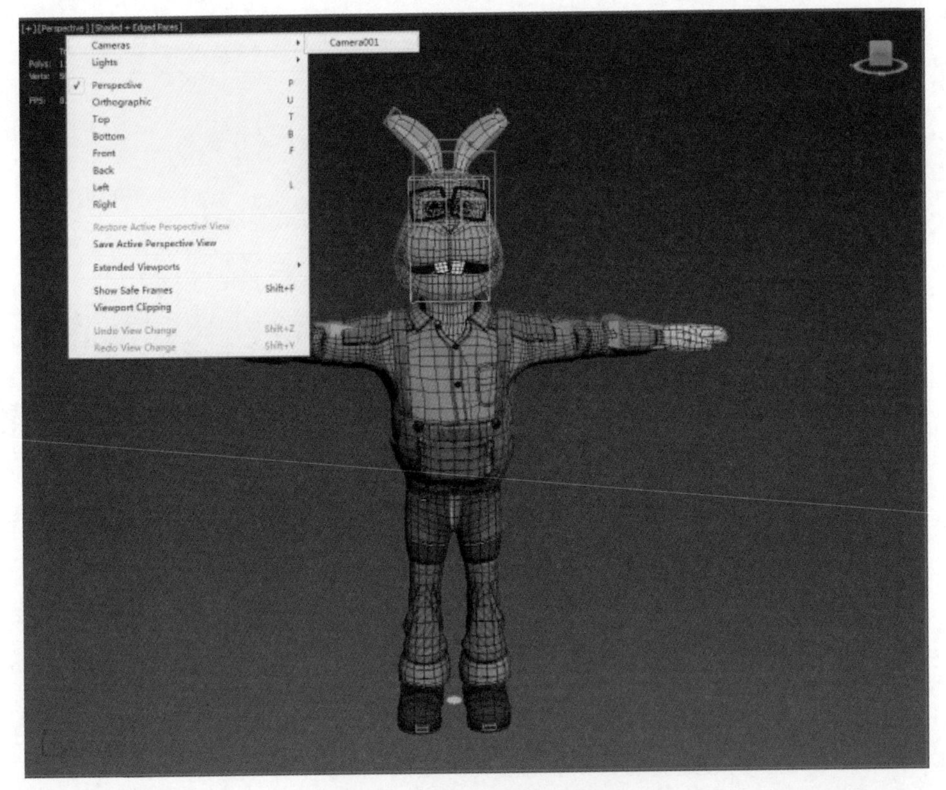


图 2-1　切换为摄像机视图

图 2-2　摄像机创建命令面板

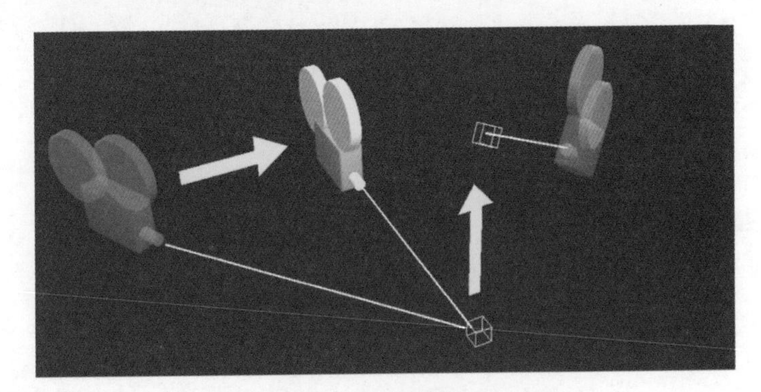

图 2-3　目标摄像机

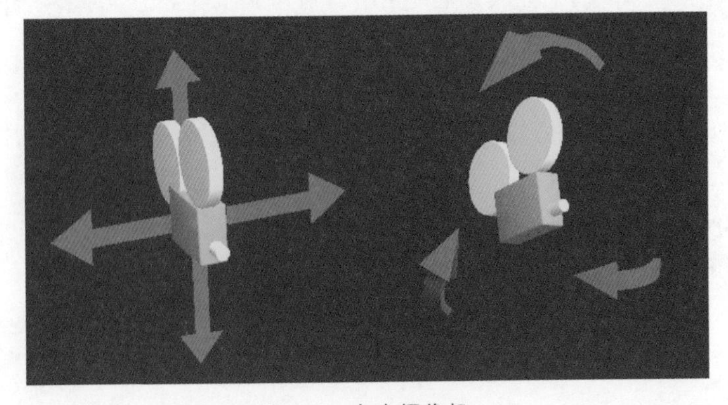

图 2-4　自由摄像机

## 2.2　摄像机参数

自由摄像机与目标摄像机的参数设置项目基本相同，如图 2-5 所示，都包含 Parameters（参数）卷展栏和 Depth of Field Parameters（景深参数）卷展栏。

### 2.2.1　Parameters 卷展栏

摄像机的 Parameters（参数）卷展栏如图 2-6 所示。

Lens（镜头）：设置摄像机的焦距长度，单位为（mm）毫米，也可以在下面的 Stock Lenses 项目中指定一个预设的镜头类型。

FOV Direction（视场方向）：在下拉按钮组中可以选择 3 种不同类型的视场方向，即 Horizontal（水平方向）、Vertical（垂直方向）和 Diagonal（对角线方向）。

Orthographic Projection（正投影）：勾选该选项，摄像机视图如同用户视图一样；取消勾选该选项，摄像机视图如同透视图一样。

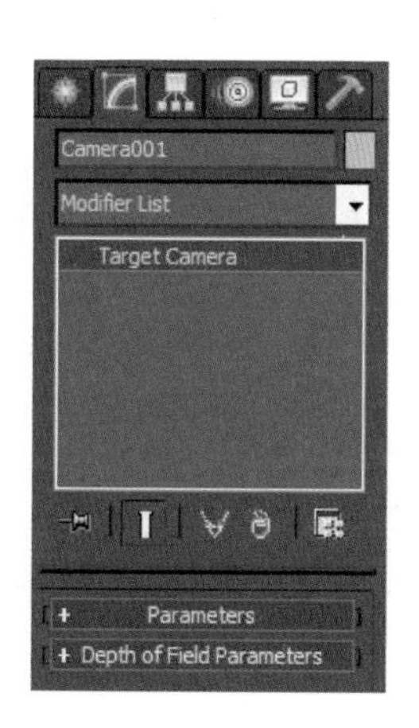


图 2-5　摄像机参数卷展栏

图 2-6　摄像机参数

Stock Lenses（镜头堆栈）：在镜头堆栈中列出了 9 种不同类型的预设镜头，即 15mm、20mm、24mm、28mm、35mm、50mm、85mm、135mm、200mm。

Type（类型）：可以指定当前摄像机是目标摄像机还是自由摄像机。

**注意**：如果从目标摄像机转换为自由摄像机，任何指定到摄像机目标点的动画都会丢失。

Show Cone（显示视锥）：勾选该选项，显示摄像机的棱锥形视阈范围，视锥只显示在其他类型的视图中，不显示在摄像机视图中。

Show Horizon（显示地平线）：在摄像机视图中显示一条深灰色的地平线。

Environment Ranges（环境范围）项目包含如下几项。

Show（显示）：勾选该选项后，在摄像机光锥中显示一个矩形，标明近距距离与远距距离的参数设置。

Near Range（近距范围）：指定大气效果的近距范围。

Far Range（远距范围）：指定大气效果的远距范围，对象在两个范围之间依据距离百分比进行淡化处理。

## 2.2.2 Depth of Field Parameters 卷展栏

Depth of Field Parameters(景深参数)卷展栏如图 2-7 所示。

Focal Depth(焦点深度)项目包含如下几项。

Use Target Distance(使用目标距离)：勾选该选项后，使用摄像机到目标点之间的距离作为焦点深度；取消勾选该选项后，使用下面的 Focal Depth 参数确定焦点深度，默认为勾选状态。

Focal Depth(焦点深度)：取消勾选 Use Target Distance 选项后，可以指定焦点深度数值，取值范围 0.0 到 100.0。设置为 0.0 表示摄像机当前的位置；设置为 100.0 表示无穷远，默认为 100.0。较低的 Focal Depth 设置获得比较小的景深，景深之外的对象会模糊不清，如图 2-8 所示。

Sampling(采样)项目包含如下几项。

Display Passes(显示过程)：勾选该选项后，虚拟帧缓冲显示复合渲染的过程；取消勾选该选项后，虚拟帧缓冲只显示最终的渲染结果。默认为勾选状态。

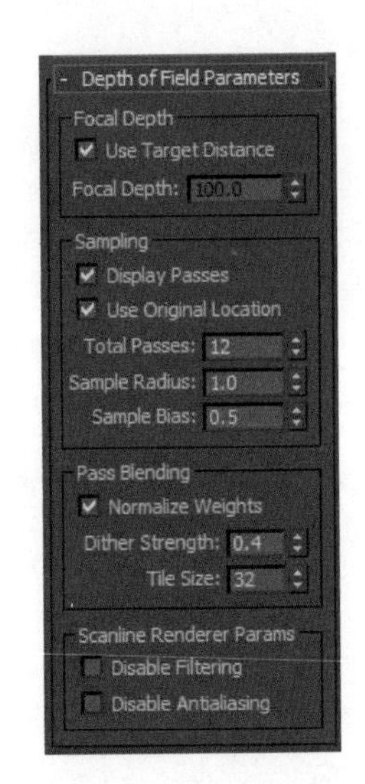


图 2-7 Depth of Field Parameters 卷展栏

图 2-8 景深虚化效果

Use Original Location(使用初始位置)：勾选该选项后，在摄像机的初始位置渲染最初的过程。默认为勾选状态。

Total Passes(总步数)：该参数用于指定产生效果的总步数，增加该参数可以增加效果的精细程度，同时要耗费更多的渲染时间。默认设置为 12。

Sample Radius(采样半径)：指定进行虚化采样的半径尺寸，增加该参数可以增加虚化的效果；减小该参数可以减小虚化的效果。默认设置为 1.0。

Sample Bias(采样偏斜)：该参数用于指定虚化效果朝向或远离采样半径，增加该参数会增加景深虚化的一般效果；减小该参数会增加景深虚化的随机效果。该参数的取值范围是 0.0 到 1.0。默认设置为 0.5。

Pass Blending(步数融合)项目包含如下几项。

Normalize Weights(规格化权重)：勾选该选项后，权重被规格化，可以创建更为光滑的效果。默认为勾选状态。

Dither Strength(抖动强度)：该参数用于确定渲染过程中的抖动量，增加该参数的设置可以加大抖动量，会获得比较明显的颗粒效果，特别是在对象的边缘。默认设置为 0.4。

Tile Size(拼接尺寸)：该参数用于设置抖动纹理的尺寸，该参数是百分比参数，设置为 0 获得最小的拼接；设置为 100 获得最大的拼接。默认设置为 32。

Scanline Renderer Params(扫描线渲染器参数)项目包含如下几项。

Disable Filtering(取消过滤)：勾选该选项后取消滤镜的作用效果。默认为取消勾选状态。

Disable Anti-aliasing(取消抗锯齿)：勾选该选项后取消抗锯齿的作用效果。默认为取消勾选状态。

Depth of Field Parameters(mental ray Renderer)卷展栏如图 2-9 所示。

f-Stop(视阈终结)：设置摄像机视阈终结的距离，减小该参数可以扩大景深范围。

## 2.2.3 Motion Blur Parameters 卷展栏

Motion Blur Parameters(运动虚化参数)卷展栏如图 2-10 所示。

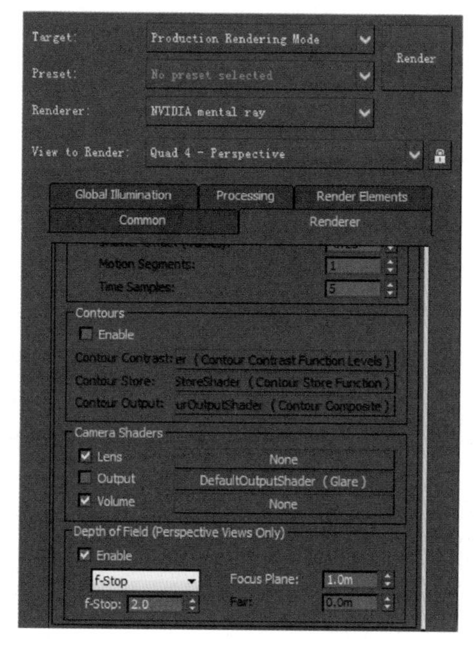


图 2-9 mental ray 景深参数

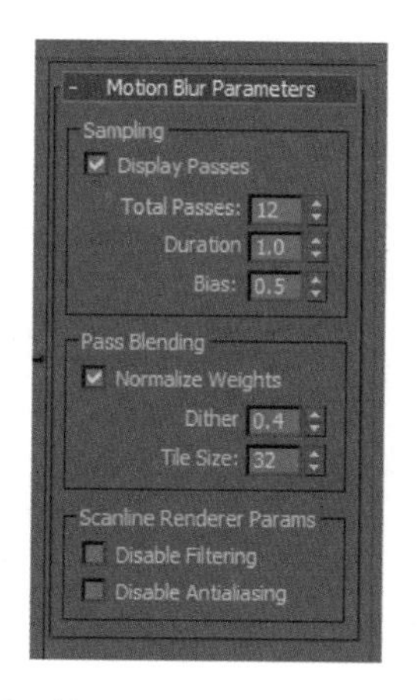


图 2-10 Motion Blur Parameters 卷展栏

Sampling(采样)项目包含如下几项。

Display Passes(显示过程)：勾选该选项后，虚拟帧缓冲显示复合渲染的过程；取消勾选该选项后，虚拟帧缓冲只显示最终的渲染结果。默认为勾选状态。

Total Passes(总步数)：该参数用于指定产生效果的总步数，增加该参数可以增加效果的精细程度，同时要耗费更多的渲染时间。默认设置为 12。

Duration (frames)(持续时间-帧数)：该参数用于指定进行运动虚化处理的帧数。默认设置为 1.0。

Bias(采样偏斜)：该参数用于指定虚化效果朝向或远离当前帧，增加该参数虚化会朝向后面的两帧；减小该参数虚化会朝向前面的两帧。该参数的取值范围是 0.0 到 1.0，默认设置为 0.5。

Pass Blending(步数融合)项目包含如下几项。

Normalize Weights(规格化权重)：勾选该选项后，权重被规格化，可以创建更为光滑的效果。默认为勾选状态。

Dither Strength(抖动强度)：该参数用于确定渲染过程中的抖动量，增加该参数的设置可以加大抖动量，会获得比较明显的颗粒效果，特别是在对象的边缘。默认设置为 0.4。

Tile Size(拼接尺寸)：该参数用于设置抖动纹理的尺寸，该参数是百分比参数，设置为 0 获得最小的拼接；设置为 100 获得最大的拼接。默认设置为 32。

Scanline Renderer Params(扫描线渲染器参数)项目包含如下几项。

Disable Filtering(取消过滤)：勾选该选项后取消滤镜的作用效果，默认为取消勾选状态。

Disable Antialiasing(取消抗锯齿)：勾选该选项后取消抗锯齿的作用效果，默认为取消勾选状态。

## 2.3 镜头动作

镜头画面是构成动画叙事、抒情、表意语言的基本元素，它的性质、特点及构图结构特性对组接连续叙述有着异常重要的作用。动画是用于表现运动的，除了主体角色运动之外，还有体现一定观察方式和表现视点的拍摄运动，这些都将给镜头画面空间处理带来时间中的进展、变化和转换。

镜头动作可以表达镜头的内容及含意，经由画面的变化就可以看出拍摄者所要传达的镜头语言。苏联电影大师普多夫金曾经说："一直到现在还只是像一个静止不动的观众似的摄影机，好像终于有了生命。它获得了自由活动的能力，并且把一个静止的观众变成一个活动的观察者。"

在动画编辑过程中经常涉及的镜头动作包括推、拉、摇、移、跟、甩、升、降、鸟瞰等，如图 2-11～图 2-13 所示。

图 2-11　推拉镜头动作效果

图 2-12　摇镜头动作效果

图 2-13　跟镜头动作效果

推、拉、摇、移、甩、跟、升、降等镜头动作都有各自的用途，在镜头运动过程中透视关系不断变化(散点透视)，方位、角度、景别、光影等也可随之改变。画面结构关系的调整，运动拍摄的速度、节奏由两个因素所决定：对象运动形态要求的表现形式；运动表现形式赋予对象的特殊含义。

因为镜头和角色可能同时运动，所以会产生运动之间的同向、异向、相聚三种相对关系。

(1) 同向：镜头和角色的运动朝向一致，角色在画面中的空间位置、景别都不改变，变化的只是动画场景。

(2) 异向：镜头和角色的运动朝向相反，在画面中角色的景别越来越小。

(3) 相聚：镜头和角色相向运动，着重强调聚拢时的时空关系和运动力度，画面的构图安排不在运动过程中，而是在起幅、落幅时的画面安排和构图结构的处理上。

镜头动作可以赋予角色或景物运动状态以深刻的含义，并赋予角色运动以特殊的节奏和韵律。

变焦拍摄方式分为拉、推两种类型，用这两种方式来进行素材拍摄，就称为"变焦拍摄"。利用变焦拍摄可以产生表现对象及表现重点的改变，还可以改变物距、变化景别及其与背景的映衬关系。

在变焦拍摄的过程中要注意以下几个方面：

(1) 变焦拍摄首先要有目的性。

在变焦拍摄的过程中必须注意画面要表达的目的，当想让观众注意一些重点、细节，或凸显及强调主题时，用推的方式进行拍摄；当想说明被拍摄主体周围的环境情况，说明局部与整体的关系，或切换画面时，可以采用拉的方式进行拍摄。

(2) 不同的变焦速度可以获得不同的转切效果。

对于想立刻引起人们注目的镜头，可以用快速变焦来放大；当希望先让人们了解周围的环境之后再从环境中捕捉被拍摄的主体时，可以用慢速来进行变焦。

(3) 镜头的变化要模仿人眼运动观看的规律。

因为人眼不会像镜头一样推来拉去，所以变焦有时会造成异常的视觉感受。极快速和极缓慢的变焦过程相对于中速变焦更适合人的视觉习惯，在镜头变焦距的同时移动动画场景可使其产生的机位动作掩饰变焦距的动作。

学习镜头动作的最佳方式就是观摩影片，学习他人作品中的一些成熟手法，正如摄影师约翰·阿朗索所说"我临摹了许多经典老片，模仿其中的镜头"。

## 2.4 摄像机跟踪与匹配

利用 Camera Match(摄像机匹配)程序和 CamPoint(摄像机匹配点)帮助对象，可以使场景摄像机的拍摄位置、角度、镜头与真实摄像机拍摄的背景图像相匹配。

### 2.4.1 摄像机匹配帮助对象

帮助对象是一种辅助操作的对象，不能被渲染输出，在 3ds Max 2016 中的帮助对象创建命令面板如图 2-14 所示。

在帮助对象创建命令面板中，有 10 种类型的帮助对象：Standard（标准辅助工具）、Atmospheric Apparatus（大气装置工具）、Camera Match（摄像机匹配工具）、Assembly Heads(集成头)、Manipulators（操纵器）、Particle Flow(粒子流)、MassFX(动力学)、CAT Objects(CAT 骨骼

对象)、VRML97(虚拟现实辅助工具97)、VRay。

如图2-15所示，在辅助工具创建命令面板中，可以创建一种摄像机匹配帮助对象，即CamPoint(摄像机匹配点)帮助对象。

图2-14　帮助对象创建命令面板

图2-15　摄像机匹配点帮助对象

摄像机匹配点帮助对象常与Camera Match(摄像机匹配)程序联合使用，使场景摄像机的拍摄位置、角度、镜头与真实摄像机拍摄的背景图像相匹配，这样可以在渲染场景时，使场景摄像机拍摄的场景与背景图像或动画精确地配合在一起。

摄像机匹配点在场景中确定一个位置，该位置定义在背景图像中可以见到的一个拍摄点，将这些摄像机匹配点与背景图像中的拍摄点位置比较之后，就可以确定场景摄像机的拍摄位置，如图2-16所示，场景摄像机与拍摄背景图像的真实摄像机相匹配。

图2-16　摄像机匹配点

### 2.4.2　摄像机匹配程序

程序命令面板如图2-17所示，通过该命令面板可以访问各种实用程序，在3ds Max 2016中程序被作为外挂插件模式，还可以加入更多由第三方开发商创建的实用程序，这些附加外挂程序的帮助文件，可以通过菜单命令Help→Additional Help访问。

程序命令面板中包含管理和调用程序的项目，在调用一个程序后，该程序的参数设置项目出现在程序命令面板的下面。

摄像机匹配程序利用场景中的背景位图和5个或更多的CamPoint(摄像点)对象，创建或编辑一个摄像机，使该摄像机的位置、方向、视阈范围与拍摄背景位图的真实摄像机相匹配。

CamPoint Info(摄像点信息)卷展栏如图2-18所示。

图2-17　程序命令面板

图2-18　摄像点信息卷展栏

在列表中显示了场景中所有摄像点帮助对象的名称，从列表中选择一个摄像点帮助对象后可以指定屏幕坐标点位置，如果直接在场景中选择一个摄像点对象，在列表中同时会高亮显示选定的摄像点帮助对象名称。

Input Screen Coordinates (输入屏幕坐标)下的X/Y：用于在一个二维平面中调整屏幕坐标点的位置。

Use This Point(使用这个点)：在列表中选择一个摄像点后，勾选该选项可以在X/Y区域中精确输入坐标点的位置；取消勾选该选项可以暂时关闭一个坐标点的作用效果，如果因为摄像点过多(例如超过5个)，使摄像机匹配过程产生错误，就要利用该选择暂时关闭几个摄像点。

Assign Position(指定位置)：用于在场景中的背景位图上单击放置一个屏幕坐标点，使该坐标点匹配到背景位图的拍摄位置。单击Assign Position按钮之后，从列表窗口中选择一个摄像点对象，然后在背景图像中相对于当前场景的空间拍摄点位置单击放置这个摄像点，重复该操作为列表中的所有摄像点指定对应的拍摄位置后，就可以在Camera Match项目中单击Create Camera按钮，基于这些指定的摄像点位置创建一部场景摄像机。

Camera Match(摄像机匹配)卷展栏如图2-19所示。

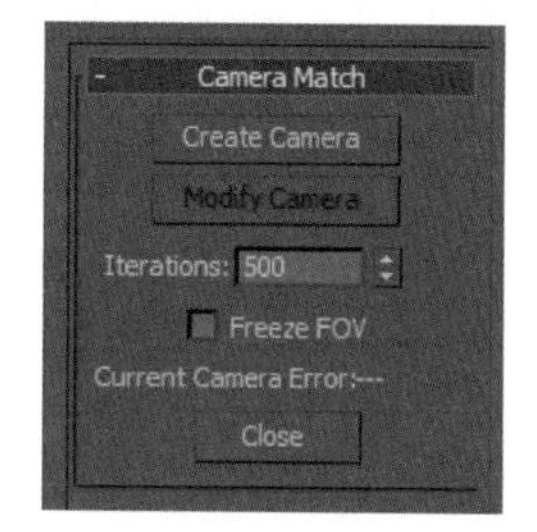


图2-19　摄像机匹配项目

Create Camera(创建摄像机)：单击该按钮在场景中创建一部摄像机，该摄像机的位置、方向、拍摄范围基于当前在场景创建的摄像点帮助对象位置。

Modify Camera(编辑摄像机)：单击该按钮，基于当前指定的摄像点帮助对象和屏幕坐标点，调整场景中选定摄像机的拍摄位置、角度、拍摄范围。

Iterations(重复)：设置在计算摄像机位置过程中的最大重复次数，默认为500，一般在小于100的情况下也能取得较好的匹配结果。

Freeze FOV(冻结镜头)：勾选该选项后，在创建摄像机或编辑摄像机的过程中，保证摄像机的FOV(拍摄范围)不被修改。该选项用于已经明确知道拍摄场景背景图像的真实摄像机的镜头尺寸。

Current Camera Error(当前摄像机错误)：显示在最终的摄像机匹配计算过程中，在屏幕坐标点、摄像点帮助对象和摄像机位置之间的计算错误数值。在实际的匹配过程中很少是完全吻合的,允许的错误值范围为 0～1.5,如果错误数值高于 1.5,最好重新调整摄像点的位置。

Close(关闭):单击该按钮退出摄像机匹配程序。

### 2.4.3 摄像机追踪程序

当制作一段飞行器飞向高山的影片时,可以在实地用真实的摄像机航拍一段接近高山的背景影片,然后在 3ds Max 2016 中创建飞行器的模型后,输出一段飞行器飞行的动画,将这两段影片合成在一起后,就可以得到最终所需的影片了。

图 2-20　背景影片项目

利用摄像机追踪程序可以为场景中的摄像机指定运动拍摄过程,使场景摄像机的运动拍摄过程与真实摄像机拍摄背景影片的运动过程完美地结合在一起,这样可以使合成输出的影片更为真实自然。

Movie(背景影片)卷展栏如图 2-20 所示。

在该项目中可以导入一部用于摄像机追踪的影片,还可以控制影片的显示、导入或保存 MOT 文件,该文件存储摄像机追踪的信息。

Movie file(影片名称):单击该按钮,选择并打开一部用于追踪的影片文件,还可以打开.ifl 静态图像序列文件。.ifl (image file list)是一种图像列表文件,利用 IFL Manager(IFL 文件管理器)能够创建这种图像列表文件,使用任何位图选择对话框都可以选择图像序列。当打开影片文件后,它显示在一个 Movie Window(影片窗口)中。

Display Movie(显示影片):单击该按钮,重新开启一个已经关闭或最小化的影片窗口,利用影片窗口可以直接通过浏览的影片设置和调整追踪线框。

Show frame(显示帧):用于设置在影片窗口中显示影片的帧步幅,在 Movie Stepper 项目中提供了附加的设置参数。

Deinterlace(非交错场):为当前追踪影片的帧指定一个视频非交错场滤镜。如果当前追踪的视频影片出现明显的场交错效果,就应当勾选该选项,以使最终的追踪匹配计算能够正确地进行。如果当前追踪的视频影片是一部数字化的影片,就不能为其指定视频非交错场滤镜,否则会使追踪结果不精确。视频非交错场滤镜只是临时作用于导入影片的帧,不会对原始的影片文件产生影响。选择 Off(关闭),不使用视频非交错场滤镜;选择 Odd(奇数场),使用奇数场进行插值处理;选择 Even(偶数场),使用偶数场进行插值处理。

Fade display(淡化显示):勾选该选项,在影片窗口中以 50%的透明度淡化显示背景影片,使追踪线框更清晰地显示。

Auto Load/ Save settings(自动导入/保存):将当前影片的追踪设置状态和所有位置数据,保存到一个指定的文件中,勾选 Auto Load/Save settings 选项后,可以在调整和设置追踪器的过程中,自动将调整结果更新保存到该文件中,也可以在任意时刻单击 Save 按钮进行存储操作。另外,勾选 Auto Load/Save settings 选项,在摄像机追踪程序中打开一个影片文件后,追踪器会自动重新导入该影片文件的设置文件。

勾选 Auto Load/Save settings 选项后,追踪器自动将设置文件保存到与影片文件相同的文件夹中,文件名称也与影片文件相同,扩展名为 MOT。可以将影片文件与该设置文件同时移动到其他文件夹中,追踪器会自动找到该设置文件,如果要清除影片设置或设置文件被损坏,可以删除该文件。取消勾选 Auto Load/Save settings 选项后，可以打开一个没有参数设置的影片文件，当前追踪文件的名称显示在影片项目的底部。

Save(保存)：单击该按钮，将当前的追踪设置状态和所有位置数据保存到.mot 文件中。

Save As(另存为)：单击该按钮，将当前设置保存到一个新的.mot 文件中。

Load(导入)：单击该按钮，从其他的.mot 文件中导入追踪设置状态和位置数据。

Movie window (影片窗口)如图 2-21 所示，在影片窗口中追踪线框显示为两个方块、一个匹配中心点和追踪器编号。中心的方块称为特写范围框，标定被追踪的主要范围；外部的方块被称为运动查询范围框，标定影片帧与帧之间的查询范围。匹配中心是摄像机在背景图像与当前场景摄像点对象坐标之间进行运动匹配的坐标中心，要将匹配中心点放置到最接近场景摄像点对象的位置上。

图 2-21 影片窗口

对于反差强烈的背景图像，可以扩大特写范围框的范围，这样便可以包含更多的环境图像像素，使追踪的结果更为精确。

运动查询范围框定义的范围基于在每一帧中由特写范围框定义的范围，所以会随同特写范围框一同移动。在运动查询范围框中定义的范围对最终的追踪结果影响很大，如果该区域设定得过大，追踪匹配的计算过程会非常漫长，而且由于多余范围的影响使追踪结果有更大的不确定性；如果该区域设置得过小，追踪结果往往会发生错误。

**注意**：可以为影片不同的帧范围指定不同的运动查询框范围，这样便可以优化整个追踪查询过程。

通过用鼠标单击并拖动追踪线框的控制手柄可以调整线框的作用范围，如果拖动了内部特写范围框的一个边角控制手柄，相对另一个边角的控制手柄会对称地移动，以保持线框中心位置相对稳定。

摄像机追踪程序还包含以下参数设置卷展栏：Motion Trackers（运动追踪）卷展栏；Movie Stepper（影片步幅）卷展栏；Batch Track（追踪批处理）卷展栏；Error Thresholds（错误阈限）卷展栏；Position Data（位置数据）卷展栏；Match Move（匹配运动）卷展栏；Move Smoothing（光滑运动）卷展栏；Object Pinning（锁定对象）卷展栏。

### 2.4.4 摄像机匹配范例

桌面上的台式计算机场景照片如图 2-22 所示。在本范例中要使用摄像机匹配工具，将一个机器人模型匹配到素材照片中的桌面上，如图 2-23 所示，拍摄机器人的虚拟摄像机与实际的摄像机相互吻合，机器人的阴影也自然匹配到素材照片。

图 2-22 桌面上的台式计算机场景的素材照片

图 2-23 摄像机匹配效果

（1）在标准几何体创建命令面板中单击 Box 按钮，在场景中单击并拖动鼠标创建一个长方体，将其三个方位的分段数都设置为 1，如图 2-24 所示。

（2）在创建命令面板中单击 按钮，进入帮助对象创建命令面板，从下拉列表中选择 Camera Match（摄像机匹配）创建类型，如图 2-25 所示。

（3）在主工具栏中单击 按钮设定为三维空间捕捉状态，并在该按钮上右击，弹出如图 2-26 所示的 Grid and Snap Settings（网格和捕捉设置）对话框，勾选其中的 Vertex（节点）选项。

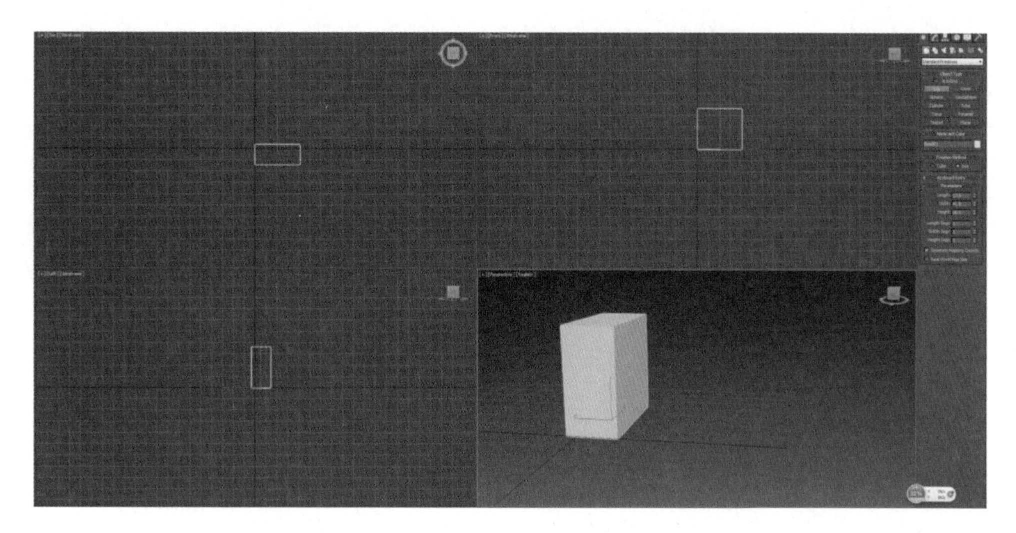

图 2-24　创建长方体

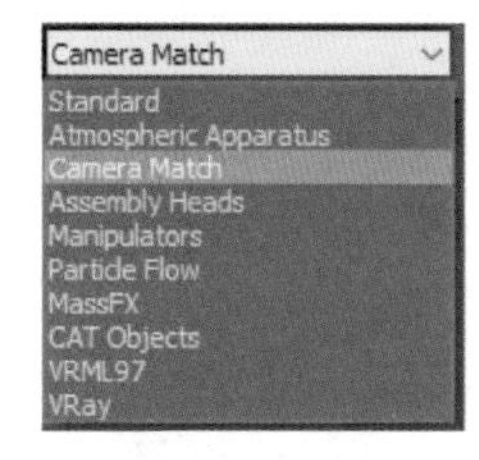


图 2-25　指定摄像机匹配创建类型

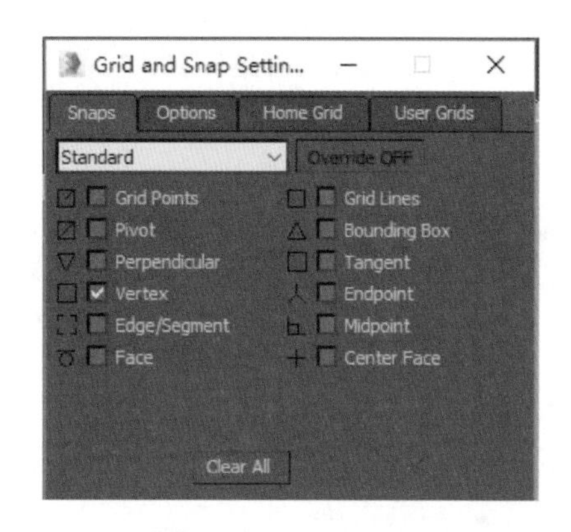


图 2-26　指定为捕捉到空间中的节点位置

(4) 在帮助对象创建命令面板中单击 CamPoint(摄像点)按钮,在长方体的一个边角节点上单击创建一个摄像点,如图 2-27 所示。

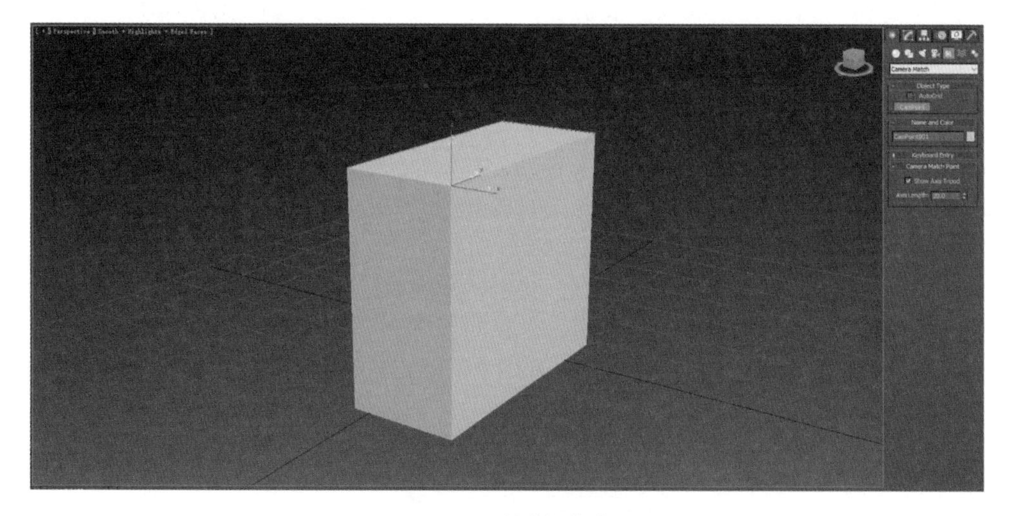

图 2-27　创建摄像点

(5) 依据相同的操作步骤在该长方体的其余 3 个边角节点位置创建摄像点，如图 2-28 所示。

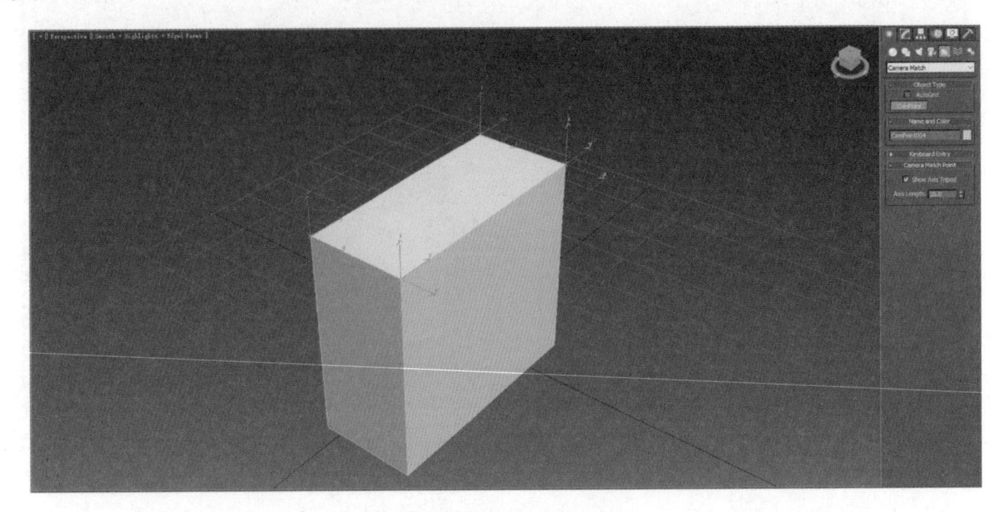

图 2-28 创建摄像点

(6) 依据相同的操作步骤在长方体的下方 4 个边角节点位置创建摄像点，如图 2-29 所示。

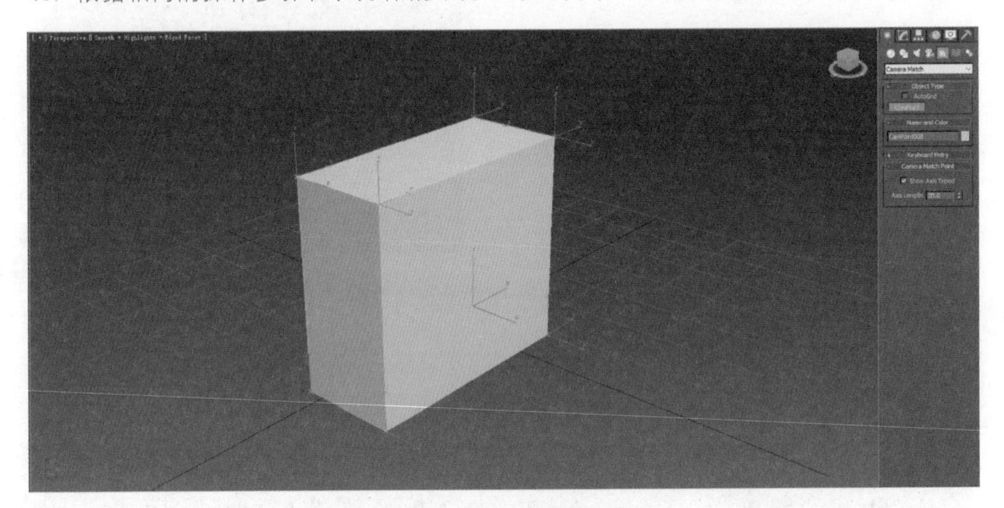

图 2-29 创建摄像点

(7) 选择菜单命令 Rendering→Environment(渲染→环境)，打开如图 2-30 所示的 Environment and Effects(环境和效果)对话框，单击 Environment Map(环境贴图)项目下面的 None 按钮。

(8) 在弹出的材质/贴图浏览器中双击选择 Bitmap 贴图类型，如图 2-31 所示。

(9) 在关闭材质/贴图浏览器的同时弹出 Select Bitmap Image File(选择位图图像文件)对话框，在其中浏览选择桌面上的台式计算机场景照片，如图 2-32 所示。

(10) 在选择位图图像文件对话框中单击 Open 按钮，设置结果如图 2-33 所示。

(11) 选择菜单命令 Views→Viewport Background→Configure Viewport Background(视图→视图背景→配置视图背景)，打开如图 2-34 所示的 Viewport Configuration(视图配置)对话框，勾选其中的 Use Environment Background(使用环境背景)选项。

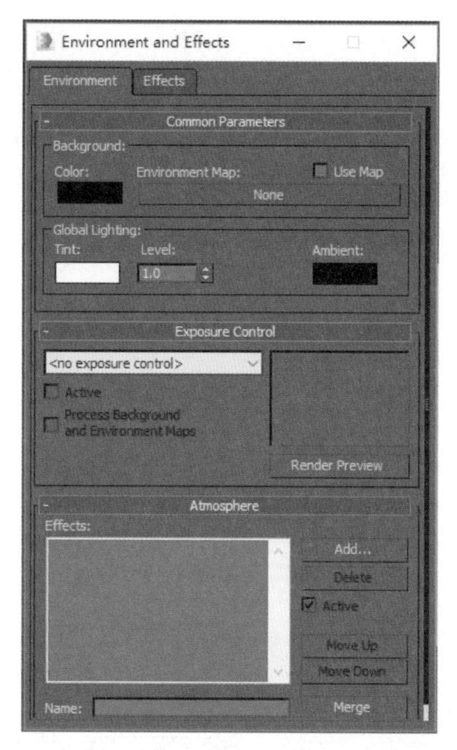


图 2-30 单击 Environment Map 项目下面的 None 按钮

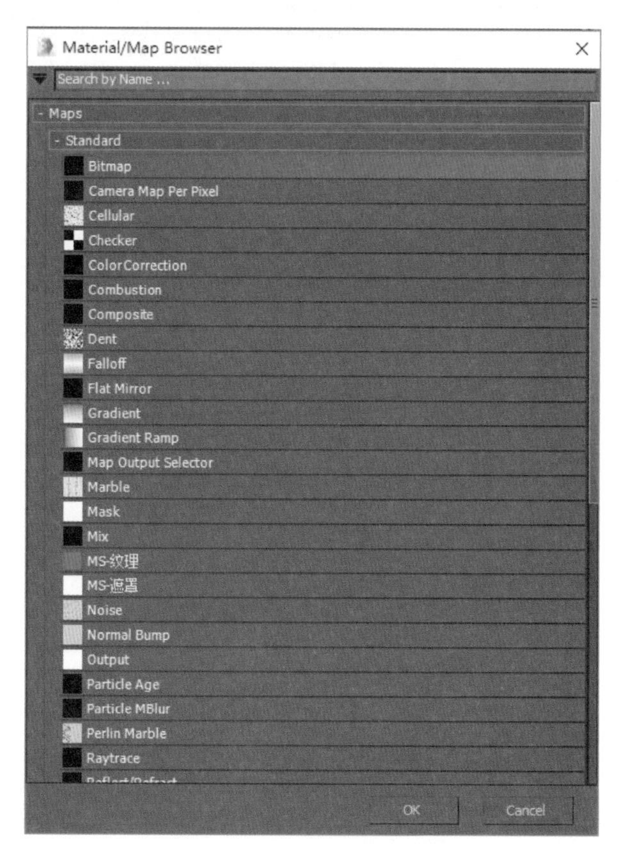


图 2-31 选择位图贴图类型

图 2-32　选择位图图像文件

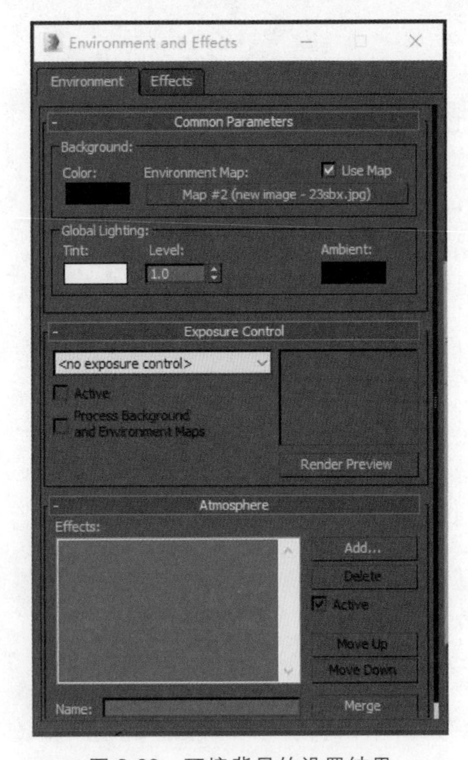


图 2-33　环境背景的设置结果

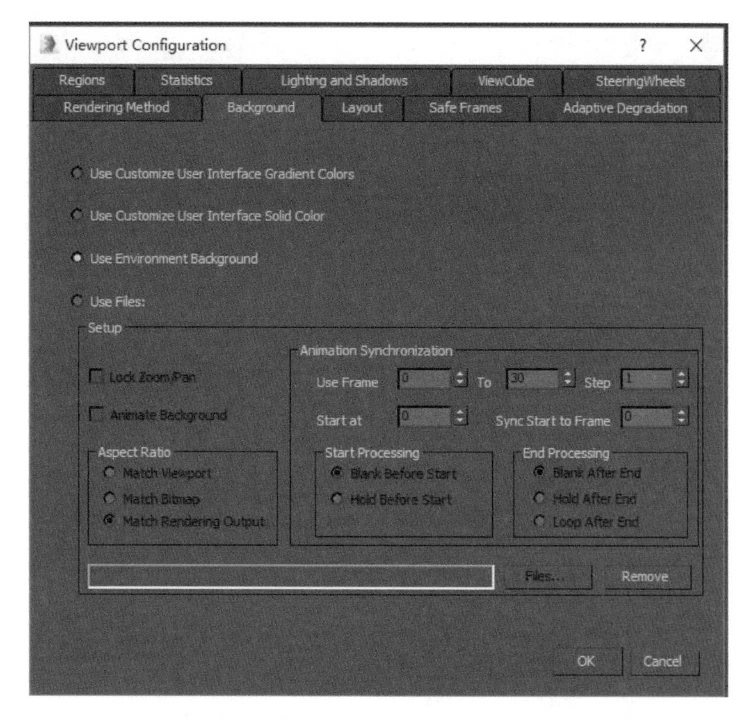


图 2-34　指定在场景视图中显示环境背景

（12）在视图名称上右击，在弹出的快捷菜单中选择 Show Background（显示背景），显示结果如图 2-35 所示。

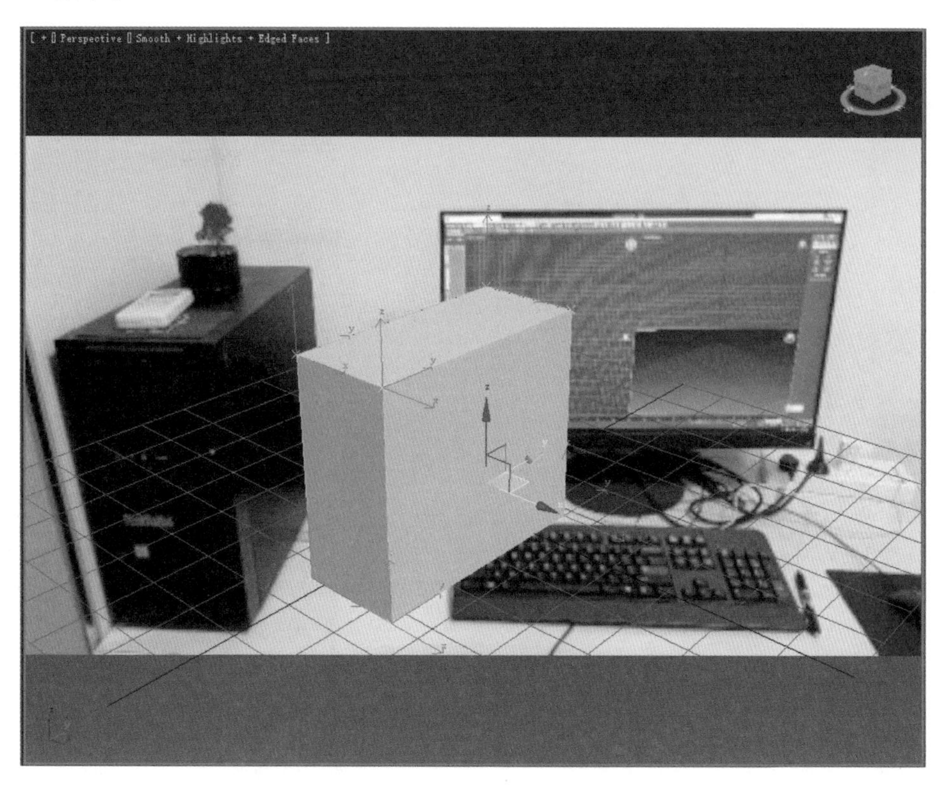

图 2-35　选择右键快捷菜单命令

(13) 单击 选项卡进入程序命令面板，单击下面的 More 按钮，在弹出的程序对话框中选择 Camera Match(摄像机匹配)后，单击 OK 按钮，如图 2-36 所示。

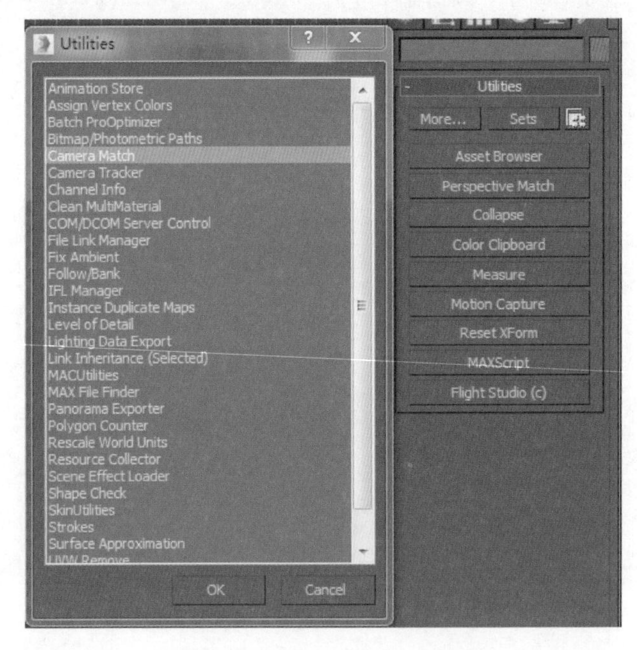


图 2-36　选择摄像机匹配工具

(14) 在摄像点列表中选择第一个摄像点，单击 Assign Position(指定位置)按钮，在背景画面的主机对应转角上单击创建一个位置点，则摄像点和该位置点对应在一起，如图 2-37 所示。

图 2-37　为摄像点指定位置点

(15) 在摄像点列表中选择第二个摄像点，单击 Assign Position 按钮，在背景画面的机箱转角单击再创建一个位置点，如图 2-38 所示。

图 2-38 为摄像点指定位置点

(16) 依据相同的操作步骤，为 8 个摄像点分别指定背景图像中对应的位置点，如图 2-39 所示。

图 2-39 为摄像点指定位置点

(17) 在 Camera Match 卷展栏中单击 Create Camera(创建摄像机)按钮，在场景中自动依据设置的摄像点创建一部摄像机，如图 2-40 所示。

图 2-40　创建摄像机

（18）右击视图名称，在弹出的快捷菜单中选择 Views→Camera01，如图 2-41 所示，将视图转换为摄像机视图。

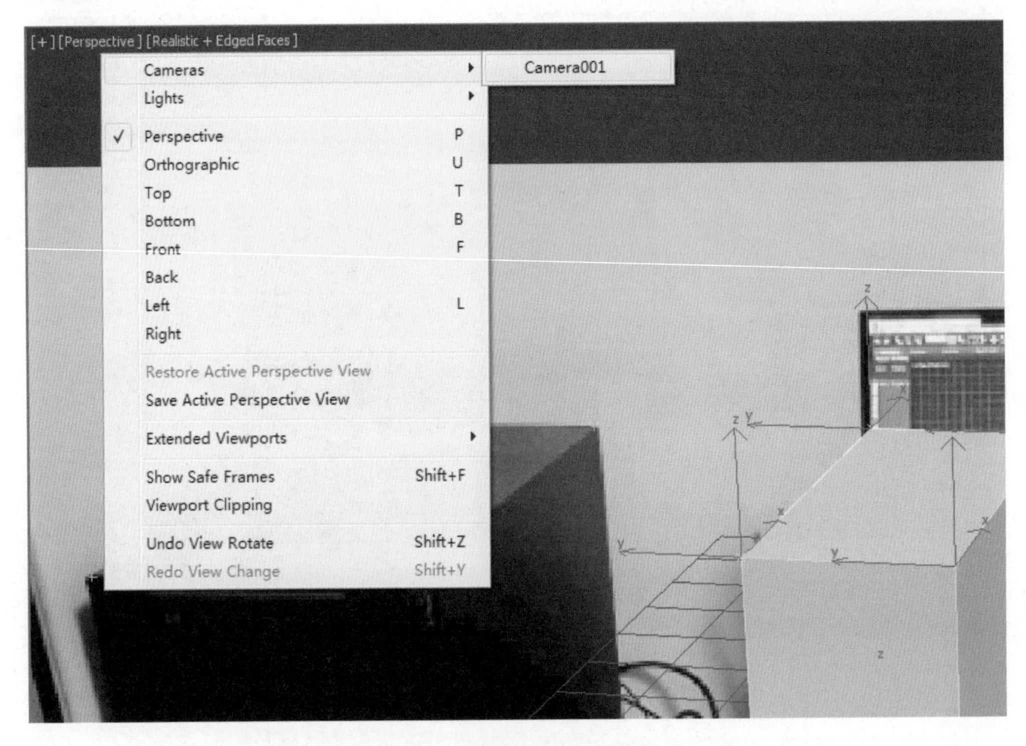


图 2-41　转换为摄像机视图

(19) 摄像机匹配的结果如图 2-42 所示，三维场景中的长方体和背景图像中的计算机主机完美地结合在一起。

图 2-42 摄像机匹配的结果

(20) 选择场景中的长方体，同时按住 Alt + X 键，使长方体半透明显示，如图 2-43 所示。

图 2-43 设置对象的显示模式

(21) 选择菜单命令 File→Merge（文件→合并），打开如图 2-44 所示的 Merge File 对话框，在其中浏览选择一个包含机器人的场景文件。

(22) 在 Merge File 对话框中单击 Open 按钮，弹出如图 2-45 所示的 Merge 对话框，在其中选择该场景中所有的构成要素。

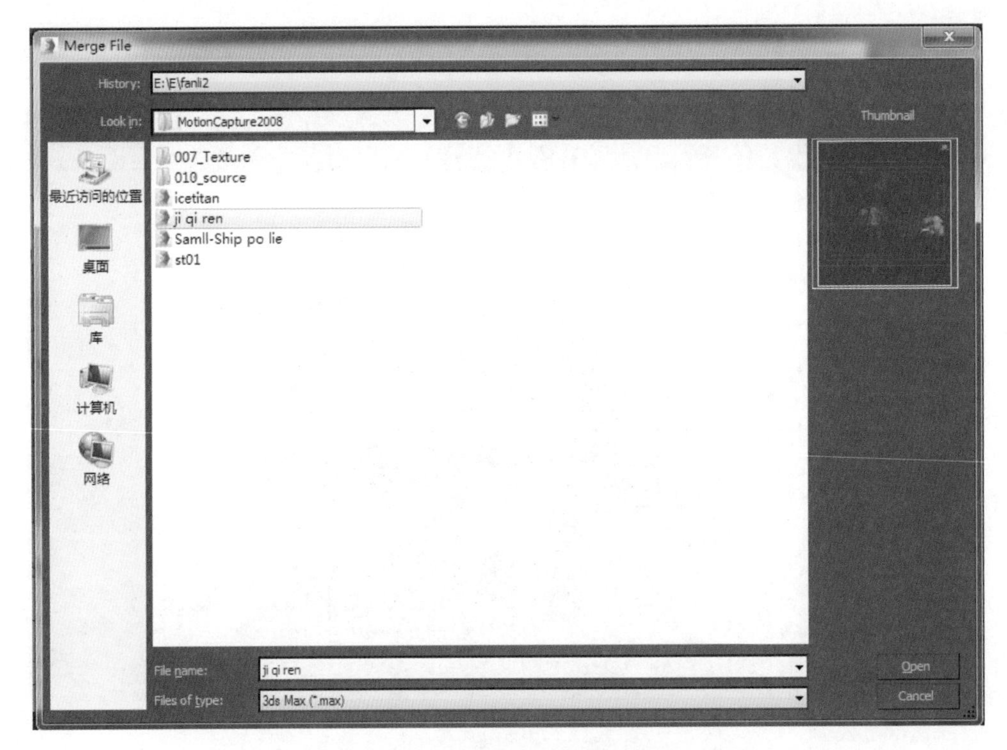


图 2-44 选择要合并的场景文件

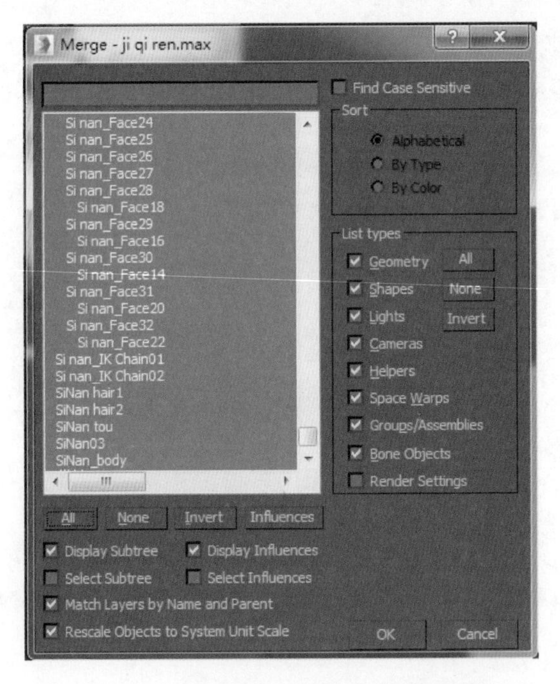


图 2-45 选择合并场景中的所有构成要素

(23) 在 Merge 对话框中单击 OK 按钮，如图 2-46 所示，机器人的模型被合并到当前的场景中。

图 2-46　合并后的场景文件

(24) 在标准几何体创建命令面板中单击 Plane 按钮，在透视图中单击并拖动鼠标创建一个平面，如图 2-47 所示。

图 2-47　创建平面对象

(25) 在主工具栏中单击按钮，打开材质编辑器，在其中单击 Standard(标准)按钮，弹出材质/贴图浏览器，选择其中的 Matte/Shadow(遮屏/阴影)材质，如图 2-48 所示。被赋予这种材质的对象只接受阴影但自身不被渲染出来。

(26) 依据相同的操作步骤，为场景中的机箱长方体对象也指定 Matte/Shadow 材质。

(27) 在 Shadow 项目中勾选 Receive Shadows(接受阴影)和 Affect Alpha(影响透明通道)选项，如图 2-49 所示。

(28) 在场景中选择机器人模型下方的平面对象，在材质编辑器中单击按钮，将编辑好的材质赋予这个对象。

图 2-48　选择 Matte/Shadow 材质类型

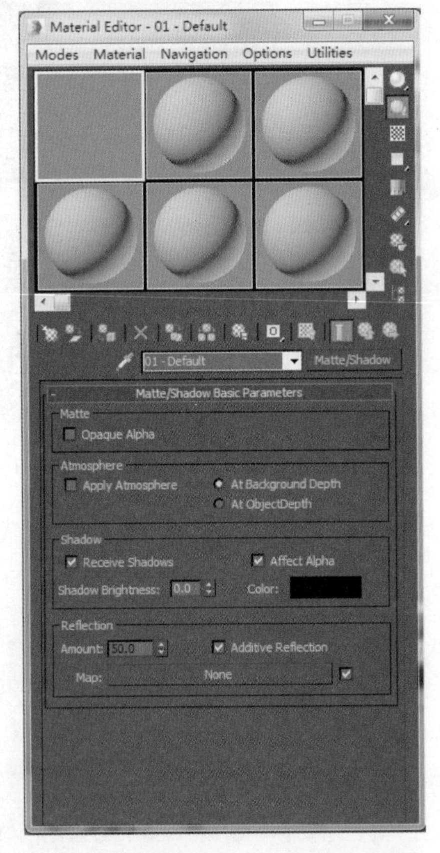


图 2-49　设置 Matte/Shadow 材质的参数

(29) 在创建命令面板中单击按钮，进入灯光创建命令面板，单击其下的 Target Spot(目标聚光灯)按钮，在场景中单击并拖动鼠标创建一盏目标聚光灯，并将目标点移动到机器人模型的位置，参数设置如图 2-50 所示。

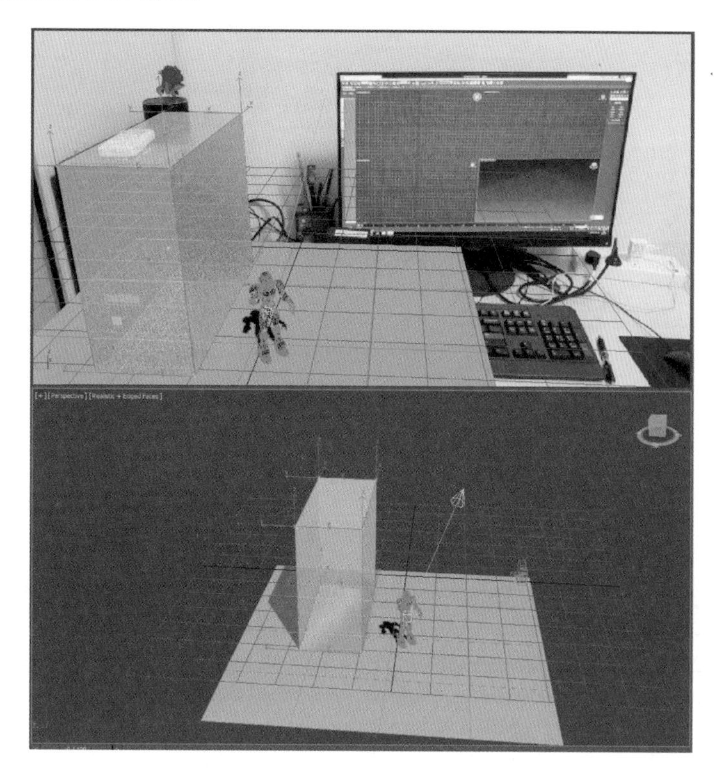

图 2-50 创建目标摄像机

(30) 在主工具栏中单击按钮，渲染查看场景编辑的效果，可以观察到阴影比较硬，场景灯光的强度也和背景图像不符，如图 2-51 所示。

图 2-51 查看场景编辑的渲染效果

(31) 选择场景中的灯光对象，如图 2-52 所示，在修改编辑命令面板的 Shadow Map Params(阴影贴图)卷展栏中，将 Size(尺寸)参数设置为 1024，在 Shadow Parameters(阴影参数)卷展栏中勾选 Map 选项，并单击右侧的 None 按钮。

图 2-52　设置灯光对象的属性

(32) 弹出如图 2-53 所示的选择位图图像文件对话框，在其中选择桌面上的台式计算机场景的素材照片。

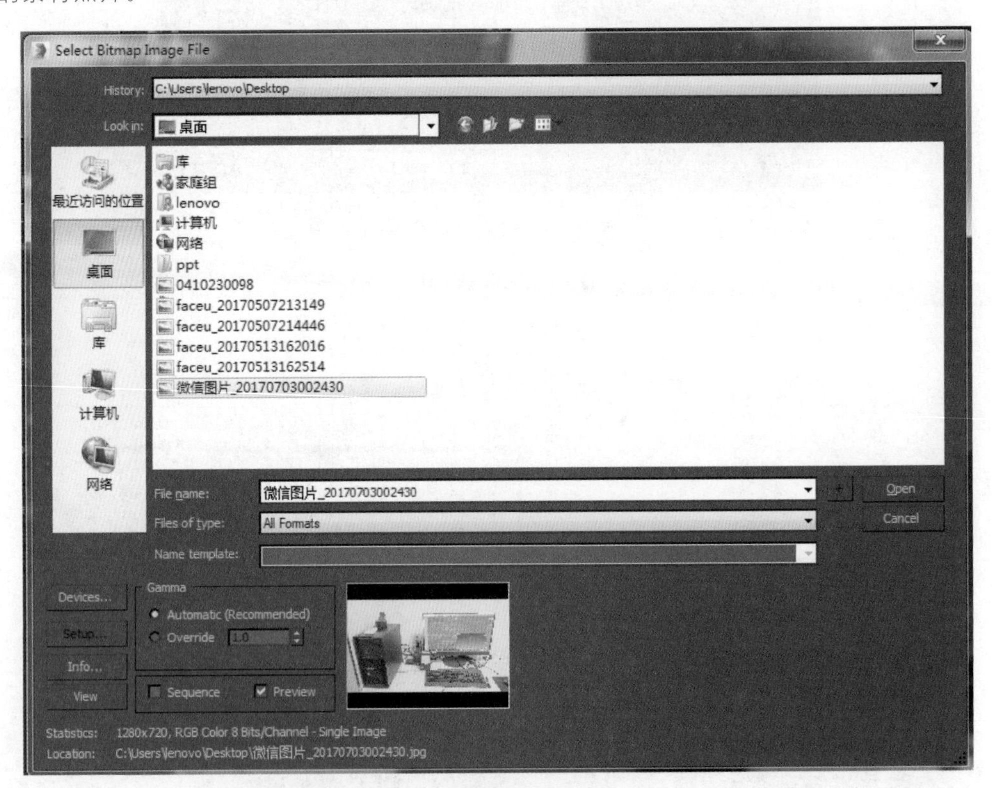


图 2-53　选择灯光阴影贴图的图像

(33) 单击 Open 按钮关闭选择位图图像文件对话框，在修改编辑命令面板中将 Multiplier(倍增)参数设置为 0.2，如图 2-54 所示。

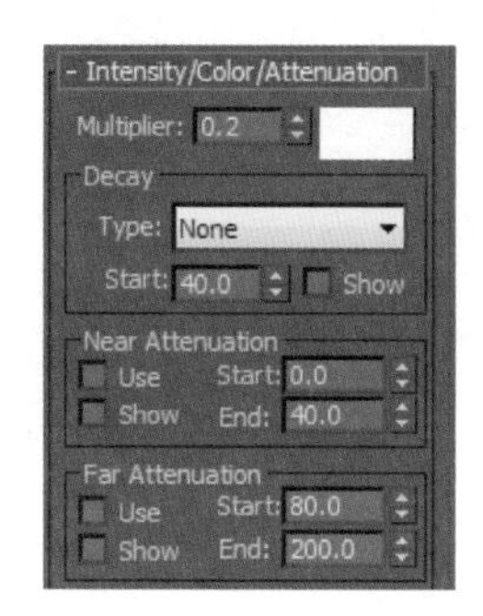


图 2-54 设置灯光的亮度属性

(34) 在主工具栏中单击按钮，渲染查看场景编辑的最终效果，如图 2-55 所示。

图 2-55 渲染查看场景的最终效果

## 习题

2-1 在 3ds Max 2016 的摄像机创建命令面板中可以创建哪三种类型的摄像机？

2-2 如何在 3ds Max 2016 场景中添加背景图像？

2-3 在添加摄像点的过程中要注意哪几个方面？

2-4 利用哪两个工具可以使场景摄像机的拍摄位置、角度、镜头与真实摄像机拍摄的背景图像相匹配？

# 第3章　环境特效

本章首先概述了环境和效果编辑器的功能和结构；介绍大气效果的功能和使用方法；概述效果编辑选项卡的功能和结构；最后通过一个三维动画场景的设计范例，详细讲述环境和效果的使用技巧。

## 3.1　环境和效果编辑器

选择菜单命令 Rendering→Environment（渲染→环境），打开 3ds Max 2016 的 Environment and Effects（环境和效果）编辑器，如图 3-1 所示。

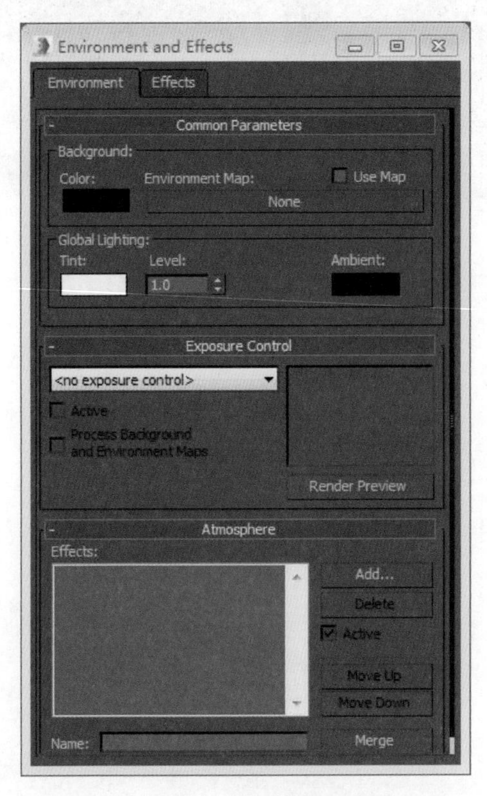


图 3-1　环境编辑器

### 3.1.1 环境编辑选项卡

在环境和效果编辑器中包含 Environment（环境）和 Effects（效果）两个选项卡，其中环境编辑选项卡可以实现以下功能：

（1）设置背景色彩或指定背景色彩变换的动画。

（2）为渲染输出的场景指定背景贴图。

（3）设置环境灯光或指定环境灯光变换的动画。

（4）使用大气效果插件。

（5）为渲染输出指定曝光控制。

环境编辑选项卡包含以下 4 个卷展栏：

（1）Common Parameters（通用参数）卷展栏。

在该卷展栏中的 Background（背景）选项下可以为场景指定背景色彩和背景贴图；在 Global Lighting（通用灯光）选项中可以为整个场景设置均匀的光照环境。

环境编辑选项卡中的通用灯光，可以为场景提供一种类似泛光灯的均匀照明，能够保证场景的基本照度。通用灯光的强度不宜设置得过高，过高的设置会使场景中其他灯光失去意义，同时也使整个场景平淡缺乏层次。

（2）Exposure Control（曝光控制）卷展栏。

Exposure Control（曝光控制）卷展栏用于控制渲染输出的色彩范围和输出级别，与高级光照系统配合使用。

（3）Atmosphere（大气）卷展栏。

Atmosphere（大气）卷展栏用于模拟真实世界中的一些大气效果，可以创建的大气效果包括 Fire（火焰）、Fog（雾）、Volume Fog（体积雾）、Volume Light（体积光）等。

在 3ds Max 2016 创建的三维虚拟世界中是绝对真空的理想状态，空间中没有空气和灰尘的悬浮颗粒，于是灯光看上去就不太真实自然。利用大气效果中的体积光就可以模拟在真实世界中光穿透大气与空气中悬浮颗粒的效果，如图 3-2 所示。

图 3-2　选自《精灵旅社》

（4）选定的大气效果设置卷展栏。

依据当前选定的大气效果类型，在该卷展栏中显示大气效果的参数设置项目。

### 3.1.2 效果编辑选项卡

利用效果编辑选项卡可以在渲染输出之前动态交互地查看渲染输出的效果，在编辑效果参数的过程中，虚拟帧缓冲会自动渲染参数设置的结果，为了节省时间也可以设定为手动更新模式。使用效果编辑选项卡可以完成以下操作：

(1) 指定一个渲染效果插件。

(2) 在不开启 Video Post 对话框的情况下，进行图像处理操作。

(3) 交互式地调整并预览指定的效果。

(4) 为场景中的对象指定效果参数变换的动画。

渲染效果编辑选项卡如图 3-3 所示。

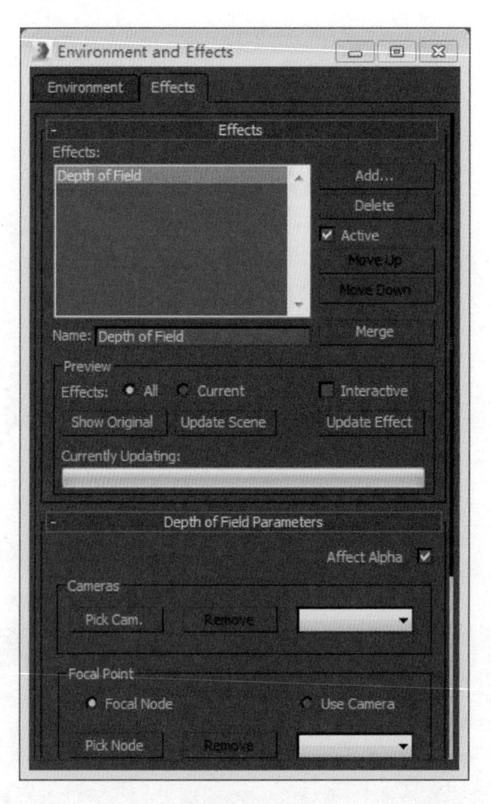


图 3-3　渲染效果编辑选项卡

单击 Add(加入)按钮显示 Add Effect(加入效果)对话框，如图 3-4 所示，在该对话框的列表中选择一个效果后，单击 OK 按钮将选定效果加入到渲染效果编辑器中。

在效果编辑选项卡中可以指定的效果包括 Hair and Fur (头发和毛皮)、Lens Effects (镜头效果)、Blur (虚化)、Brightness and Contrast (亮度与对比度)、Color Balance (色彩平衡)、Depth of Field (景深)、File Output (文件输出)、Film Grain (胶片颗粒)、Lighting Analysis Image Overlay(照明分析图像叠加)、Motion Blur (运动虚化)。

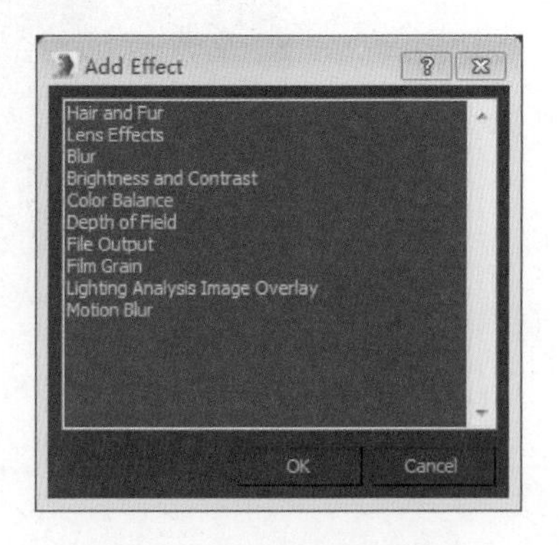


图 3-4　加入效果对话框

### 1. Lens Effects(镜头效果)

镜头效果通常与摄像机配合使用，模拟真实的镜头光学效果，如镜头光斑、发光、闪烁、光环等，如图 3-5 所示。

图 3-5 镜头效果

### 2. Blur(虚化)

虚化效果用于对最终渲染输出的图像或动画影片进行虚化处理，如图 3-6 所示。虚化效果依据在 Pixel Selections(像素选择)选项卡中设定的模式，作用于单独的图像像素之上。可以选择虚化整幅图像、不虚化场景背景元素、依据明度数值进行虚化、使用贴图遮罩进行虚化。虚化效果可以使输出的动画影片更为真实，常用于创建梦幻或摄像机移动拍摄的效果。

图 3-6 背景虚化效果

### 3. Brightness and Contrast(亮度与对比度)

亮度与对比度效果用于调整渲染输出图像的亮度和对比度，如图 3-7 所示，可以使渲染输出的场景对象更好地匹配到背景图像或背景动画之上。

### 4. Color Balance(色彩平衡)

色彩平衡效果通过独立调整 R/G/B 三个色彩通道，平衡渲染输出图像的色彩效果。

### 5. Depth of Field (景深)

景深效果用于模拟在真实摄像机镜头中，只能清晰对焦有限场景空间范围的效果，在对焦范围之外的前景和背景对象被虚化处理，如图 3-8 所示。

图 3-7　亮度与对比度调节效果

图 3-8　景深虚化效果

### 6. File Output(文件输出)

文件输出效果用于在执行其他效果之前,首先为场景的渲染输出结果拍摄一个“快照”,文件输出的时间依赖于文件输出效果在渲染效果堆栈中的排序。

可以将明度、景深、Alpha 通道保存在分离的文件中,还可以将 RGB 图像转换到不同的通道,并将图像通道传送回渲染效果堆栈中,在堆栈中位于文件输出效果之上的其他效果可以指定到这些通道中。

### 7. Film Grain(胶片颗粒)

胶片颗粒效果用于为最终渲染的场景图像或动画加入真实电影胶片的颗粒效果,如图 3-9 所示,还可以使渲染的场景对象与背景图像或背景动画匹配在一起,胶片颗粒效果是自动随机创建的。

图 3-9　胶片颗粒效果

8. Motion Blur（**运动虚化**）

运动虚化效果用于为渲染输出的图像指定图像运动虚化处理，如图 3-10 所示，可以模拟真实摄像机运动拍摄的效果。

图 3-10 运动虚化效果

**注意**：当为渲染输出的图像指定多种渲染效果时，景深效果应当被最后指定，在 Rendering Effects（渲染效果）对话框的渲染效果堆栈中可以查看渲染效果的指定顺序。

## 3.2 大气效果

在环境和效果编辑器中的大气效果卷展栏如图 3-11 所示。

单击 Add(加入)按钮显示 Add Atmospheric Effect(加入大气效果)对话框，如图 3-12 所示，在该对话框的列表中选择一个大气效果后，单击 OK 按钮将选定效果加入到大气效果列表中。

可以创建的大气效果包括 Fire Effect(火焰特效)、Fog（雾）、Volume Fog（体积雾）、Volume Light（体积光）。

图 3-11 大气效果卷展栏

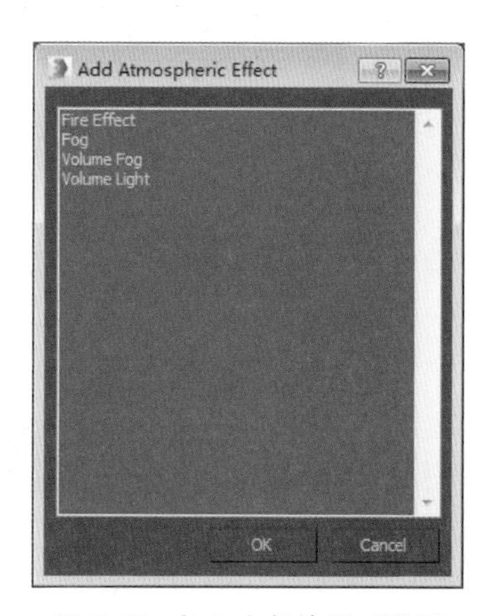


图 3-12 加入大气效果对话框

### 1. Fire Effect(火焰效果)

使用火焰效果可以创建动态的火焰、烟、爆炸效果,模拟真实世界中的篝火、火炬、火球、烟云、星云的效果。可以在场景中创建任意多个火焰效果,在列表中火焰效果的排序十分重要,列表底部的火焰效果会遮挡列表顶部的火焰效果,如图3-13所示。

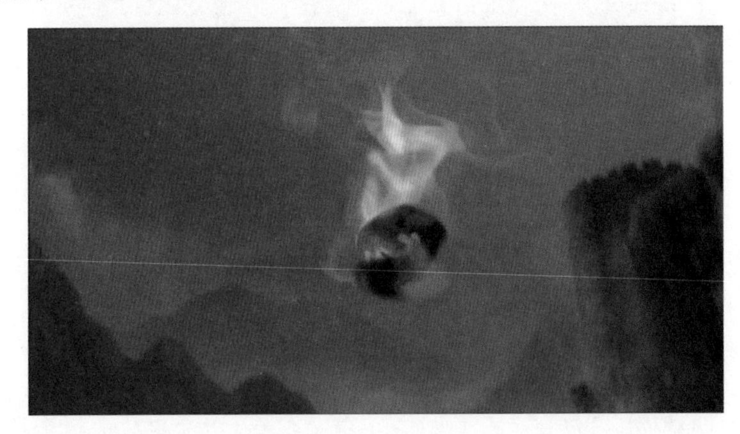

图3-13 火焰效果

只能在摄像机视图或透视图中渲染火焰效果,在正视图或用户视图中不能渲染火焰效果。另外,火焰效果不支持完全透明的对象。

在使用火焰效果之前,首先要在帮助对象创建命令面板中,创建一个帮助线框限定火焰效果的作用范围,可以创建三种类型的帮助线框:BoxGizmo(长方体线框)、SphereGizmo(球体线框)、CylGizmo(圆柱体线框)。可以移动、旋转、放缩变换帮助线框,但不能为其指定修改编辑器。

**注意**:火焰效果不会照亮场景,如果要模拟火焰照亮场景的效果,可以在火焰效果的中心部位创建一个灯光对象。

### 2. Fog(雾)

该效果用于模拟雾、烟、蒸汽的效果,分为standard fog(标准雾)和layered fog(层雾)两种类型,标准雾可以依据对象与摄像机之间的相对距离,逐渐遮盖淡化对象,如图3-14所示;层雾依据场景中物体的相对位置,逐渐遮盖淡化对象。

图3-14 雾效果

### 3. Volume Fog(体积雾)

体积雾效果可以创建在三维空间中密度不均匀的雾团效果，常用于模拟呼出的热气、云团，被风吹得支离破碎的云雾效果等，如图3-15所示。

图3-15 体积雾效果

### 4. Volume Light(体积光)

体积光效果用于模拟在真实世界中光穿透大气与空气中悬浮颗粒的效果，如图3-16所示。

图3-16 体积光效果

## 3.3 场景特效制作范例

本节通过制作荷花塘动画场景(如图3-17所示)，详细讲述如何使用环境和效果编辑器创建大气效果。

(1) 选择菜单命令File→Open，打开如图3-18所示的荷花塘三维场景文件。

(2) 在标准几何体创建命令面板中，单击其下的Sphere(球体)按钮，在场景中单击并拖动鼠标创建一个球体，如图3-19所示。

(3) 将球体的Hemisphere(半球)参数设置为0.5，同时勾选Chop(分割)选项，将球体修改为半球形的穹庐，如图3-20所示。

(4) 单击主工具栏中的缩放工具，将刚刚创建的半球体压扁，如图3-21所示。

图 3-17　三维动画场景的渲染效果

图 3-18　荷花塘场景

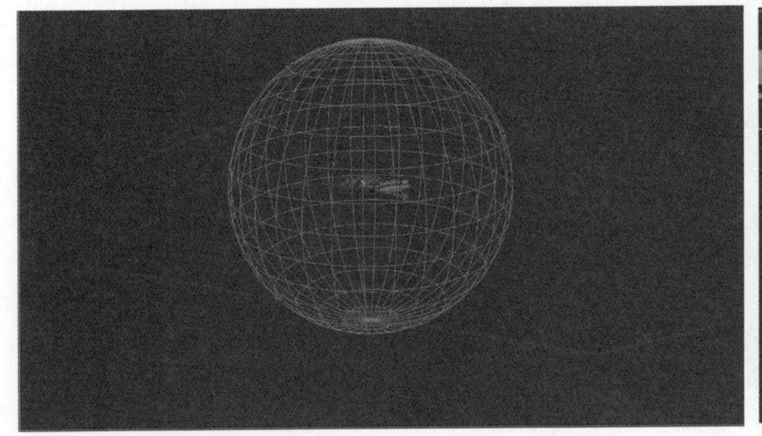

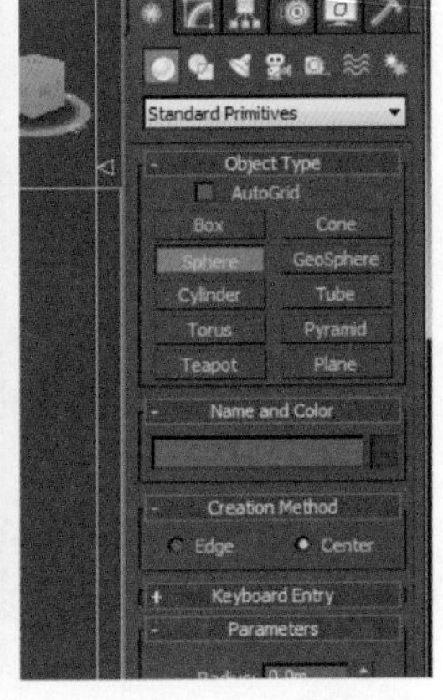


图 3-19　创建球体

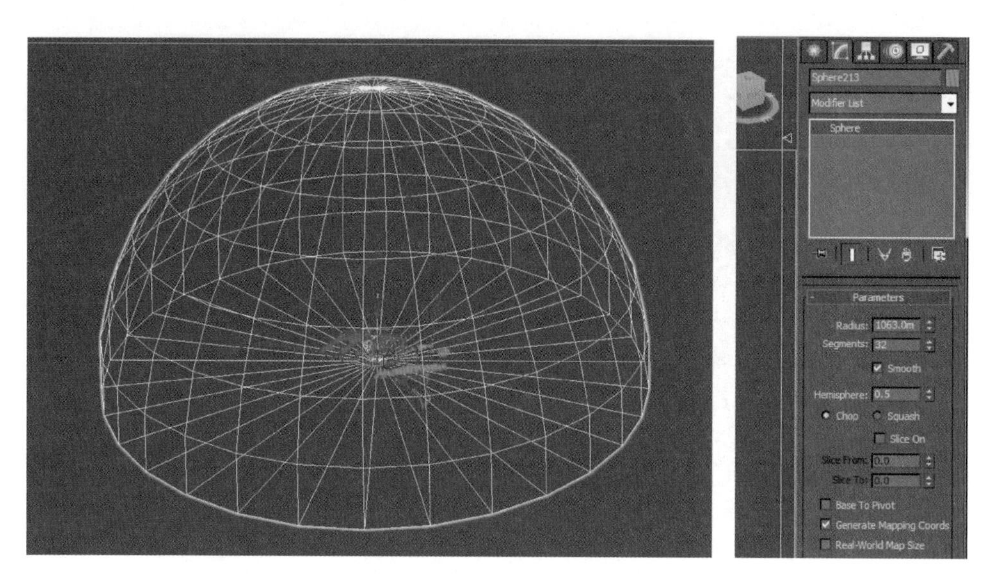


图 3-20　修改球体的创建参数

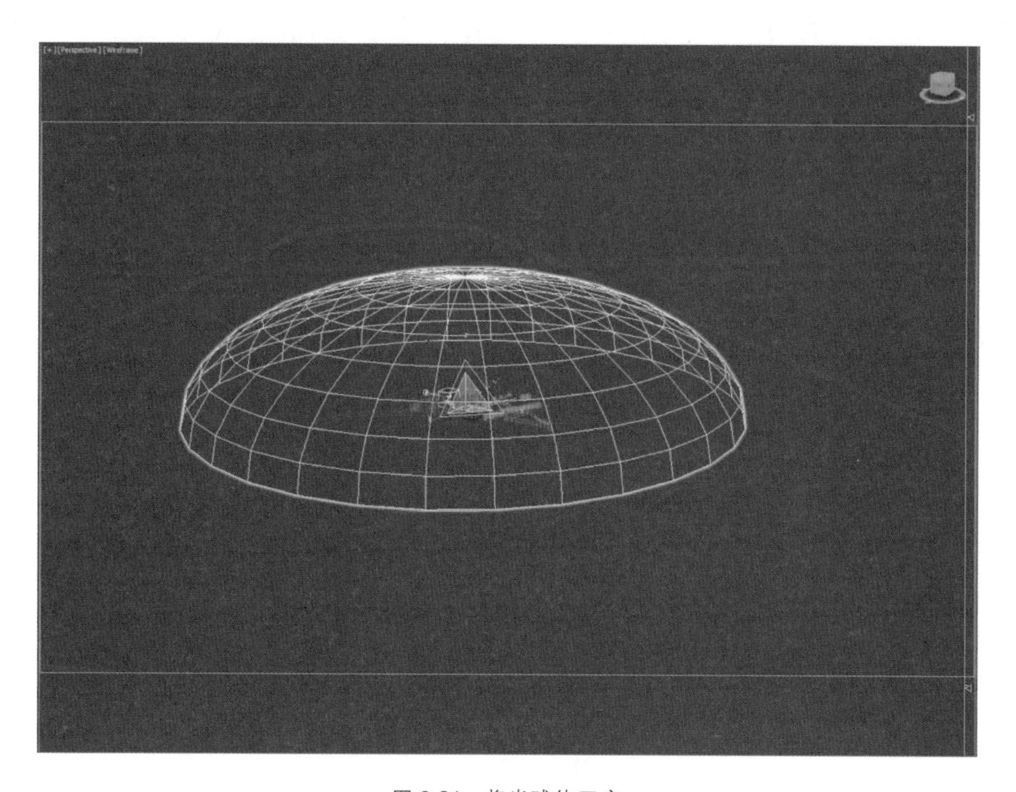

图 3-21　将半球体压扁

(5) 在创建命令面板中单击按钮进入摄像机创建命令面板，单击 Target(目标摄像机)按钮，在场景中单击并拖动鼠标创建一个目标摄像机，参数设置如图 3-22 所示。

(6) 在透视图的视图名称 Perspective 上右击，在弹出的快捷菜单中选择 Cameras(摄像机视图)→Camera001(摄像机 001)，如图 3-23 所示，将透视图转换为摄像机视图。

图 3-22　创建目标摄像机

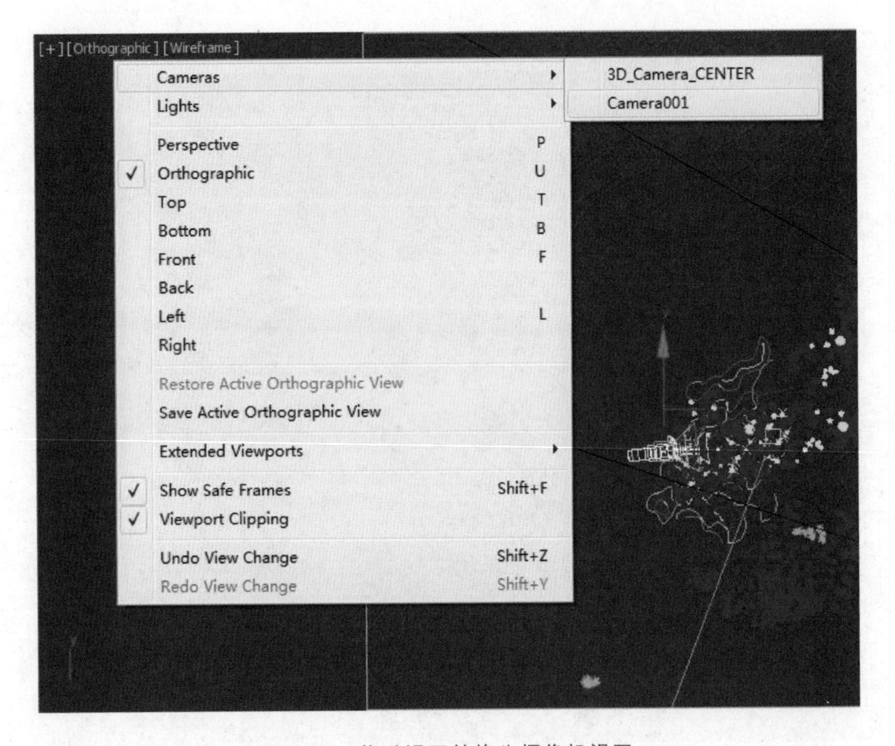


图 3-23　将透视图转换为摄像机视图

(7) 由于天空穹庐的法线方向朝向外面，所以在摄像机视图中半球体的内表面不可见，在场景中选择半球体后，在修改编辑器下拉列表中选择 Normal(法线)修改编辑器，勾选 Filp Normals (翻转法线)选项，如图 3-24 所示。

(8) 仍然选择半球体，在修改编辑器下拉列表中选择 UVW map(贴图坐标)修改编辑器，勾选 Planar(平面)选项，如图 3-25 所示。

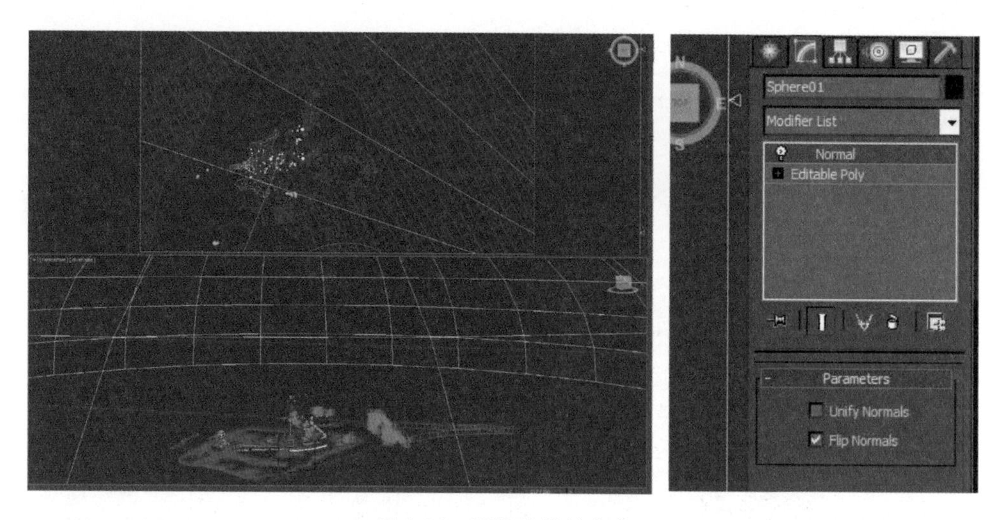


图 3-24 翻转法线的方向

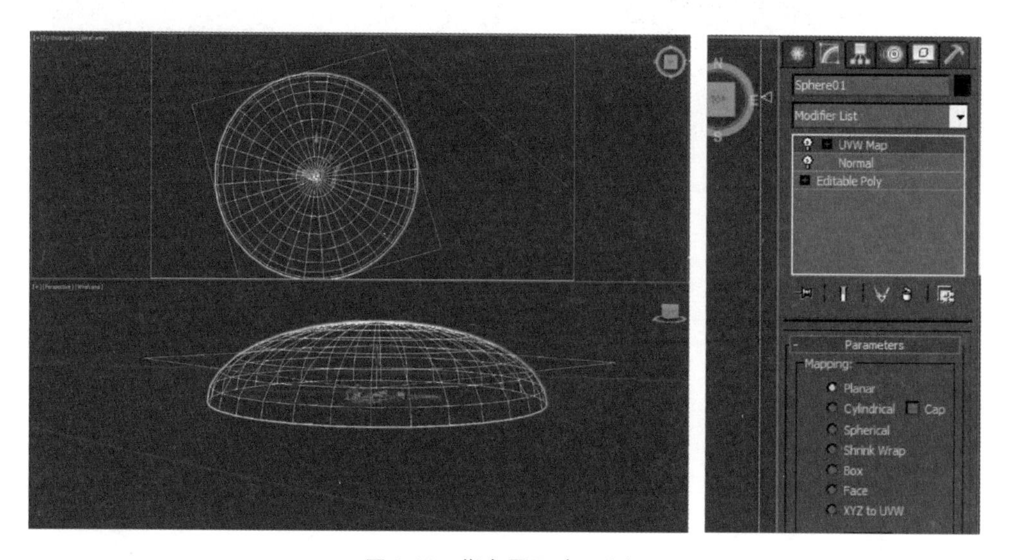


图 3-25 指定平面贴图坐标

(9) 单击主工具栏中的按钮打开材质编辑器，激活其中的一个示例窗口，参数设置如图 3-26 所示。

(10) 在材质编辑器的 Maps(贴图)卷展栏中，单击 Diffuse Color 右侧的 None 按钮，在弹出的材质/贴图浏览器中双击选择 Bitmap(位图)贴图类型，如图 3-27 所示。

(11) 在弹出的选择位图图像文件对话框中选择天空图像，如图 3-28 所示。

(12) 保持默认的贴图设置，在材质编辑器的工具栏中单击按钮，从贴图编辑层级返回到材质编辑层级。

(13) 在场景中选择半球体之后，单击材质编辑器中的按钮，将编辑好的材质指定到对象上。

(14) 下面开始编辑水面材质。在材质编辑器中再激活另一个示例窗口，单击 Standard 按钮，在弹出的材质/贴图浏览器中双击选择 VRayMtl 材质类型，参数设置如图 3-29 所示。

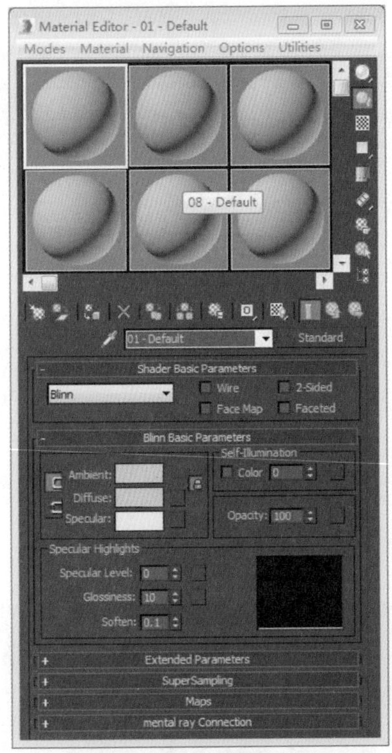


图 3-26　设置材质的参数

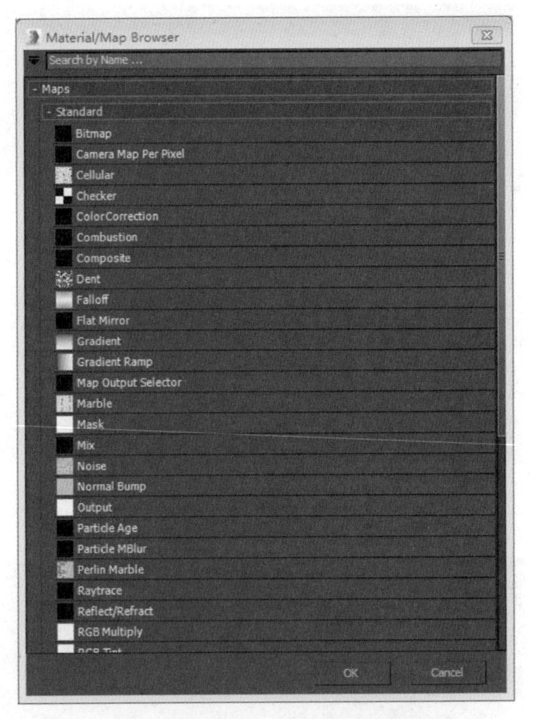


图 3-27　指定 Bitmap 贴图类型

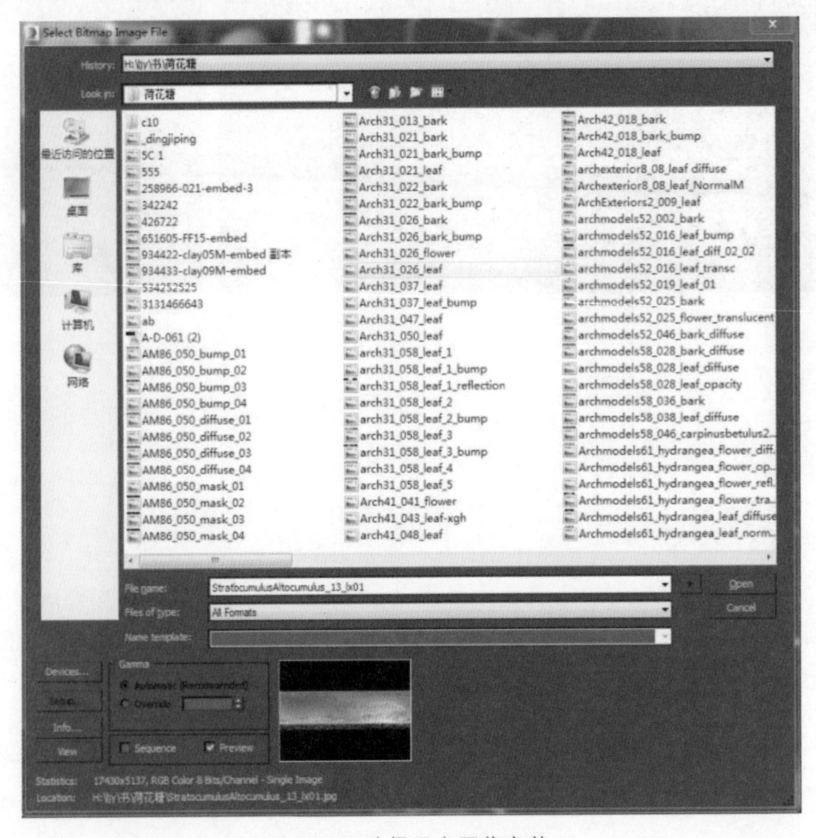


图 3-28　选择天空图像文件

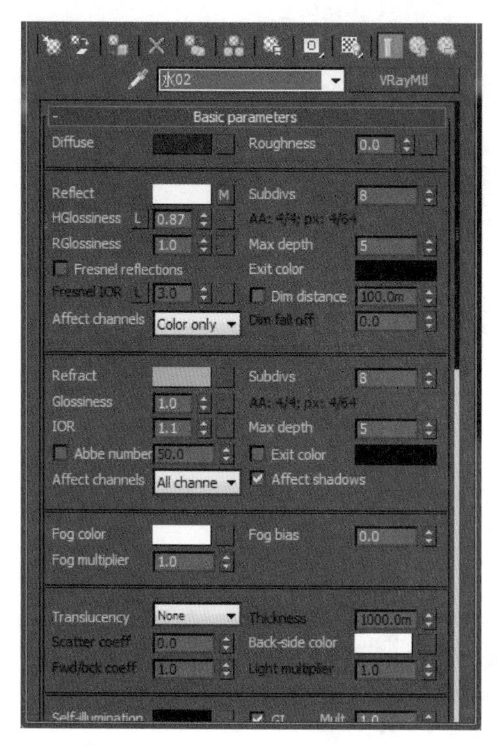


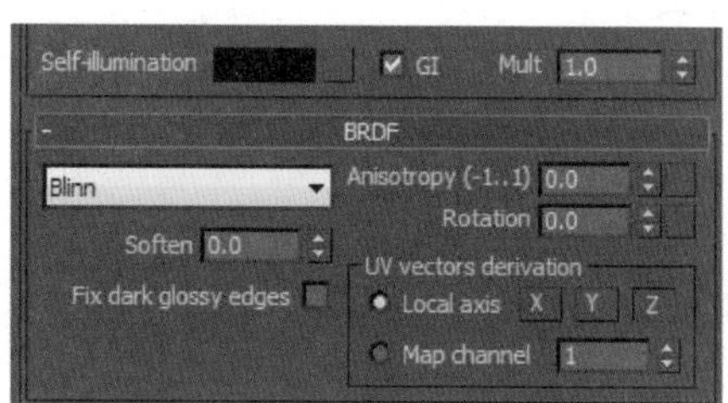


图 3-29　VRayMtl 贴图参数设置

（15）在材质编辑器的 Maps 卷展栏中，单击 Reflect（反射）右侧的 None 按钮，在弹出的材质/贴图浏览器中双击选择 Falloff（衰减）贴图类型，如图 3-30 所示。

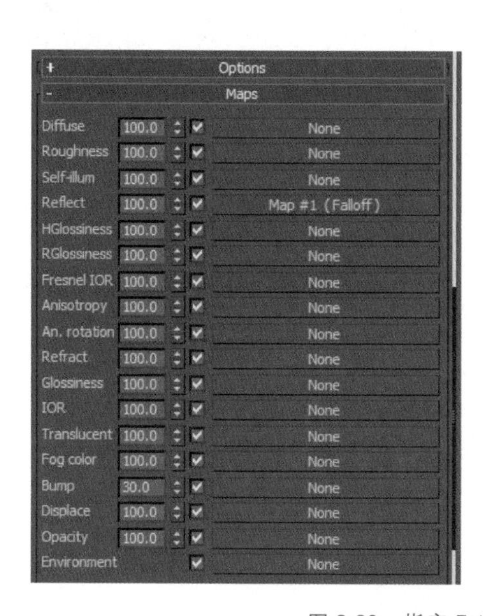


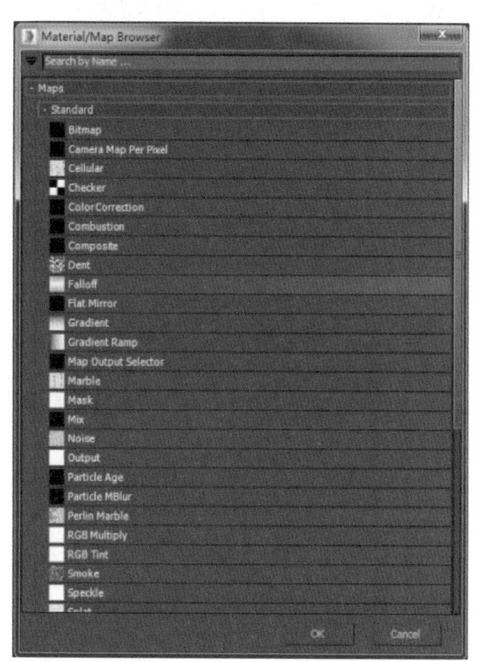


图 3-30　指定 Falloff 类型的反射贴图

(16) 在 Falloff 贴图编辑层级的 Falloff Type(衰减类型)项目中下拉选择 Fresnel(菲涅耳),如图 3-31 所示。

(17) 在 Mix Curve(混合曲线)卷展栏中,在最右边的控制点上右击,在弹出的快捷菜单中选择 Bezier-Corner(贝塞尔角点),移动控制手柄将曲线编辑为如图 3-32 所示的形态。

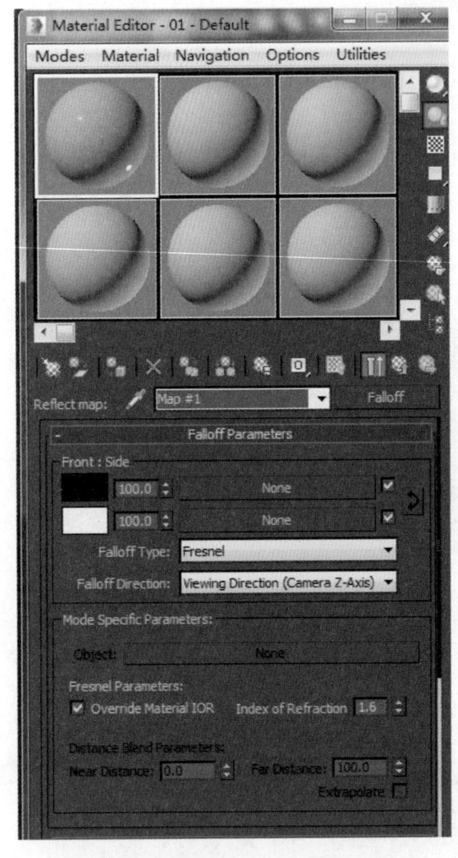


图 3-31 指定 Fresnel 衰减类型

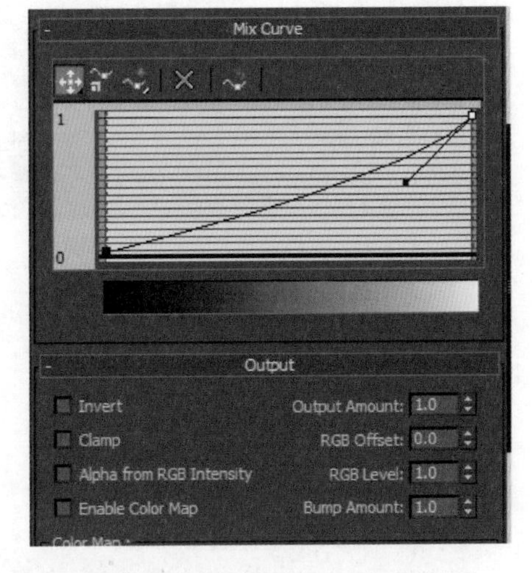


图 3-32 调节 Mix Curve 曲线

(18) 在材质编辑器的工具栏中两次单击按钮,从 Falloff 贴图编辑层级返回 VRayMtl 主材质编辑状态。

(19) 在材质编辑器的 Maps 卷展栏中,单击 Bump 右侧的 None 按钮,在弹出的材质/贴图浏览器中双击选择 Noise(噪波)贴图类型,进入 Noise 贴图编辑层级,参数设置如图 3-33 所示。

(20) 在材质编辑器的工具栏中单击按钮返回到材质编辑层级,在 Maps 卷展栏中将 Bump 数值设置为 13。

(21) 在场景中选择水面对象之后,单击材质编辑器中的按钮,将编辑好的材质指定到水面对象上如图 3-34 所示。

(22) 在材质编辑器中再激活一个新的示例窗口,单击 Standard 按钮,在弹出的材质/贴图浏览器中选择 Blend(混合)材质类型,如图 3-35 所示。

(23) 单击 Material 1 右侧的按钮,在弹出的材质/贴图浏览器中选择 VRayMtl 材质类型。再在 Maps 卷展栏中单击 Diffuse 后面的 None 按钮。在弹出的材质/贴图浏览器中选择 Bitmap 贴图类型,再在弹出的选择位图文件对话框中选择图片,如图 3-36 所示。

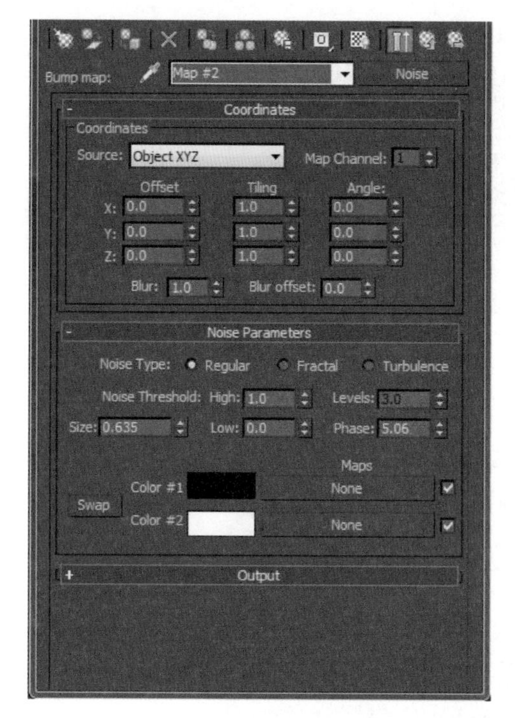


图 3-33 设置 Noise 贴图参数

图 3-34 水面材质效果

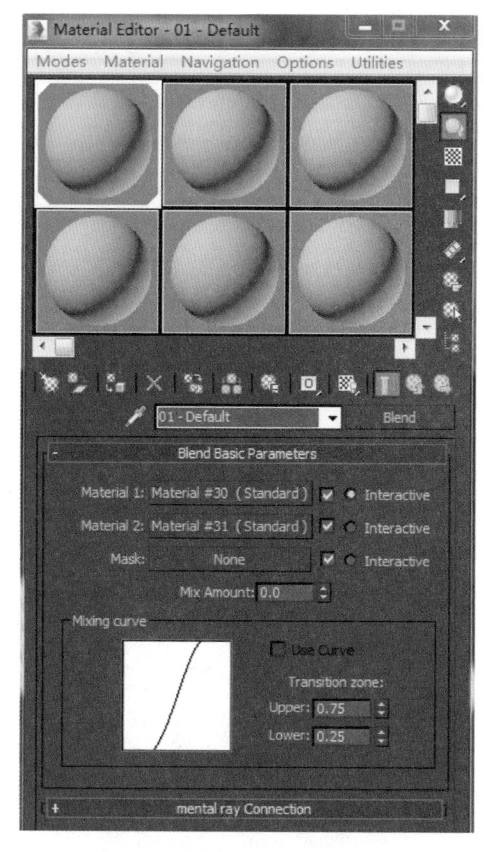


图 3-35 选择 Blend 材质类型

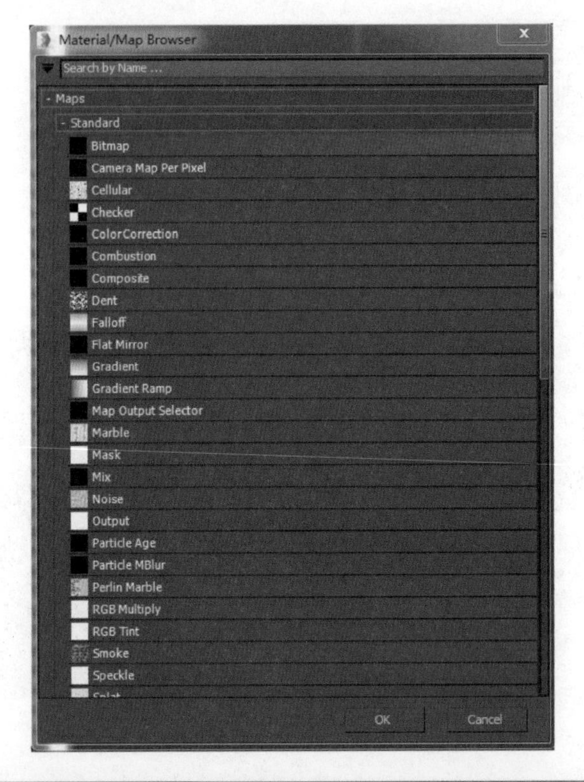
Material/Map Browser
Search by Name ...
- Maps
- Standard
Bitmap
Camera Map Per Pixel
Cellular
Checker
ColorCorrection
Combustion
Composite
Dent
Falloff
Flat Mirror
Gradient
Gradient Ramp
Map Output Selector
Marble
Mask
Mix
Noise
Output
Particle Age
Particle MBlur
Perlin Marble
RGB Multiply
RGB Tint
Smoke
Speckle
OK
Cancel

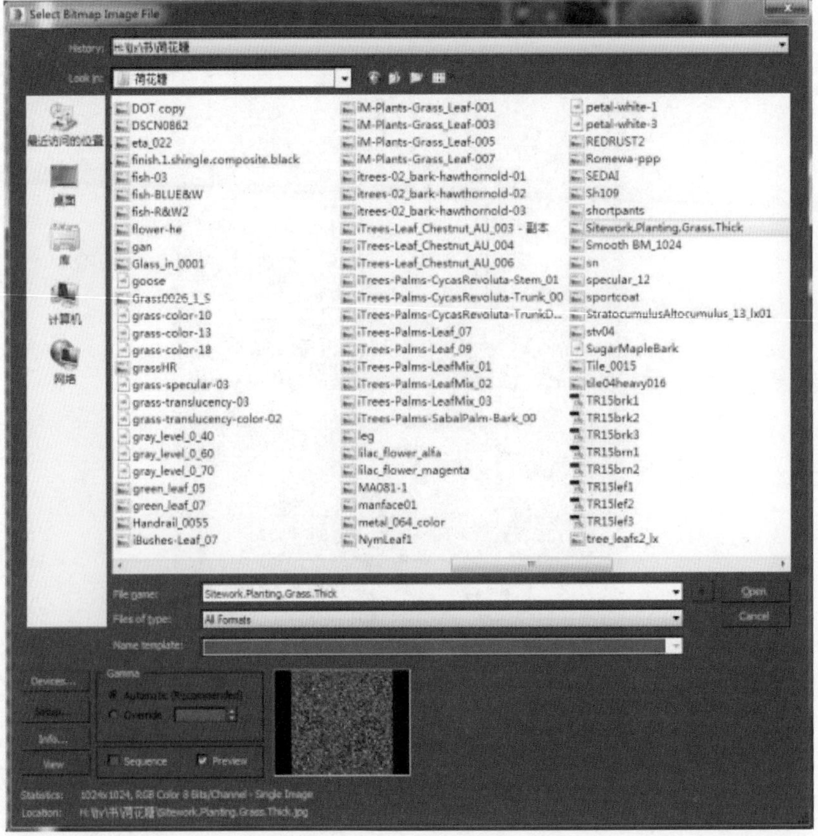
Select Bitmap Image File
History:
Look in:
荷花糖
DOT copy
DSCN0862
eta_022
finish.1.shingle.composite.black
fish-03
fish-BLUE&W
fish-R&W2
flower-he
gan
Glass_in_0001
goose
Grass0026_1_S
grass-color-10
grass-color-13
grass-color-18
grassHR
grass-specular-03
grass-translucency-03
grass-translucency-color-02
gray_level_0_40
gray_level_0_60
gray_level_0_70
green_leaf_05
green_leaf_07
Handrail_0055
iBushes-Leaf_07
iM-Plants-Grass_Leaf-001
iM-Plants-Grass_Leaf-003
iM-Plants-Grass_Leaf-005
iM-Plants-Grass_Leaf-007
itrees-02_bark-hawthornold-01
itrees-02_bark-hawthornold-02
itrees-02_bark-hawthornold-03
iTrees-Leaf_Chestnut_AU_003 - 副本
iTrees-Leaf_Chestnut_AU_004
iTrees-Leaf_Chestnut_AU_006
iTrees-Palms-CycasRevoluta-Stem_01
iTrees-Palms-CycasRevoluta-Trunk_00
iTrees-Palms-CycasRevoluta-TrunkD...
iTrees-Palms-Leaf_07
iTrees-Palms-Leaf_09
iTrees-Palms-LeafMix_01
iTrees-Palms-LeafMix_02
iTrees-Palms-LeafMix_03
iTrees-Palms-SabalPalm-Bark_00
leg
lilac_flower_alfa
lilac_flower_magenta
MA081-1
manface01
metal_064_color
NymLeaf1
petal-white-1
petal-white-3
REDRUST2
Romewa-ppp
SEDAI
Sh109
shortpants
Sitework.Planting.Grass.Thick
Smooth BM_1024
sn
specular_12
sportcoat
StratocumulusAltocumulus_13_lx01
stv04
SugarMapleBark
Tile_0015
tile04heavy016
TR15brk1
TR15brk2
TR15brk3
TR15brn1
TR15brn2
TR15lef1
TR15lef2
TR15lef3
tree_leafs2_lx
File name:
Sitework.Planting.Grass.Thick
Files of type:
All Formats
Name template:
Open
Cancel
Gamma
Sequence
Preview
Statistics: 1024x1024, RGB Color 8 Bits/Channel - Single Image

图 3-36　选择位图文件

(24) 保持默认的 Bitmap 贴图设置，在材质编辑器的工具栏中单击按钮返回到 Material 1 的编辑层级。在 Maps 卷展栏中将 Diffuse 右侧的贴图拖动复制到 Bump 后面的 None 上，将凹凸值设置为 15，如图 3-37 所示。

(25) 在材质编辑器的工具栏中单击按钮，从 VRayMtl 材质编辑层级返回到混合材质编辑层级，单击 Material 2 右侧的按钮，在弹出的材质/贴图浏览器中选择 Blend 材质类型。单击子级材质 Material 1 右侧的按钮，在材质/贴图浏览器中选择 VRayMtl 材质类型，如图 3-38 所示。

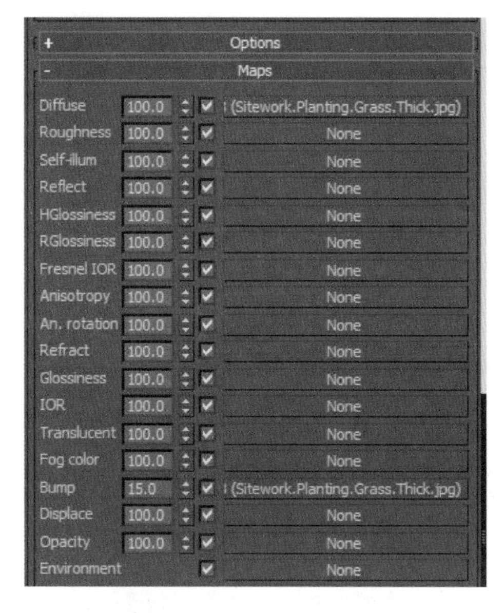


图 3-37 设置 Bump 参数

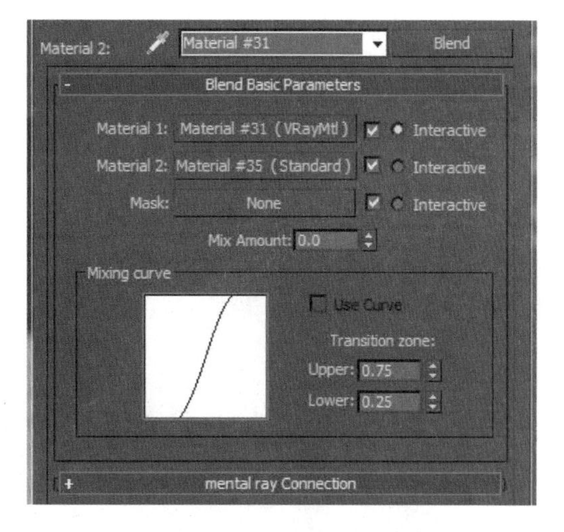


图 3-38 选择 VRayMtl 材质类型

(26) 在子级材质 Material 1 的 Maps 卷展栏中，单击 Diffuse 后面的 None 按钮，在弹出的材质/贴图浏览器中选择 Bitmap 贴图类型，在弹出的选择位图文件对话框中选择图片，如图 3-39 所示。

(27) 保持默认的 Bitmap 贴图设置，在材质编辑器的工具栏中单击按钮返回 Material 1 的编辑层级。在 Maps 卷展栏中将 Diffuse 右侧的贴图拖动复制到 Bump 后面的 None 上，将凹凸值设置为 30，如图 3-40 所示。

(28) 在材质编辑器的工具栏中单击按钮，从 VRayMtl 材质编辑层级返回子级混合材质编辑层级，单击 Material 2 右侧的按钮，在弹出的材质/贴图浏览器中选择 VRayMtl 材质类型，如图 3-41 所示。

(29) 在子级材质 Material 2 的 Maps 卷展栏中，单击 Diffuse 后面的 None 按钮，在弹出的材质/贴图浏览器中选择 Bitmap 贴图类型，在弹出的选择位图文件对话框中选择图片，如图 3-42 所示。

(30) 在材质编辑器的工具栏中单击按钮，从 VRayMtl 材质编辑层级返回子级 Blend 材质层级，单击 Mask(遮罩)后面的 None 按钮，在弹出的材质/贴图浏览器中选择 Bitmap 贴图类型，再在弹出的选择位图文件对话框中选择一张灰度肌理的图片，如图 3-43 所示。

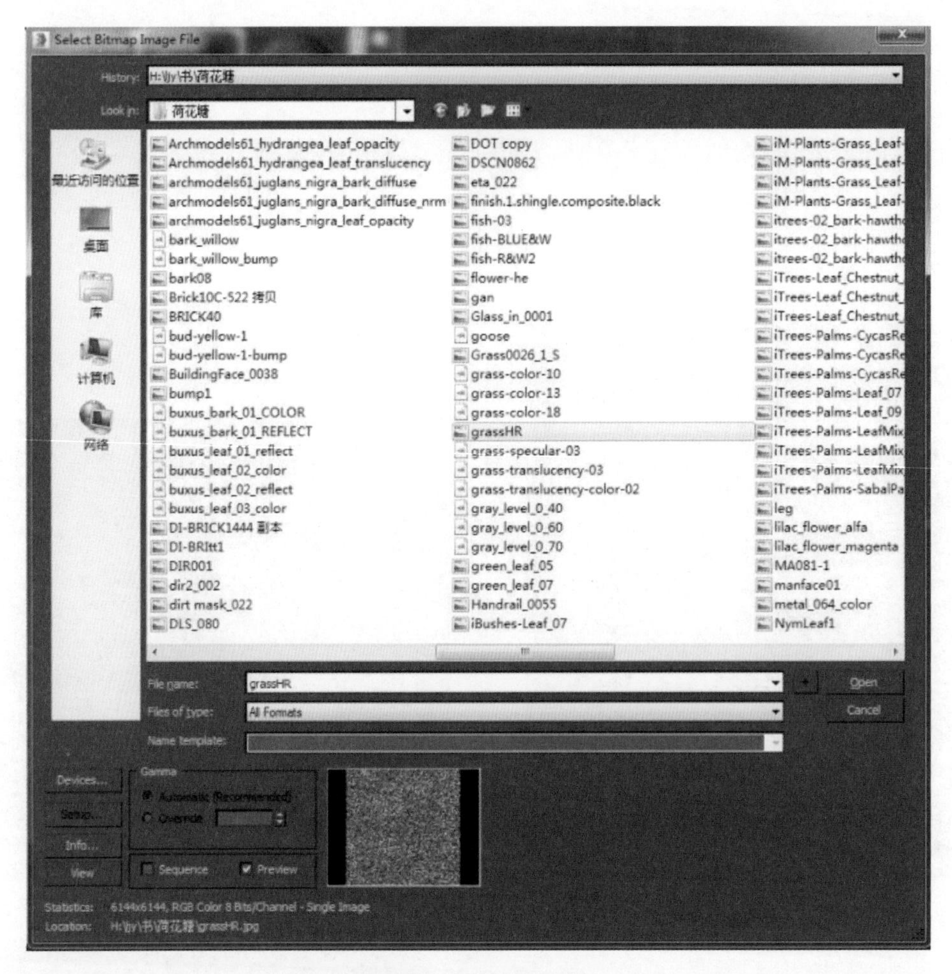


图 3-39　选择位图文件

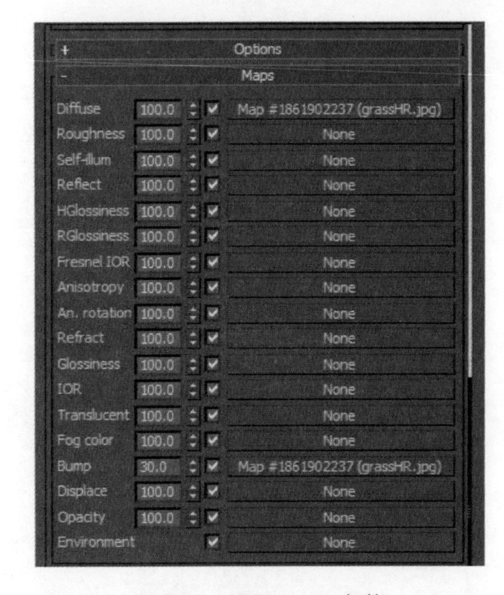


图 3-40　设置 Bump 参数

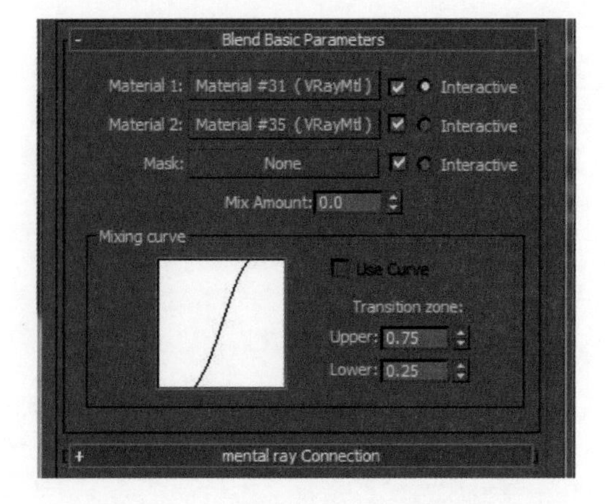


图 3-41　选择 VRayMtl 材质类型

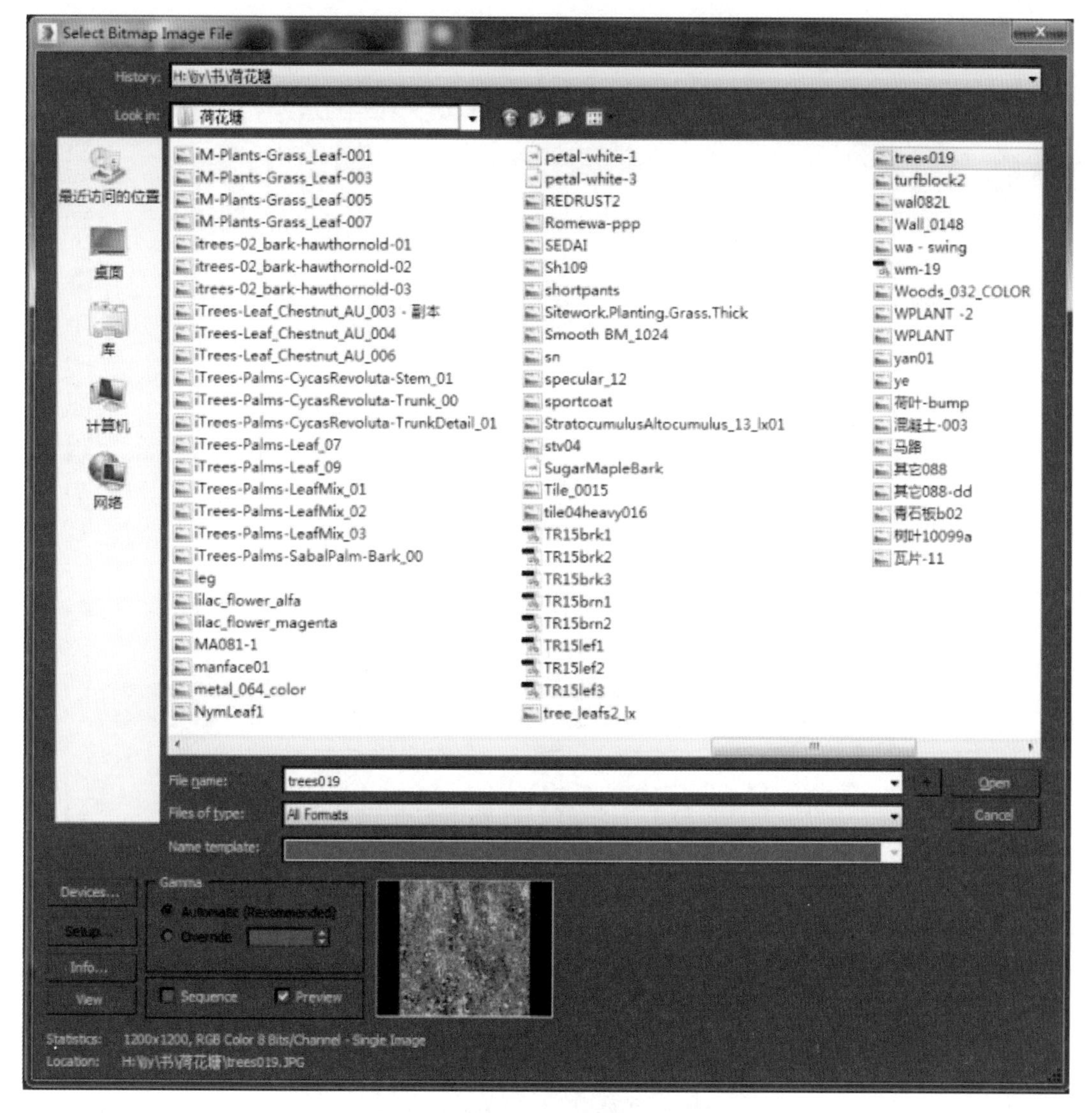


图 3-42　选择位图文件

（31）在材质编辑器的工具栏中单击按钮，从子级 Blend 材质编辑层级返回到主 Blend 材质编辑层级，单击 Mask 后面的 None 按钮，在弹出的材质/贴图浏览器中选择 Bitmap 贴图类型，再在弹出的选择位图文件对话框中选择一张灰度肌理的图片，如图 3-44 所示。

（32）在场景中选择水面对象之后，单击材质编辑器中的按钮，将编辑好的材质，指定到选定对象上，如图 3-45 所示。

（33）选择菜单命令 Rendering→Environment，打开环境和效果编辑器，单击 Atmosphere 卷展栏中的 Add 按钮，在弹出的加入大气效果对话框中选择 Fog 大气效果，如图 3-46 所示。

（34）在环境和效果编辑器中，Fog 大气效果的参数设置如图 3-47 所示。

（35）单击 Atmosphere 卷展栏中的 Add 按钮，在弹出的加入大气效果对话框中选择 Fire Effect 大气效果，如图 3-48 所示。

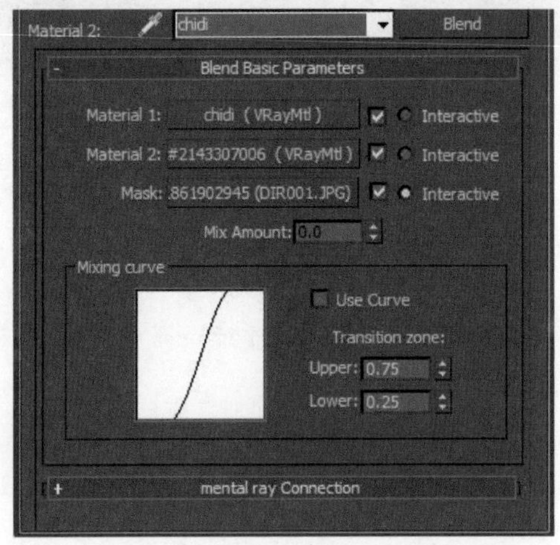


图 3-43　选择遮罩位图文件

Select Bitmap Image File
History:
Look in: 荷花塘
最近访问的位置
桌面
库
计算机
网络
Arch31_013_bark
Arch31_021_bark
Arch31_021_bark_bump
Arch31_021_leaf
Arch31_022_bark
Arch31_022_bark_bump
Arch31_026_bark
Arch31_026_bark_bump
Arch31_026_flower
Arch31_026_leaf
Arch31_037_leaf
Arch31_037_leaf_bump
Arch31_047_leaf
Arch31_050_leaf
arch31_058_leaf_1
arch31_058_leaf_1_bump
arch31_058_leaf_1_reflection
arch31_058_leaf_2
arch31_058_leaf_2_bump
arch31_058_leaf_3
arch31_058_leaf_3_bump
arch31_058_leaf_4
arch31_058_leaf_5
Arch41_041_flower
Arch41_043_leaf-xgh
arch41_048_leaf
Arch42_018_bark
Arch42_018_bark_bump
Arch42_018_leaf
archexterior8_08_leaf diffuse
Archexterior8_08_leaf_NormalM
ArchExteriors2_009_leaf
archmodels52_002_bark
archmodels52_016_leaf_bump
archmodels52_016_leaf_diff_02_02
archmodels52_016_leaf_transc
archmodels52_019_leaf_01
archmodels52_025_bark
archmodels52_025_flower_translucent
archmodels52_046_bark_diffuse
archmodels58_028_bark_diffuse
archmodels58_028_leaf_diffuse
archmodels58_028_leaf_opacity
archmodels58_036_bark
archmodels58_038_leaf_diffuse
archmodels58_046_carpinusbetulus2_bark
Archmodels61_hydrangea_flower_diffuse_nrm
Archmodels61_hydrangea_flower_opacity
Archmodels61_hydrangea_flower_reflect
Archmodels61_hydrangea_flower_trans
Archmodels61_hydrangea_leaf_diffuse
Archmodels61_hydrangea_leaf_normalbump
bark_willow
bark_willow_bump
bark08
Brick10C-522 拷贝
BRICK40
bud-yellow-1
bud-yellow-1-bump
BuildingFace_0038
bump1
DI-BRICK1444 副本
DI-BRItt1
DIR001
dir2_002
dirt mask_022
DLS_080
File name: DIR001
Files of type: All Formats
Name template:
Open
Cancel
Devices...
Gamma
Info...
View
Sequence
Preview
Statistics: 1200x900, RGB Color 8 Bits/Channel - Single Image
Location:

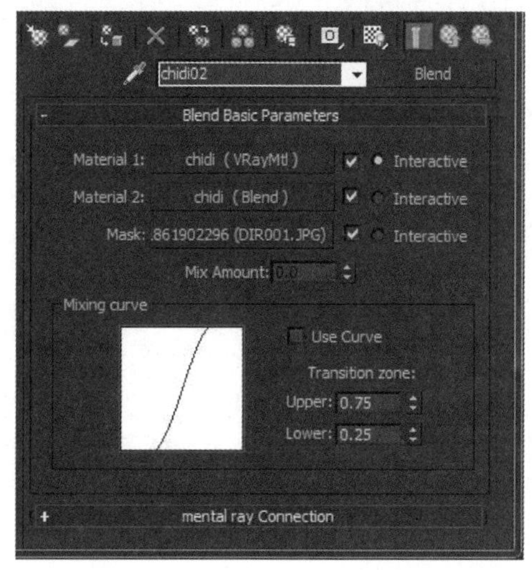
chidi02
Blend
Blend Basic Parameters
Material 1: chidi ( VRayMtl )
Interactive
Material 2: chidi ( Blend )
Interactive
Mask: 861902296 (DIR001.JPG)
Interactive
Mix Amount:
Mixing curve
Use Curve
Transition zone:
Upper: 0.75
Lower: 0.25
mental ray Connection

图 3-44　选择位图文件

图 3-45　水面材质效果

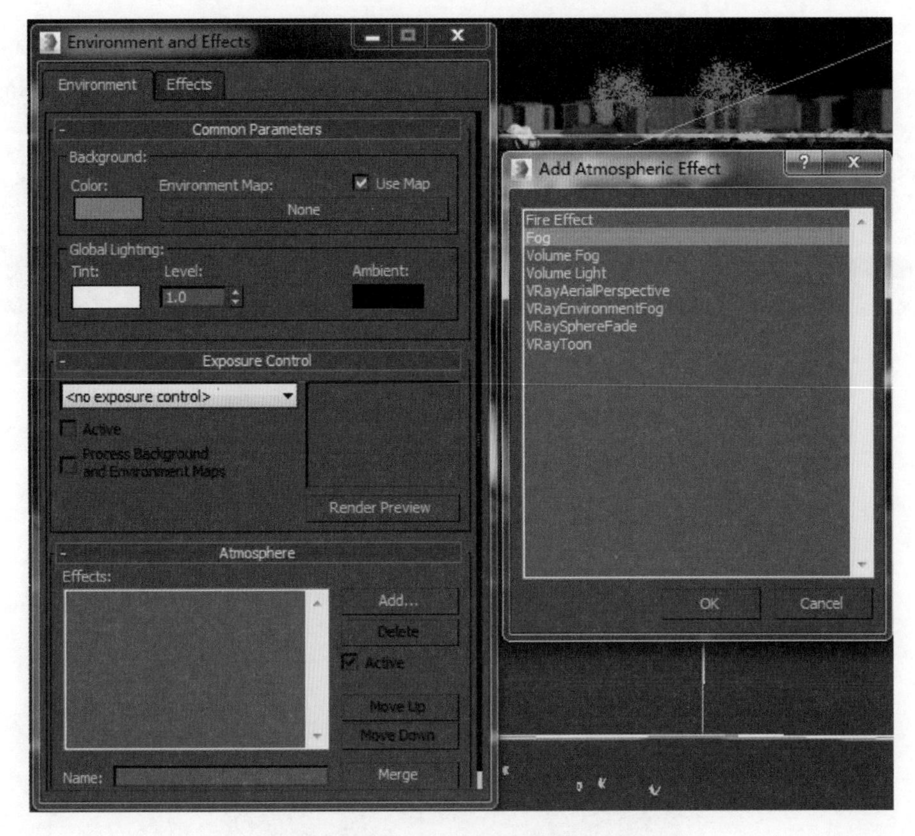


图 3-46　加入 Fog 大气效果

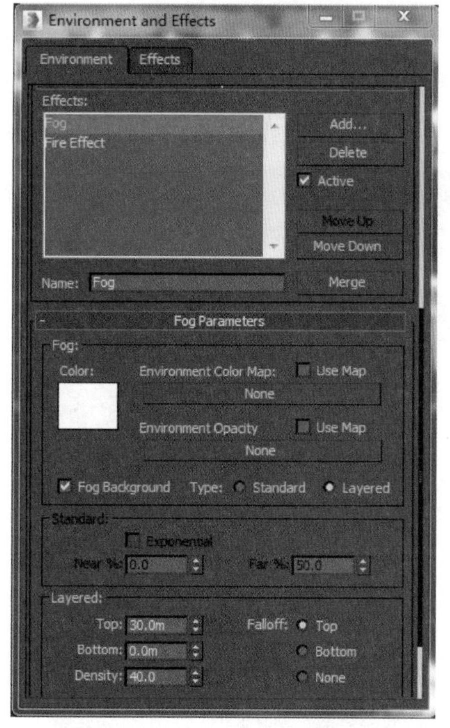

图 3-47　设置 Fog 大气效果的参数

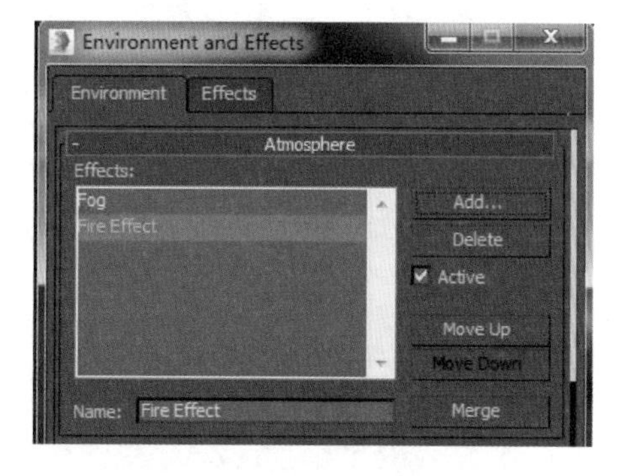


图 3-48　指定新的大气效果

(36) 在环境和效果编辑器中，Fire Effect 大气效果的参数设置如图 3-49 所示。

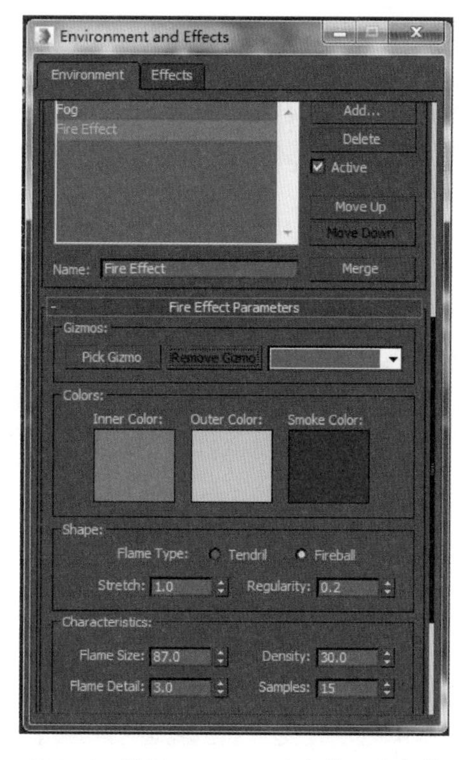


图 3-49　设置 Fire Effect 大气效果的参数

(37) 在创建命令面板中单击 按钮进入帮助对象创建命令面板，下拉指定为 Atmospheric Apparatus(大气装置)创建类型，单击 Box Gizmo(长方体线框)按钮，在场景中单击并拖动鼠标创建几个长方体，如图 3-50 所示。

图 3-50　创建长方体大气装置

(38) 在 Fire Effect Parameters 卷展栏中单击 Pick Gizmo(拾取线框)按钮，在场景中选择刚刚创建的长方形大气装置，如图 3-51 所示。

图 3-51　为大气效果指定大气装置

(39) 在创建命令面板中单击 按钮，进入灯光创建命令面板，在 Vary 灯光创建类型中单击 VarySun(Vary 太阳)按钮，在场景中单击鼠标创建一盏 Vary 太阳，灯光参数如图 3-52 所示。

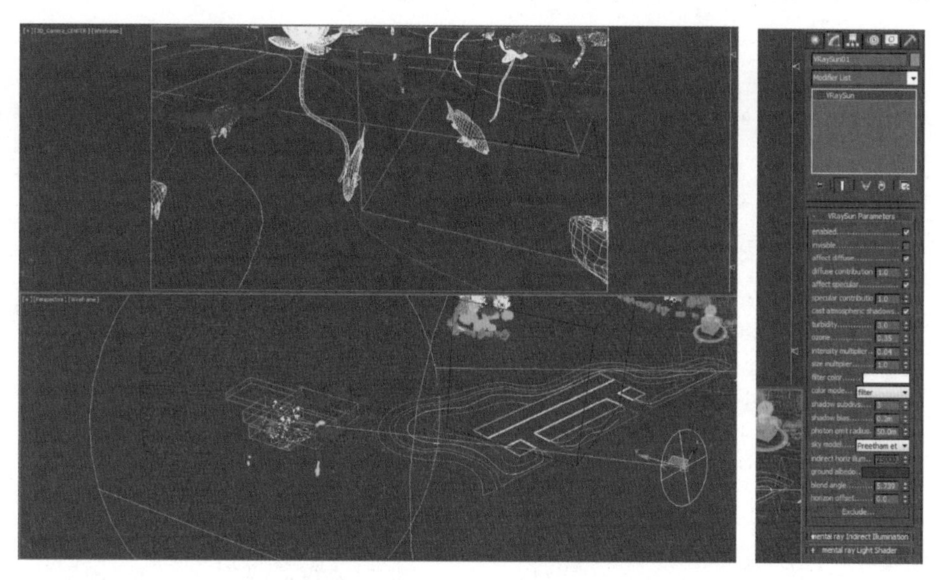

图 3-52　创建照亮场景的 Vary 太阳光

(40) 在环境和效果编辑器中单击 Effects 卷展栏中的 Add 按钮，在弹出的加入效果对话框中选择 Lens Effects 效果，如图 3-53 所示。

(41) 在 Lens Effects Parameters 卷展栏中，将 Glow(发光)效果加入到右侧的列表中，如图 3-54 所示。

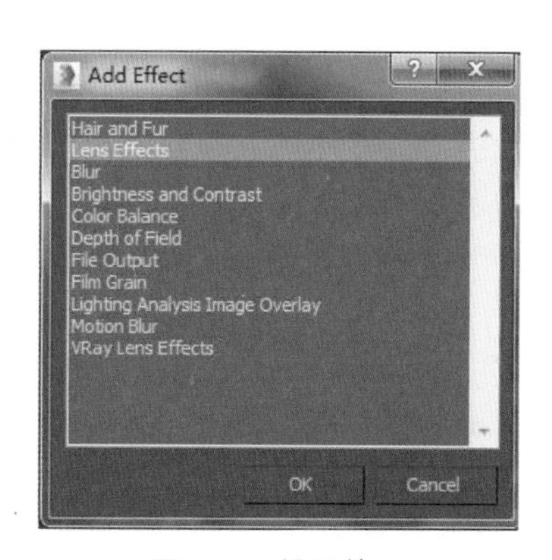


图 3-53　设置效果

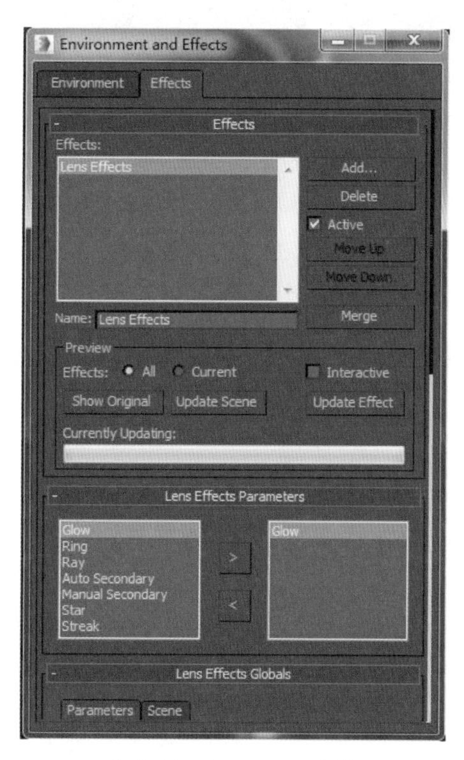


图 3-54　加入 Glow 效果

(42) Glow 效果的参数设置如图 3-55 所示。

(43) 在 Lens Effects Parameters 卷展栏中，将 Manual Secondary(手动二级光斑)效果加入到右侧的列表中，如图 3-56 所示。

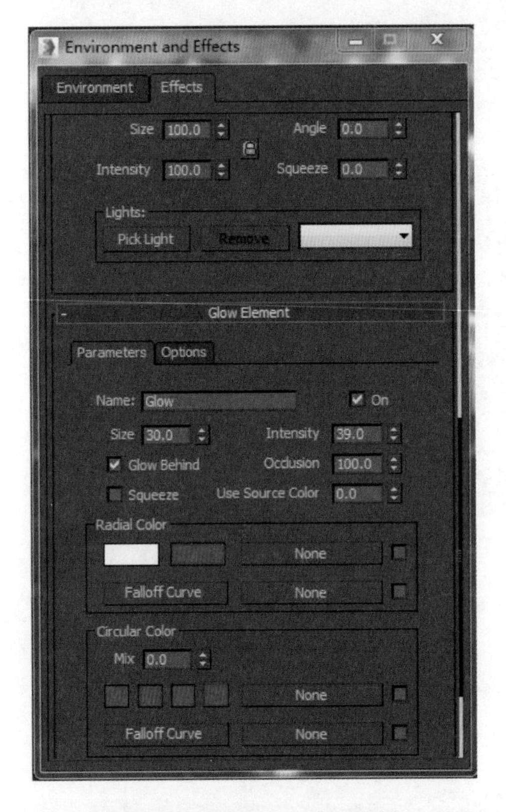


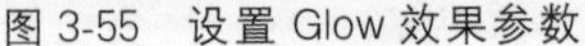

图 3-55　设置 Glow 效果参数

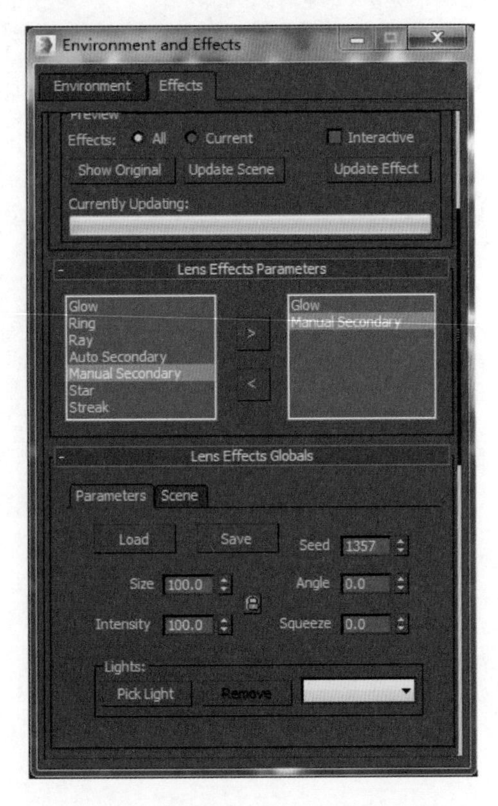


图 3-56　加入 Manual Secondary 效果

(44) Manual Secondary 效果的参数设置如图 3-57 所示。

(45) 在 Lens Effects Parameters 卷展栏中，将 Ray(射线)效果加入到右侧的列表中，如图 3-58 所示。

(46) Ray 效果的参数设置如图 3-59 所示。

(47) 在环境和效果编辑器中单击 Pick Light(拾取灯光)按钮，在弹出的 Pick Object(拾取对象)对话框中选择 VarySun，如图 3-60 所示。

(48) 在环境和效果编辑器中单击 Effects 卷展栏中的 Add 按钮，在弹出的加入效果对话框中选择 Blur 效果，如图 3-61 所示。

(49) Blur 效果的参数设置如图 3-62 所示。

(50) 单击 Effects 卷展栏中的 Add 按钮，在弹出的加入效果对话框中选择 Color Balance 效果，如图 3-63 所示。

(51) Color Balance 效果的参数设置如图 3-64 所示。

(52) 单击 Effects 卷展栏中的 Add 按钮，在弹出的 Add Effect 对话框中选择 Brightness and Contrast 效果，如图 3-65 所示。

(53) Brightness and Contrast 效果的参数设置如图 3-66 所示。

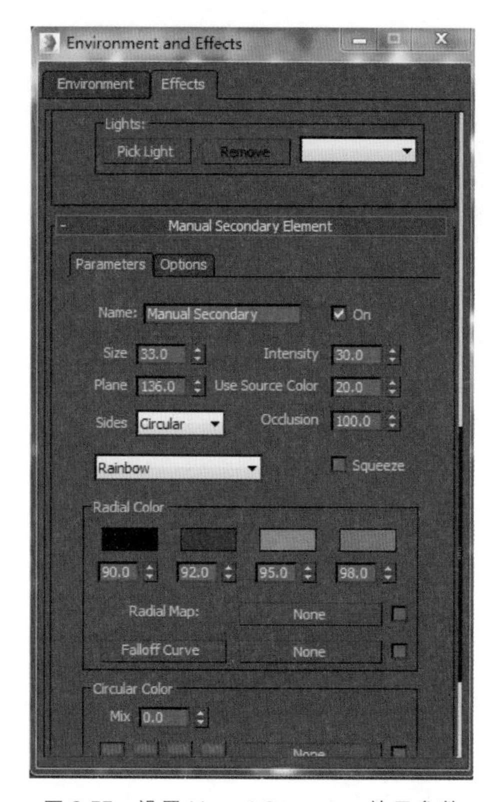


图 3-57　设置 Manual Secondary 效果参数

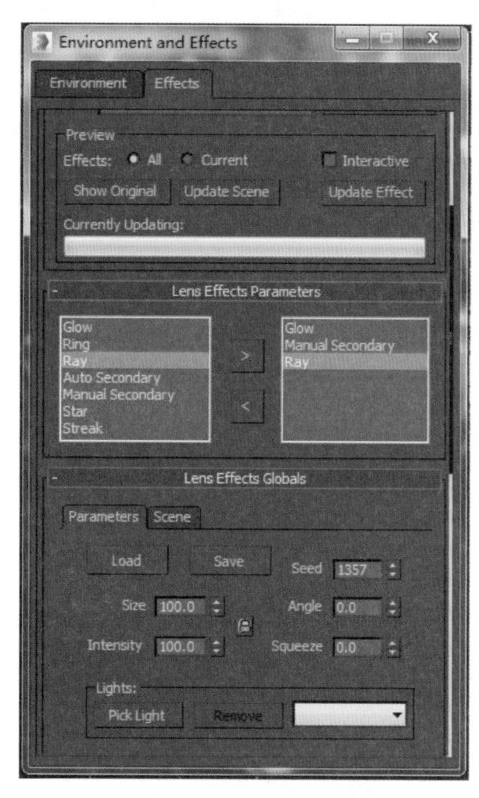


图 3-58　加入 Ray 效果

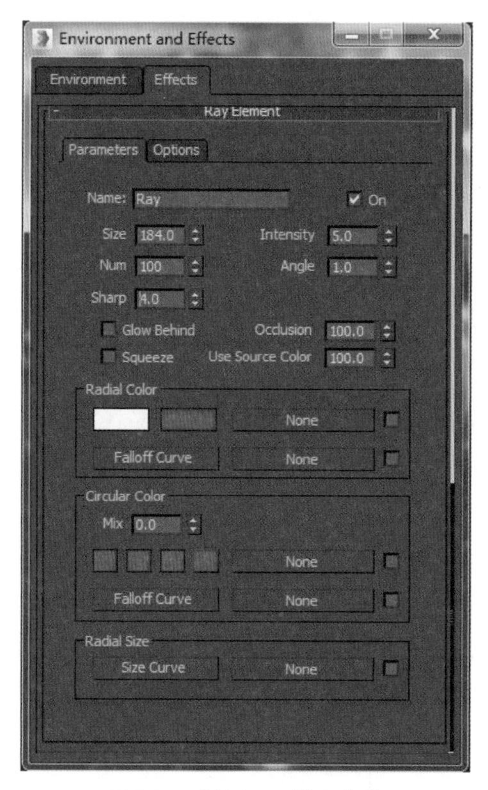


图 3-59　设置 Ray 效果参数

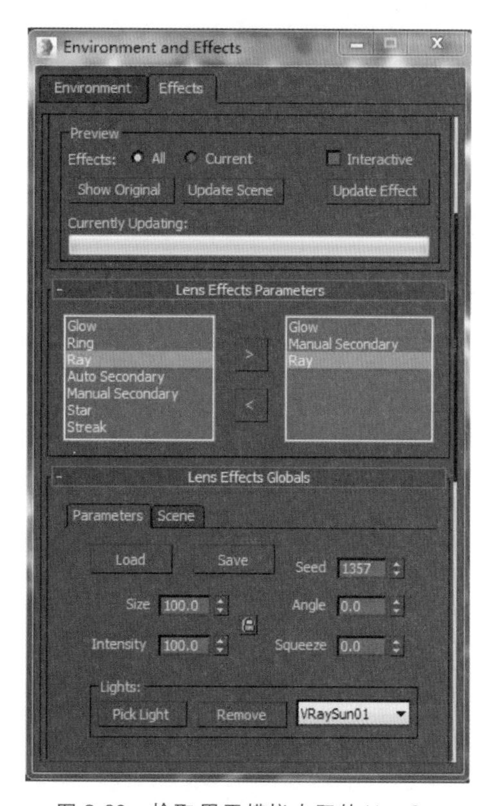


图 3-60　拾取用于模拟太阳的 VarySun

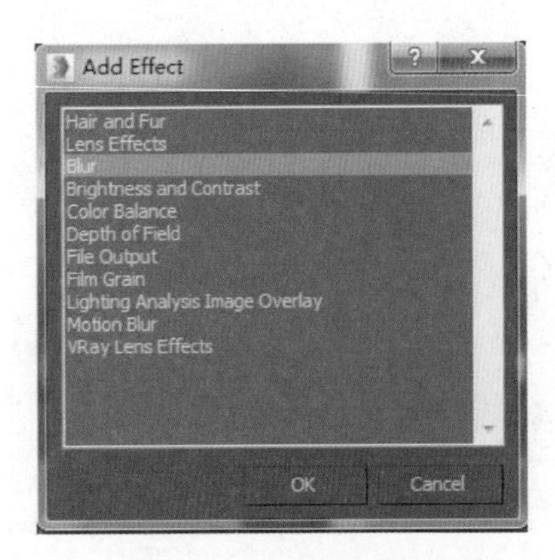


图 3-61　选择 Blur 效果

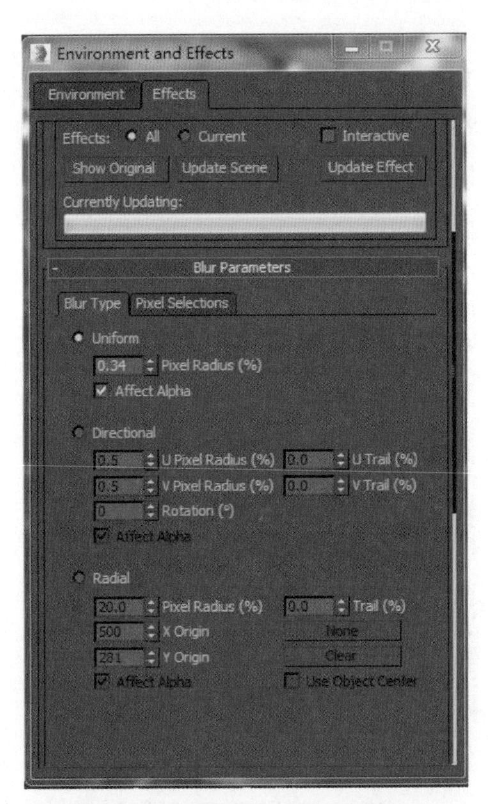


图 3-62　设置虚化效果的参数

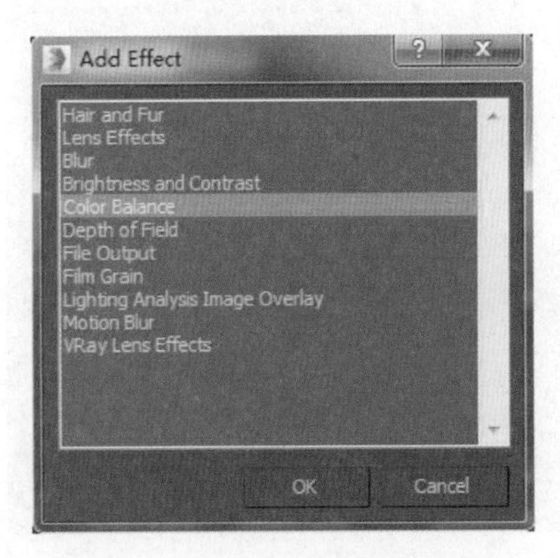


图 3-63　选择 Color Balance 效果

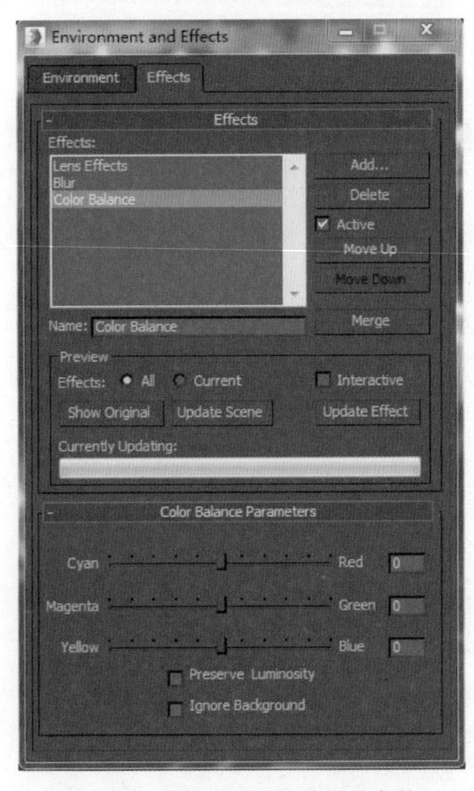


图 3-64　设置色彩平衡效果的参数

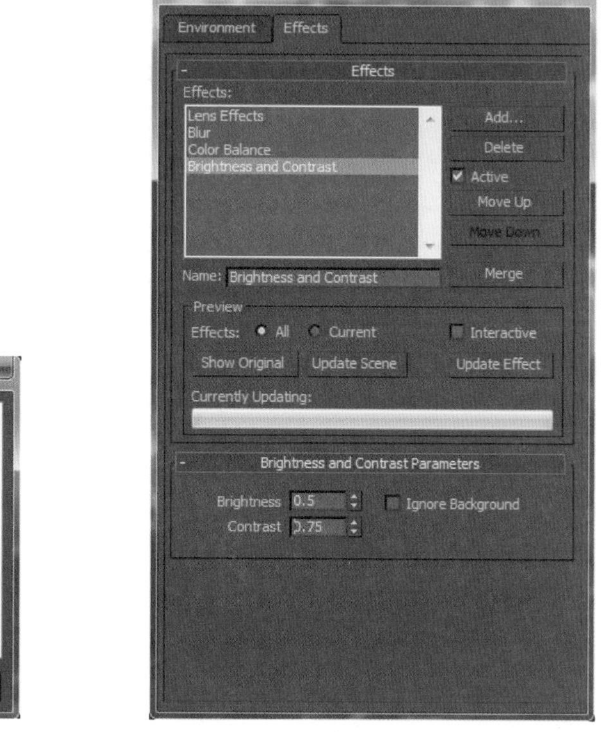


图 3-65 选择 Brightness and Contrast 效果

图 3-66 设置明度和对比度效果的参数

(54) 单击主工具栏中的 按钮，渲染查看荷花塘的环境设置效果，如图 3-67 所示。

图 3-67 渲染查看荷花塘的设置效果

## 习题

3-1　环境编辑器可以实现哪几方面的功能？

3-2　在 3ds Max 2016 中，可以创建哪些类型的大气效果？

3-3　火焰效果是否会照亮场景？

3-4　雾大气效果分为哪两种类型？

3-5　练习为场景中的灯光指定体积光效果。

ANIMATION

# 第4章 粒子动画效果

本章首先概述粒子系统的功能以及 Particle View(粒子视图)的界面结构;介绍空间扭曲的种类和功能;最后通过两个 Particle Flow 粒子流动画设计范例和一个 Blizzard 暴风雪粒子动画设计范例详细讲述粒子动画的设计流程。

## 4.1 粒子系统

粒子系统是一种特殊的参数化对象,可用于创建喷溅的水花、雨景、雪景、焰火、龙卷风、动物或人物群体的动画合成效果,这一造型系统是 3ds Max 2016 强大特效合成功能的重要体现。

### 4.1.1 概述

在基本对象创建命令面板中,单击 Standard Primitives(标准几何体)右侧的下拉按钮。从下拉的基本对象类型列表中选择 Particle Systems(粒子系统),如图 4-1 所示,出现粒子系统创建命令面板,命令面板会根据当前选择粒子系统对象的不同类型呈现不同的结构。

在对象类型项目中列出了 7 种不同类型的粒子系统,它们包括:PF Source(粒子流源)、Spray(喷射)、Super Spray(超级喷射)、Snow(雪)、Blizzard(暴风雪)、PArray(粒子阵列)及 PCloud(粒子云)。

粒子动画由各种功能的事件所控制,出生事件通常是全局事件后的第一个事件,可以为粒子指定年龄。粒子在动画的持续时间内能够经历诞生、成长、衰老、消失整个过程,如图 4-2 所示。

这些粒子从出生事件开始,驻留于事件的持续周期之内,粒子流会计算每个事件的动作。如图 4-3 所示,粒子在持续周期内可以 1-改变形状;2-自身旋转;3-繁殖出子级粒子。

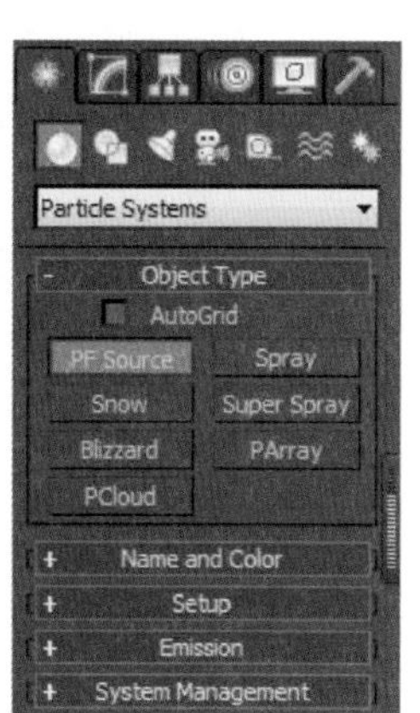

图 4-1 粒子系统创建命令面板

粒子在运动过程中还可以受到外力的作用,自身的材质和贴图属性也可以发生变化,如图 4-4 所示,1-粒子受重力影响;2-粒子发生碰撞;3-粒子材质属性变化。

如果事件包含测试,则粒子流确定测试参数的粒子是否为真(例如,是否与场景中的对象碰撞)。如果为真,并且此测试与另一事件关联,则粒子流将此粒子发送到下一事件;如果不为真,则此粒子保留在当前事件中,并且其操作符和测试可能会进一步对其进行监测。因此,某一时间内每个粒子只存在于一个事件中。

图 4-2　粒子的年龄

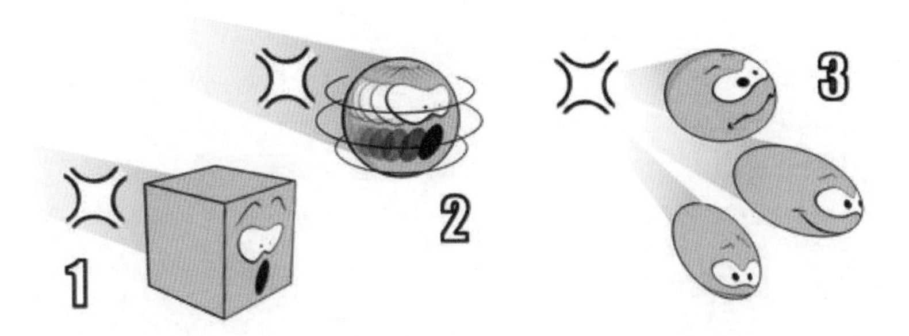


图 4-3　粒子动作 1-改变形状；2-自身旋转；3-繁殖出子级粒子

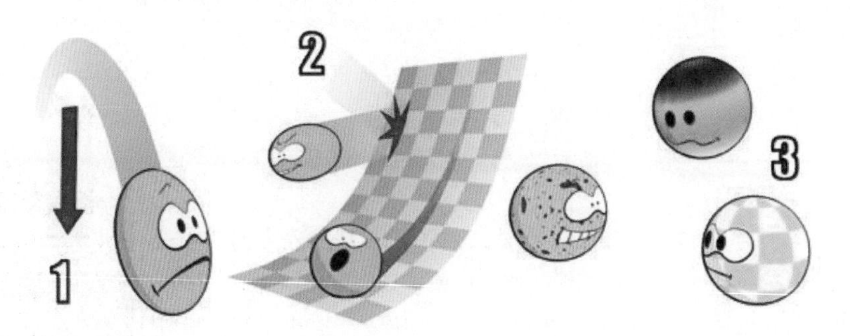


图 4-4　1-粒子受重力影响；2-粒子发生碰撞；3-粒子材质属性变化

### 4.1.2　粒子系统功能

**1. Spray(喷射)**

喷射粒子系统可以创建下雨或喷泉的效果，与 Path Follow（路径跟随）空间扭曲配合使用，可以创建粒子系统跟随路径运动的动画。

**2. Snow(雪)**

雪粒子系统可以创建下雪或彩色纸屑飘舞的效果。

**3. PArray(粒子阵列)**

PArray 粒子系统使用一个三维对象作为阵列分布依据，并将该对象作为发射器向外发射粒子。

### 4. Super Spray（超级喷射）

超级喷射粒子系统类似于 Spray 粒子系统，但附加了更多的参数控制项目，可以创建更为复杂的粒子喷射效果。

### 5. Blizzard（暴风雪）

暴风雪粒子系统类似于 Snow 粒子系统，但附加了更多的参数控制项目，可以创建更为复杂的粒子系统效果。

### 6. PCloud（粒子云）

利用 PCloud（Particle Cloud）粒子系统可以在一个指定的三维空间中分布粒子对象，用于创建鸟群、羊群、人群的效果。可以指定标准的长方体空间、球体空间、圆柱体空间，还可以选定任意一个可渲染的三维对象作为对象基础发射器，二维平面对象不能作为粒子云发射器。

### 7. Particle Flow Source（粒子流源）

Particle Flow 是一种通用的、功能强大的粒子系统，使用一种事件驱动模式，并使用一种特殊的 Particle View（粒子视图）对话框。在粒子视图对话框中，可以将一个粒子系统的操作器，即粒子的单独属性，如 shape（形状）、speed（速度）、direction（方向）、rotation（旋转）等，在一段时间内连接到事件组。每个操作器提供一组参数，都可以受事件驱动控制粒子系统的动画属性。当事件发生后，Particle Flow 持续监测列表中的所有操作器，并更新粒子系统的动画状态。

为了获得更为真实的粒子动画，可以创建一个 flow（流）使事件连线在一起，将粒子从一个事件传送到另一个事件。利用 test（测试）可以检测粒子的年龄、移动速度、与导向器的碰撞等属性，并将测试结果传送到下一个事件。

## 4.1.3 Particle View（粒子视图）

粒子视图为创建和编辑粒子系统提供了良好的用户界面。在主窗口（事件显示）中包含粒子的图表，一个粒子系统由一个或多个事件连线构成，并包含一个或多个操作器和测试的列表，所有的操作器和测试被称为 action（动作）。

第一个事件被称为全局事件（具有与 Particle Flow 图标相同的名称，默认为 PF Source ##），这是因为该事件所包含的操作器会影响整个粒子系统，接下来将是一个出生事件，在其中包含 Birth 操作器，同时还可以包含几个定义粒子系统其他初始属性的操作器。在此之后，就可以为粒子系统加入各种次级序列的事件（局部事件）。

使用 test（测试）决定粒子是否符合离开当前事件的条件，进入到下一个不同的事件，可以将测试连线到其他事件上。

粒子视图对话框如图 4-5 所示。

在菜单栏中可以访问各种编辑、选择、分析和调整功能。

在事件显示窗口中包含粒子图表，可以修改编辑粒子系统的事件流向。

在参数面板中可以显示和编辑选定动作的参数。

在仓库中包含所有粒子流的动作（operator—操作器、test—测试、flow—流），可以将仓库中的动作直接拖动放置到事件显示窗口中。

显示工具用于控制粒子视图的显示。

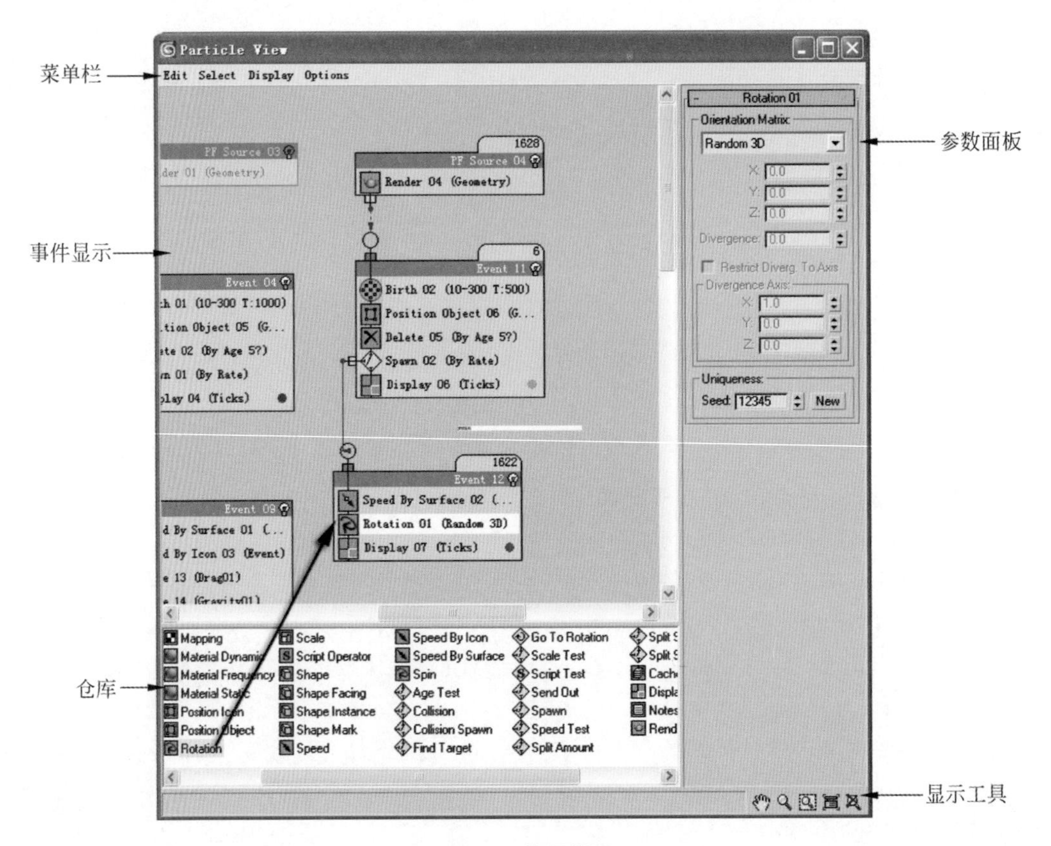


图 4-5 粒子视图

## 4.2 空间扭曲

空间扭曲是一种不可渲染的对象,但可以使与其相绑定的对象产生变形。在场景中空间扭曲对象被显示为一个网格框架,空间扭曲网格如同其他对象一样,也可以进行移动、旋转、放缩变换。

空间扭曲只作用于与其绑定的对象,使用主工具栏中的绑定工具 可以将场景对象绑定到空间扭曲上。与空间扭曲的绑定操作显示在对象修改编辑堆栈的顶端,一般在为对象施加了各种变换和修改编辑操作之后,再将该对象绑定到指定的空间扭曲对象之上。

与修改编辑器相比,空间扭曲不仅可以作用于场景中的对象,还可以作用于整个场景。如果将多个对象同时绑定到空间扭曲之上,空间扭曲将作用于每一个对象,由于每个对象与空间扭曲对象的相对方向与相对距离不同,最终的空间扭曲作用效果也各不相同。由于空间扭曲作用效果的空间特性,当一个对象进行了移动或旋转变换之后,依据该对象与空间扭曲对象的相对方向与相对距离的变化,最后的空间扭曲作用效果也随之改变,这就是空间扭曲与修改编辑器最大的不同。另外,可以有多个空间扭曲同时作用于一个对象,这些空间扭曲依据加入的顺序排列在对象的修改编辑堆栈中。

一些类型的空间扭曲用于变形对象(几何参数对象、网格对象、面片对象、样条曲线);一些类型的空间扭曲作用于粒子系统和动力学系统。在创建命令面板中,每个空间扭曲对象都有一个支持对象类型的下拉列表,标示出哪些类型的对象可以绑定到该空间扭曲之上。

空间扭曲的参数项目和变换操作都可以被指定为动画，空间扭曲与对象之间的相对位置与相对角度也可以被指定动画，空间扭曲创建命令面板如图4-6所示。

在空间扭曲创建命令面板中，有5种类型的空间扭曲：Forces（动力空间扭曲）、Deflectors（导向空间扭曲）、Geometric/Deformable（几何/变形空间扭曲）、Modifier-Based（基本编辑空间扭曲）、Particles & Dynamics（粒子系统与动力学）。

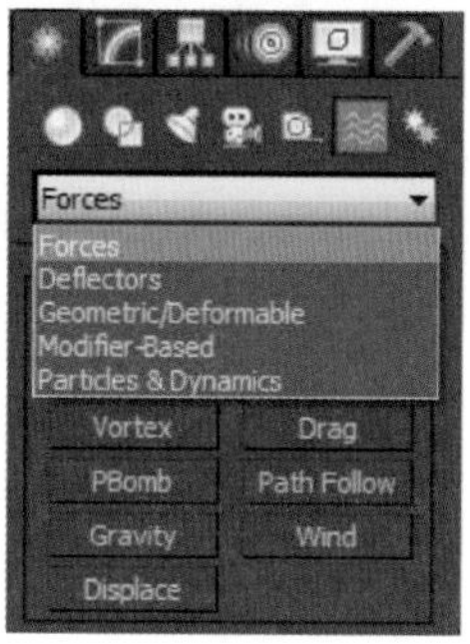

图4-6 空间扭曲创建命令面板

### 4.2.1 Forces（动力空间扭曲）

动力空间扭曲可以作用于粒子系统和动力学系统，在动力空间扭曲创建命令面板中，可以创建9种不同类型的动力：

#### 1. Motor（引擎空间扭曲）

引擎空间扭曲类似于推力空间扭曲，但可以产生一种螺旋转动的推力，当其作用于粒子系统时，粒子系统与空间扭曲的相对位置与相对方向都影响最终的作用效果，围绕引擎空间扭曲产生一种旋涡状的作用力。

#### 2. Push（推力空间扭曲）

推力空间扭曲可以作用于粒子系统和动力学系统，作用于粒子系统时，在正向或反向产生一个大小一致、方向一致的力，其宽度方向的力是无穷大的；作用于动力学系统时，产生一个点力，在相反的方向上会产生一个反向作用力。

#### 3. Vortex（旋涡空间扭曲）

旋涡空间扭曲可以作用于粒子系统，使它们穿过一个旋涡慢慢落下，可以创建黑洞、涡流等效果。

#### 4. Drag（拖拉空间扭曲）

拖拉空间扭曲是粒子运动的抑制器，在指定的范围内以指定的量，减慢粒子系统的运动，可以产生类似风阻的作用效果。该空间扭曲可以是线状的、球状的、圆柱体状的。

#### 5. Path Follow（路径跟随空间扭曲）

路径跟随空间扭曲可以使粒子系统沿一条路径曲线运动。

#### 6. PBomb（粒子爆炸空间扭曲）

粒子爆炸空间扭曲可以产生一个空间冲击波，将粒子系统炸开，该空间扭曲也可以作用于动力学对象。如果想创建爆炸一组对象的效果，首先要将对象进行PArray（粒子阵列）。

#### 7. Gravity（重力空间扭曲）

重力空间扭曲可以产生真实的重力吸引效果，这种空间扭曲可以作用于粒子系统和动力学系统，重力空间扭曲的箭头方向就是粒子系统的移动方向（指向或背向）。

#### 8. Wind（风力空间扭曲）

风力空间扭曲可以创建类似风吹动粒子飘舞的效果，该空间扭曲可以作用于粒子系统和动力学对象。风力空间扭曲的作用方式类似于重力空间扭曲，但它还可以指定粒子飞舞的混乱度等模拟真实自然的参数项目。

#### 9. Displace（贴图置换空间扭曲）

贴图置换空间扭曲用于塑形对象的表面，该空间扭曲可以作用于三维对象，也可以作用于粒子系统。其作用效果类似于贴图置换修改编辑器，但它可以作用于空间场景中与其绑定的所有对象，而且贴图置换空间扭曲的作用效果受对象与空间扭曲之间相对距离和相对方向的影响。

贴图置换空间扭曲有以下两种作用方式：首先可以利用贴图图像的灰度数值，指定贴图置换的强度，图像中白色的部分不受贴图置换的影响，黑色部分依据置换强度被挤压出来，灰色部分依据明度比例被挤压出来；另外，还可以直接依据设定的强度和衰减数值进行置换操作。

如果贴图置换空间扭曲作用于粒子系统，作用效果受粒子数量的影响；如果贴图置换空间扭曲作用于三维对象，作用效果受对象表面节点数量的影响；如果想得到精细的贴图置换效果，首先应使用 Tessellate(细化)修改编辑器，细化对象表面的节点分布。

### 4.2.2 Deflectors(导向空间扭曲)

导向空间扭曲用于使粒子系统或动力学系统发生偏移，在导向空间扭曲创建命令面板中，可以创建 9 种不同类型的导向空间扭曲，它们是：PDynaFlect（平面动力学导向器）、POmniFlect（平面泛向导向器）、SDynaFlect（球体动力学导向器）、SOmniFlect（球体漫射导向器）、UDynaFlect（通用动力学导向器）、UOmniFlect（通用泛向导向器）、SDeflector（球体导向器）、UDeflector（通用导向器）、Deflector（导向器）。

### 4.2.3 Geometric/Deformable(几何/变形空间扭曲)

几何/变形空间扭曲用于编辑三维对象的形态，在空间扭曲创建命令面板中，可以创建几种不同类型的几何/变形空间扭曲，它们是：Displace（贴图置换空间扭曲）、FFD(Box)(自由变换长方体空间扭曲)、FFD(Cyl)(自由变换圆柱体空间扭曲)、Wave（波浪空间扭曲）、Ripple（波纹空间扭曲）、Conform（拟合化空间扭曲）、Bomb（爆炸空间扭曲）。

### 4.2.4 Modifier-Based(基本编辑空间扭曲)

基本编辑空间扭曲的作用效果类似于修改编辑器，但它们可以作用于整个场景的空间范围，而且与其他空间扭曲一样，也要绑定到对象之上。在空间扭曲创建命令面板中，可以创建几种不同类型的基本编辑空间扭曲，它们是：Bend(弯曲空间扭曲)、Noise(噪波空间扭曲)、Skew（推斜空间扭曲)、Taper（锥化空间扭曲)、Twist（扭曲空间扭曲)、Stretch（延展空间扭曲)。

## 4.3 Particle Flow 粒子流喷火动画范例

本节将利用 PF Source(粒子流源)粒子系统，创建喷火动画的效果，如图 4-7 所示，制作步骤如下。

(1) 选择菜单命令 File→Open，打开如图 4-8 所示的场景文件，在该动画场景中有一个火箭模型。

(2) 在创建命令面板中单击按钮，再在灯光创建命令面板中单击 Omni 按钮，在场景中单击创建一盏泛光灯，再单击主工具栏中的按钮，将泛光灯移动到如图 4-9 所示的位置。

(3) 单击按钮，进入修改编辑命令面板，打开 Intensity/Color/Attenuation(亮度/色彩/衰减参数)卷展栏，单击 Multiplier(倍增器)右侧的色彩样本，在弹出的色彩选择对话框中将灯光调整成橘黄色，如图 4-10 所示。

图 4-7 喷火动画效果

图 4-8 打开火箭的场景文件

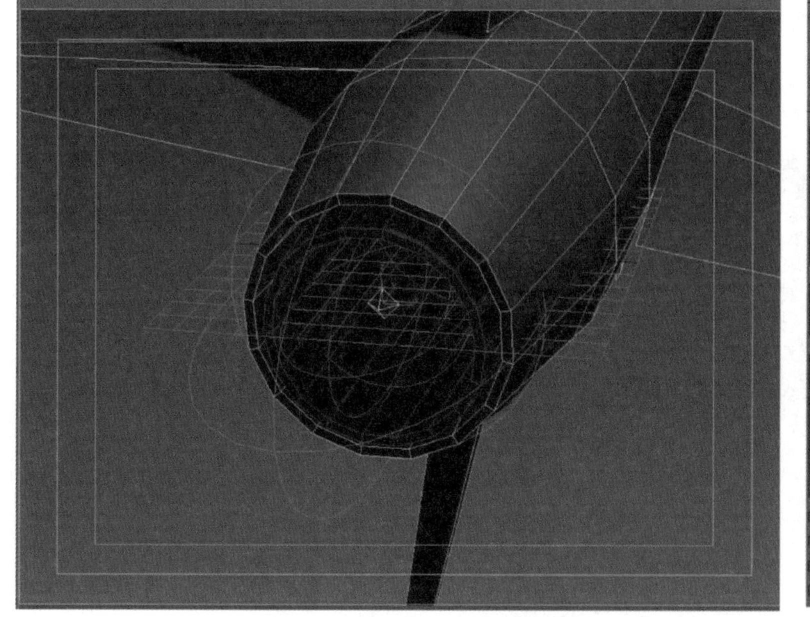

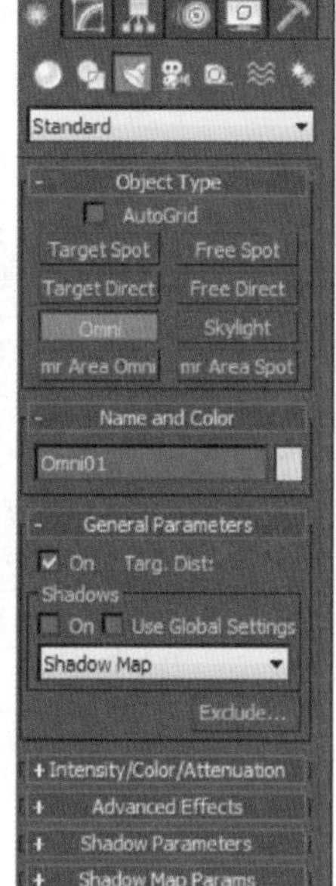


图 4-9 创建一盏泛光灯

(4) 单击界面底部的 Auto key(自动关键帧)按钮,拖动时间轴到第 40 帧的位置,将亮度/色彩/衰减参数卷展栏中的 Multiplier 参数设置为 10,如图 4-11 所示。

(5) 再次单击 Auto key 按钮,退出自动关键帧编辑状态,调整 Far Attenuation(远距衰减)参数,勾选 Use(使用)选项,将 Start(开始)参数设置为 21,该参数用于设置灯光开始衰减的距离,如图 4-12 所示。

(6) 单击 Auto key 按钮,拖动时间轴到第 40 帧的位置,将 Advanced Effects(高级效果)卷展栏中的 Contrast(对比度)参数设置为 20,如图 4-13 所示。再次单击 Auto key 按钮,退出自动关键帧编辑状态。

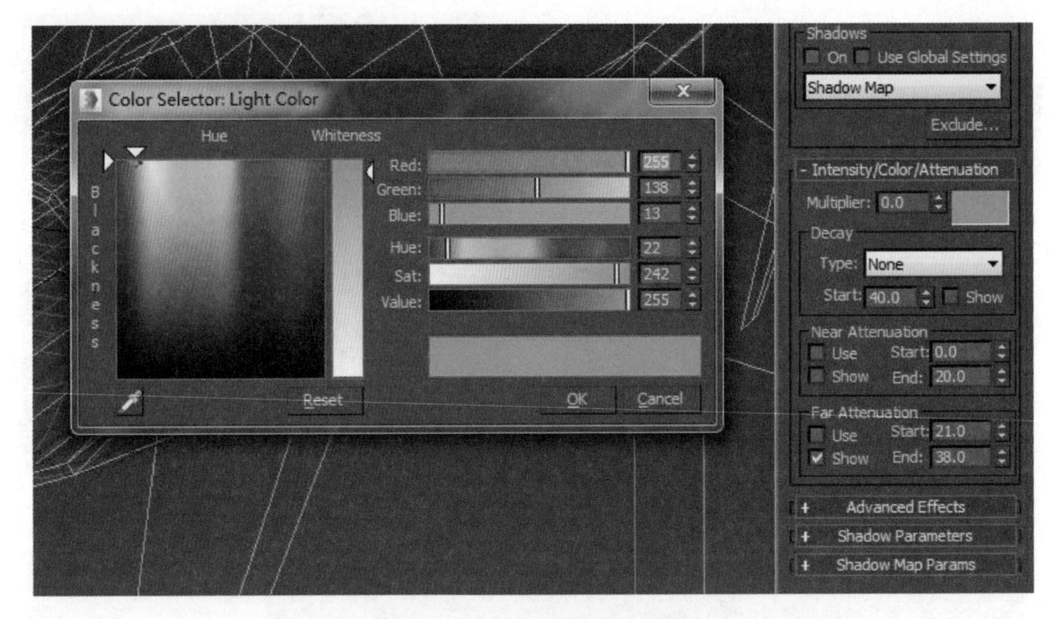


图 4-10　将灯光调整成橘黄色

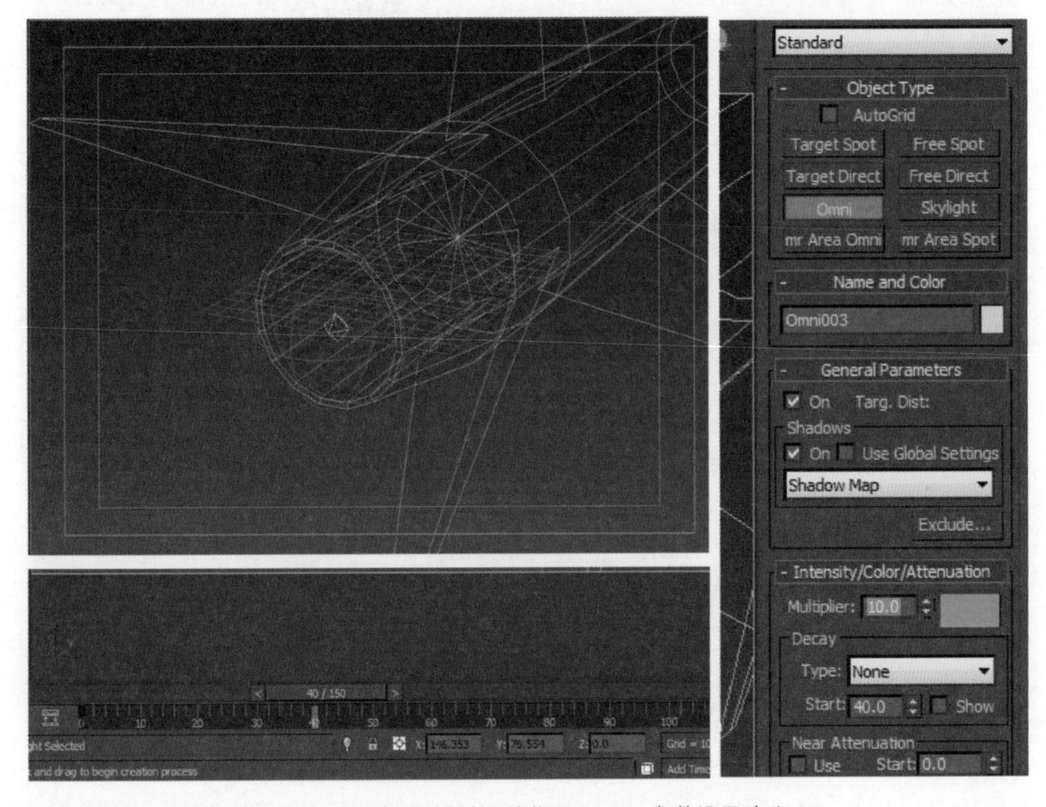


图 4-11　设置自动关键帧，并将 Multiplier 参数设置改为 10

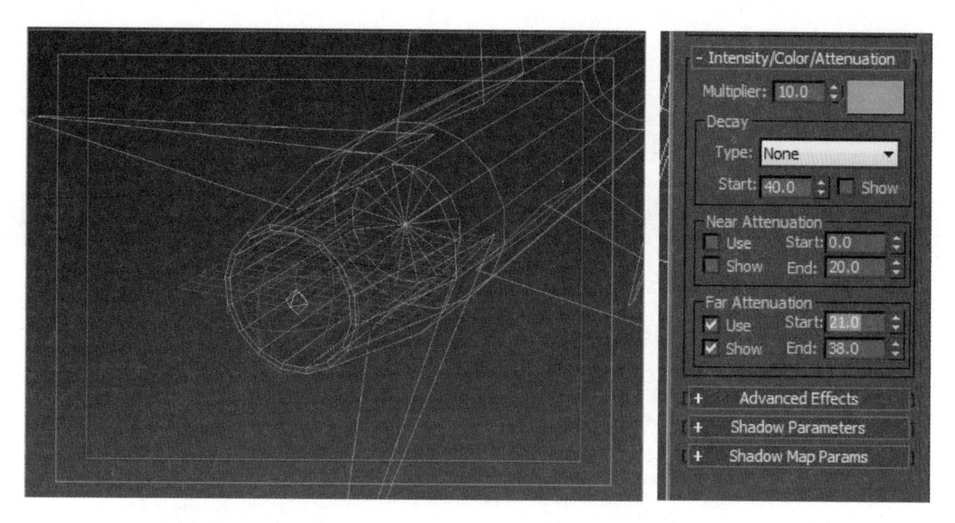


图 4-12　调整 Far Attenuation 参数

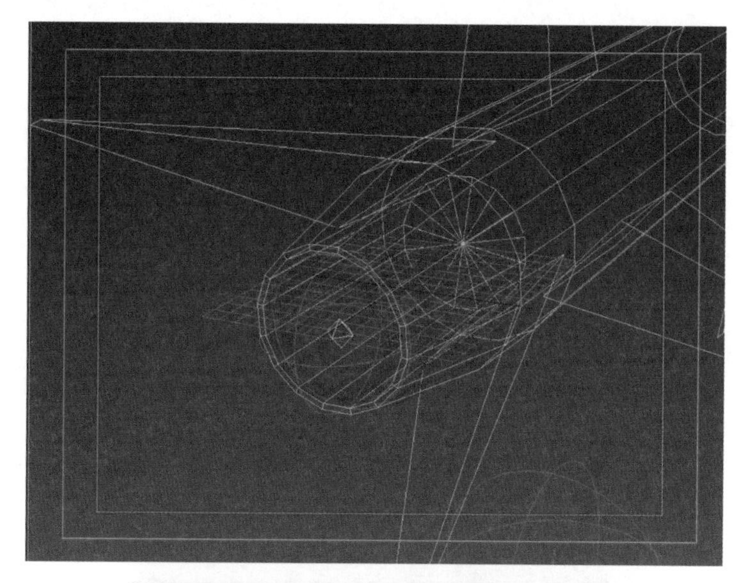

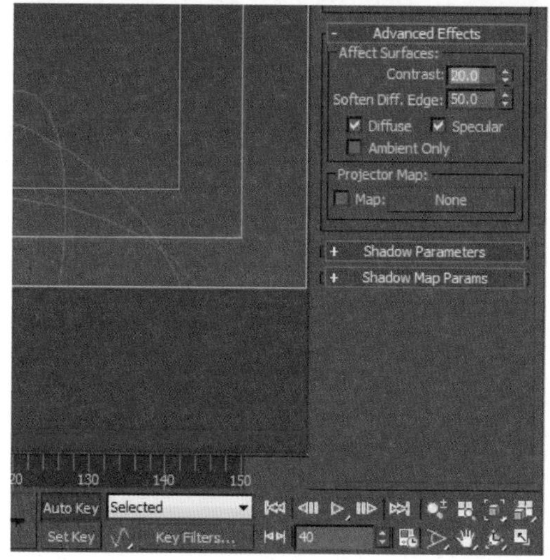


图 4-13　将 Contrast 参数设置为 20

(7) 在创建命令面板中单击按钮，再在标准几何体创建命令面板中单击 Cylinder(圆柱体)按钮，在场景中单击并拖动鼠标创建一个圆柱体，单击主工具栏中的按钮，在场景中将圆柱体移动到如图 4-14 所示的位置。

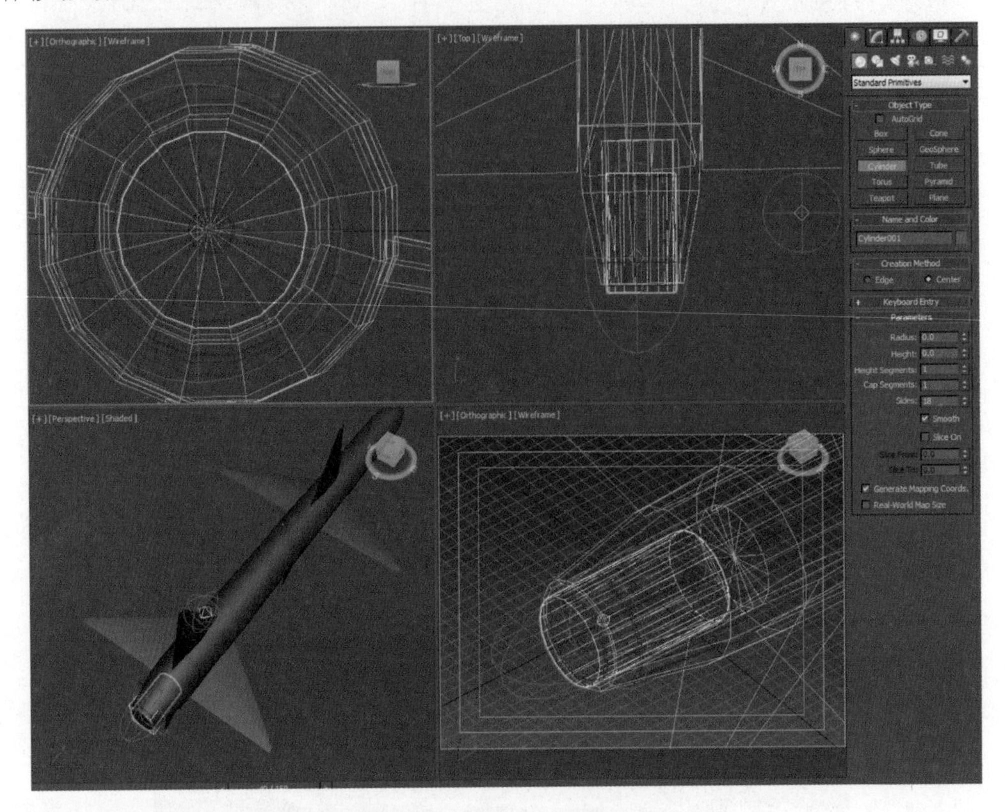


图 4-14　创建一个圆柱体

(8) 在刚刚创建的圆柱体上右击，在弹出的右键快捷菜单中选择 Convert To→Convert to Editable Poly(转换为→转换为可编辑多边形)，如图 4-15 所示。

(9) 在修改编辑命令面板中单击按钮，指定为次级结构面编辑层级，选择如图 4-16 所示的侧面和一个底面，单击键盘上的 Delete 键进行删除。

删除面后的结果如图 4-17 所示，这个圆面将作为后面的粒子发射器。

(10) 在创建命令面板中单击按钮，单击 Standard Primitives 右侧的下拉标记，从下拉的创建对象类型列表中选择 Particle Systems，如图 4-18 所示。

(11) 单击 PF Source(粒子流源)按钮，在场景中单击并拖动鼠标创建一个粒子发生器，如图 4-19 所示。

(12) 在 Setup 卷展栏中单击 Particle View(粒子视图)按钮，打开粒子视图对话框，如图 4-20 所示。

(13) 拖动操作器仓库中的 Position Object(位置对象)操作器替换在 Event 001 事件组中的 Position Icon 001(Volume)，如图 4-21 所示。

(14) 在事件组中选择刚刚指定的 Position Object 操作器，在命令面板的 Position Object 卷展栏下单击 By list(从列表选择)按钮，在弹出的 Select Emitter Objects(选择发射器对象)对话框中选择刚刚创建的圆面对象 Cylinder 001 作为发射器，如图 4-22 所示。

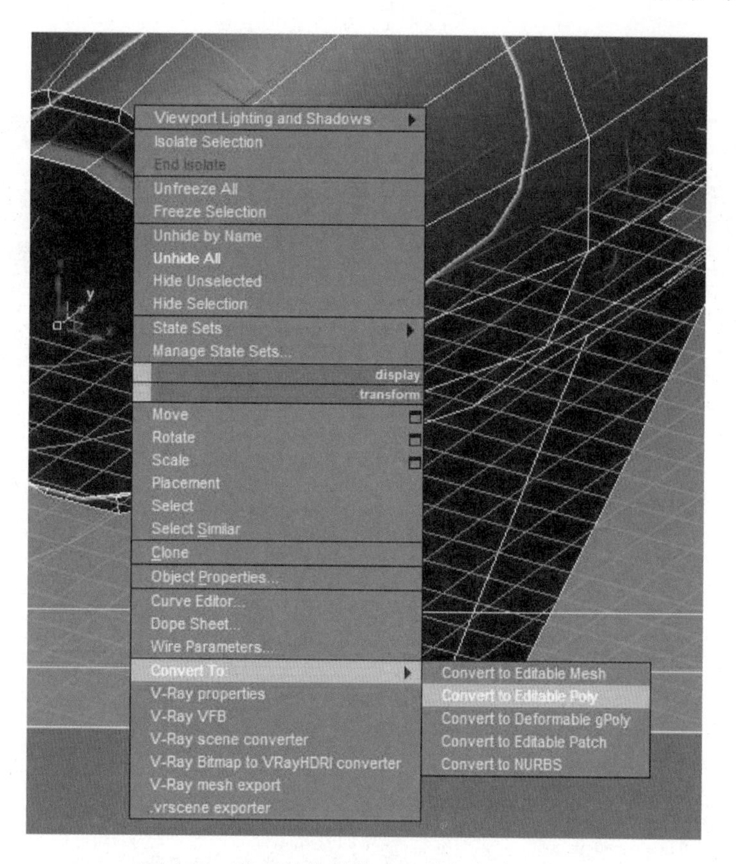


图 4-15　将圆柱体转换为可编辑多边形对象

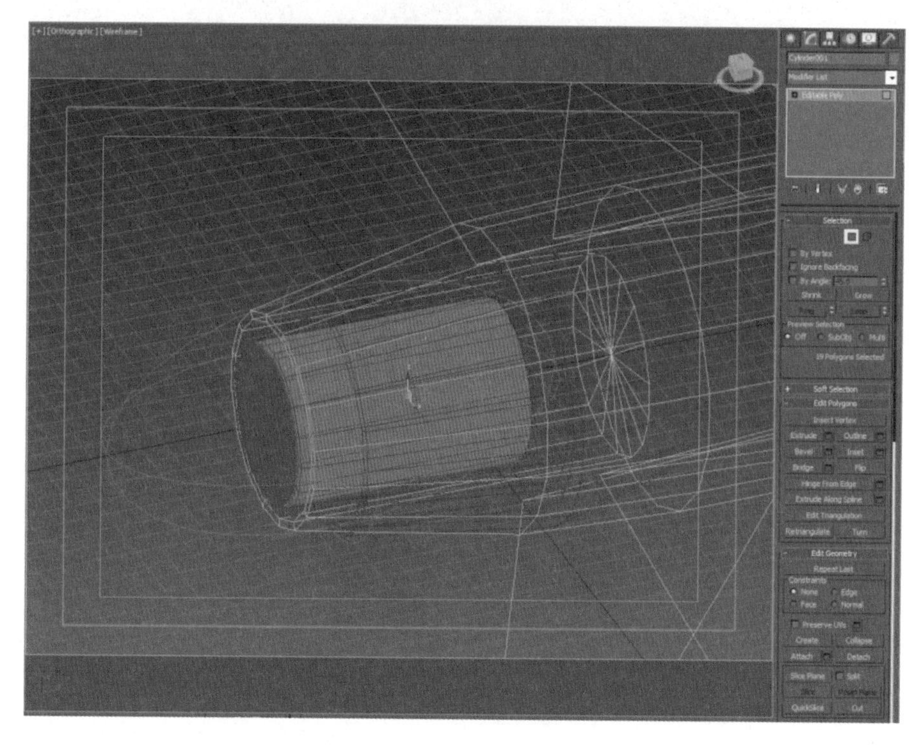

图 4-16　删除次级结构面

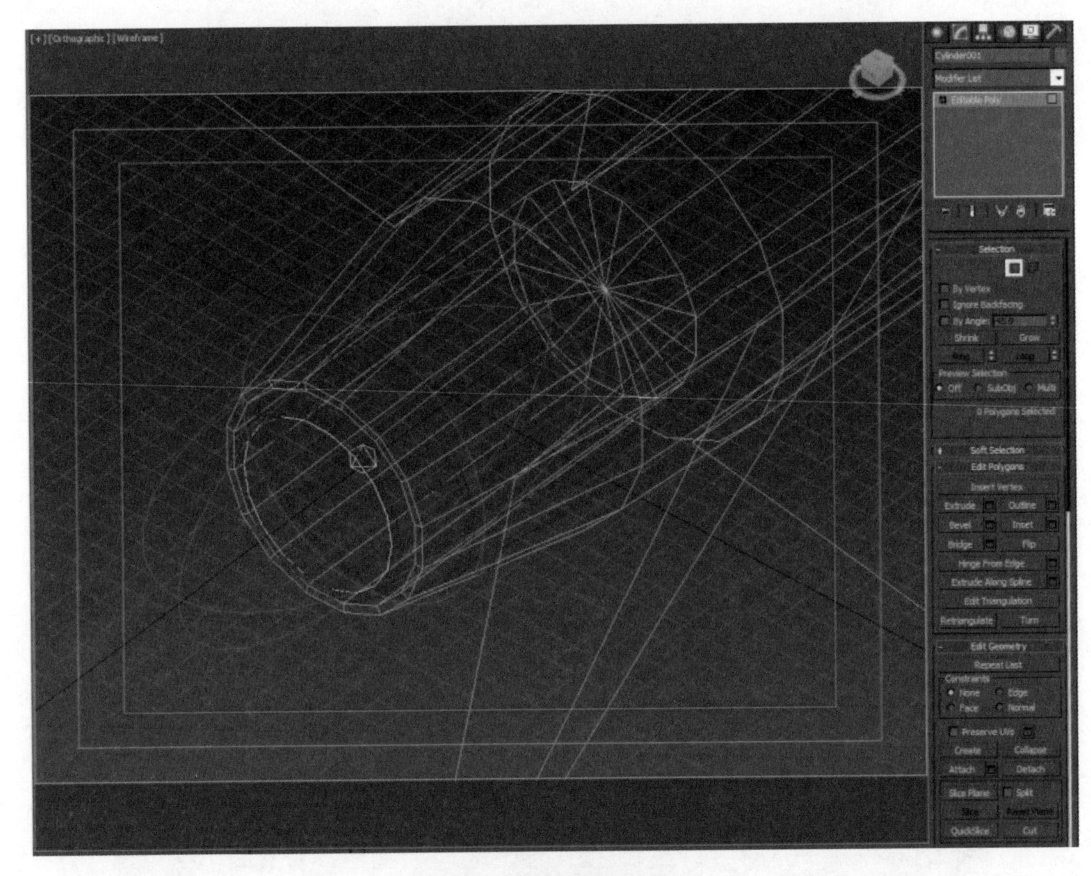

图 4-17　删除面后的结果

图 4-18　从下拉的基本对象类型列表中选择粒子系统

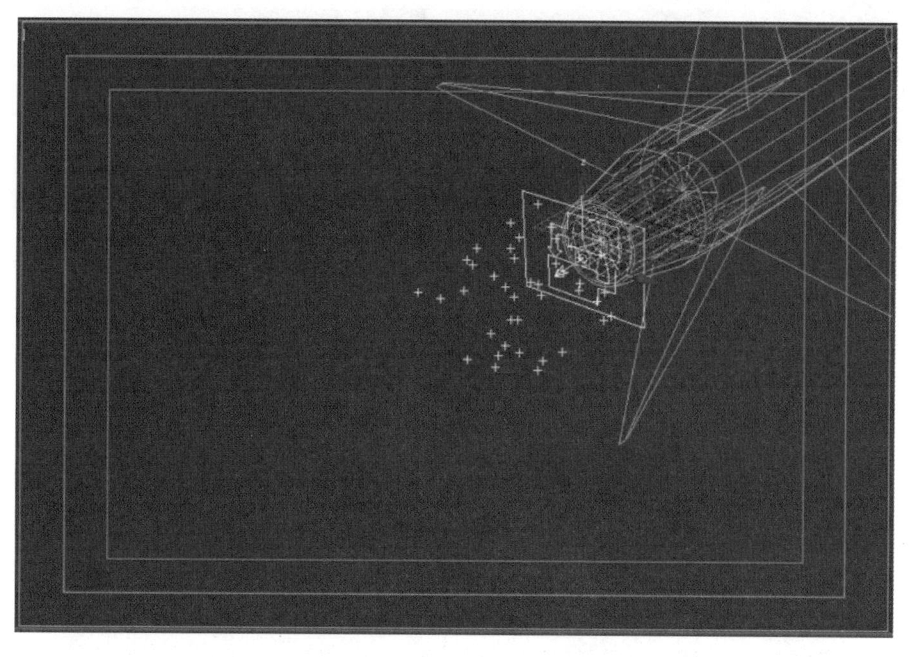

图 4-19　创建一个粒子发生器

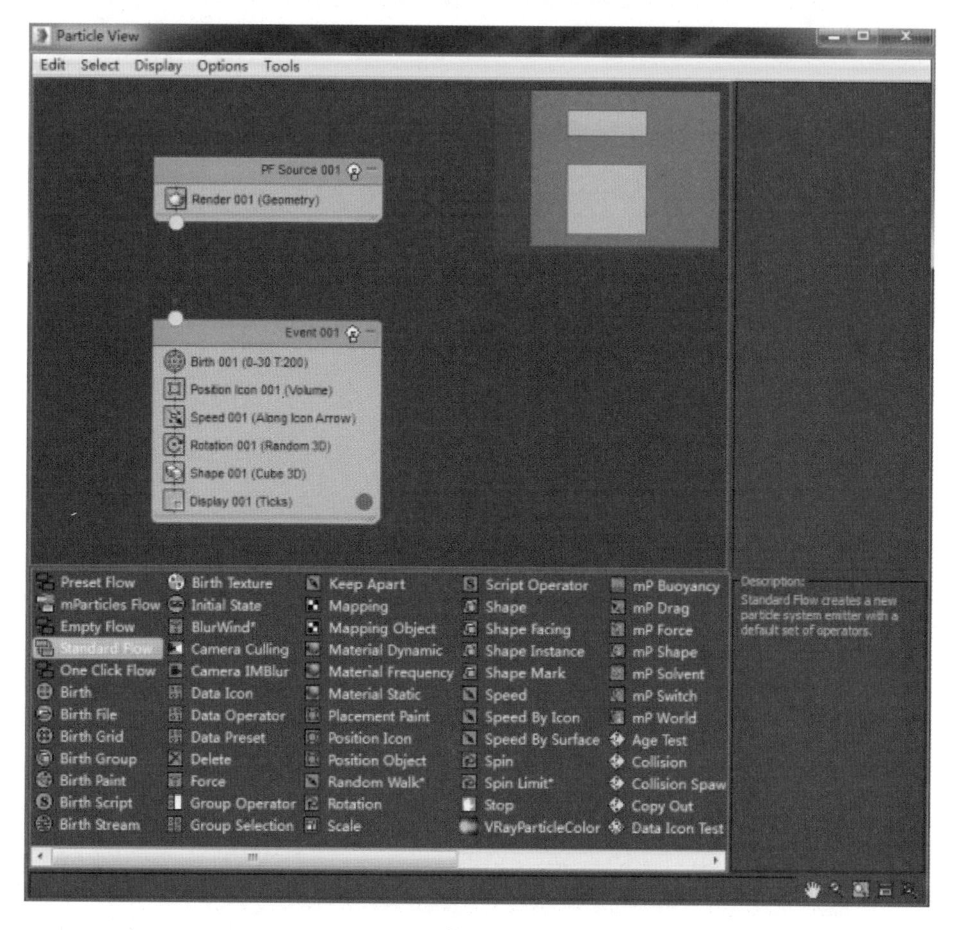


图 4-20　粒子视图对话框

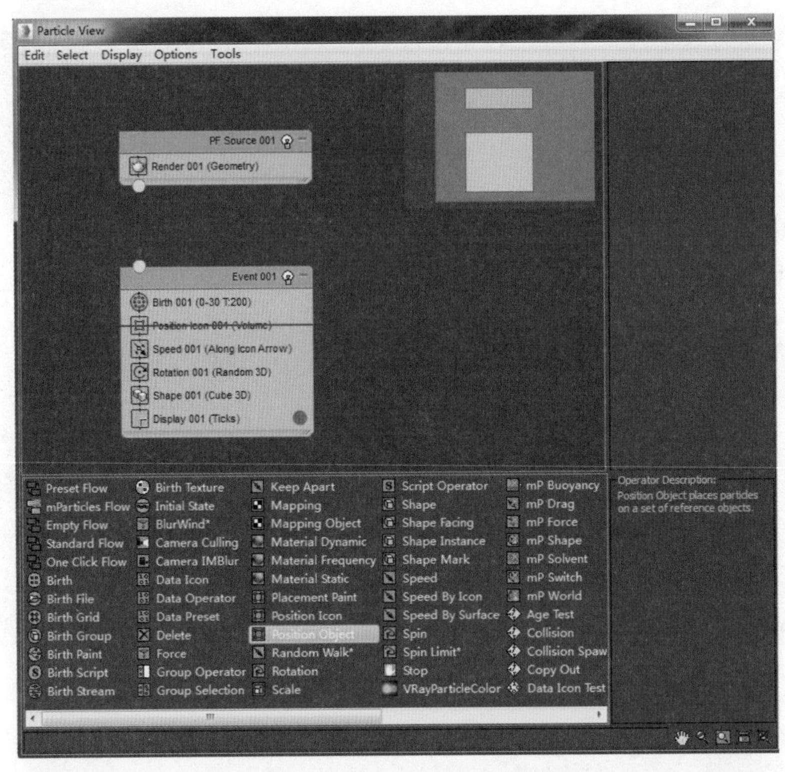


图 4-21 指定 Position Object 操作器

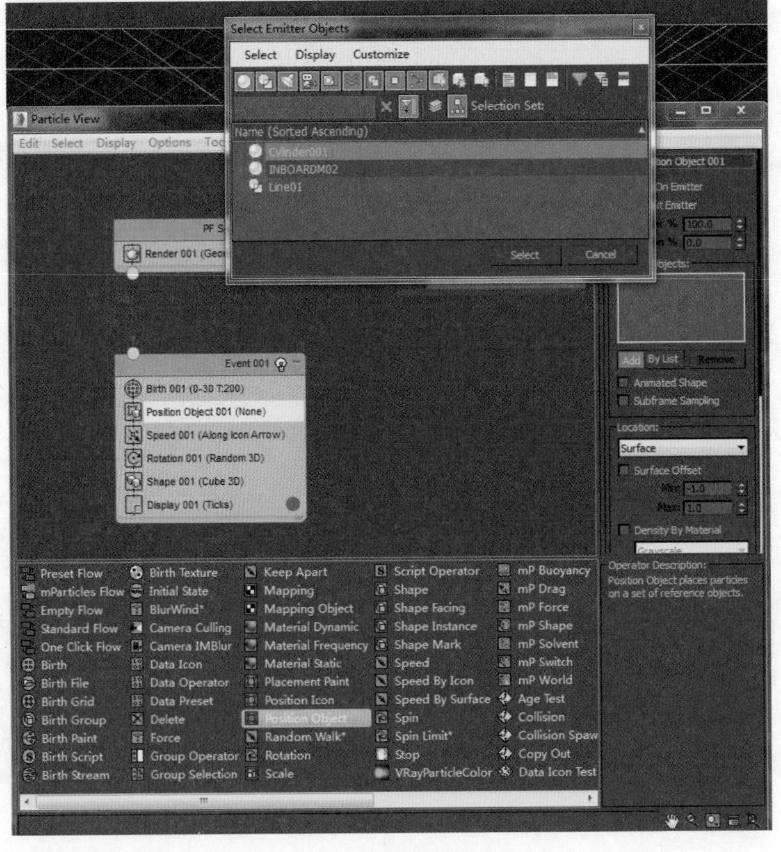


图 4-22 选择发射器对象

(15) 拖动操作器仓库中的 Speed By Surface(依据表面设定速度)操作器替换在 Event 001 事件组中的 Speed 001,如图 4-23 所示。

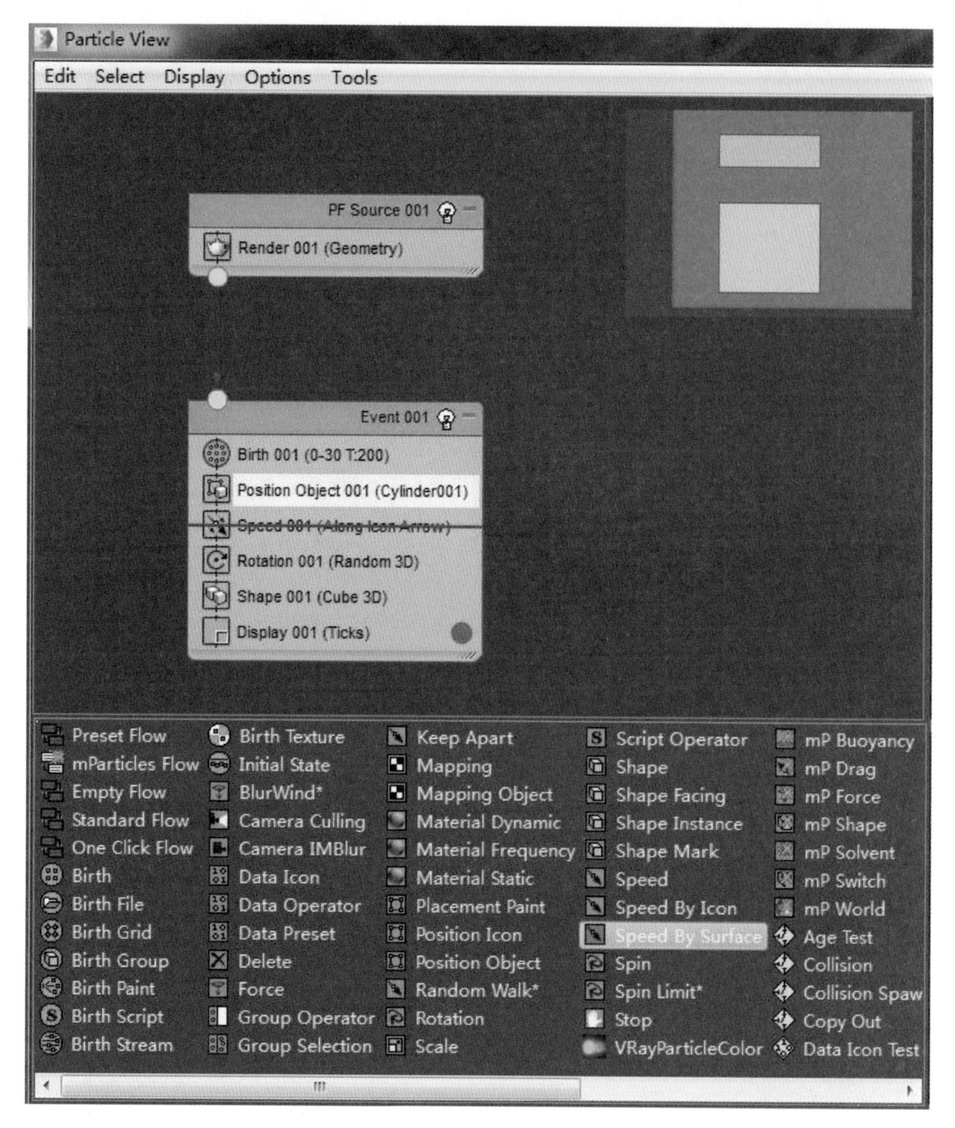


图 4-23 指定 Speed By Surface 操作器

(16) 在事件组中选择刚刚指定的 Speed By Surface 操作器,在 Speed By Surface 001 卷展栏下单击 By list 按钮,在弹出的 Select Surface Objects(选择表面对象)对话框中选择刚刚创建的圆面对象 Cylinder 001,如图 4-24 所示。

(17) 在事件组中选择 Birth (诞生)操作器,将 Emit Stop(发射终止)参数改为 200,如图 4-25 所示。

(18) 单击主工具栏中的按钮打开材质编辑器,激活第一个示例窗口,单击工具栏中的按钮,将该材质赋予圆面对象,如图 4-26 所示。

(19) 单击 Diffuse(漫反射)右侧的 None 按钮,在弹出的材质/贴图浏览器中双击选择 Gradient(渐变色)贴图类型,进入渐变色贴图编辑层级,如图 4-27 所示。

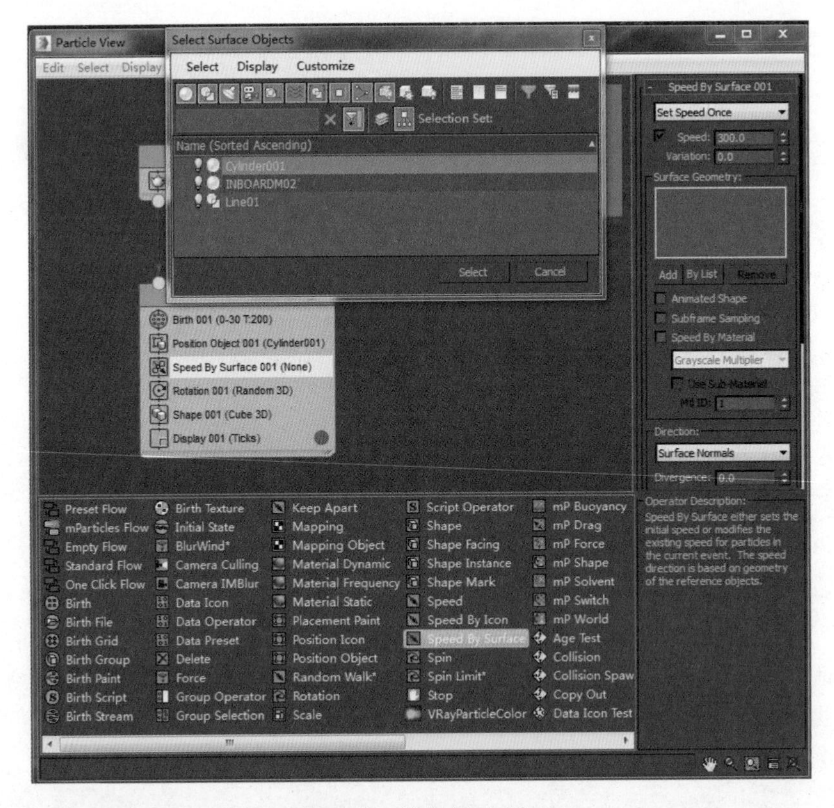


图 4-24　指定表面对象

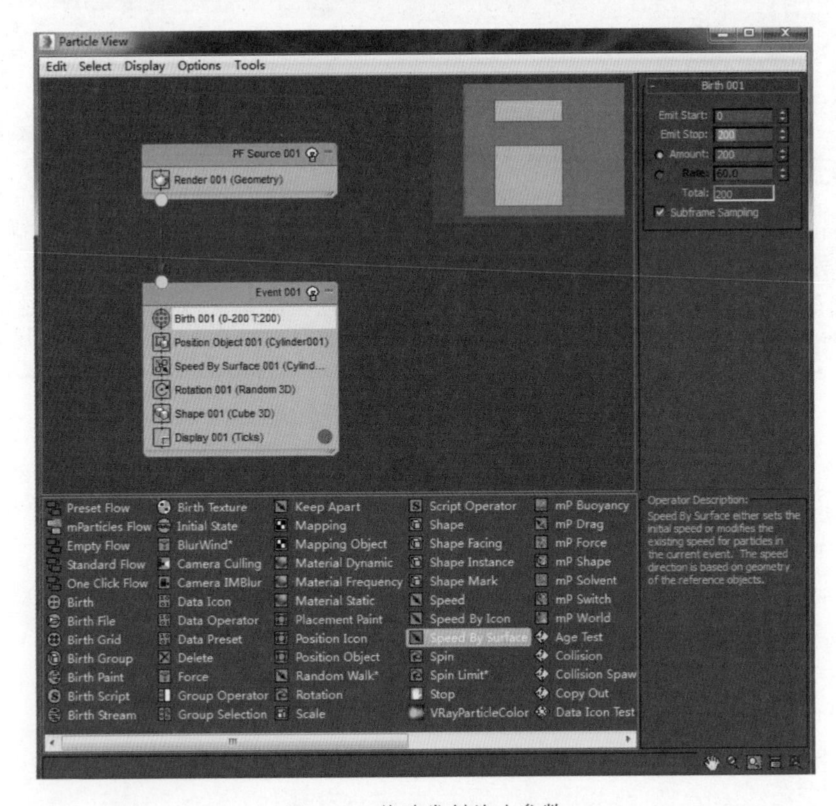


图 4-25　修改发射终止参数

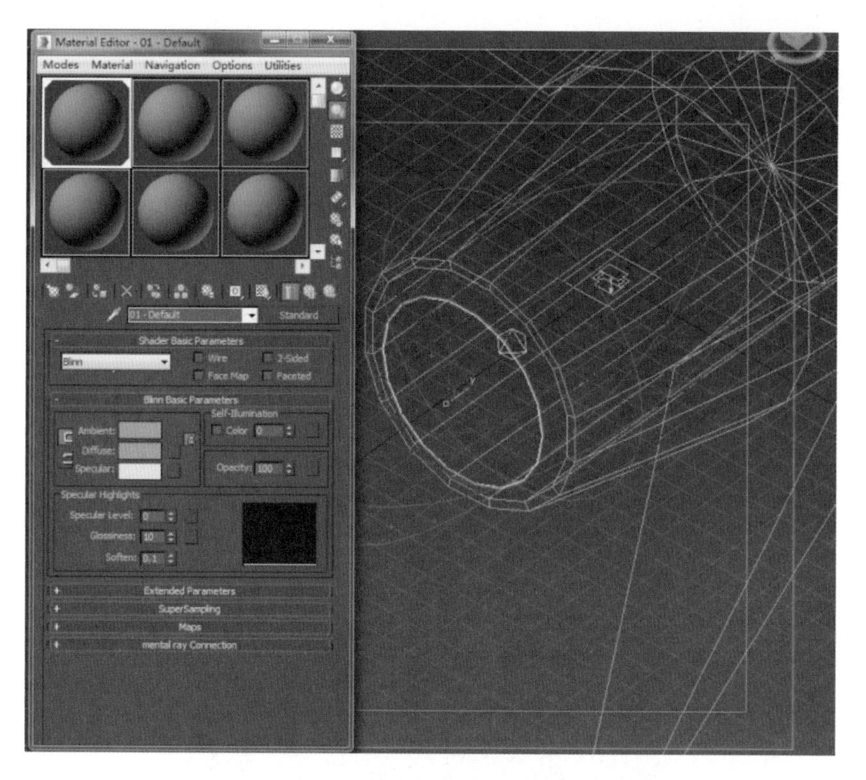


图 4-26　赋予圆面对象材质

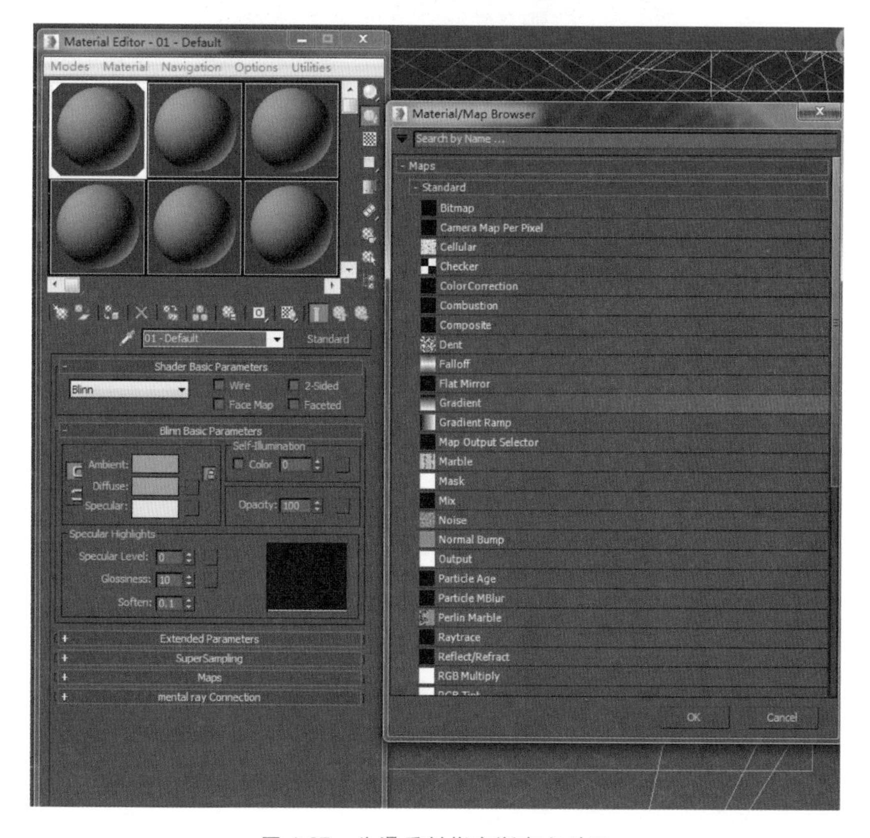


图 4-27　为漫反射指定渐变色贴图

(20) 在 Gradient Parameters(渐变色参数)卷展栏下将 Gradient Type(渐变色类型)指定为 Radial(放射),如图 4-28 所示。

图 4-28　将渐变色类型指定为发射状

(21) 在粒子视图对话框的事件组 Event 001 中选择 Speed By Surface 操作器,在 Speed By Surface 001 卷展栏下,勾选 Speed By Material(依据材质设定速度),如图 4-29 所示。

(22) 在事件组中选择 Birth 操作器,勾选 Rate(速率)选项,并将参数值设定为 500,如图 4-30 所示。

(23) 在事件组中选择 Speed By Surface 操作器,在 Speed By Surface 001 卷展栏下,将 Speed (速度)参数设置为 1200,如图 4-31 所示。

(24) 拖动操作器仓库中的 Delete(删除)操作器添加到事件组 Shape(形状)操作器的下面,如图 4-32 所示。

(25) 在事件组中选择 Speed By Surface 操作器,在 Speed By Surface 001 卷展栏下,将 Variation(变化)参数设置为 50,如图 4-33 所示。

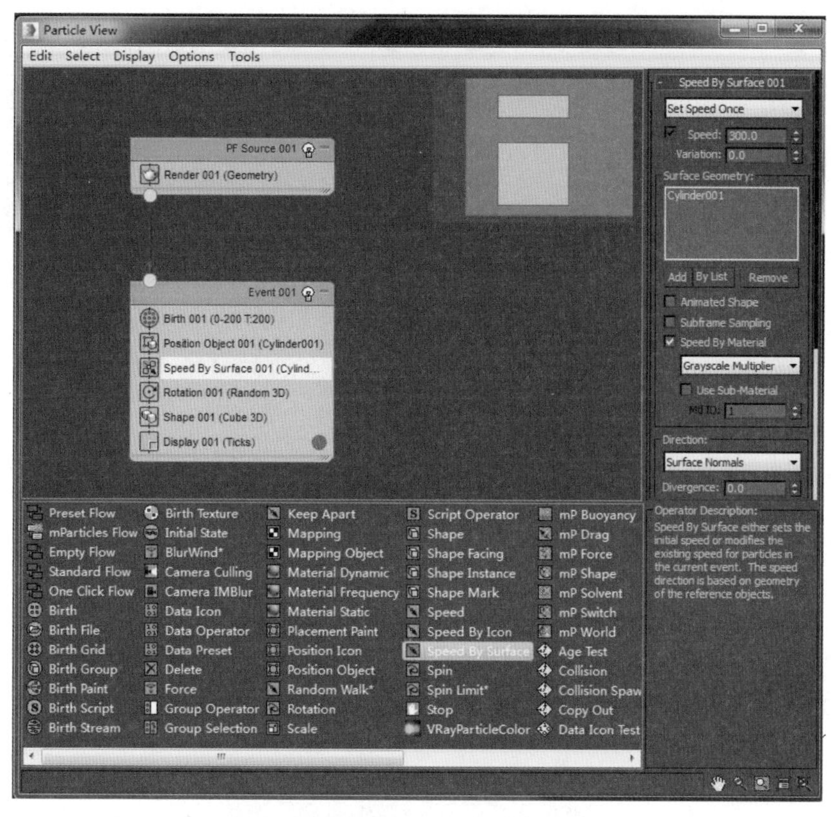


图 4-29　勾选 Speed By Material 选项

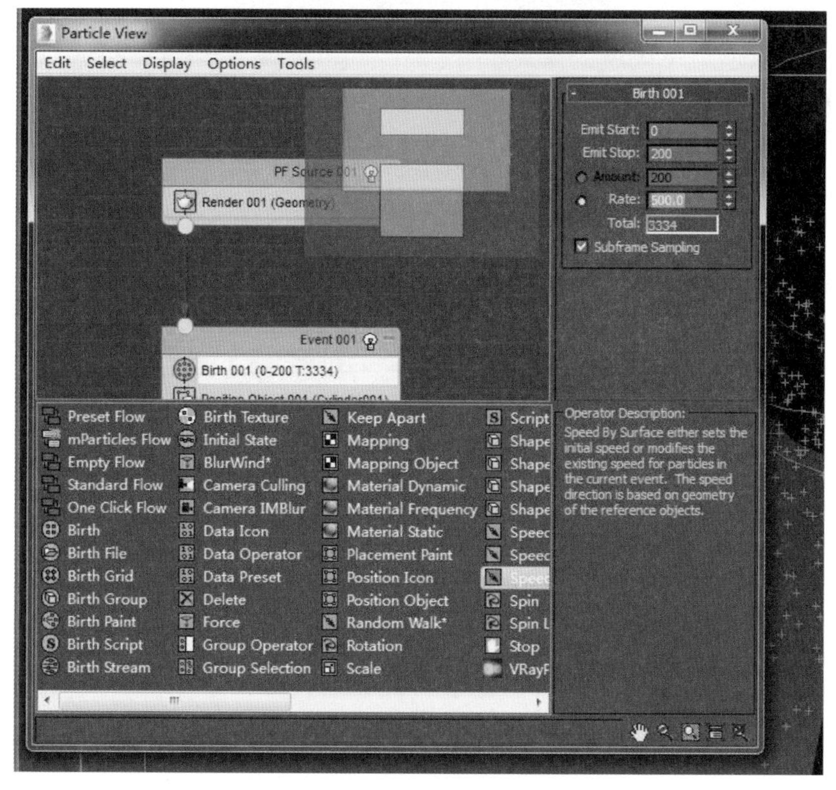


图 4-30　指定速率参数

图 4-31 设置速度参数

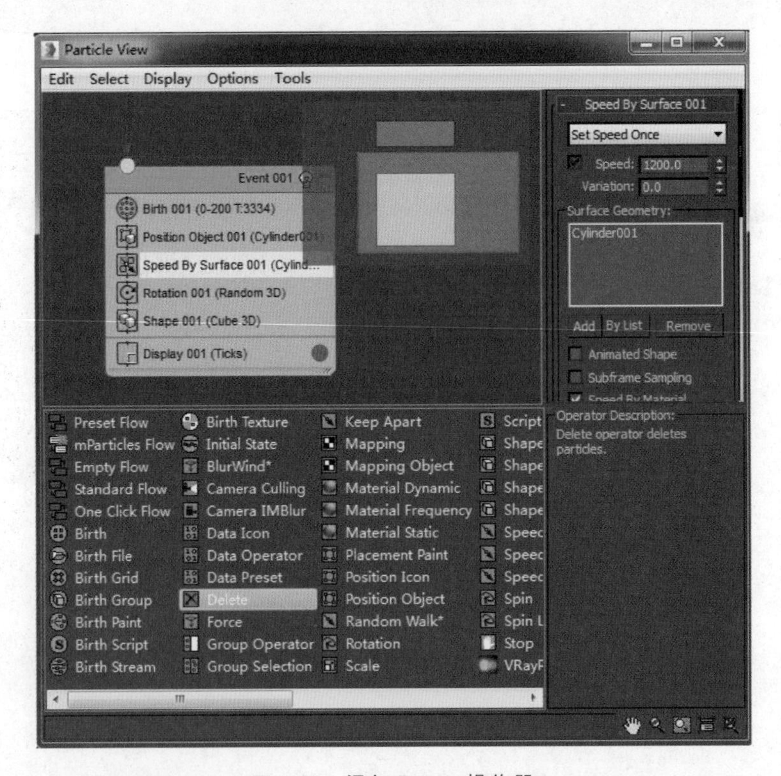


图 4-32 添加 Delete 操作器

(26) 在事件组中选择 Delete 操作器，勾选 By Particle Age(依据粒子年龄)选项，将 Life Span(寿命)参数设置为 25，将 Variation(变化)参数设置为 5，如图 4-34 所示。

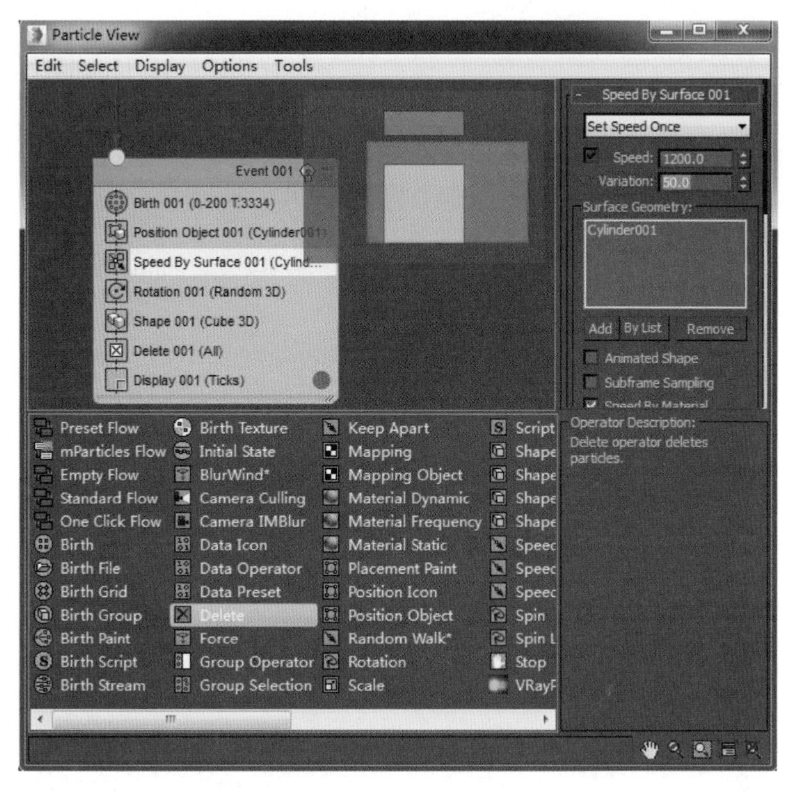


图 4-33 设置变化参数

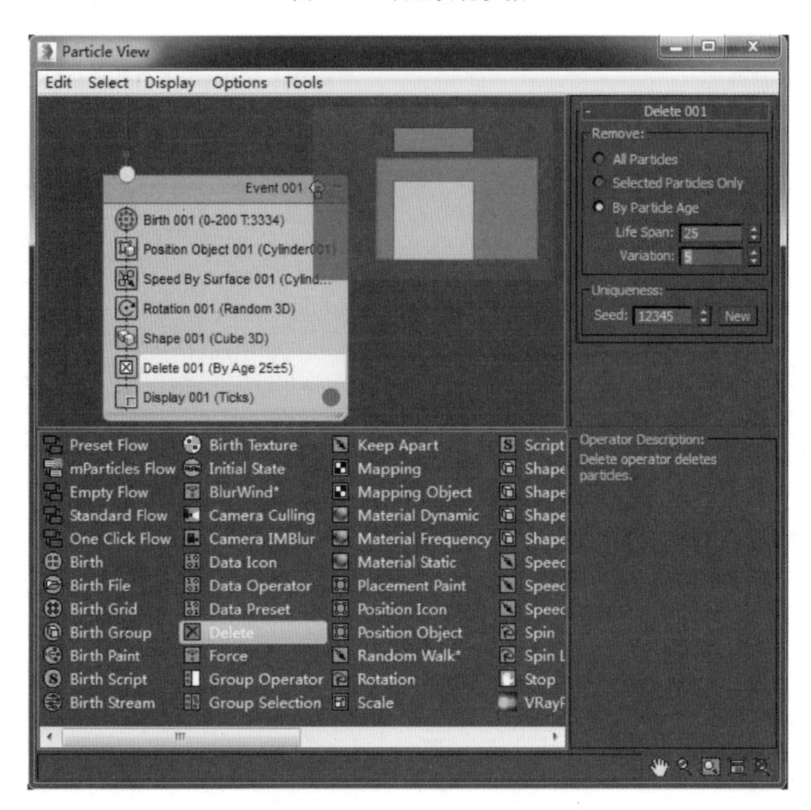


图 4-34 设置寿命和变化参数

（27）拖动操作器仓库中的 Shape Facing（形状面对）操作器替换在事件组中的 Shape 操作器，如图 4-35 所示。

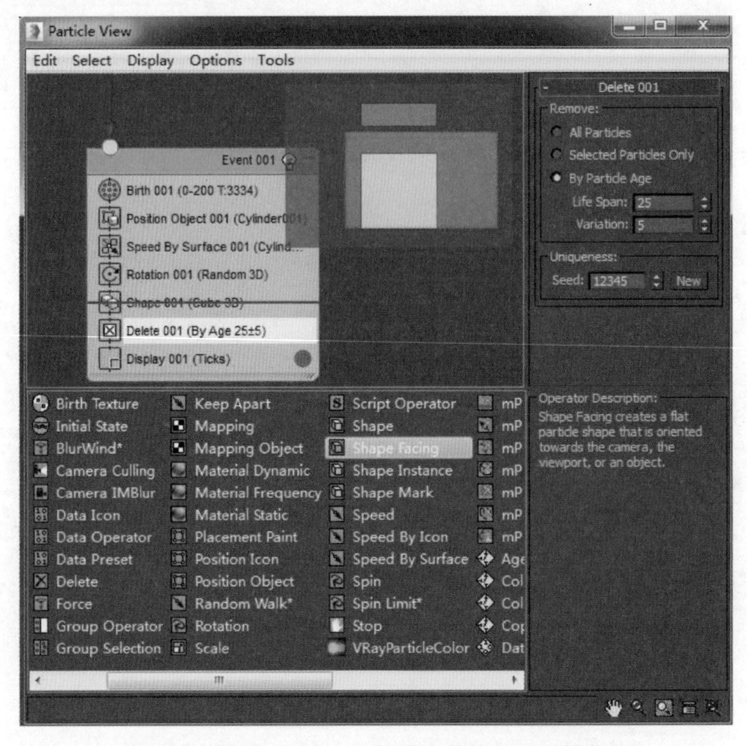


图 4-35　用 Shape Facing 操作器替换 Shape 操作器

（28）在事件组中选择 Shape Facing 操作器，在 Shape Facing 001 卷展栏下，单击 None 按钮，如图 4-36 所示。

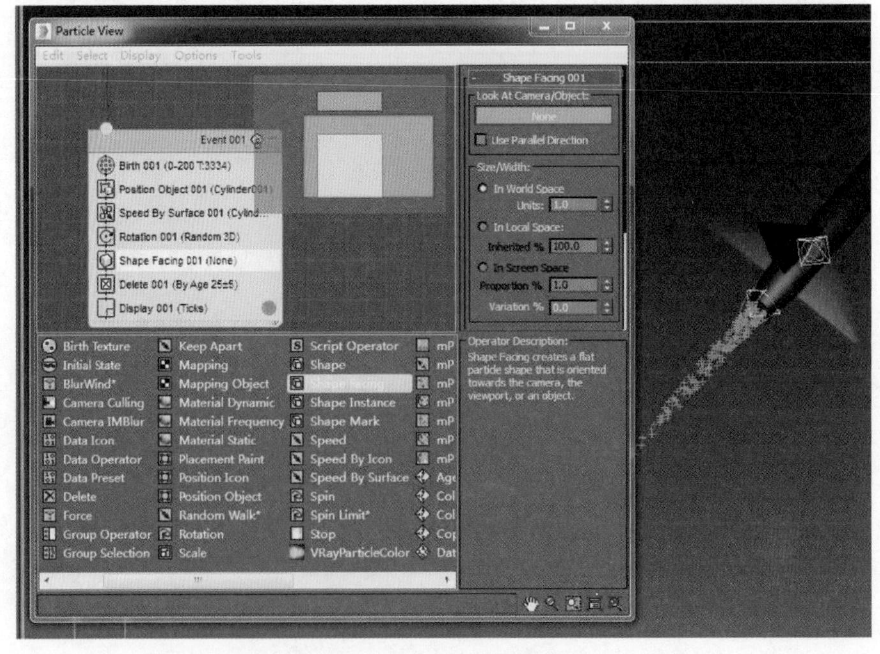


图 4-36　单击 None 按钮

(29) 再选择场景中的摄像机对象，将 Camera 01 添加到 Look At Camera/Object(注视摄像机/对象)项目中，如图 4-37 所示。

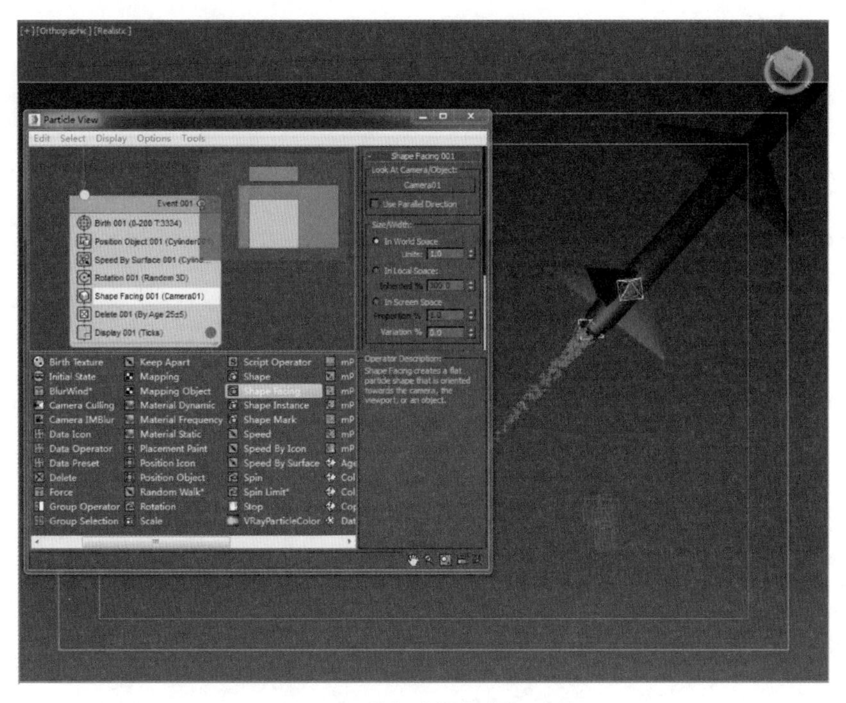


图 4-37　添加注视摄像机对象

(30) 在事件组中选择 Display(显示)操作器，单击 Type 右侧的下拉标记，在列表中选择 Geometry(几何体)，如图 4-38 所示。

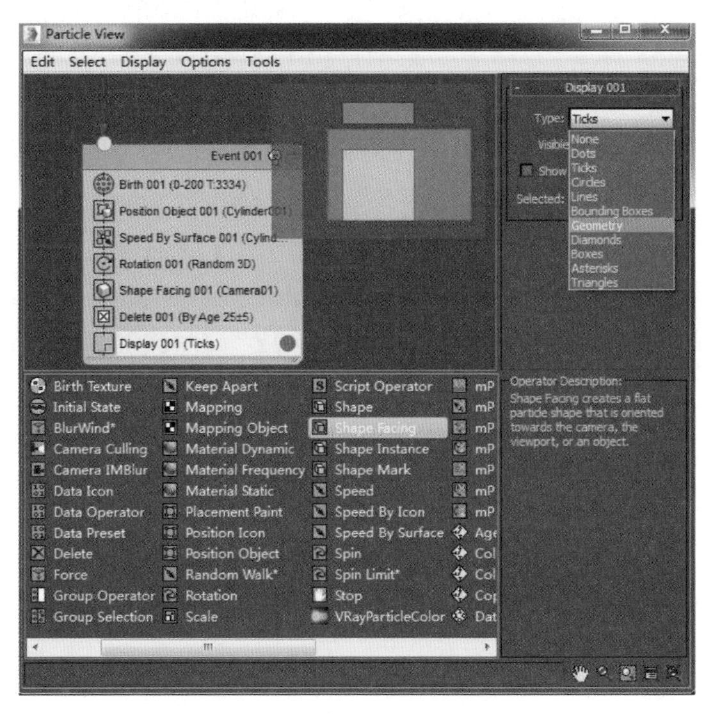


图 4-38　选择几何体显示模式

(31) 在事件组中选择 Shape Facing 操作器，在 Shape Facing 卷展栏下将 Units(单位)参数设置为 20，如图 4-39 所示。

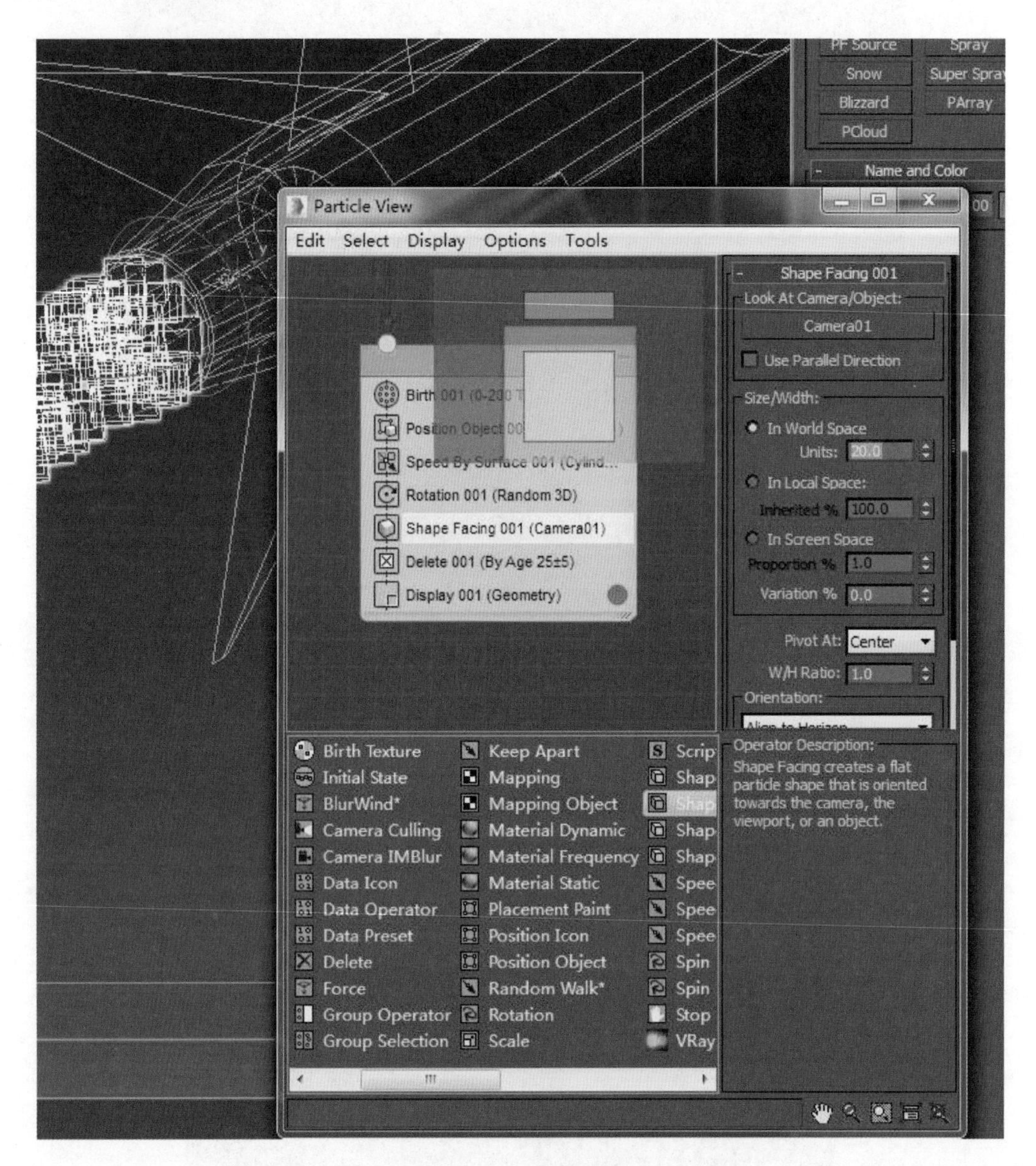


图 4-39　设置单位参数

(32) 拖动操作器仓库中的 Material Dynamic(动态材质)操作器添加到事件组 Delete 操作器的下面，如图 4-40 所示。

(33) 单击主工具栏中的按钮打开材质编辑器，激活第二个示例窗口，将材质球拖曳复制到粒子视图的 Assign Material(指定材质)下面的 None 按钮上，在弹出的复制提示对话框中选择 Instance(关联复制)后，单击 OK 按钮，如图 4-41 所示。

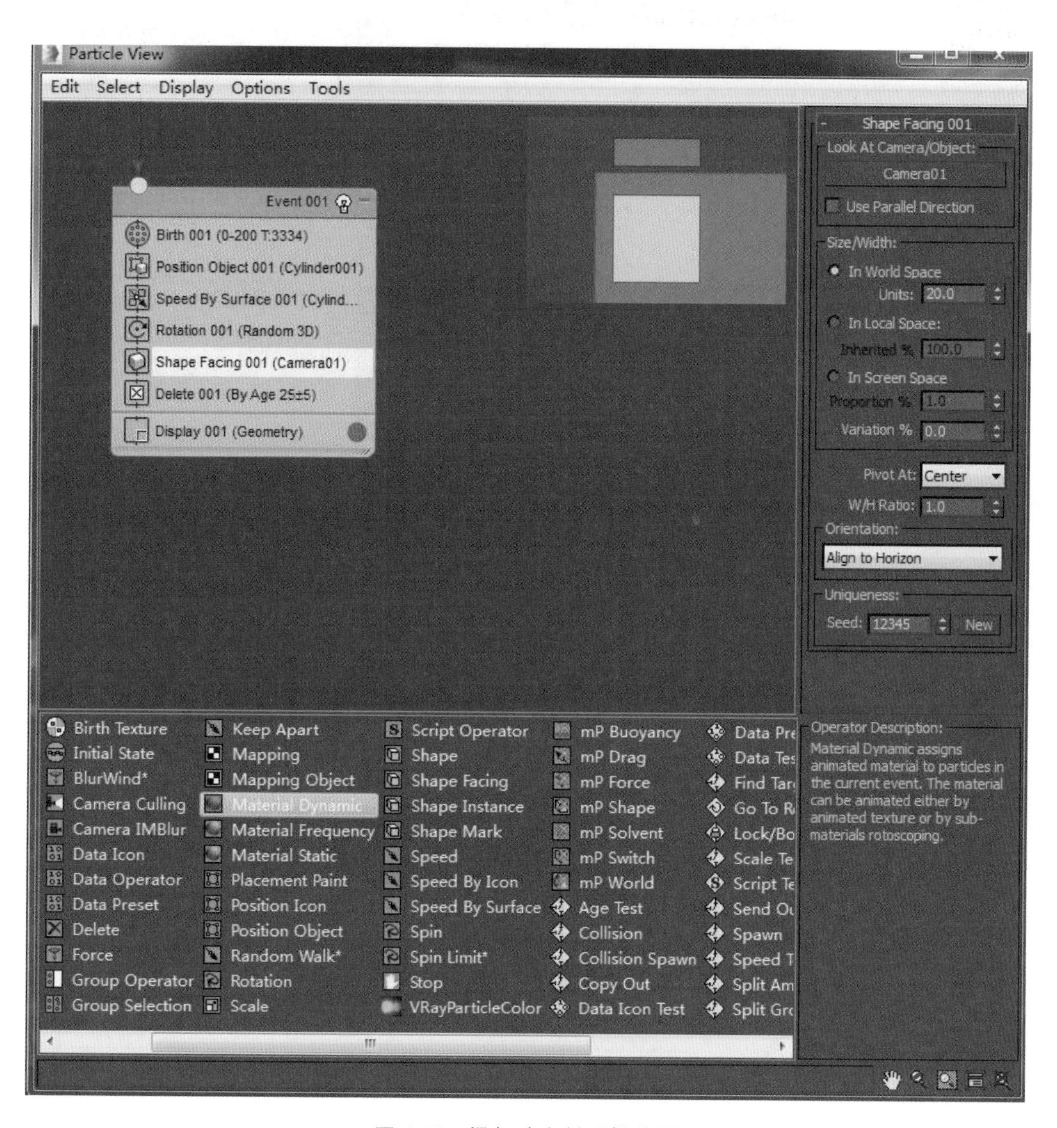


图 4-40 添加动态材质操作器

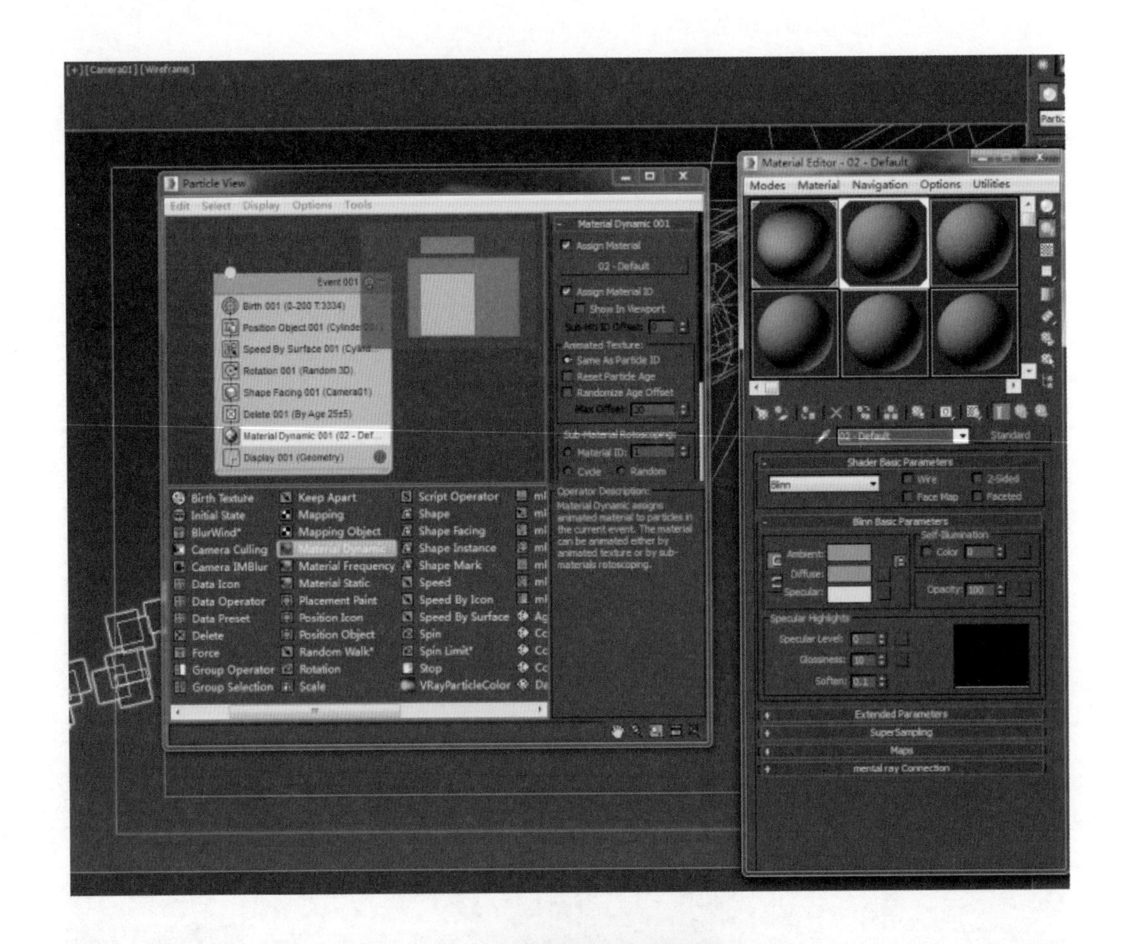


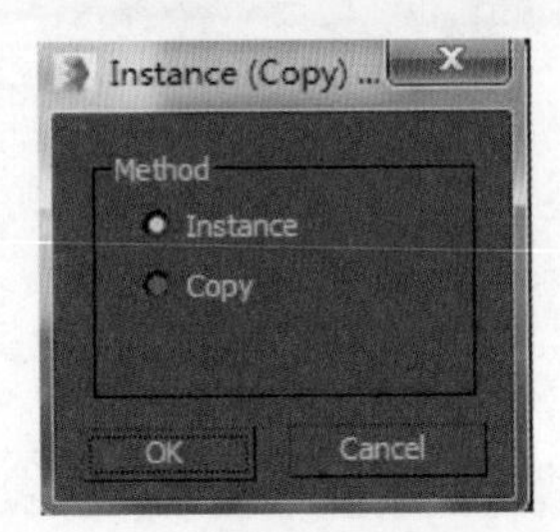


图 4-41　关联复制材质

(34) 在材质编辑器中单击的 Diffuse 右侧的 None 按钮，在弹出的材质/贴图浏览器中双击选择 Particle Age(粒子年龄)贴图类型，如图 4-42 所示。

(35) 在材质编辑器中将初始年龄色彩设置为浅米色，将中期年龄色彩设置为浅黄色，将完全年龄色彩设置为红橙色，如图 4-43 所示。

(36) 单击工具栏中的渲染按钮，查看粒子动画的渲染效果，如图 4-44 所示。

(37) 在材质编辑器的工具栏中单击按钮，从 Particle Age 贴图编辑层级返回到上一编辑层级，在 Diffuse 右侧的 M 按钮上右击，从弹出的快捷菜单中选择 Copy(复制)，如图 4-45 所示。

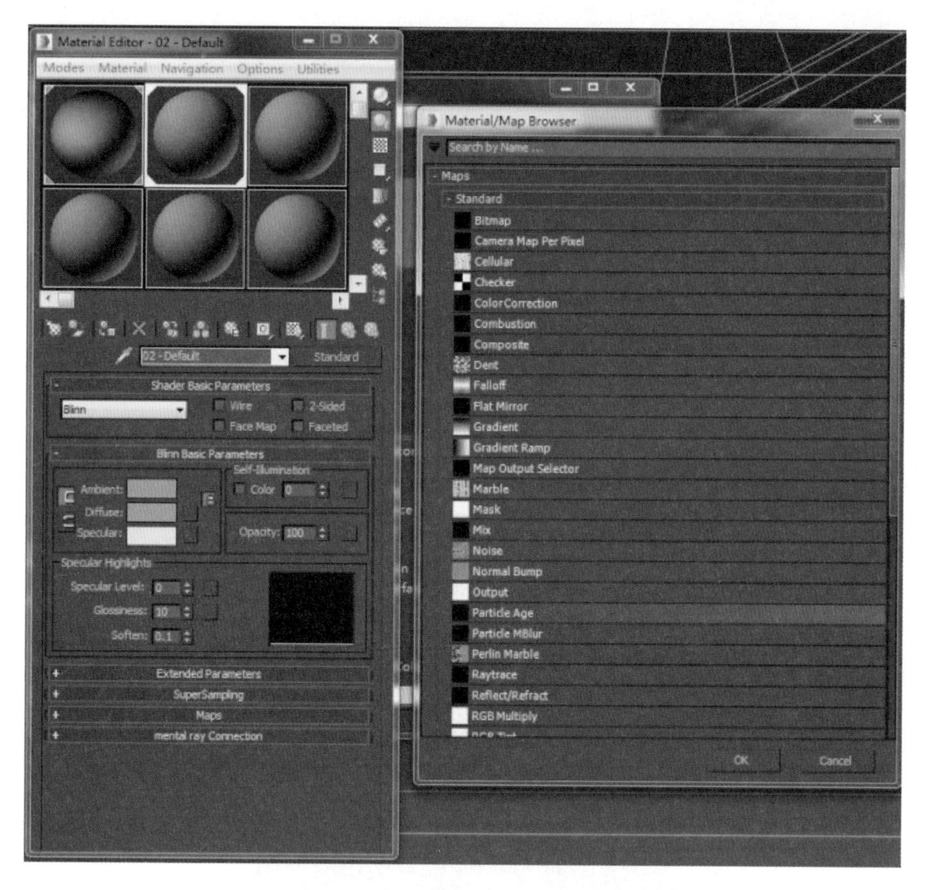


图 4-42　选择粒子年龄贴图类型

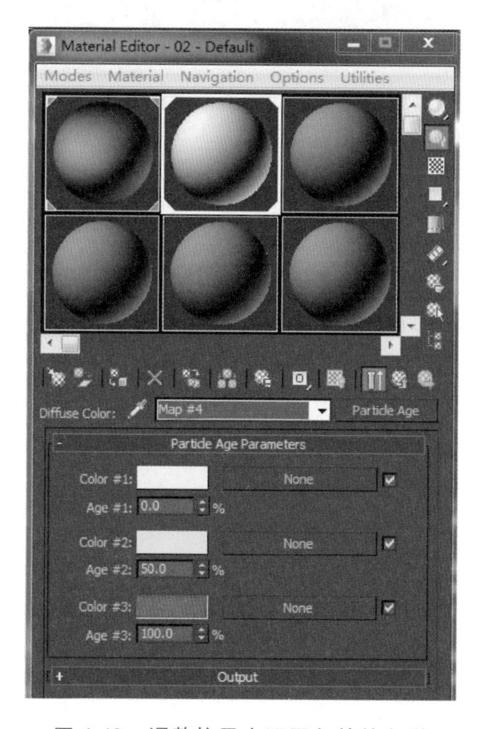


图 4-43　调整粒子在不同年龄的色彩

图 4-44　查看粒子赋予材质后的渲染效果

图 4-45　复制 Diffuse 上的贴图 y

(38) 在 Self-Illumination(自发光)右侧的 None 按钮上右击，在弹出的快捷菜单中选择 Paste (Copy)，如图 4-46 所示。

(39) 单击主工具栏中的渲染按钮，查看渲染效果，如图 4-47 所示。

(40) 单击 Opacity(不透明度)右侧的 None 按钮，在弹出的材质/贴图浏览器中双击选择 Particle Age 贴图类型，进入 Particle Age 贴图编辑层级，如图 4-48 所示。

(41) 单击 Color ＃1 右侧的 None 按钮，在弹出的材质/贴图浏览器中双击选择 Gradient(渐变色)贴图类型，进入 Gradient 贴图编辑层级，如图 4-49 所示。

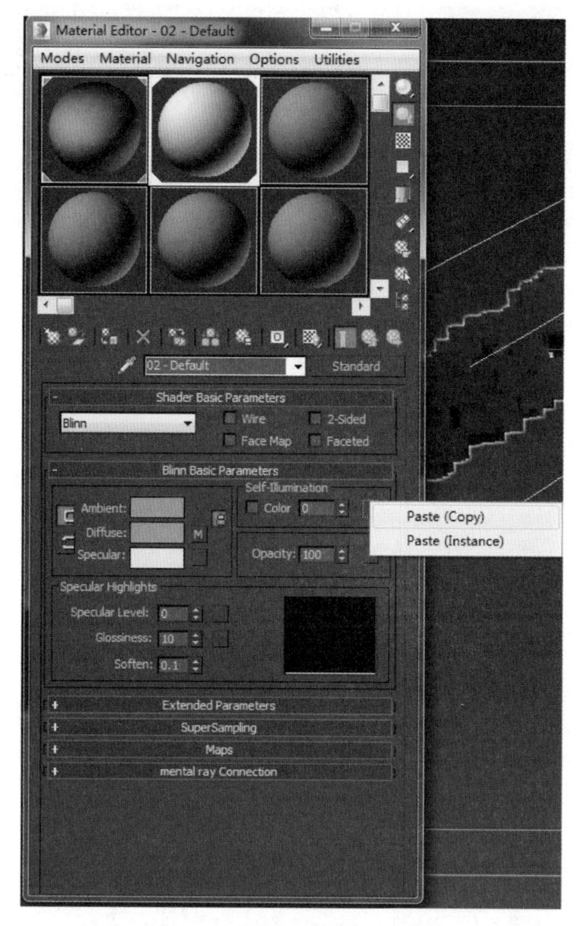


图 4-46 粘贴刚刚复制的贴图

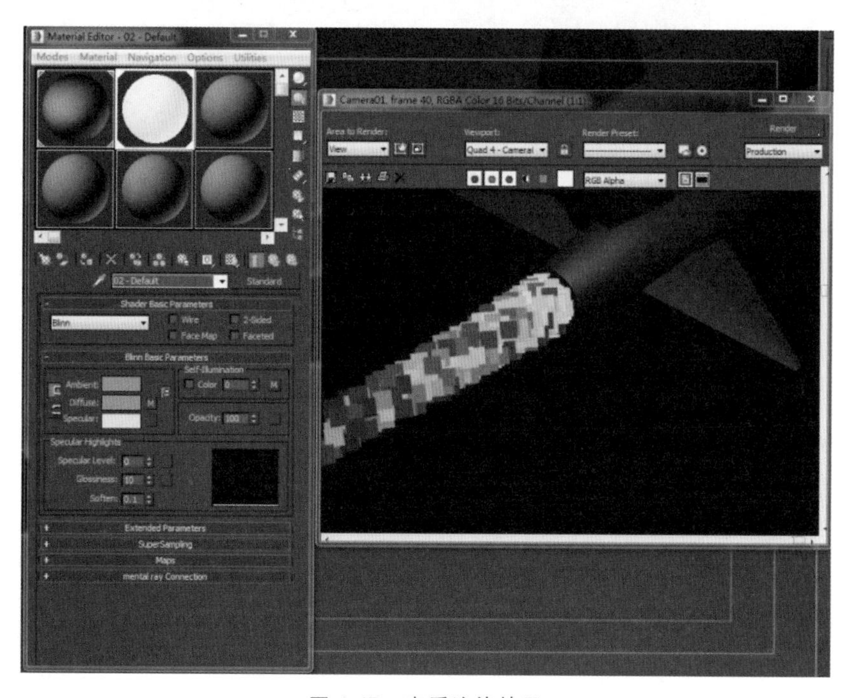

图 4-47 查看渲染效果

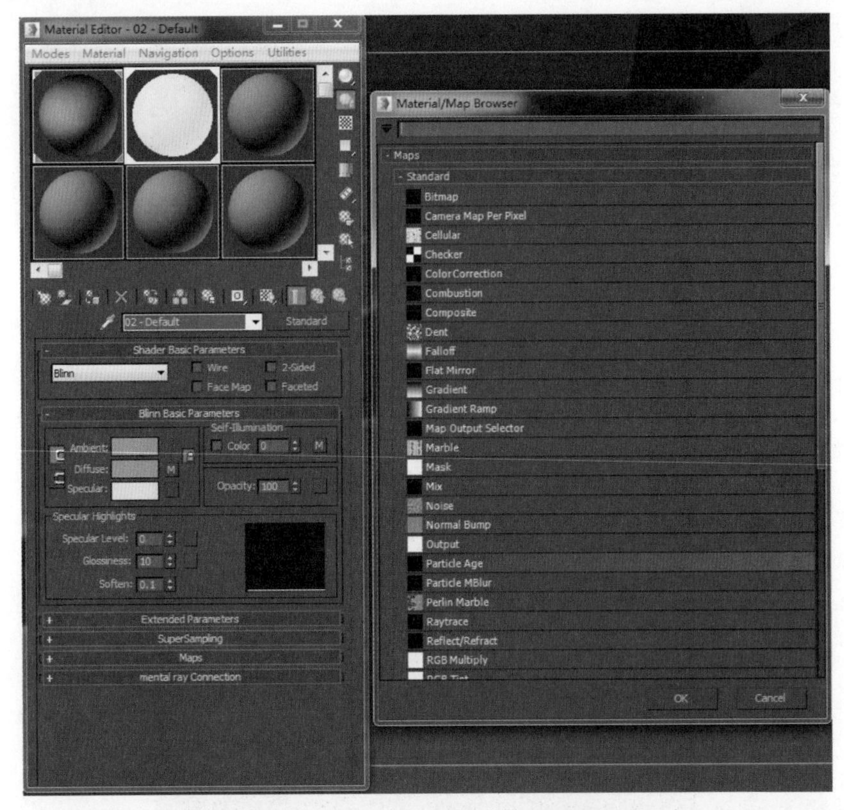


图 4-48 选择 Particle Age 贴图类型

图 4-49 选择渐变色贴图类型

（42）在 Gradient Parameters 卷展栏中 Gradient Type 项目中勾选 Radial，在 Noise（噪波）项目中勾选 Fractal（不规则）选项，将 Amount（量）参数设置为 0.3，将 Size 参数设置为 4，如图 4-50 所示。

图 4-50　设置渐变类型和属性

（43）将 Color ＃1 右侧的贴图拖动复制到 Color ＃2 右侧的 None 按钮上，在弹出的复制方式对话框中选择 Copy，单击 OK 按钮。依据相同的操作步骤，将这一贴图复制到 Color ＃3 右侧的 None 按钮上，如图 4-51 所示。

（44）单击 Color ＃1 右侧的贴图按钮，将渐变色贴图 Noise 项目中的 Amount 参数设置为 0.5，将 Size（尺寸）参数设置为 4.6，如图 4-52 所示。

（45）单击主工具栏中的渲染按钮，查看粒子动画的渲染效果，如图 4-53 所示。

（46）在材质编辑器的工具栏中单击按钮，从 Particle Age 贴图编辑层级返回到上一编辑层级，将 Maps 卷展栏中 Self-Illumination 值改为 40，如图 4-54 所示。

（47）在事件组中选择 Shape Facing 操作器，在 Shape Facing 卷展栏下将 Units 值改为 40，如图 4-55 所示。

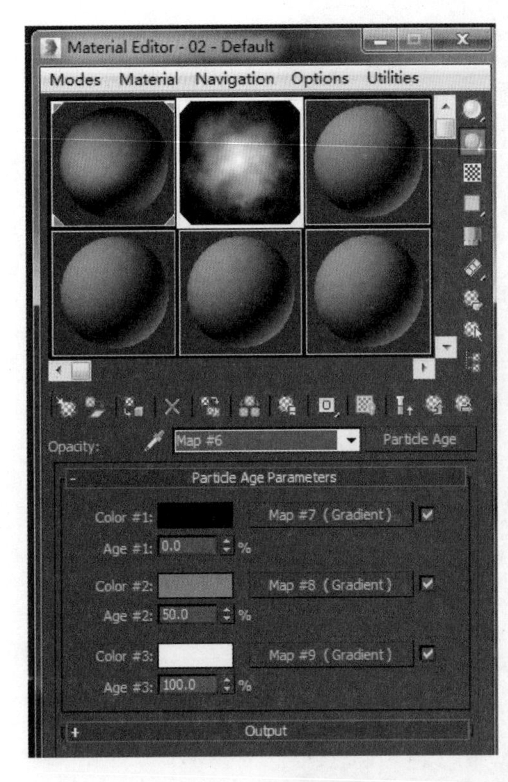


图 4-51　复制贴图

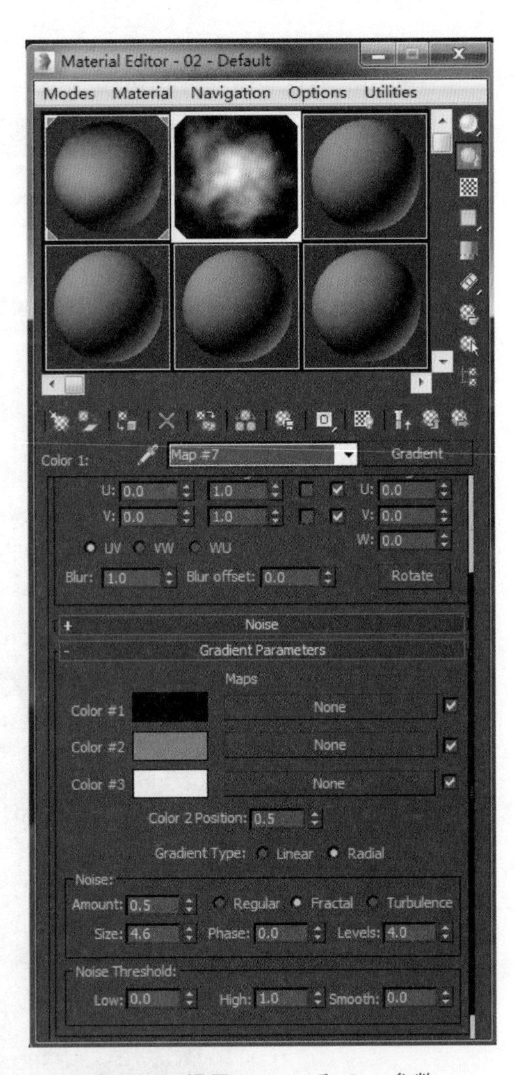


图 4-52　设置 Amount 和 Size 参数

图 4-53　查看渲染效果

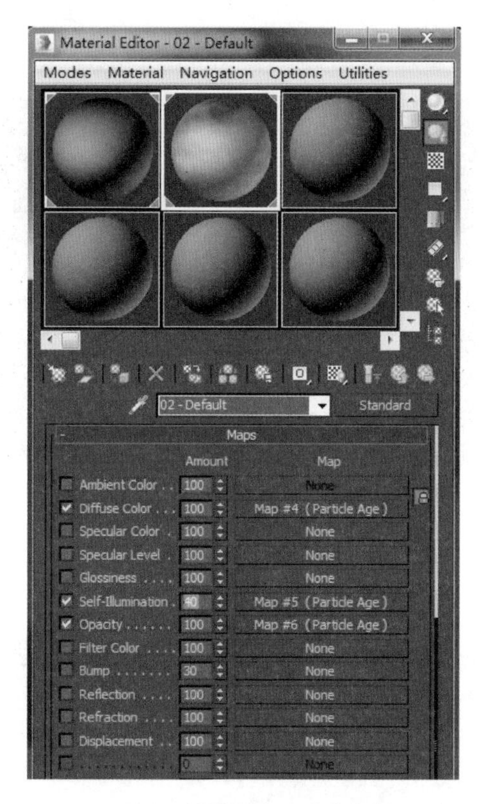


图 4-54　修改自发光强度参数

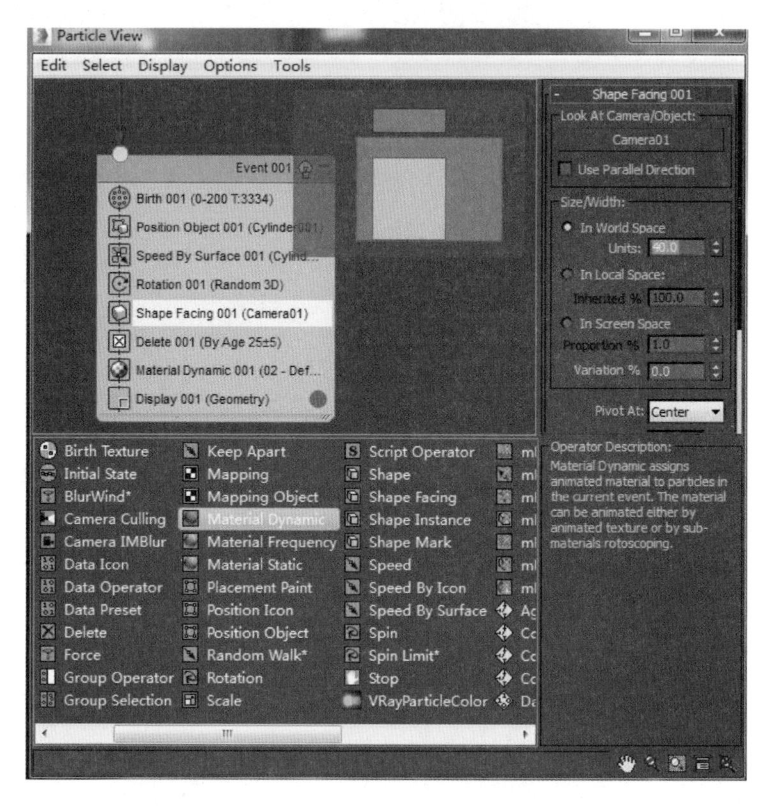


图 4-55　修改单位参数

(48) 单击主工具栏中的渲染按钮，查看粒子的渲染效果，如图 4-56 所示。

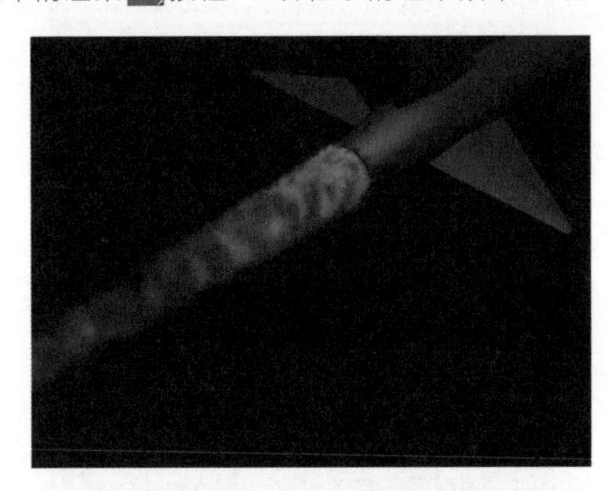

图 4-56　查看渲染效果

(49) 选择场景中的粒子发射器对象，在其上右击，在弹出的右键快捷菜单中选择 Object Properties(对象属性)，如图 4-57 所示。

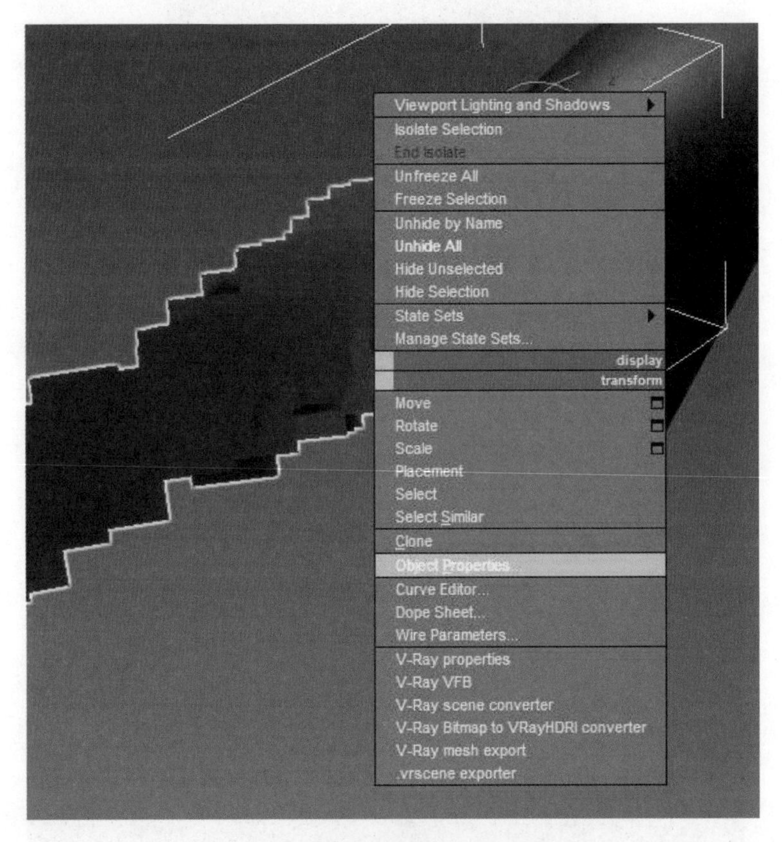


图 4-57　选择对象属性快捷菜单命令

(50) 在弹出的对象属性对话框中，取消勾选 Receive Shadows(接收阴影)和 Cast Shadows(投射阴影)选项，将 Object ID 值改为 1，单击 OK 按钮，如图 4-58 所示。

(51) 单击主工具栏中的渲染按钮，查看粒子动画的渲染效果，如图 4-59 所示。

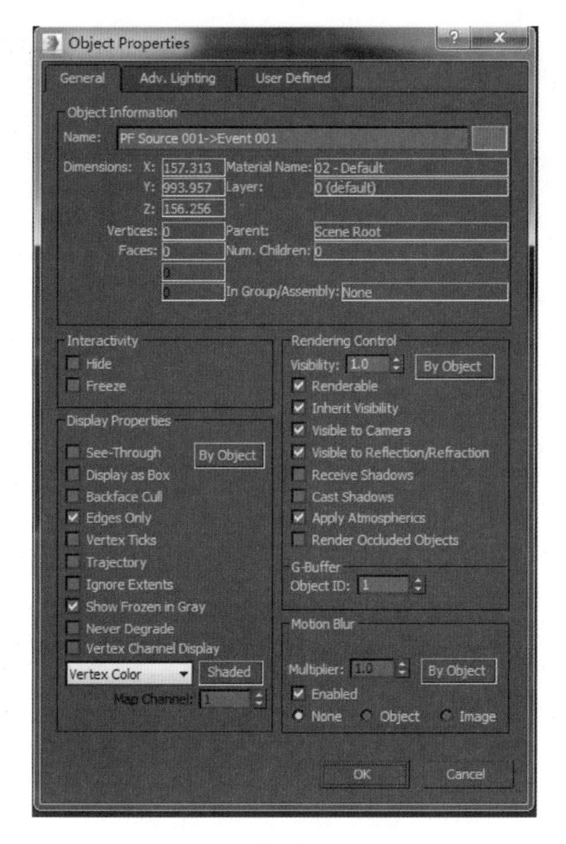


图 4-58　修改对象属性

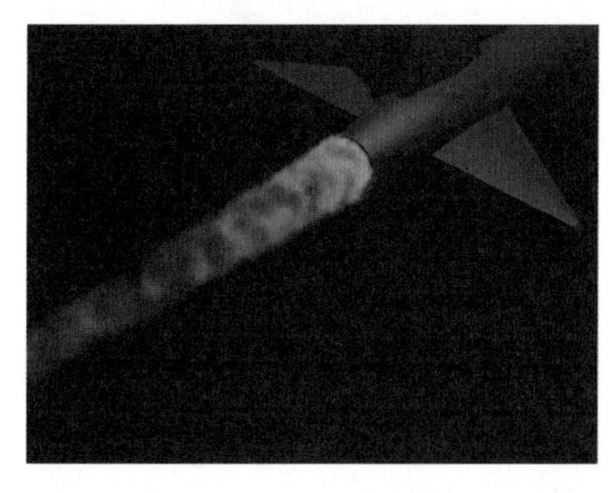

图 4-59　查看渲染效果

(52) 在主菜单栏选择 Rendering→Effect 命令，在弹出的环境和效果对话框的 Effect 卷展栏中单击 Add 按钮，在弹出的加入效果对话框中选择 Lens Effects 后，单击 OK 按钮，如图 4-60 所示。

(53) 在环境和效果对话框的 Lens Effects Parameters 卷展栏下选择 Glow，再单击 ，将该效果加入到右侧的列表中，如图 4-61 所示。

(54) 在环境和效果对话框的 Glow Element 卷展栏中，单击 Options 选项卡，将 Object ID 设置为 1，如图 4-62 所示。

(55) 在 Glow Element 卷展栏下，将 Name 改为 Glow-a，将 Size 参数设置为 10，将 Intensity 参数设置为 90，将 Use Source Color(使用源色彩)参数设置为 90，如图 4-63 所示。

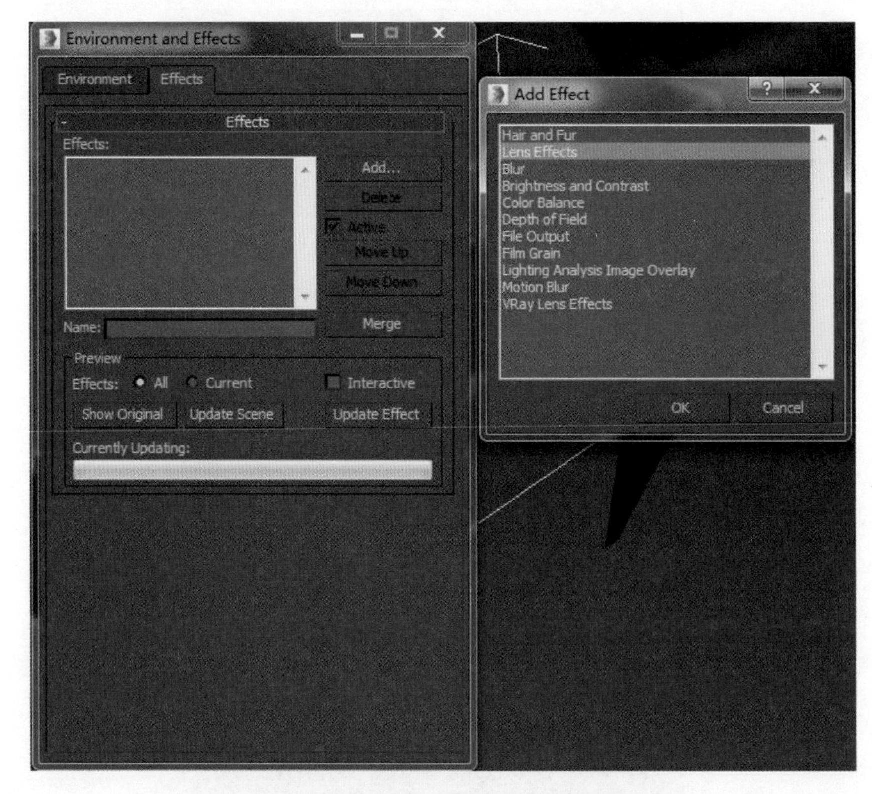


图 4-60　添加 Lens Effects 效果

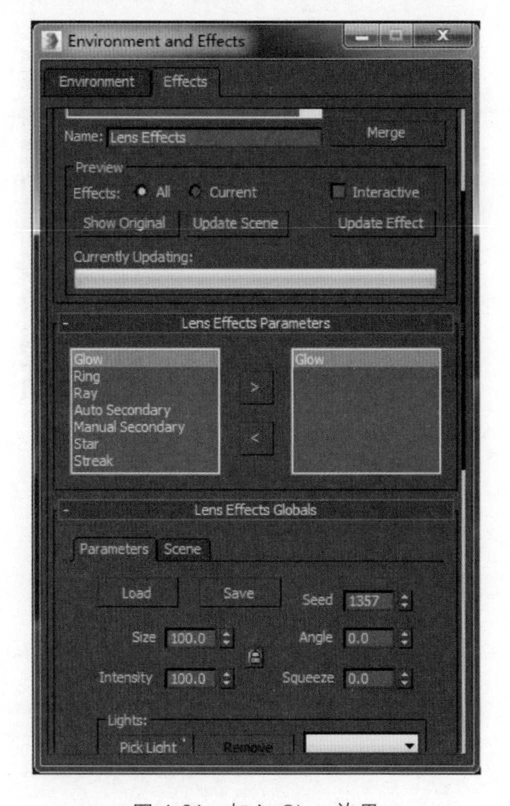


图 4-61　加入 Glow 效果

图 4-62　将 Object ID 设置为 1

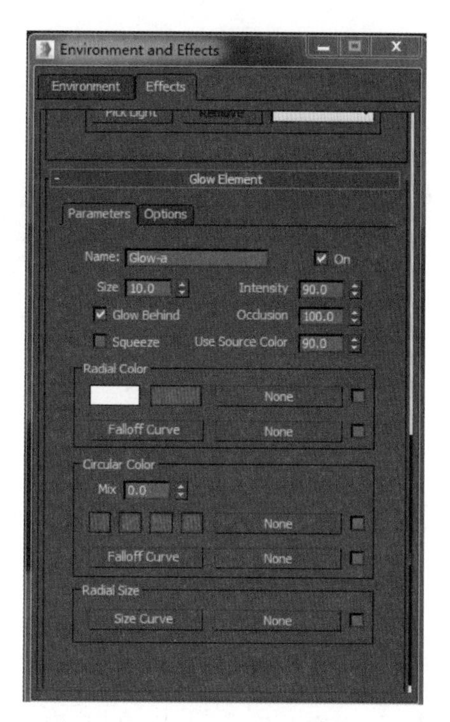


图 4-63　修改 Glow Element 卷展栏中的参数

（56）在环境和效果对话框的 Lens Effects Parameters 卷展栏下选择 Glow，再单击 ，将该效果再次加入到右侧的列表中，如图 4-64 所示。

（57）在环境和效果对话框的 Glow Element 卷展栏中，单击 Options 选项卡，将 Object ID 设置为 1，如图 4-65 所示。

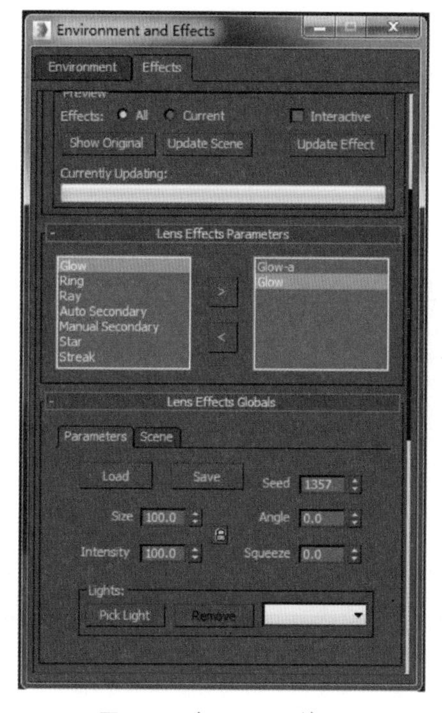


图 4-64　加入 Glow 效果

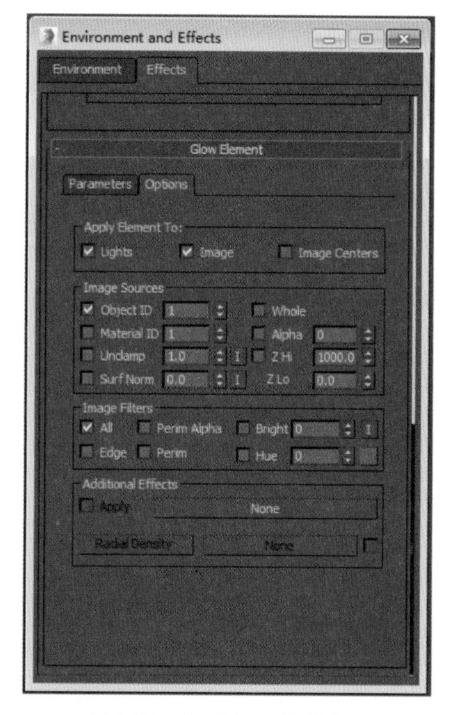


图 4-65　将 Object ID 改为 1

(58) 在 Glow Element 卷展栏中，将 Name 命名为 Glow-b，将 Size 参数设置为 3，将 Intensity 参数设置为 130，将 Use Source Color 参数设置为 100，如图 4-66 所示。

(59) 单击主工具栏中的按钮，查看喷火动画的效果，如图 4-67 所示。

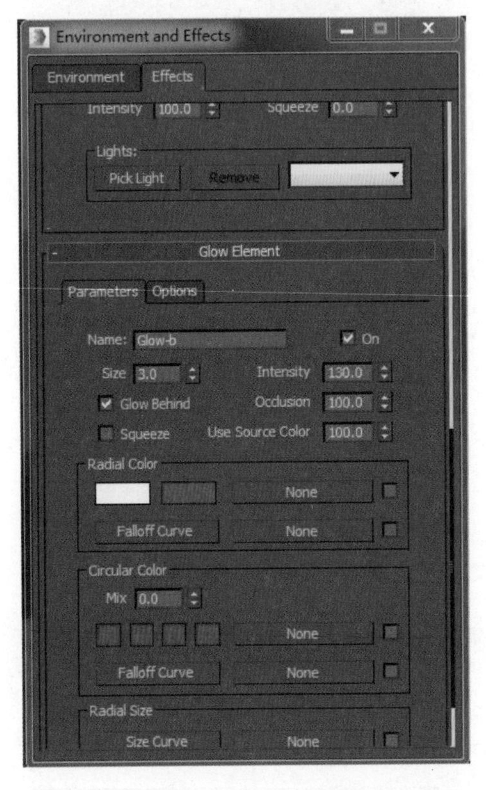


图 4-66　设置 Glow Element 卷展栏下的参数

图 4-67　查看最终渲染效果

## 4.4 Particle Flow 粒子流制作挤果酱动画范例

本节将利用 PF Source 粒子系统制作挤果酱动画的效果，如图 4-68 所示。

(1) 选择菜单命令 File→Open，打开如图 4-69 所示的场景文件。

图 4-68　挤果酱动画效果

图 4-69　打开餐桌场景文件

(2) 选中场景中的面包对象，按键盘上的 Alt+Q 组合键，孤立显示该对象，隐藏场景中的所有其他对象，便于后续的修改编辑过程。

(3) 在创建命令面板中单击按钮进入空间扭曲创建命令面板，下拉指定为 Forces(动力)创建类型，单击 Gravity(重力)按钮，在场景中单击并拖动鼠标创建一个重力空间扭曲，参数设置如图 4-70 所示。

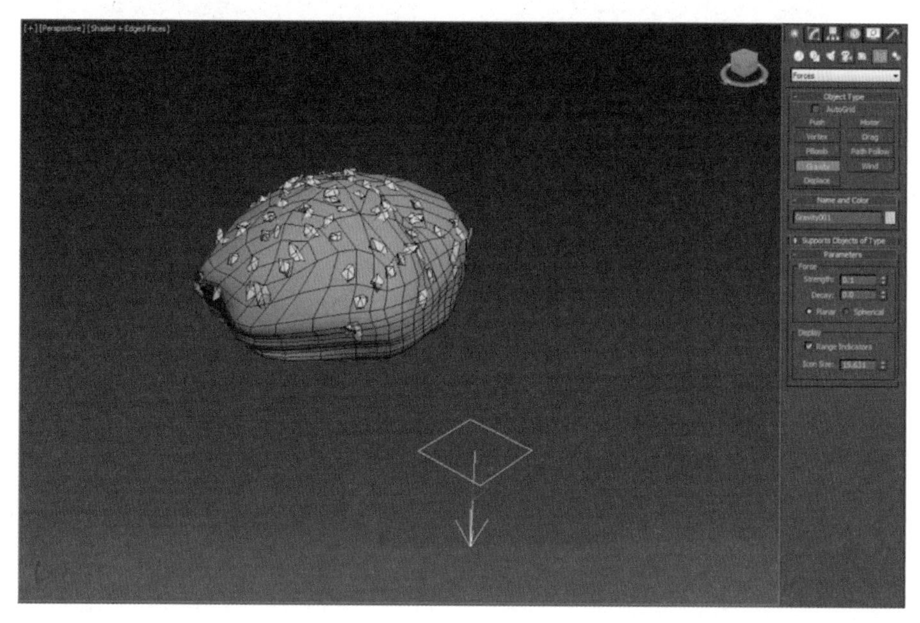

图 4-70 创建一个重力空间扭曲

(4) 在空间扭曲创建命令面板的 Forces 创建类型中，单击 Wind(风力)按钮，在场景中单击并拖动鼠标创建一个风力空间扭曲，参数设置如图 4-71 所示。

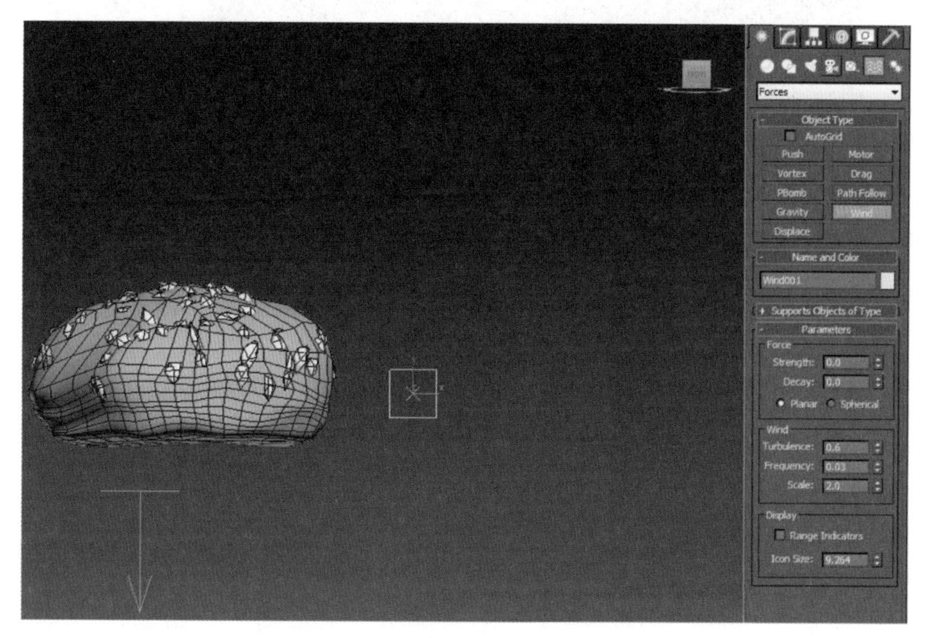


图 4-71 创建一个风力空间扭曲

(5) 单击主工具栏中的选择移动工具，按住 Shift 键的同时，再移动复制一个风力空间扭曲，在弹出的克隆选项对话框中选择 Copy 方式，如图 4-72 所示。

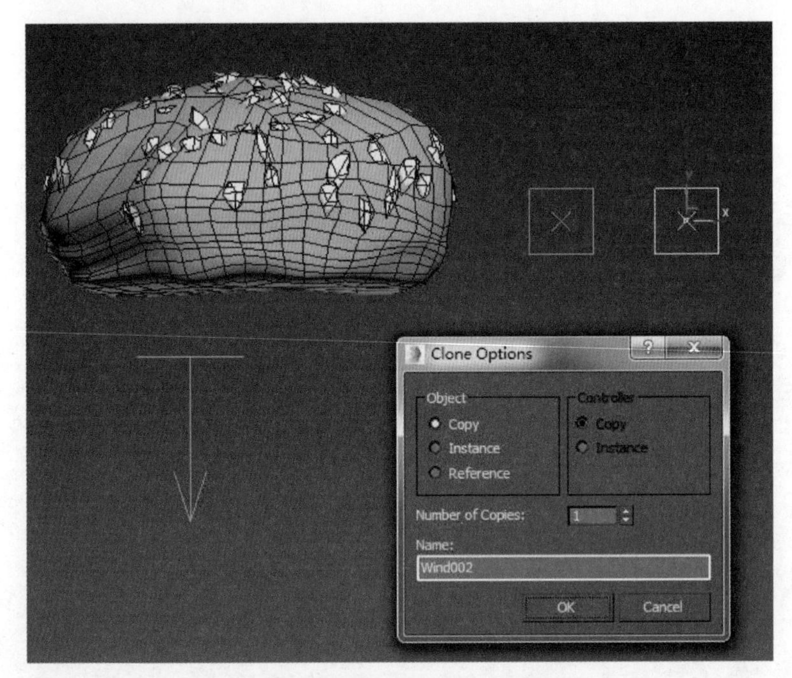


图 4-72　移动复制风力空间扭曲

(6) 将复制出的风力空间扭曲参数如图 4-73 所示进行设置。

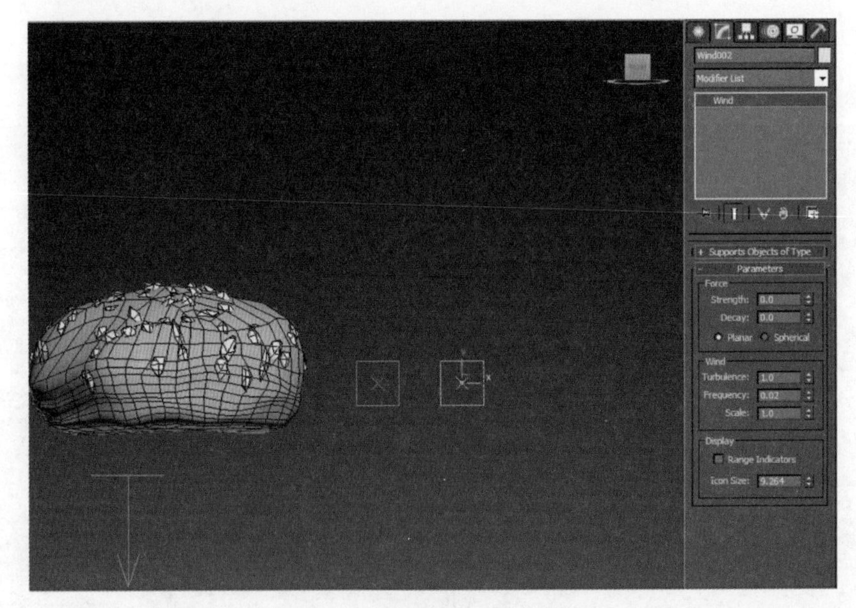


图 4-73　设置空间扭曲参数

(7) 在创建命令面板中单击按钮进入空间扭曲创建命令面板，下拉指定为 Deflectors(导向板)创建类型。在空间扭曲创建命令面板的 Deflectors 创建类型中，单击 UDeflector 按钮，在场景中单击并拖动鼠标创建一个导向板空间扭曲，参数设置如图 4-74 所示。

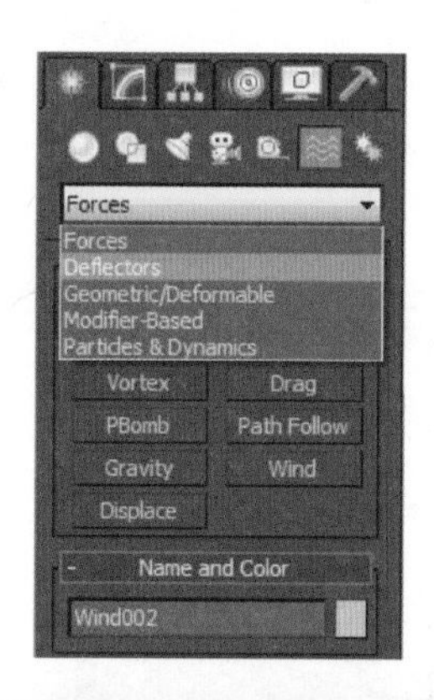


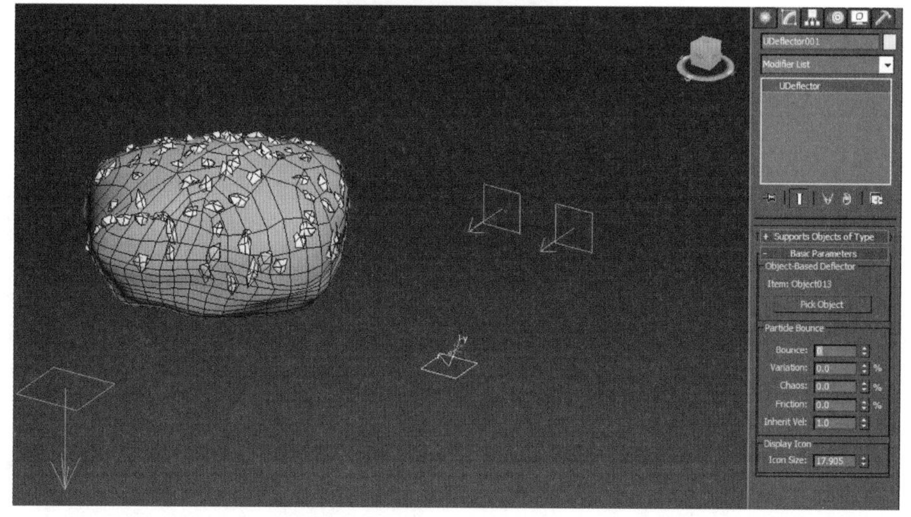


图 4-74　创建一个导向板空间扭曲

(8) 在修改编辑命令面板中单击 Pick Object(拾取对象)按钮,选择场景中的面包对象,如图 4-75 所示。

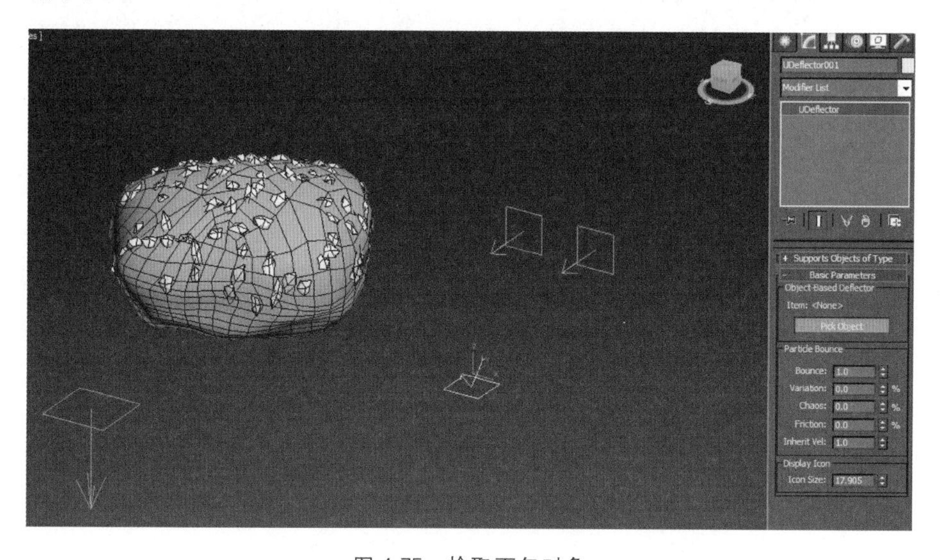


图 4-75　拾取面包对象

(9) 在基本对象创建命令面板中，单击 Standard Primitives 右侧的下拉标记，从下拉的基本对象类型列表中选择 Particle Systems，单击 PF Source 按钮，在场景中单击并拖动鼠标创建一个粒子发生器，如图 4-76 所示。

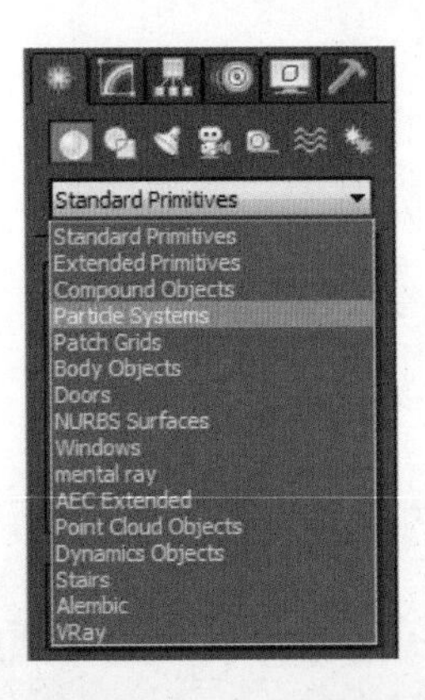


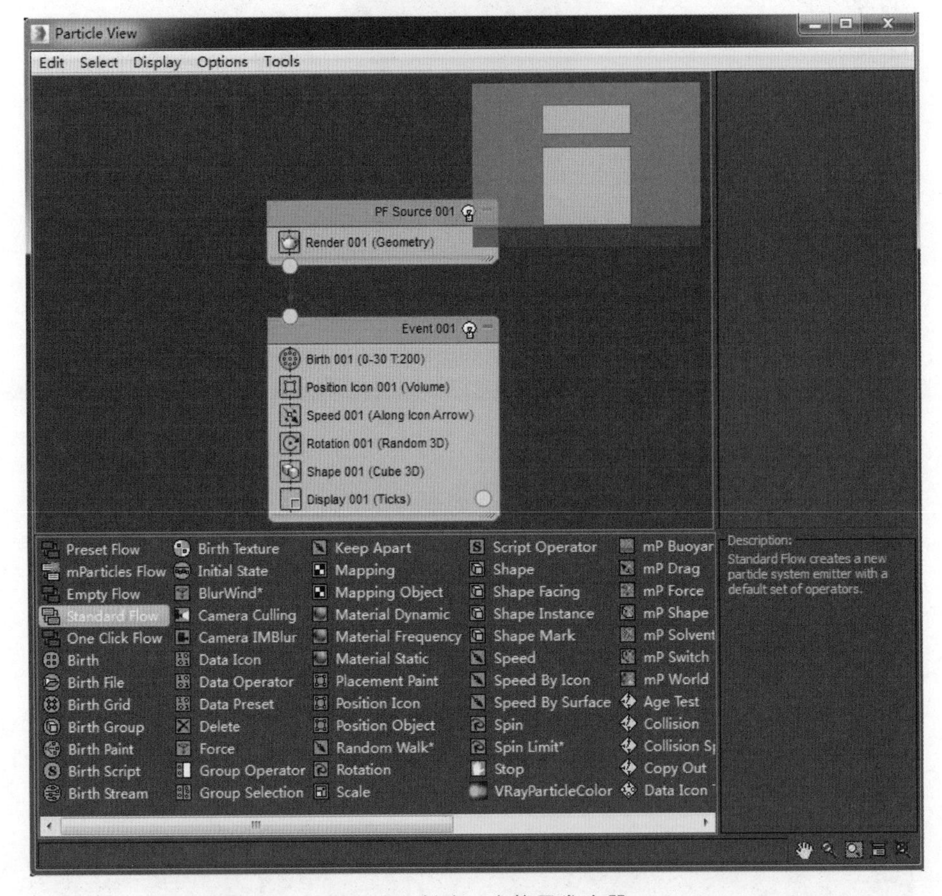


图 4-76　创建一个粒子发生器

(10) 在修改编辑命令面板中，如图 4-77 所示进行参数设置。

(11) 在粒子视图的 Event 001 事件组中选择 Birth 操作器，将 Emit Start(发射开始)参数设置为 0，将 Emit Stop(发射结束)参数设置为 25，将 Amount(总量)参数设置为 350，勾选 Subframe Sampling(次级帧采样)选项，如图 4-78 所示。

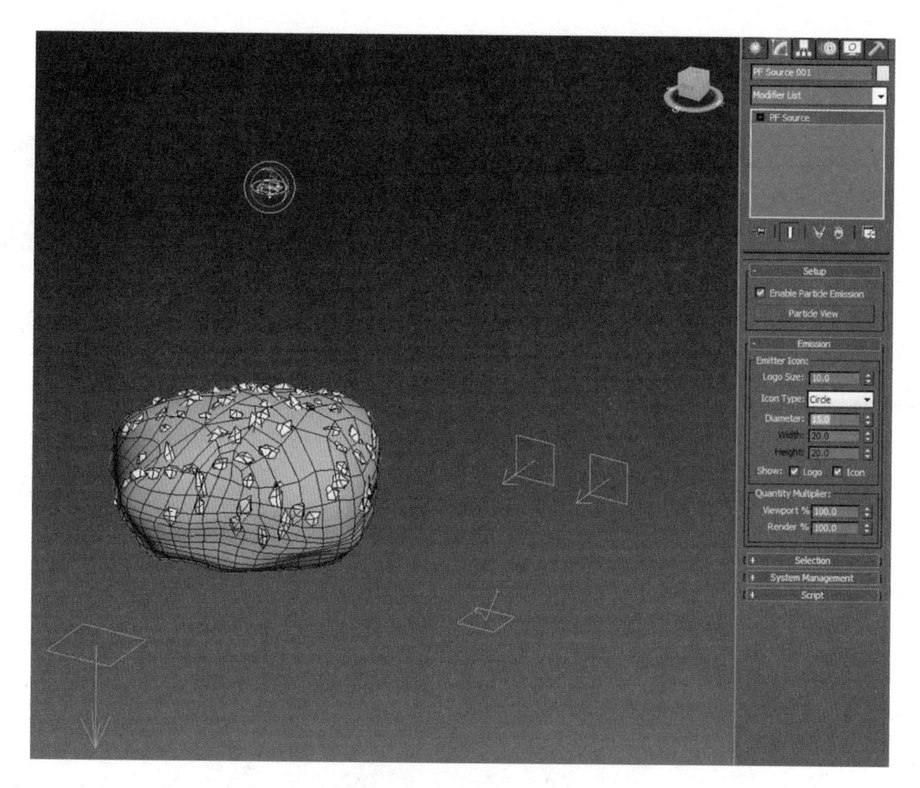


图 4-77　设置粒子参数

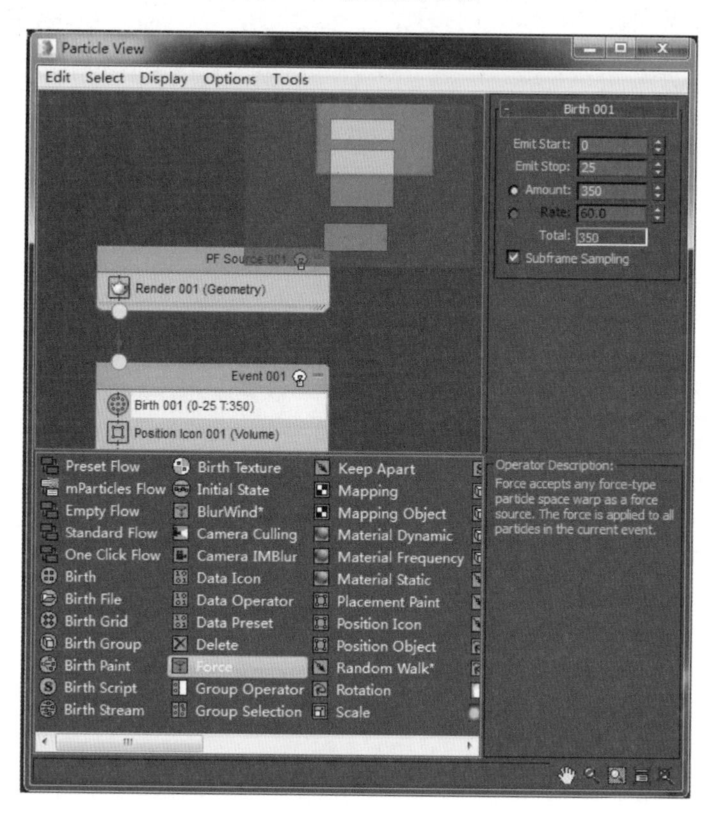


图 4-78　设置 Birth 操作器参数

(12) 在事件组中选择 Dispaly 操作器，从 Dispaly 卷展栏的 Type 下拉列表中选择 Geometry，如图 4-79 所示。

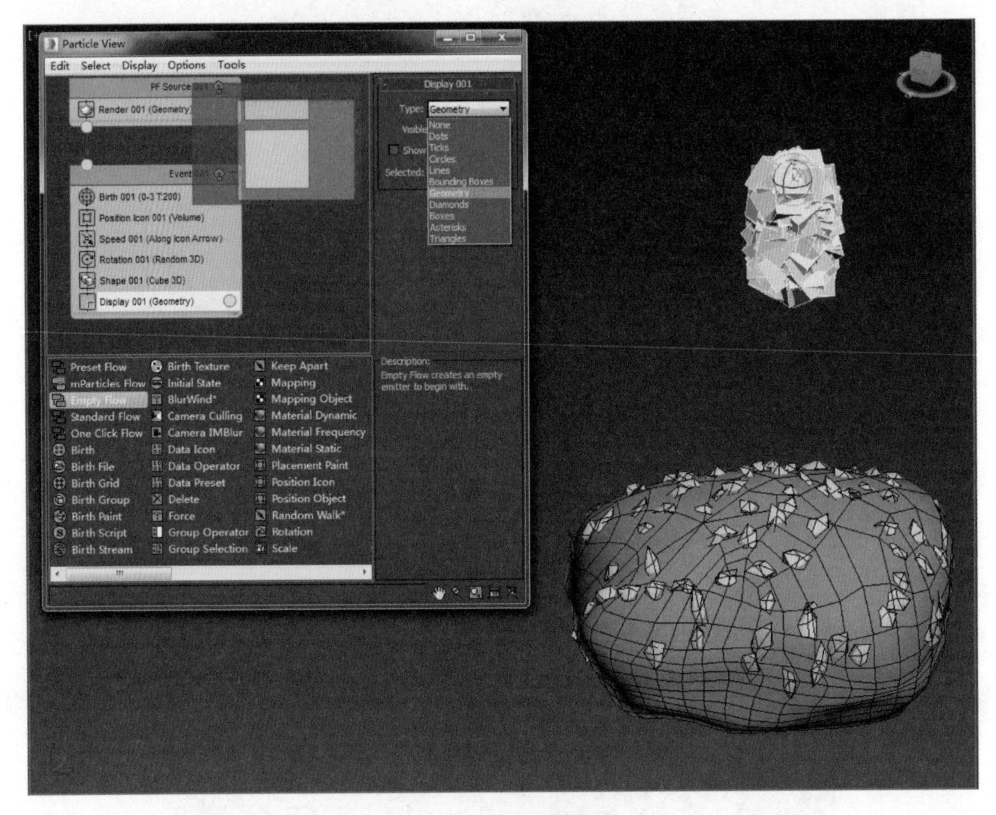


图 4-79　指定显示类型

(13) 在事件组中选择 Speed 操作器和 Rotation 操作器，单击 Delete 键进行删除。

(14) 在事件组中选择 Shape 操作器，勾选 3D 选项，并将形状类型指定为 Sphere 20-sides(20 边球体)，其余参数设置如图 4-80 所示。

(15) 拖动操作器仓库中的 Force(动力)操作器加入到事件组中 Shape 操作器的下方，如图 4-81 所示，在 Force 卷展栏的 Force Space Warps 项目中单击 By List 按钮，在弹出的 Select Force Space Warps(选择动力空间扭曲)对话框中选择场景中的 Gravity 001，并将 Influence % 参数设置为 2000。

(16) 拖动操作器仓库中的 Collision(碰撞)操作器加入到事件组中 Force 操作器的下方，如图 4-82 所示，在 Collision 卷展栏的 Deflectors 项目中单击 By List 按钮，在弹出的 Select Deflectors (选择导向板)对话框中选择场景中的地面导向板。

(17) 拖动操作器仓库中的 Force 操作器到粒子视图的空白位置，创建一个新的事件组，如图 4-83 所示。

(18) 选择 Event 002 事件组中的 Force 操作器。在 Force 卷展栏的 Force Space Warps 项目中单击 By List 按钮，在弹出的 Select Force Space Warps 对话框中选择场景中的 Wind001 和 Wind002，并将 Influence % 参数设置为 75，如图 4-84 所示。

(19) 拖动操作器仓库中的 Lock/Bond(锁定/绑定)操作器到 Event 002 事件组中 Force 操作器的下方，参数设置如图 4-85 所示。

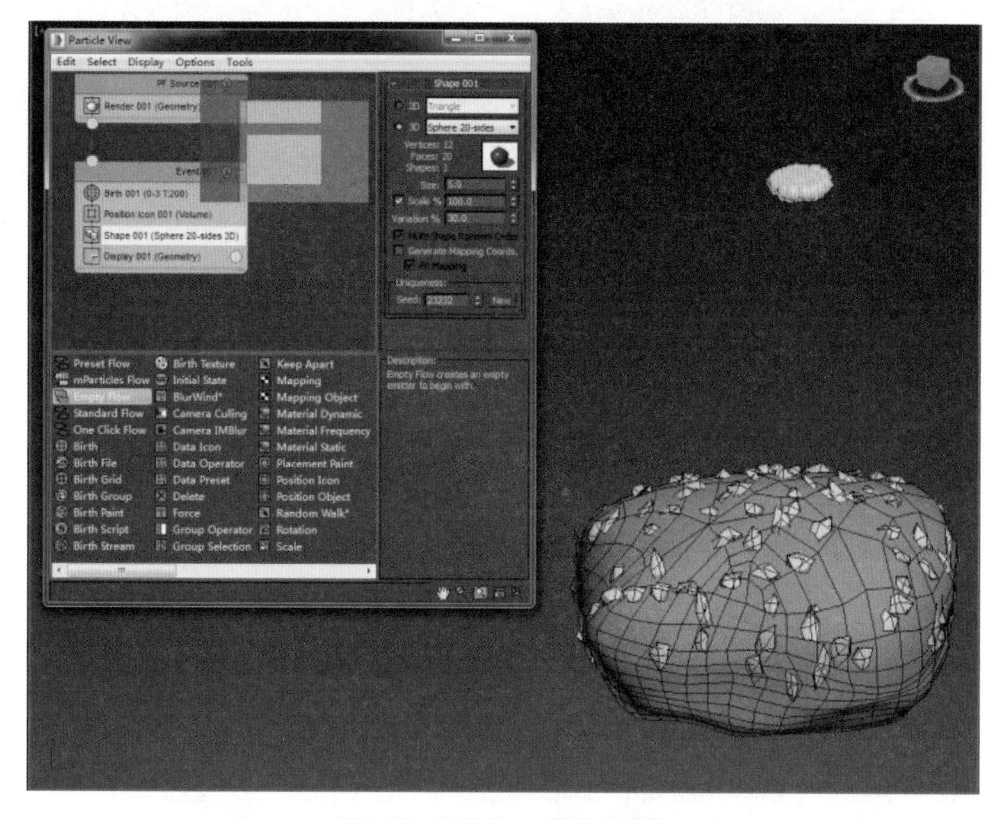


图 4-80　设置 Shape 操作器参数

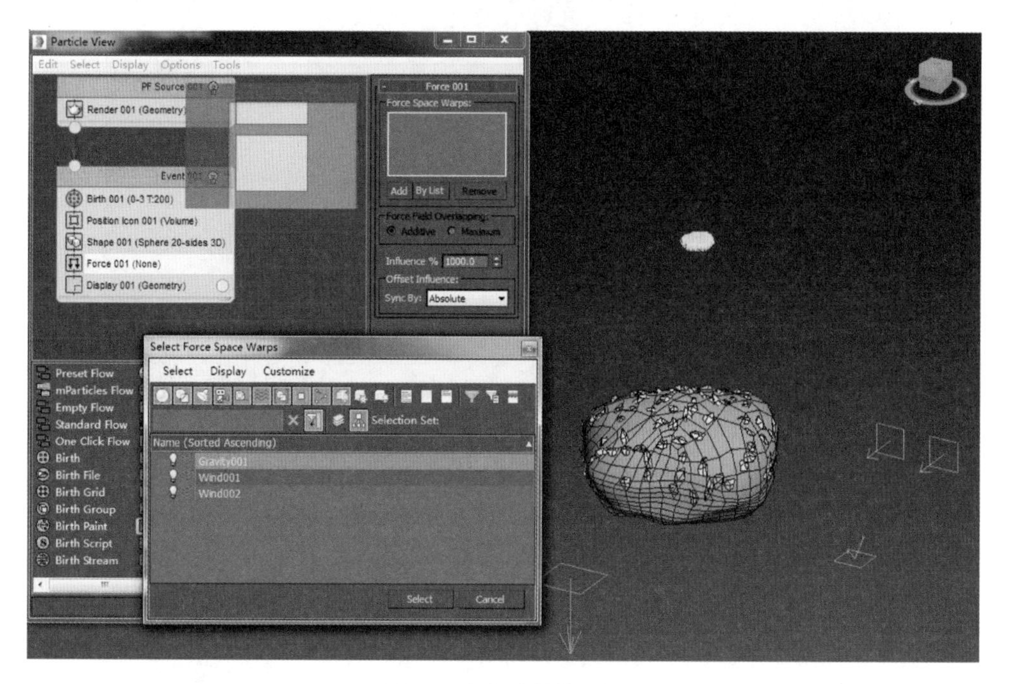


图 4-81　指定重力空间扭曲

图 4-82　为碰撞指定导向板

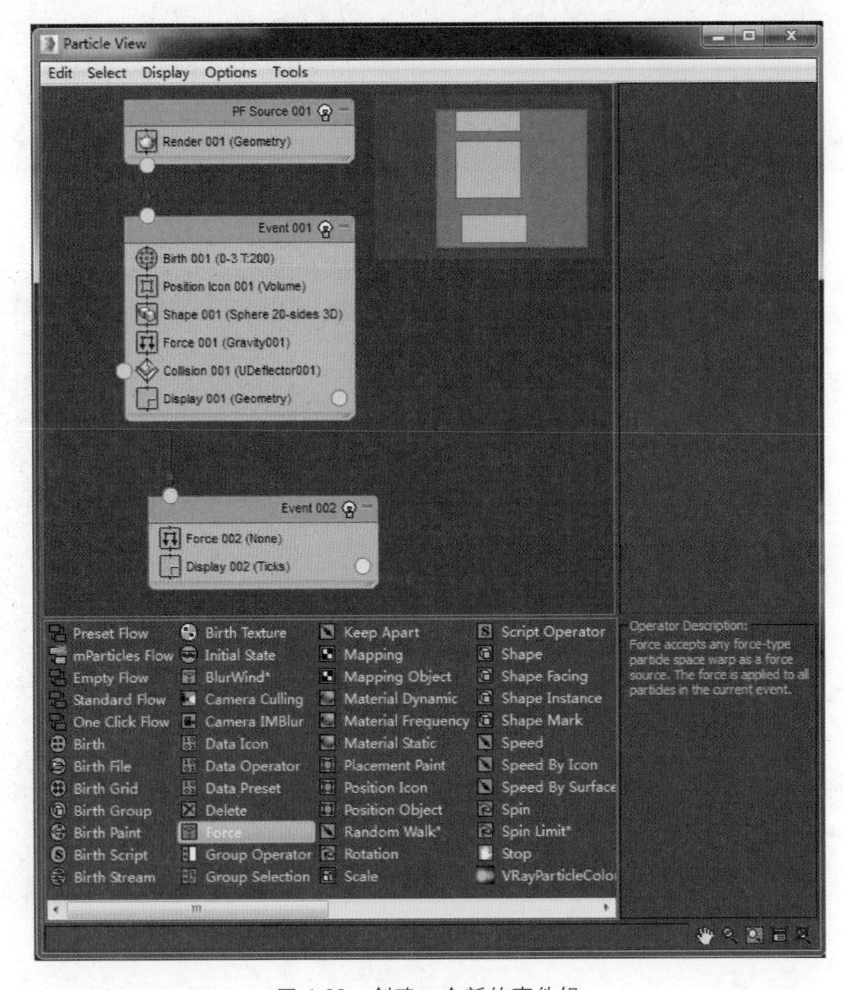


图 4-83　创建一个新的事件组

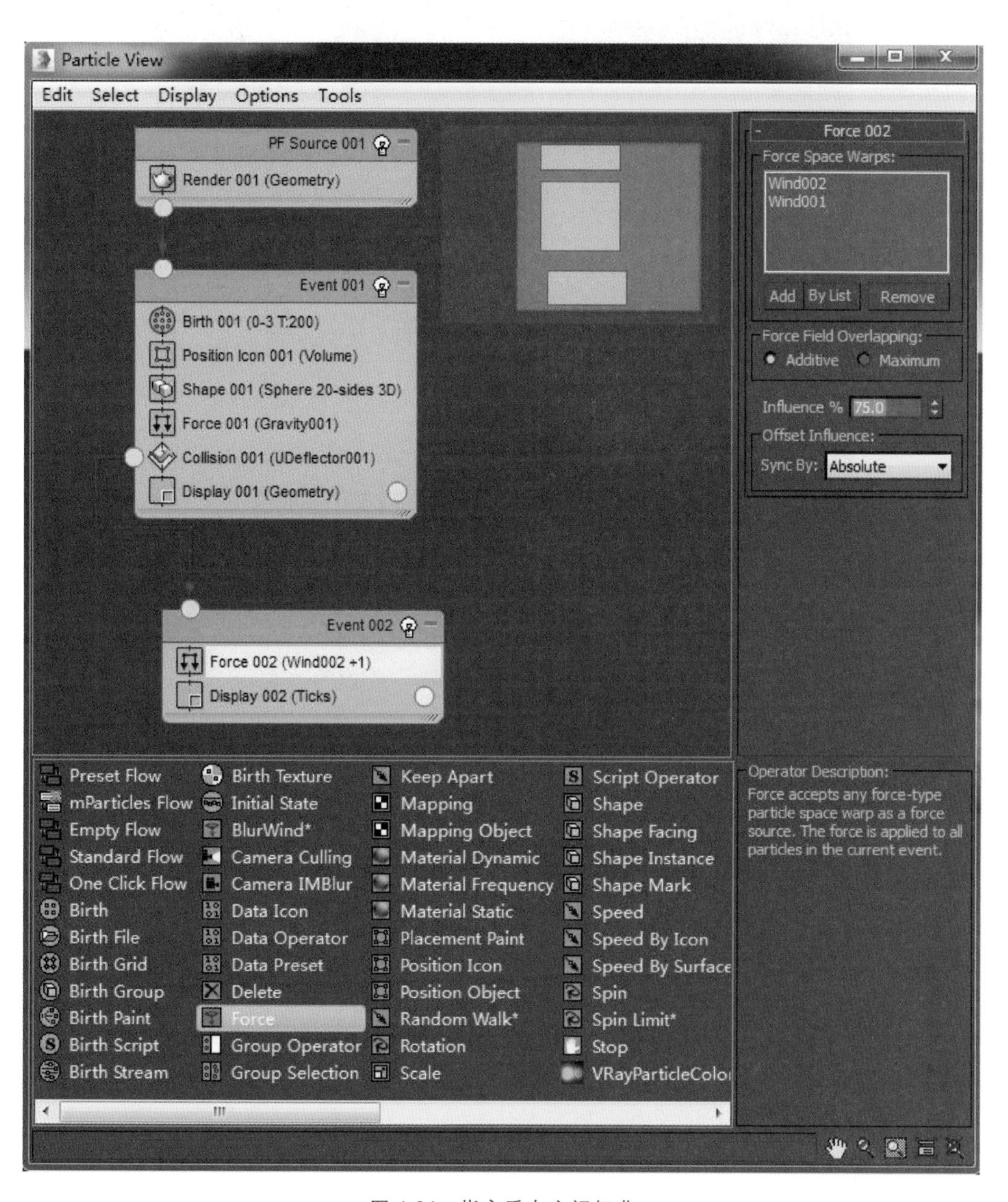


图 4-84　指定重力空间扭曲

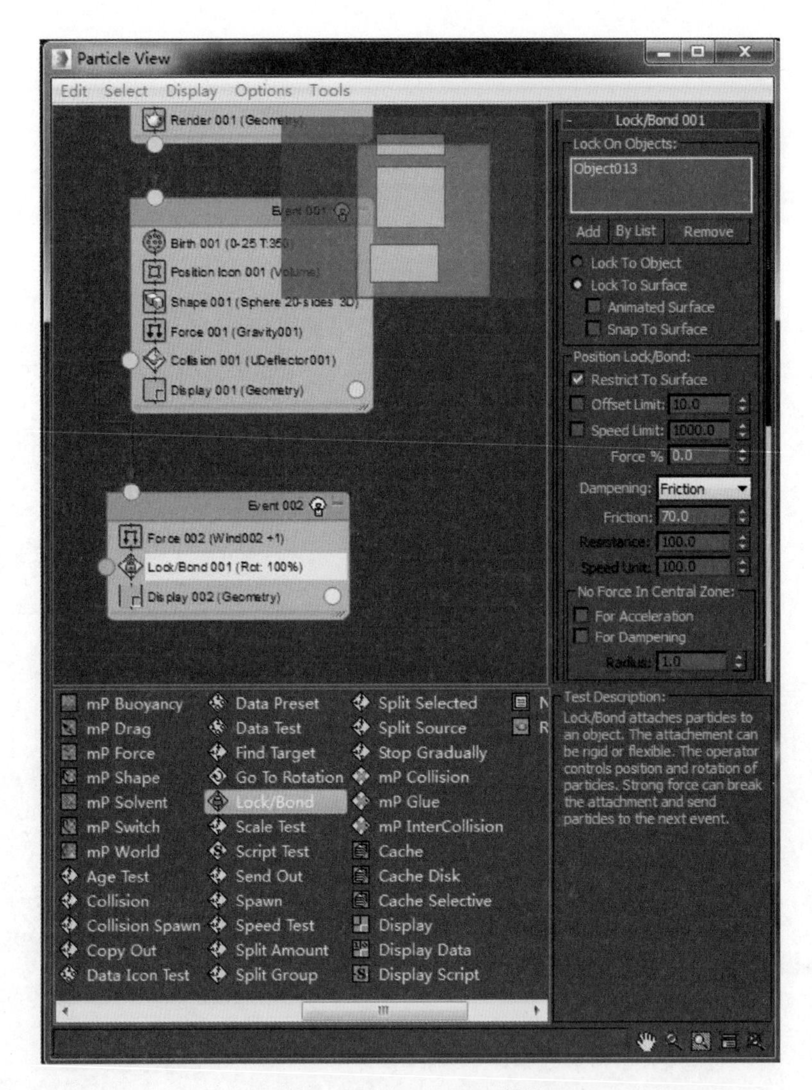


图 4-85 指定 Lock/Bond 操作器

(20) 拖动操作器仓库中的 Spawn(再生)操作器到 Event 002 事件组中 Lock/Bond 操作器的下方,参数设置如图 4-86 所示。

(21) 在基本对象创建命令面板中,单击 Standard Primitives 右侧的下拉标记,从下拉的基本对象类型列表中选择 Compound Objects(合成对象),单击 BlobMesh(水滴网格)按钮,在场景中单击并拖动鼠标创建一个水滴网格对象,如图 4-87 所示。

(22) 在 Parameters 卷展栏的 Blob Objects 项目中,单击 Add 按钮,在弹出的 Add Blobs(加入水滴)对话框中选择 PF Source 001,单击 Add Blobs 按钮,如图 4-88 所示。

(23) 单击主工具栏中的按钮打开材质编辑器,在材质编辑器中激活一个示例窗口,单击 Standard 按钮,在弹出的材质/贴图浏览器中双击选择 VRayMtl 材质类型。

(24) 在 Maps 卷展栏中,单击 Diffuse Color 右侧的 None 按钮,在弹出的材质/贴图浏览器中双击选择 Cellular(细胞增殖)贴图类型。

(25) 在 Cellular 贴图编辑层级参数设置如图 4-89 所示,同时将 3 个色彩样本都设置为深浅不一的果酱红色。

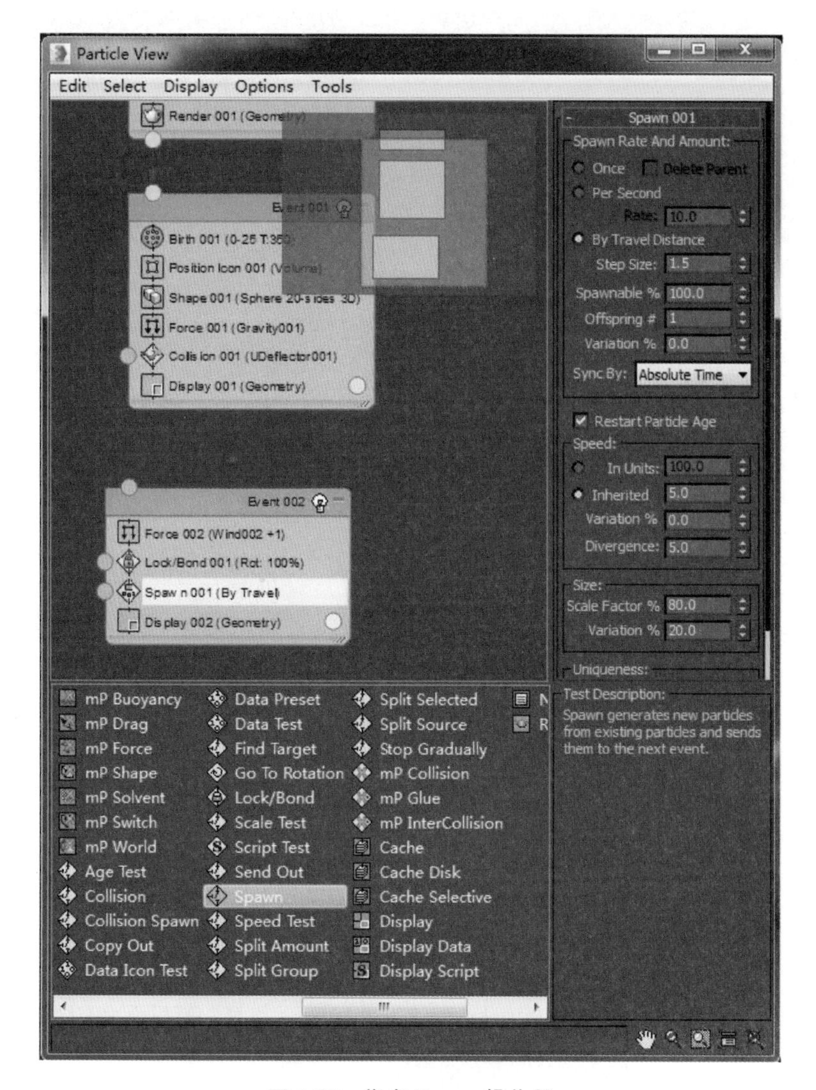


图 4-86 指定 Spawn 操作器

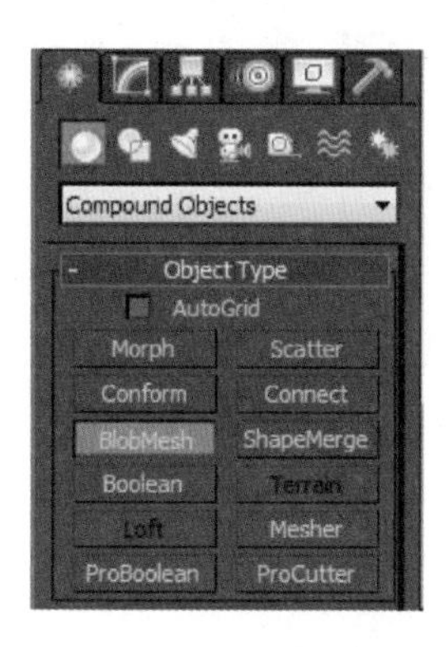


图 4-87 创建一个水滴网格

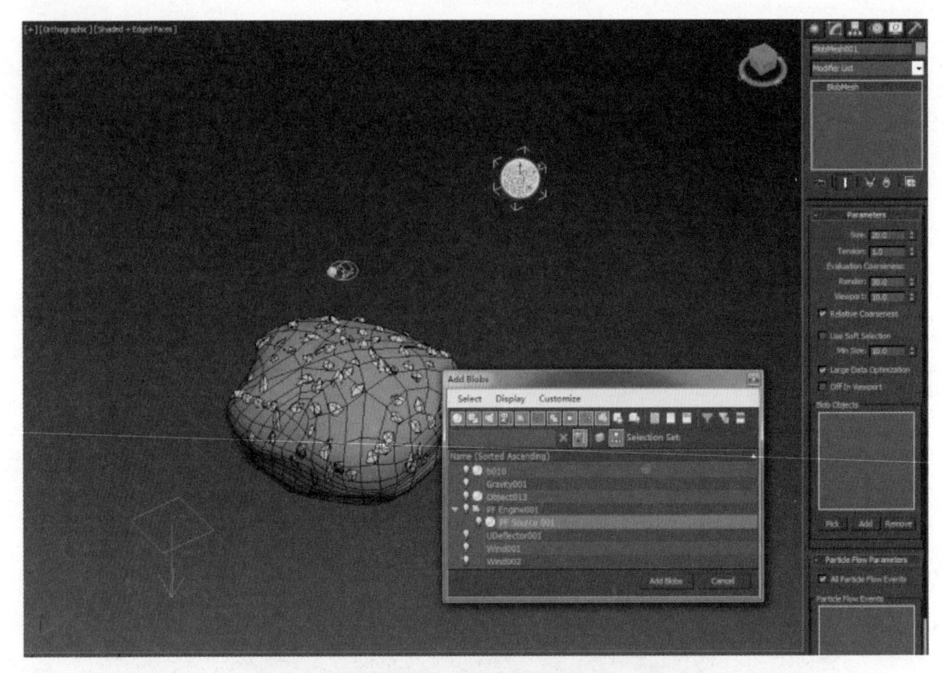


图 4-88 选择代理对象

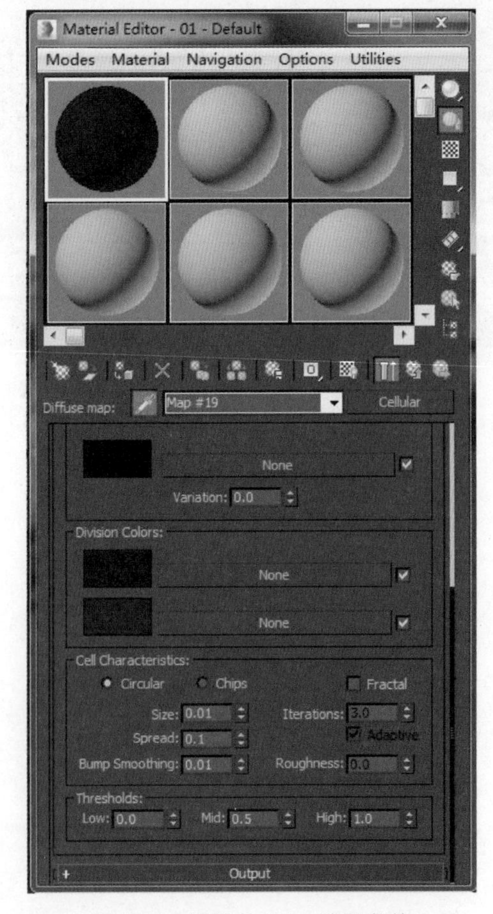


图 4-89 设置 Cellular 贴图参数

(26) 在材质编辑器的工具栏中单击按钮，从贴图编辑层级返回到材质编辑层级。在Maps卷展栏中，单击Reflect右侧的None按钮，在弹出的材质/贴图浏览器中双击选择Falloff贴图类型，如图4-90所示。

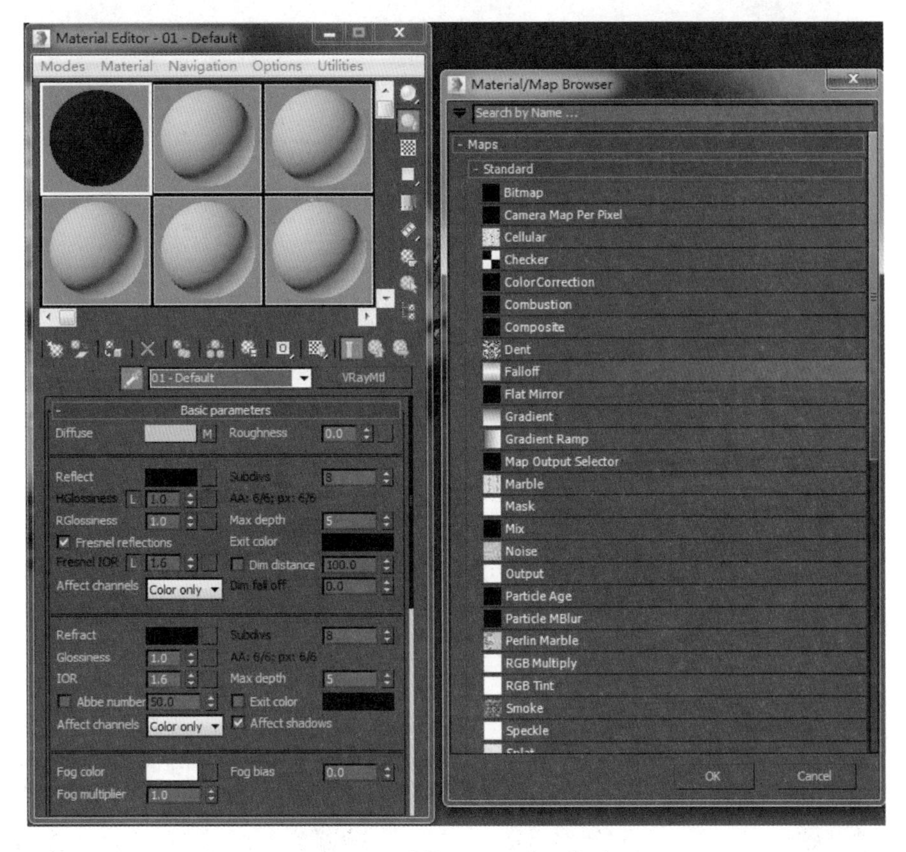


图4-90 选择Falloff贴图类型

(27) 在Falloff贴图编辑层级，单击白色块右侧的None按钮，在弹出的材质/贴图浏览器中双击选择Noise贴图类型，如图4-91所示。

(28) 在Noise贴图编辑层级，参数设置如图4-92所示。

(29) 在材质编辑器的工具栏中单击按钮，从Noise贴图编辑层级返回到Falloff贴图编辑层级，参数设置如图4-93所示。

(30) 在材质编辑器的工具栏中单击按钮，从Falloff贴图编辑层级返回到VRayMtl材质编辑层级。

(31) 单击Refract(折射)右侧None，在弹出的材质/贴图浏览器中双击选择Noise贴图类型，如图4-94所示。

(32) 在Noise贴图编辑层级，参数设置如图4-95所示。

(33) 在材质编辑器的工具栏中单击按钮，从Noise贴图编辑层级返回到VRayMtl材质编辑层级。

(34) 在VRayMtl材质编辑层级，参数设置如图4-96所示。

(35) 在场景中选中PF Source对象，右击，在弹出的快捷菜单中选择Object Properties，在打开的Object Properties对话框中，取消勾选Visible to Camera选项，如图4-97所示。

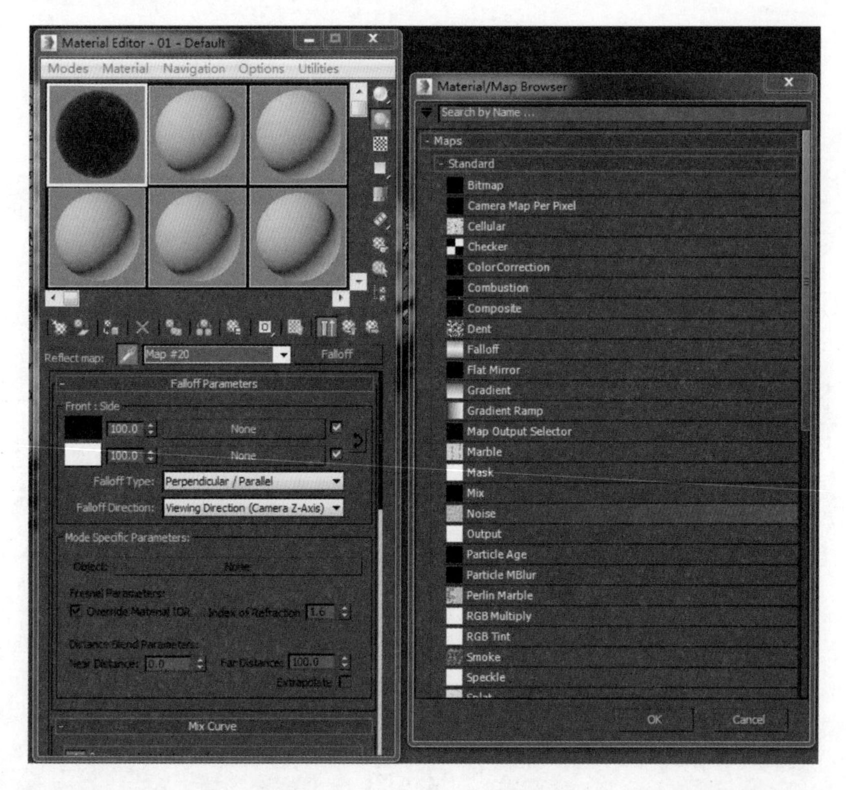


图 4-91　选择 Noise 贴图类型

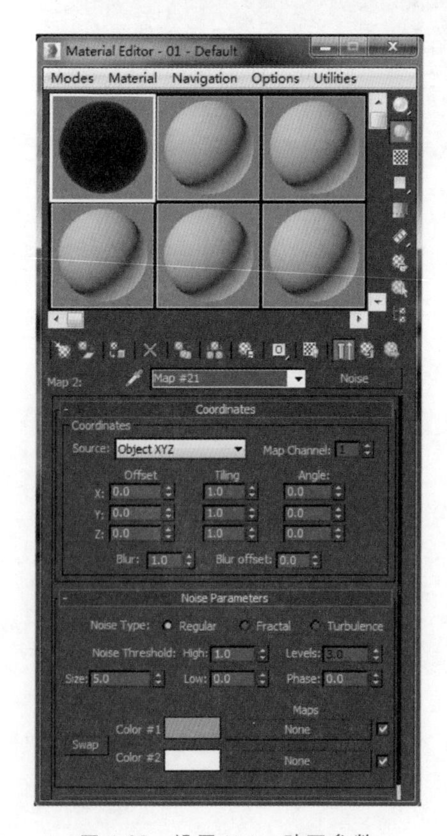


图 4-92　设置 Noise 贴图参数

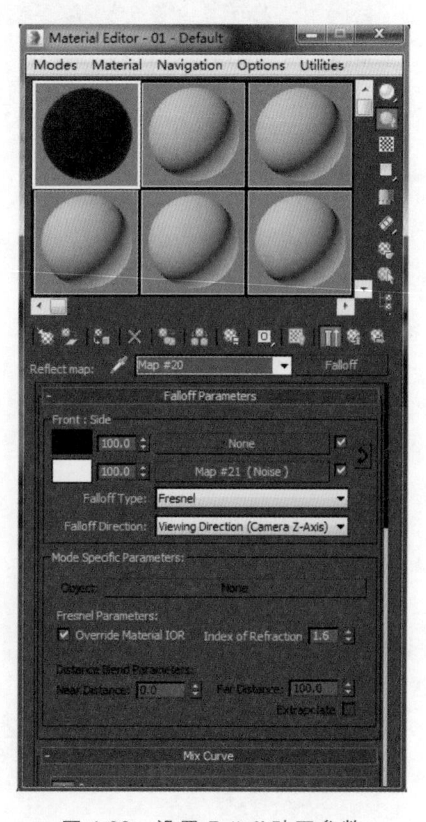


图 4-93　设置 Falloff 贴图参数

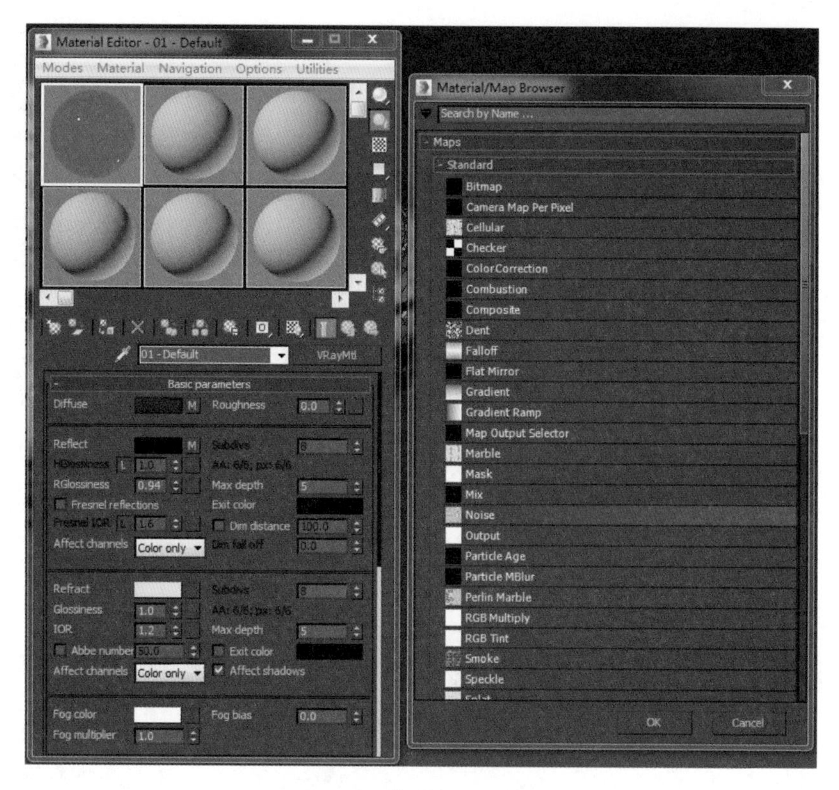


图 4-94　指定 Noise 贴图

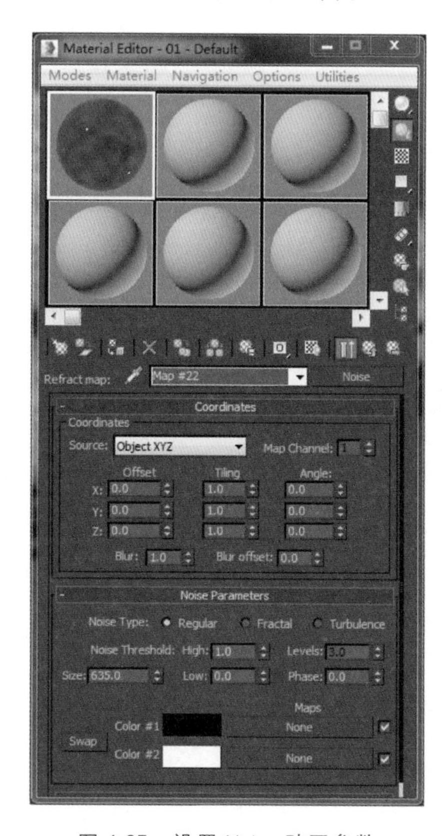


图 4-95　设置 Noise 贴图参数

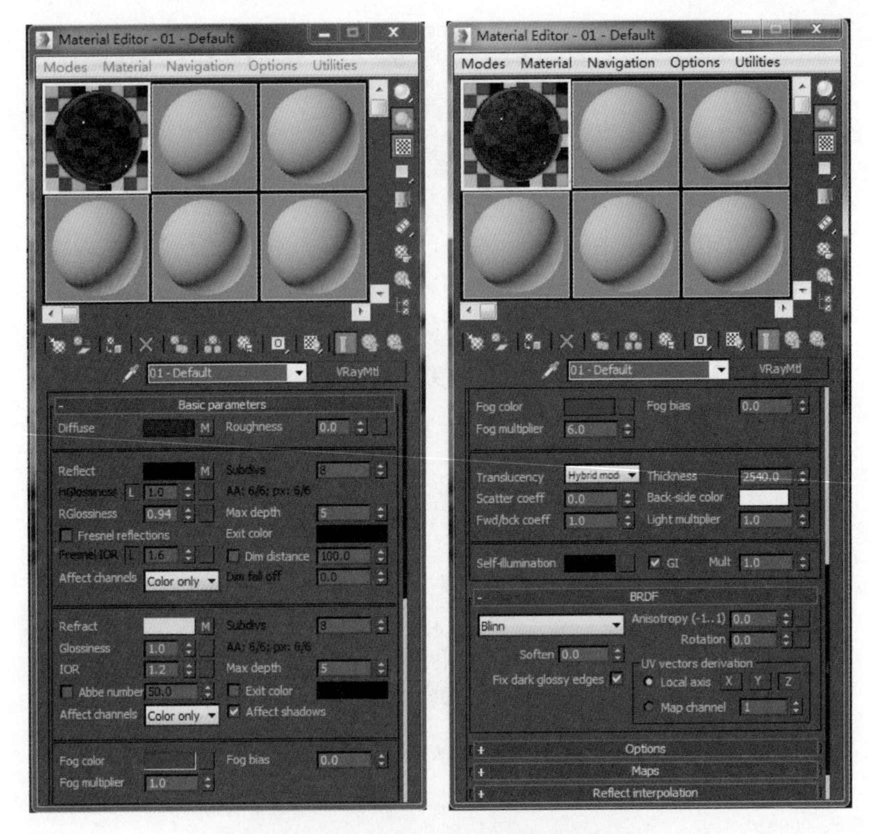


图 4-96 设置 VRayMtl 材质参数

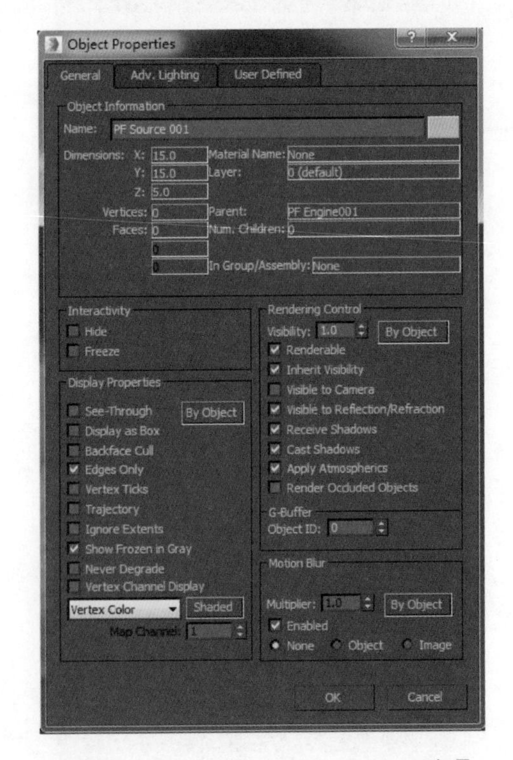


图 4-97 取消勾选 Visible to Camera 选项

(36) 单击主工具栏中的 按钮，查看粒子动画的渲染效果，如图4-98所示。

图4-98 查看粒子动画的渲染效果

## 4.5 Blizzard暴风雪粒子制作雪山鸟瞰动画范例

本节通过创建一个雪山鸟瞰的动画场景，详细讲述如何使用Blizzard(暴风雪粒子)创建下雪的视觉特效，如图4-99所示。

图4-99 雪山鸟瞰的动画场景效果

(1) 在创建命令面板中单击 按钮进入基本对象创建命令面板，从创建类型下拉列表中选择Standard Primitives(标准几何体)，单击其下的Plane(平面)按钮，在场景中单击并拖动鼠标创建一个平面，如图4-100所示。

**注意**：该平面要编辑出雪山地形，所以Length Segs(长度分段数)和Width Segs(宽度分段数)参数要设置大一些。

(2) 单击 选项卡进入修改编辑命令面板，从修改编辑器下拉列表中选择Edit Poly(编辑多边形)修改编辑器，并在修改编辑堆栈中下拉指定为Vertex(节点)次级结构编辑层级，并全部选择平面上所有点。

(3) 在Paint Deformation(画笔变形)卷展栏中单击Push/Pull，通过调节Push/Pull Value、Brush Size、Brush Strength参数，在平面上创造出雪山的大致轮廓，如图4-101所示。

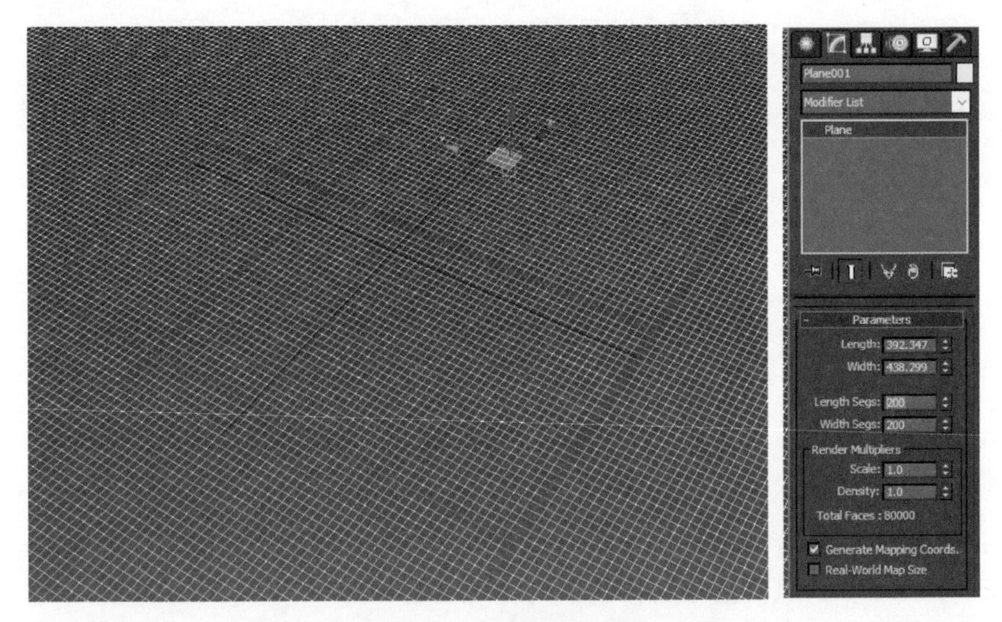


图 4-100　创建平面对象

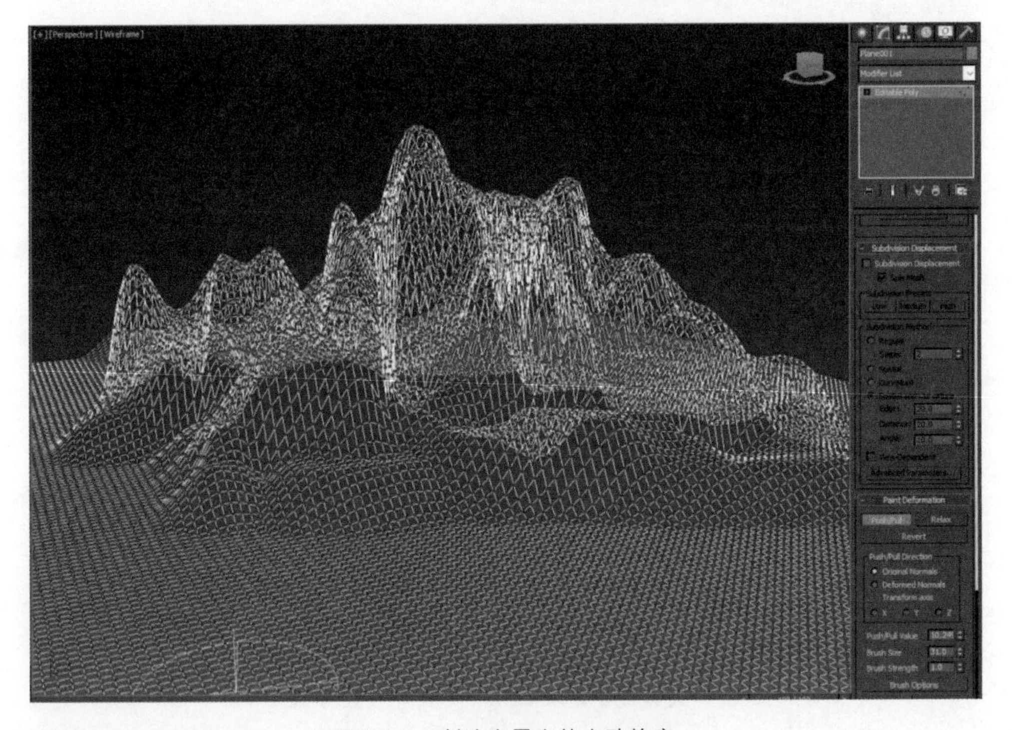


图 4-101　创造出雪山的大致轮廓

(4) 单击 Relax(松弛)按钮,对山体形状进行细化处理,如图 4-102 所示。

(5) 单击选项卡进入修改编辑命令面板,从修改编辑器下拉列表中选择 Noise(噪波)修改编辑器,修改编辑出如图 4-103 所示的形状。

(6) 使用相同的操作方式制造出成群雪山的场景效果,如图 4-104 所示。

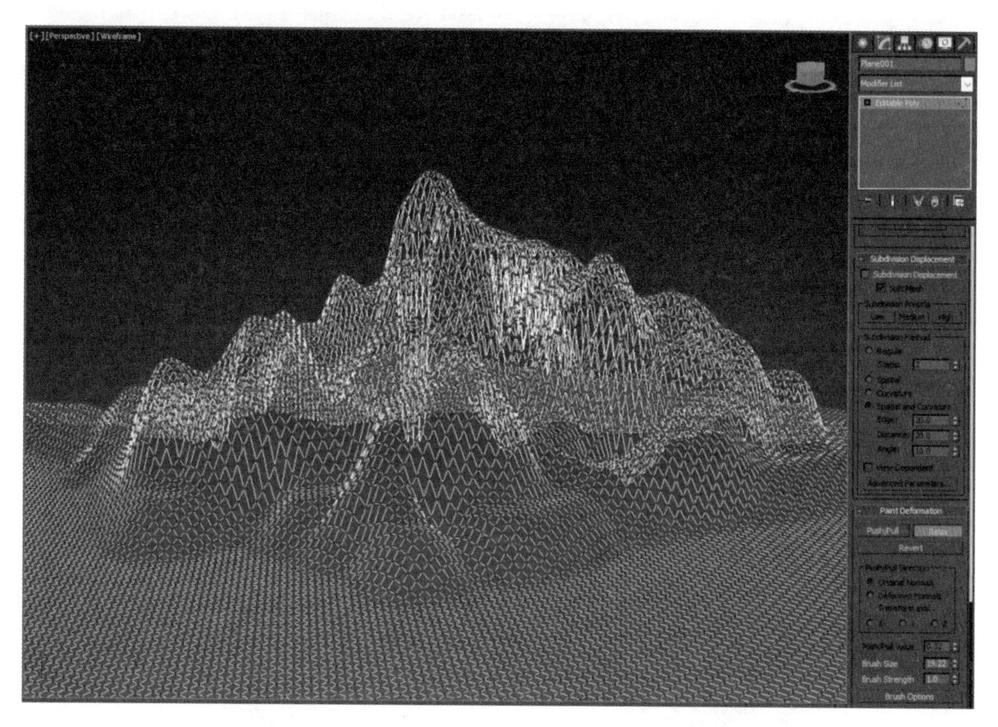

图 4-102　细化山体

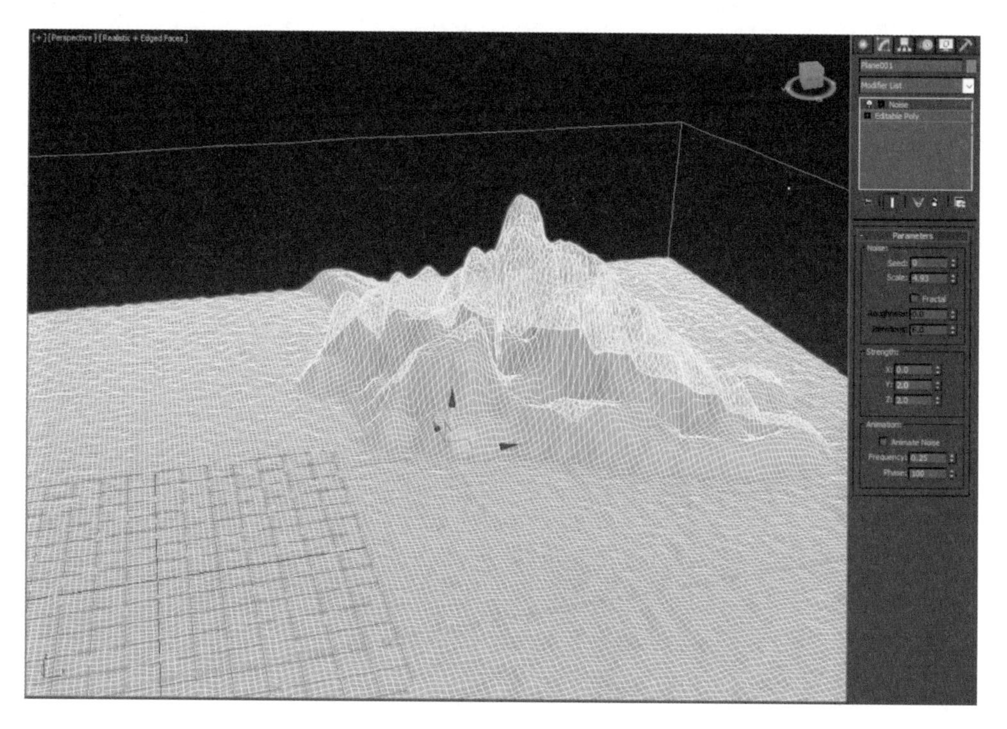

图 4-103　添加噪波修改编辑器

(7) 在创建命令面板中单击 按钮进入摄像机创建命令面板，单击 Target(目标摄像机)按钮，在场景中单击并拖动鼠标创建一个目标摄像机，如图 4-105 所示。

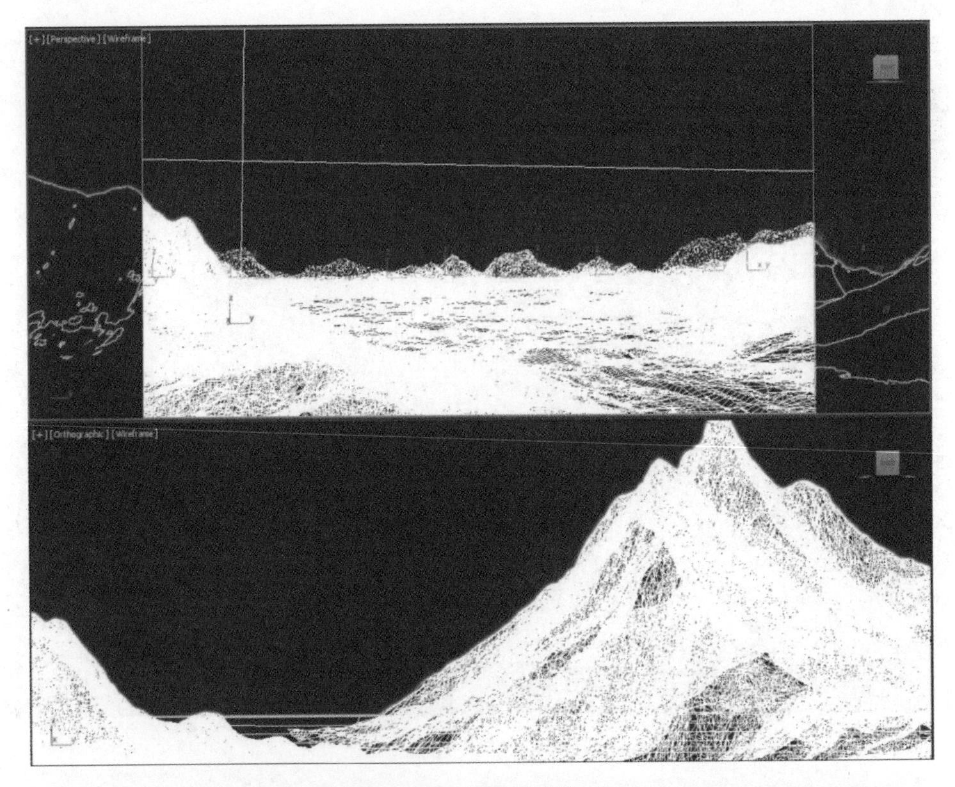

图 4-104　场景创建效果

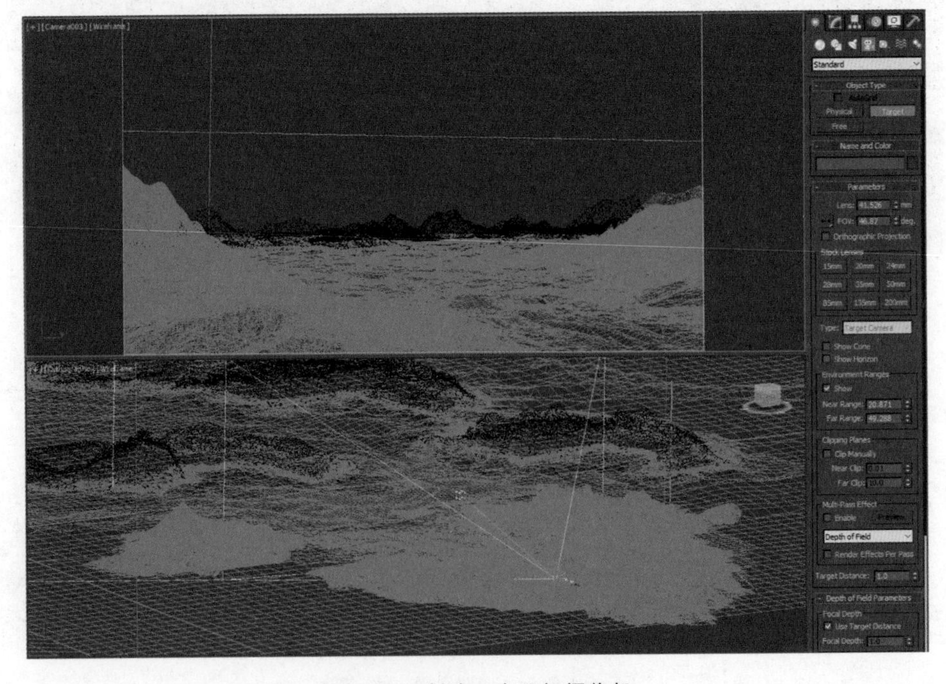

图 4-105　创建一个目标摄像机

(8) 在透视图的视图名称 Perspective 上右击，在弹出的快捷菜单中选择 Cameras→Camera003，如图 4-106 所示，将透视图转换为摄像机视图。

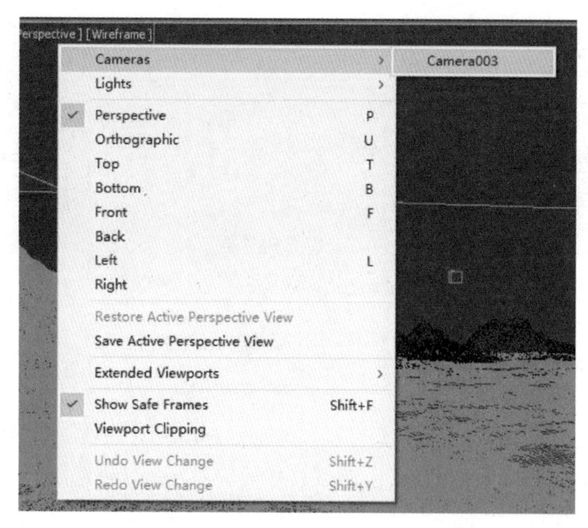


图 4-106 将透视图转换为摄像机视图

(9) 在创建命令面板中单击按钮，在创建类型下拉列表中选择 VRay，再在灯光创建命令面板中单击 VRaySun 按钮，在场景中创建 Vray 太阳光源。单击主工具栏中的按钮，将 Vray 太阳移动到如图 4-107 所示位置。

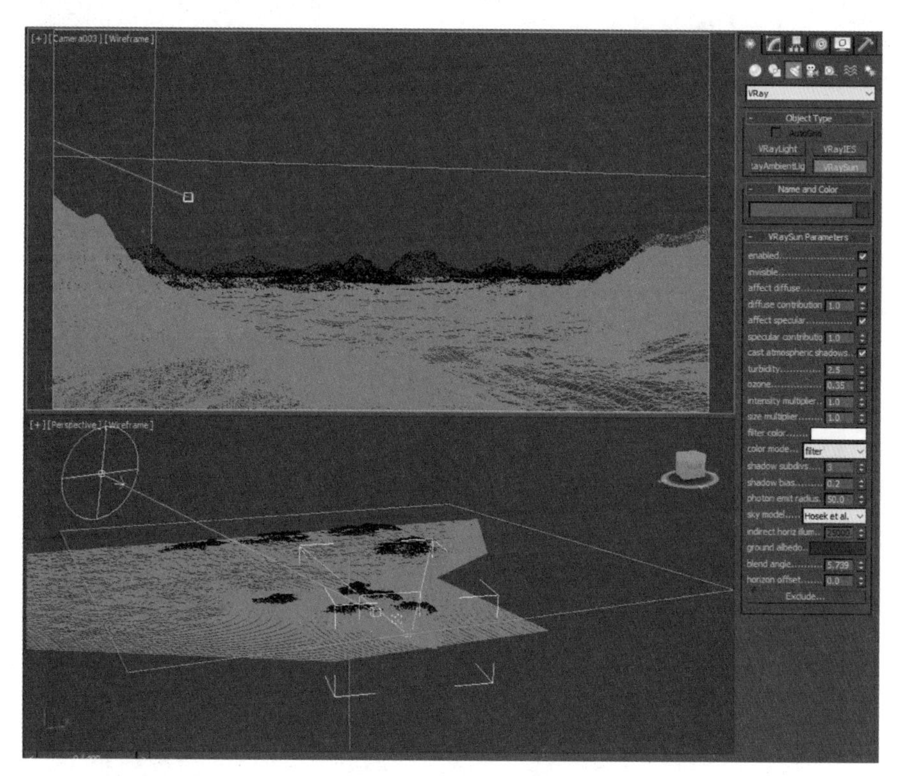

图 4-107 创建 Vray 太阳

(10) 适当调节 VRaySun 的参数，如图 4-108 所示。

(11) 单击主工具栏中的按钮打开材质编辑器，激活其中的一个示例窗口。

(12) 单击 Standard(标准)，在弹出的材质/贴图浏览器中双击选择 Top/Bottom(顶部/底部)材质类型，如图 4-109 所示。

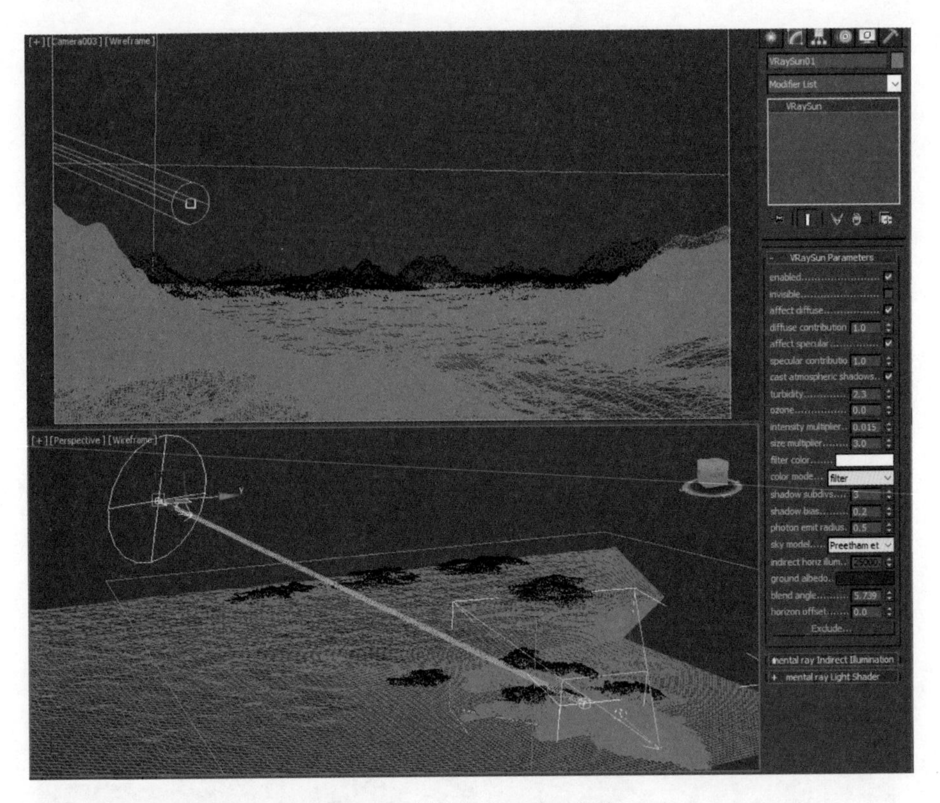


图 4-108 调节 VRaySun 参数

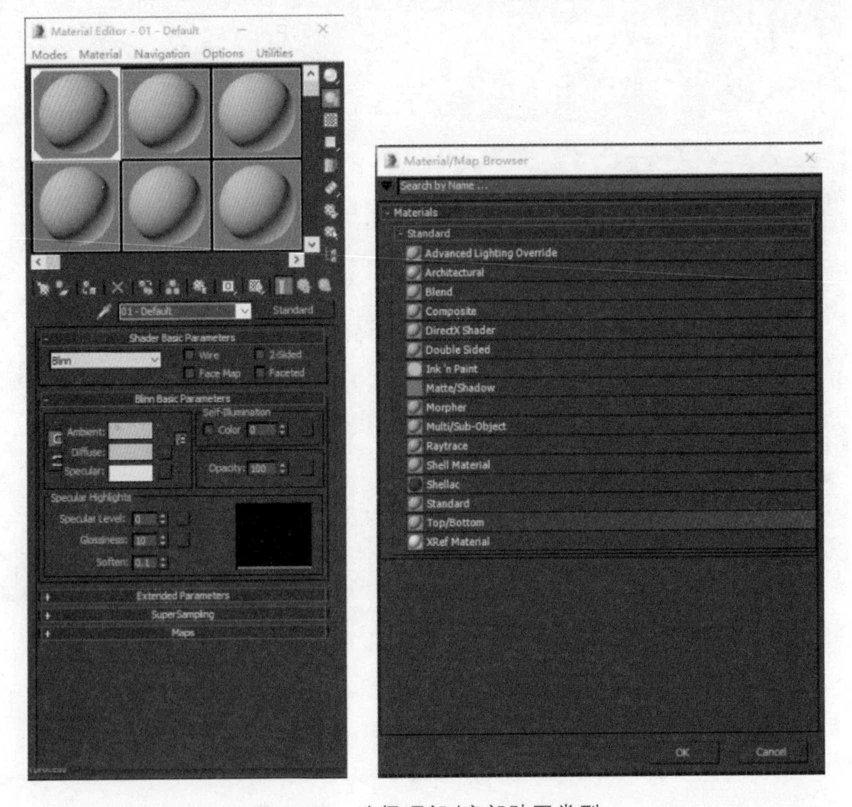


图 4-109 选择顶部/底部贴图类型

(13) 在 Top/Bottom 材质编辑层级，单击 Material ＃1 右侧的 Standard 按钮，进入 Standard 材质编辑层级。

(14) 单击 Diffuse Color 右侧的 None 按钮，在弹出的材质/贴图浏览器中双击选择 Falloff 贴图类型，进入 Falloff 贴图编辑层级，如图 4-110 所示。

(15) 在 Falloff 贴图编辑层级，单击第二个 None，在弹出的材质/贴图浏览器中双击选择 Mix 贴图类型，进入 Mix 贴图编辑层级。

(16) 分别单击 Color＃1、Color＃2、Mix Amount 右侧的 None 按钮，在弹出的材质/贴图浏览器中双击选择 Mix 贴图类型，进入 Color＃1 的 Mix 贴图编辑层级。

(17) 在 Mix 贴图编辑层级，将 Color＃1、Color＃2、Mix Amount 右侧的贴图设置成如图 4-111 所示贴图类型。

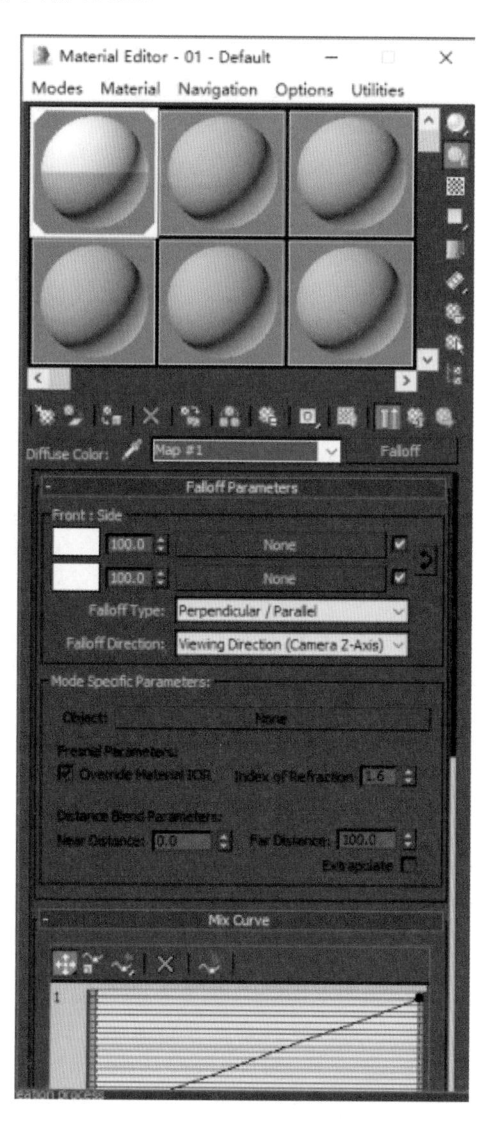


图 4-110 进入 Falloff 贴图编辑层级

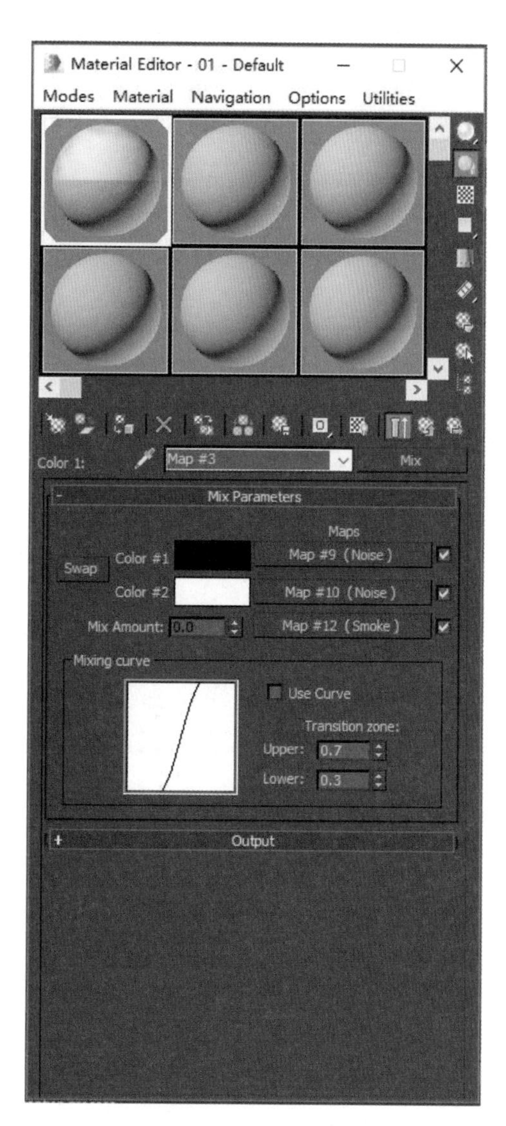


图 4-111 设置 Mix 贴图编辑层级贴图类型

(18) 单击 Color＃1 右侧的 Noise，进入 Noise 贴图编辑层级，参数设置如图 4-112 所示。

(19) 在材质编辑器的工具栏中单击按钮，从 Noise 贴图编辑层级返回 Mix 材质编辑层级，单击 Color＃2 右侧的 Noise 按钮，进入 Noise 贴图编辑层级，参数设置如图 4-113 所示。

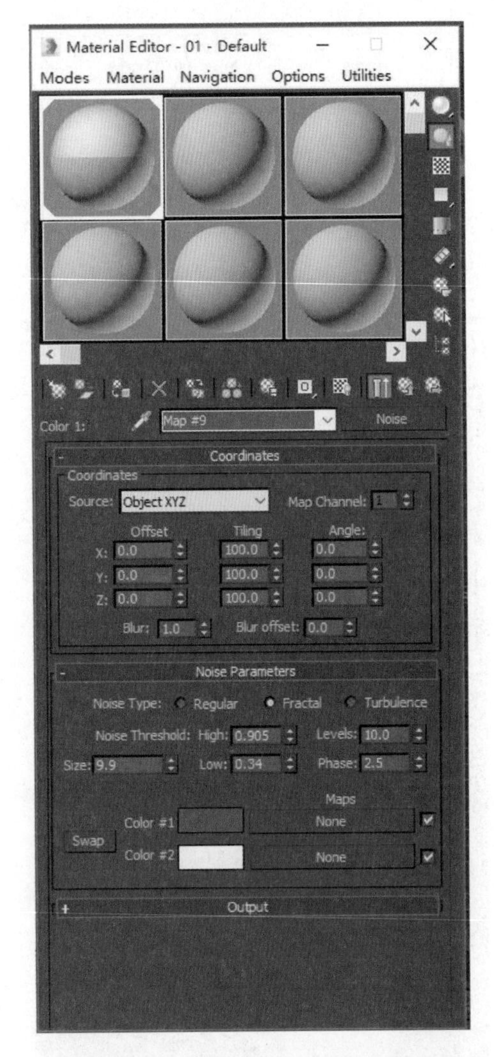


图 4-112 设置 Noise 贴图参数

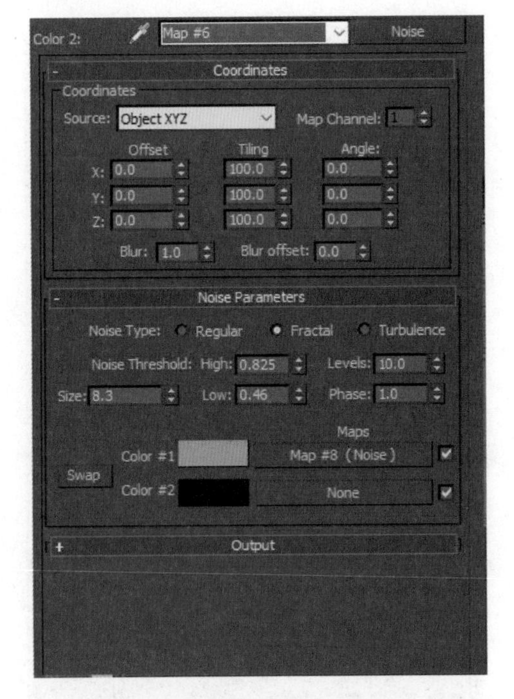


图 4-113 设置 Noise 贴图参数

(20) 在材质编辑器的工具栏中击按钮，从 Noise 贴图编辑层级返回 Mix 材质编辑层级，单击 Mix Amount 右侧的 Smoke 按钮，进入 Smoke 贴图编辑层级，参数设置如图 4-114 所示。

(21) 在材质编辑器的工具栏中双击按钮，从 Noise 贴图编辑层级返回 Mix 材质编辑层级，再从 Mix 材质编辑层级返回上一级 Mix 材质编辑层级，单击 Color＃2 右侧的 Mix 按钮，进入第二个 Mix 贴图编辑层级，将 Color＃1、Color＃2、Mix Amount 右侧的贴图设置成如图 4-115 所示的贴图类型。

(22) 单击 Color＃1 右侧的 Noise 按钮，进入 Noise 贴图编辑层级，参数设置如图 4-116 所示。

(23) 在材质编辑器的工具栏中单击按钮，从 Noise 贴图编辑层级返回 Mix 材质编辑层级，单击 Color＃2 右侧的 Noise 按钮，进入 Noise 贴图编辑层级，参数设置如图 4-117 所示。

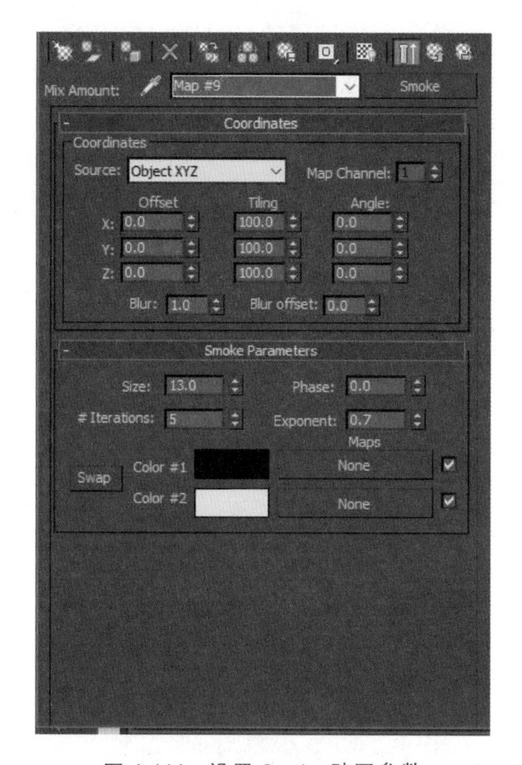


图 4-114　设置 Smoke 贴图参数

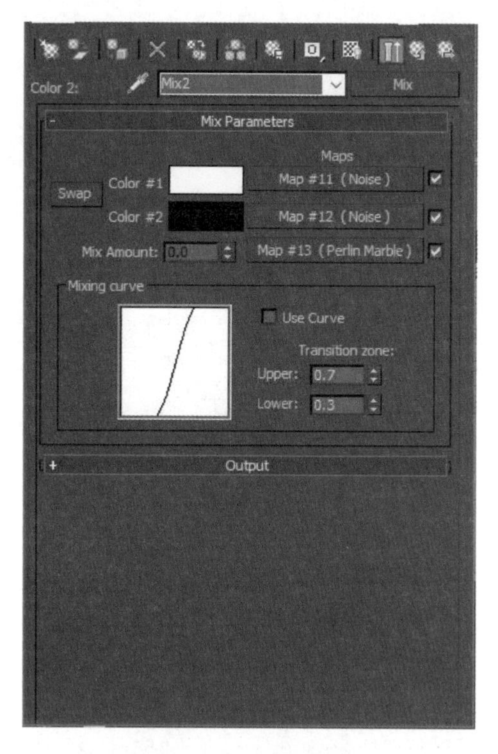


图 4-115　设置贴图类型

图 4-116　设置 Noise 参数

图 4-117　设置 Noise 贴图参数

(24) 在材质编辑器的工具栏中单击按钮，从 Noise 贴图编辑层级返回 Mix 材质编辑层级，单击 Mix Amount 右侧的 Perlin Marble 按钮，进入 Perlin Marble 贴图编辑层级，参数设置如图 4-118 所示。

(25) 在材质编辑器的工具栏中双击按钮，从 Perlin Marble 贴图编辑层级返回 Mix 材质编辑层级，再从 Mix 材质编辑层级返回上一级 Mix 材质编辑层级，单击 Mix Amount 右侧的 Mix 按钮，进入 Mix 贴图编辑层级，将 Color＃1、Color＃2、Mix Amount 右侧的贴图设置成如图 4-119 所示贴图类型。

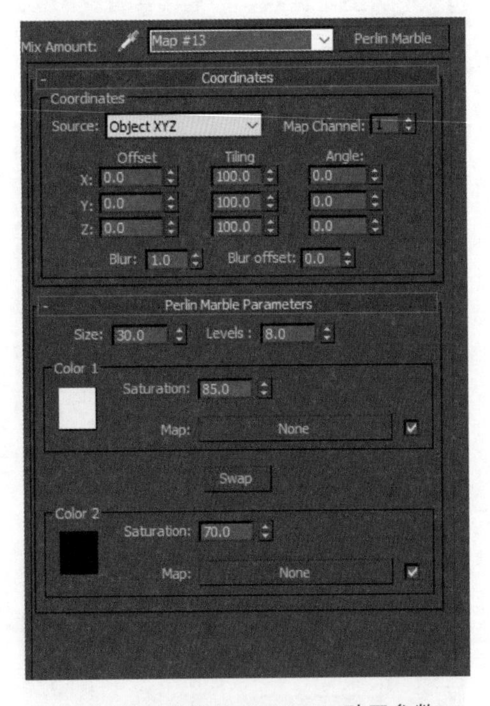


图 4-118　设置 Perlin Marble 贴图参数

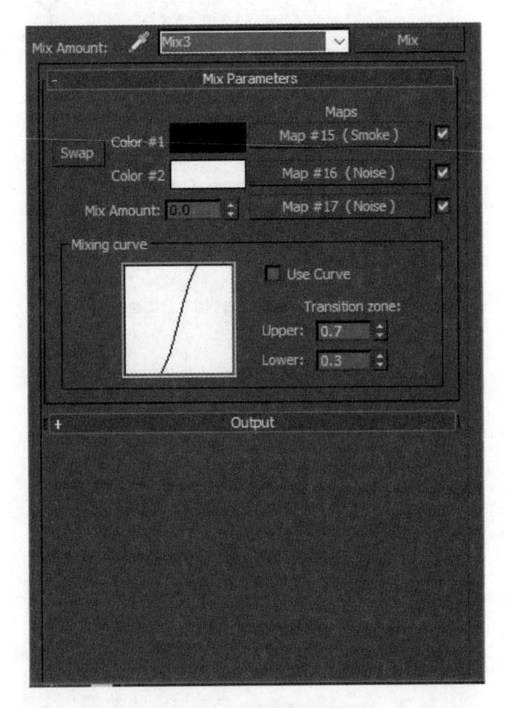


图 4-119　设置贴图类型

(26) 单击 Color＃1 右侧的 Smoke 按钮，进入 Smoke 贴图编辑层级，参数设置如图 4-120 所示。

(27) 在材质编辑器的工具栏中单击按钮，从 Noise 贴图编辑层级返回 Mix 贴图编辑层级，单击 Color＃2 右侧的 Noise 按钮，进入 Noise 贴图编辑层级，参数设置如图 4-121 所示。

(28) 在材质编辑器的工具栏中单击按钮，从 Noise 贴图编辑层级返回 Mix 材质编辑层级，单击 Mix Amount 右侧的 Noise 按钮，进入 Noise 贴图编辑层级，参数设置如图 4-122 所示。

(29) 在材质编辑器的工具栏中双击按钮，从 Noise 贴图编辑层级返回 Mix 材质编辑层级，再从 Mix 材质编辑层级返回上一级 Mix 材质编辑层级，修改 Upper 和 Lower 参数，如图 4-123 所示。

(30) 雪山材质设置的最终效果如图 4-124 所示。

(31) 单击 Opacity 右侧的 None 按钮，在弹出的材质/贴图浏览器中双击选择 Falloff 贴图类型，进入 Falloff 贴图编辑层级。

(32) 在 Falloff 贴图编辑层级，单击 Front：Side 中的第一个 None 按钮，在弹出的材质/贴图浏览器中双击选择 Falloff 贴图类型，进入 Falloff 贴图编辑层级，参数设置如图 4-125 所示。

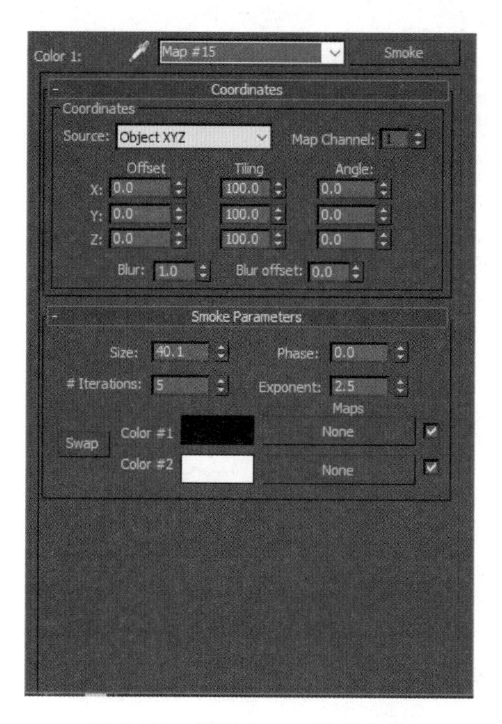


图 4-120 设置 Smoke 贴图参数

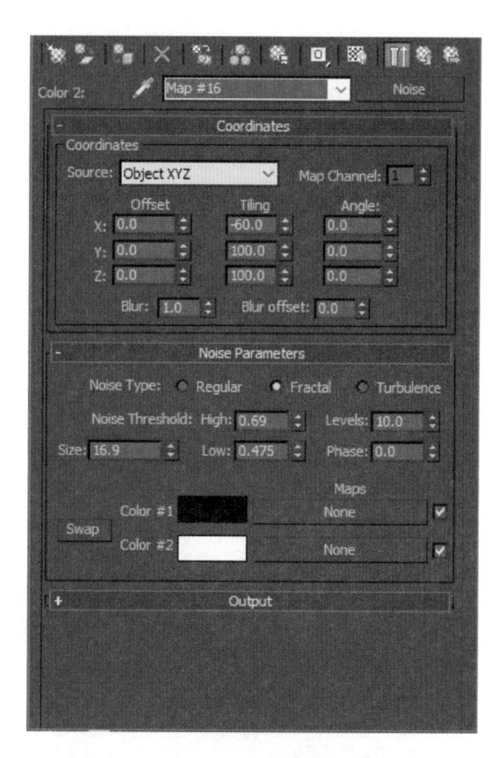


图 4-121 设置 Noise 贴图参数一

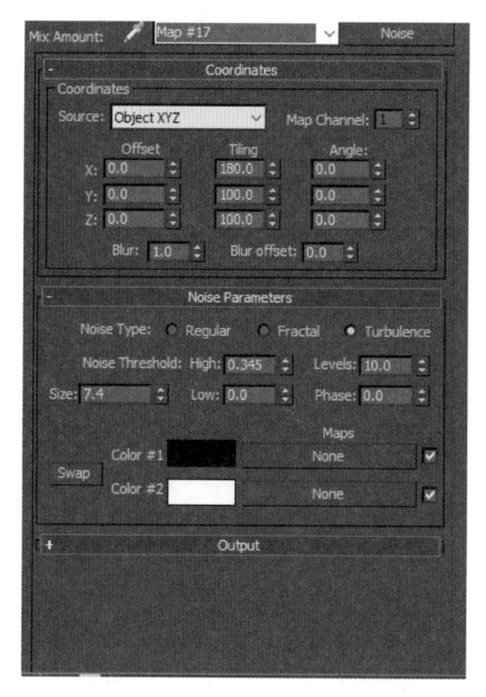


图 4-122 设置 Noise 贴图参数二

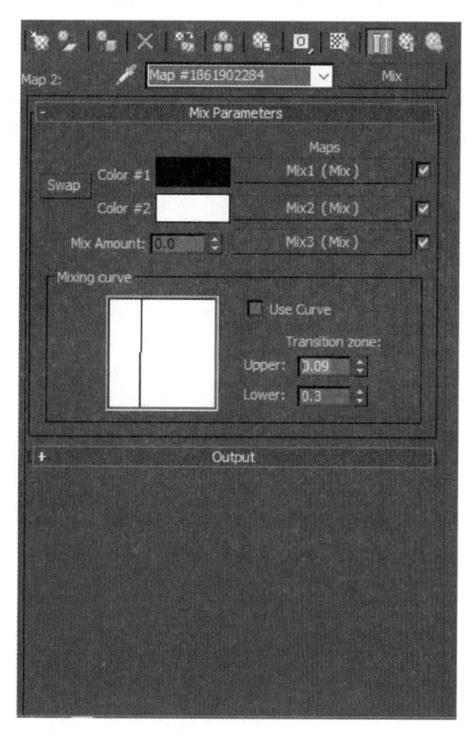


图 4-123 修改 Upper 和 Lower 参数

图 4-124　雪山材质效果

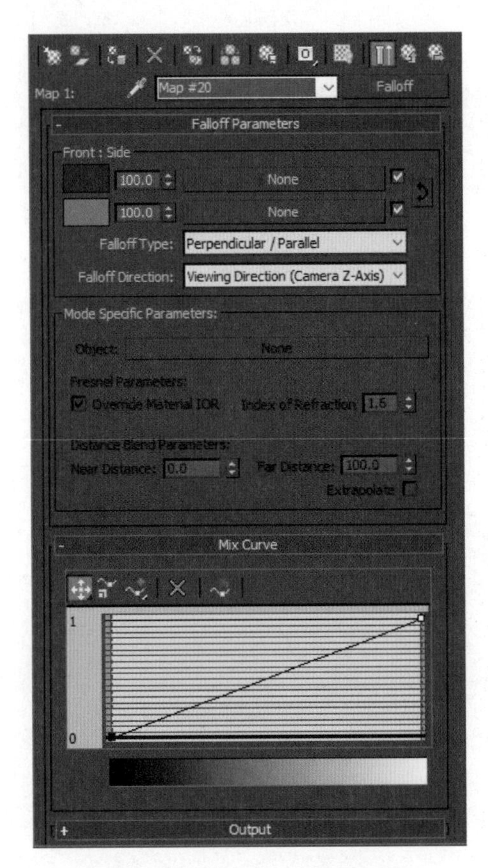


图 4-125　设置 Falloff 贴图参数

(33) 在材质编辑器的工具栏中单击按钮，从 Falloff 贴图编辑层级返回到上一层级 Falloff 材质编辑层级，单击 Front：Side 中的第二个 None 按钮，在弹出的材质/贴图浏览器中双击选择 Falloff 贴图类型，进入 Falloff 贴图编辑层级，参数设置如图 4-126 所示。

雪山材质的编辑效果，如图 4-127 所示。

(34) 在材质编辑器的工具栏中单击按钮，返回到 Standard 材质编辑层级，单击 Specular Level 右侧的 None 按钮，在弹出的材质/贴图浏览器中双击选择 Falloff 贴图类型，进入 Falloff 贴图编辑层级。

(35) 在 Falloff 贴图编辑层级，单击 Front：Side 中的第二个 None，在弹出的材质/贴图浏览器中双击选择 Cellular 贴图类型，进入 Cellular 贴图编辑层级，参数设置如图 4-128 所示。

(36) 在材质编辑器的工具栏中单击按钮，从 Cellular 贴图编辑层级返回上一层级 Falloff 材质编辑层级，参数设置如图 4-129 所示。

(37) 雪山材质的最终设置效果如图 4-130 所示，在场景中选择雪山之后，单击材质编辑器中的按钮，将编辑好的材质指定到对象上。

(38) 选择菜单命令 Rendering→Environment，打开 Environment and Effects 对话框。

(39) 在 Environment and Effects 对话框中，单击 Environment Map 右侧的 None 按钮，在弹出的材质/贴图浏览器中双击选择 Bitmap 贴图类型，如图 4-131 所示。

(40) 在弹出的 Select Bitmap Image File(选择位图图像文件)对话框中选择天空图像，如图 4-132 所示。

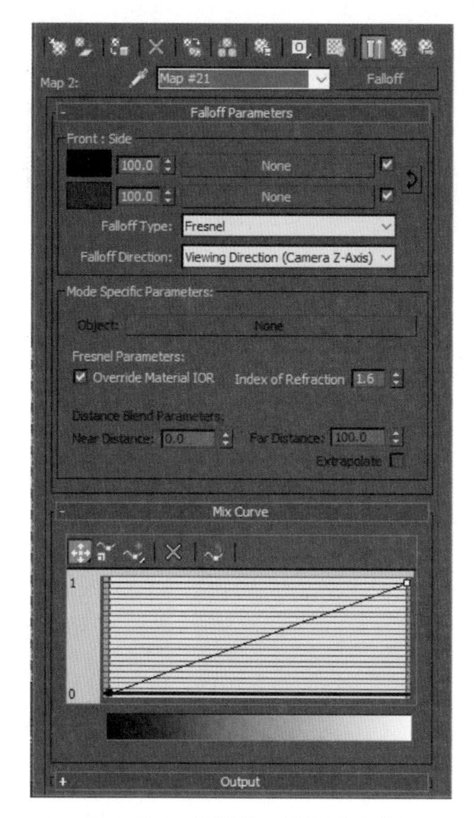


图 4-126 设置 Falloff 贴图参数

图 4-127 雪山材质效果

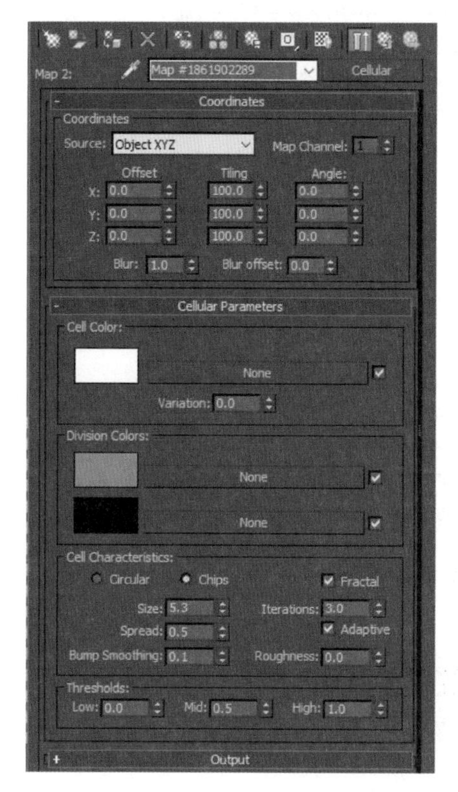


图 4-128 设置 Cellular 贴图参数

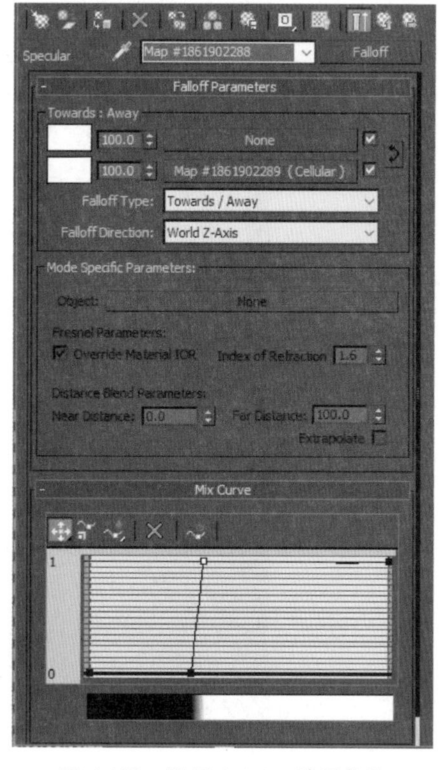


图 4-129 设置 Cellular 贴图参数

图 4-130　雪山材质效果

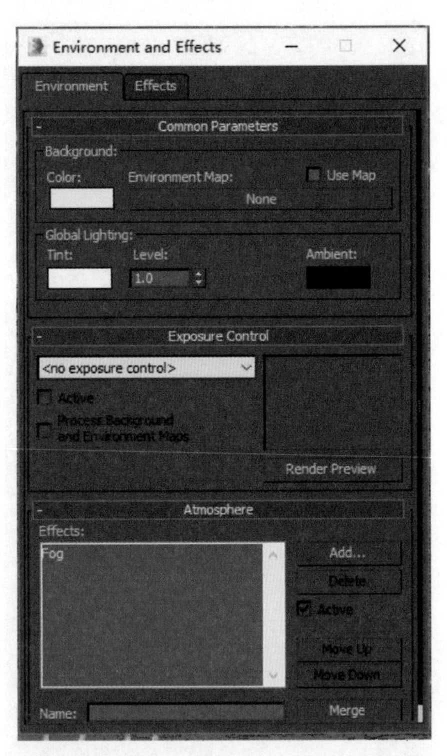


图 4-131　Environment and Effects 对话框

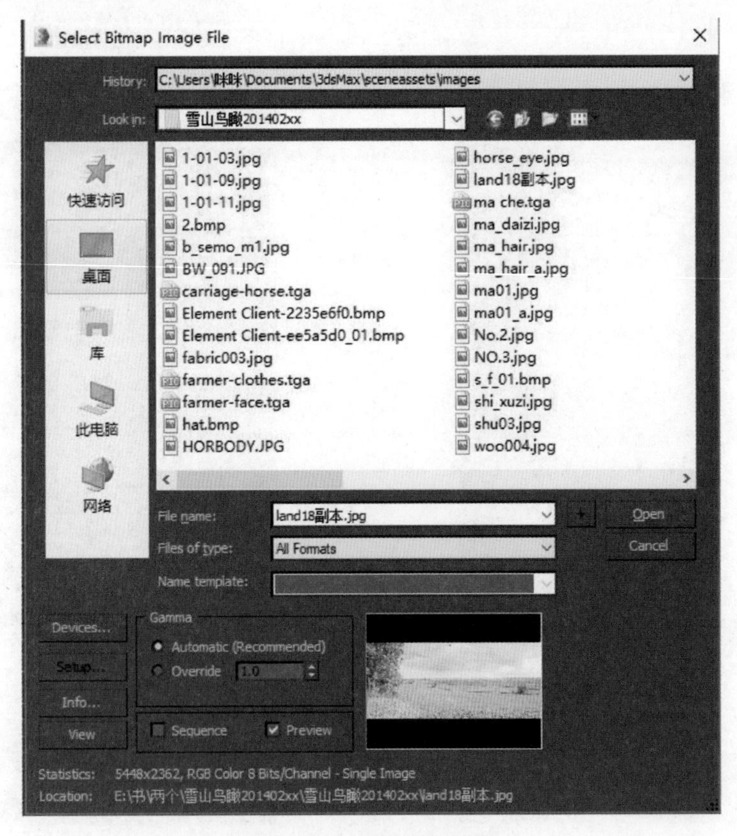


图 4-132　选择天空图像

(41) 在 Environment and Effects 对话框中勾选 Use Map 选项,并修改 Background 项目中色彩样本中的色彩,如图 4-133 所示。

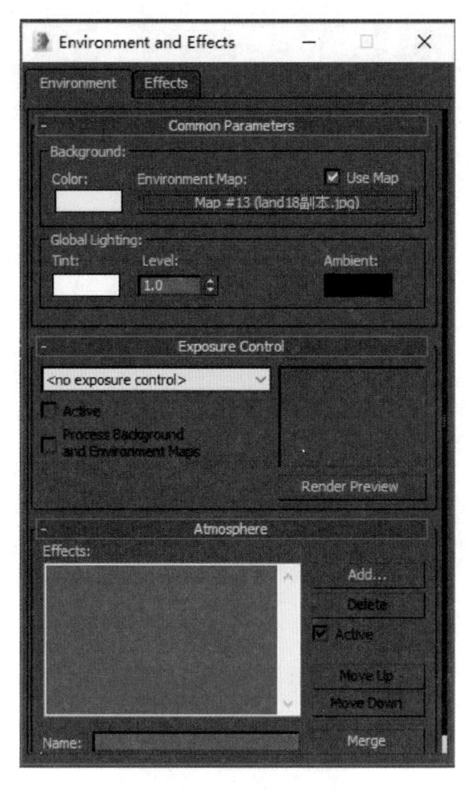


图 4-133 设置环境背景

(42) 单击主工具栏中的按钮,渲染查看雪山的创建效果,如图 4-134 所示。

图 4-134 查看雪山的渲染效果

(43) 在基本对象创建命令面板中,单击 Standard Primitives 右侧的下拉按钮,从下拉的基本对象类型列表中选择 Particle Systems,再单击 Blizzard(暴风雪粒子),在场景中单击并拖动鼠标创建一个粒子发生器,参数设置如图 4-135 所示。

(44) 单击 Particle Generation 卷展栏,参数设置如图 4-136 所示。

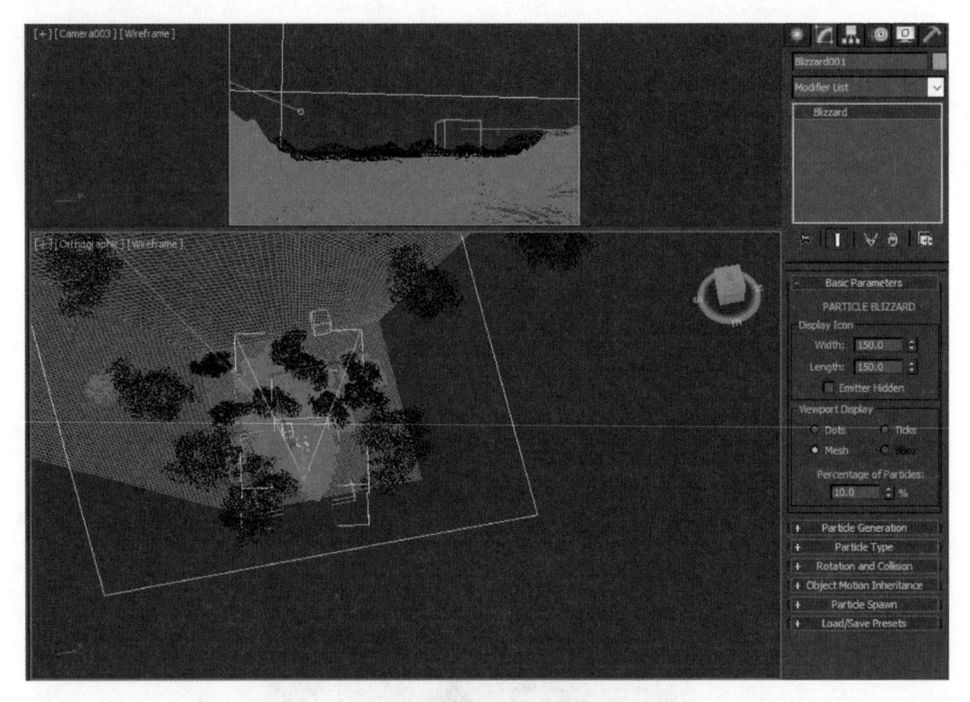


图 4-135 设置 Basic Parameters 参数

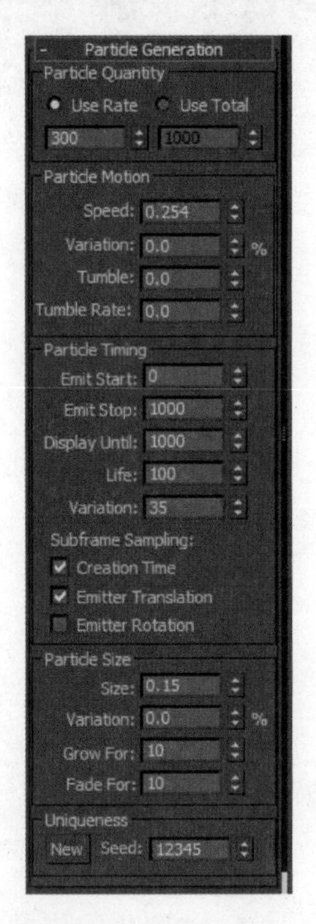


图 4-136 设置 Particle Generation 卷展栏参数

(45) 单击 Particle Type 卷展栏，参数设置如图 4-137 所示。

(46) 单击 Object Motion Inheritance 卷展栏，参数设置如图 4-138 所示。

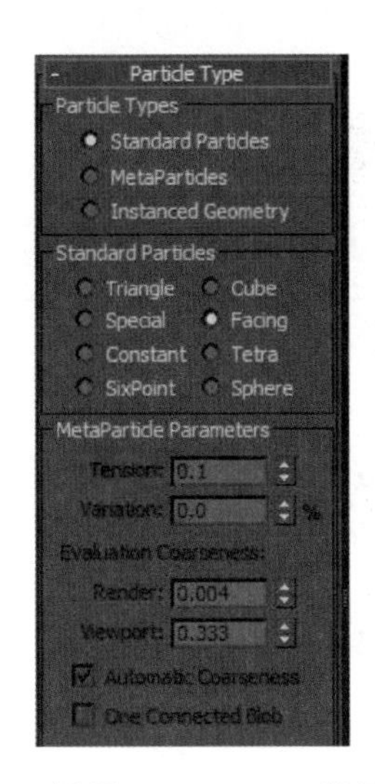


图 4-137　设置 Particle Type 卷展栏参数

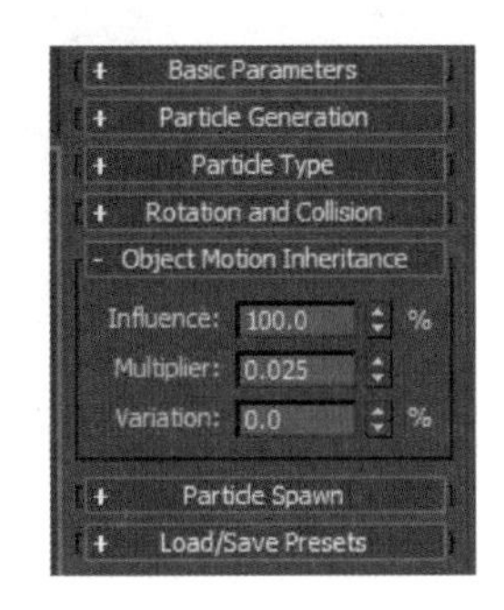


图 4-138　设置 Object Motion Inheritance 卷展栏参数

（47）单击主工具栏中的按钮打开材质编辑器，激活其中的一个示例窗口，制作雪的材质。

（48）在 Maps 卷展栏中，单击 Opacity 右侧的 None 按钮，在弹出的材质/贴图浏览器中双击选择 Gradient 贴图类型，进入 Gradient 贴图编辑层级，参数设置如图 4-139 所示。

（49）在材质编辑器的工具栏中单击按钮，从 Gradient 贴图编辑层级返回 Maps 卷展栏中，勾选 Face Map 和 2-Sided 选项，其余参数设置如图 4-140 所示。

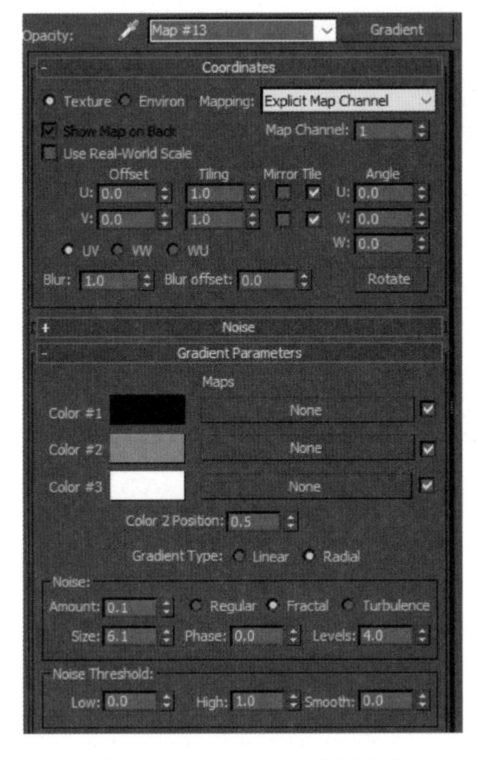


图 4-139　设置 Gradient 贴图参数

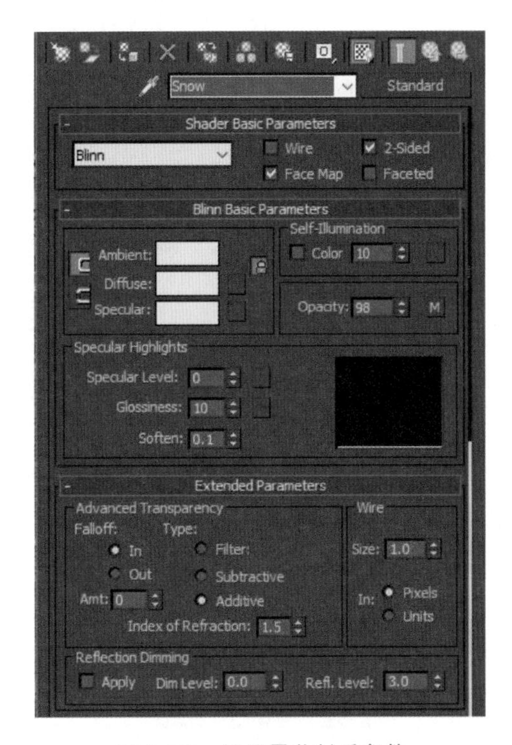


图 4-140　设置雪花材质参数

雪花材质的设置效果如图 4-141 所示。

图 4-141　雪花材质效果

(50) 拖动时间滑块查看粒子动画的设置效果，在主工具栏中单击 渲染按钮，最终效果如图 4-142 所示。

图 4-142　雪山鸟瞰最终效果

## 习题

4-1　空间扭曲与一些修改编辑器名称相同，它们在作用方式上有什么区别？

4-2　在 3ds Max 2016 中，可以创建哪些类型的粒子系统？

4-3　在空间扭曲创建命令面板中，可以创建哪几种类型的空间扭曲？

4-4　在粒子视图的事件组中操作器的堆叠顺序对粒子系统的最终效果是否产生影响？

# 第5章　视频合成效果

本章首先概述视频合成编辑器的功能和结构；介绍视频合成工具栏中工具按钮的功能；详细讲述创建与执行视频合成事件的方式；介绍图像滤镜的功能；最后通过两个具体的设计范例，详细讲述创建与编辑视频合成效果的技巧。

## 5.1　视频合成编辑器

视频合成编辑器用于在场景的渲染输出过程中，合成各种不同的事件，包括当前场景、位图图像、图像处理功能等。选择菜单命令 Rendering→Video Post（渲染→视频合成），可以打开视频合成编辑器，如图 5-1 所示。

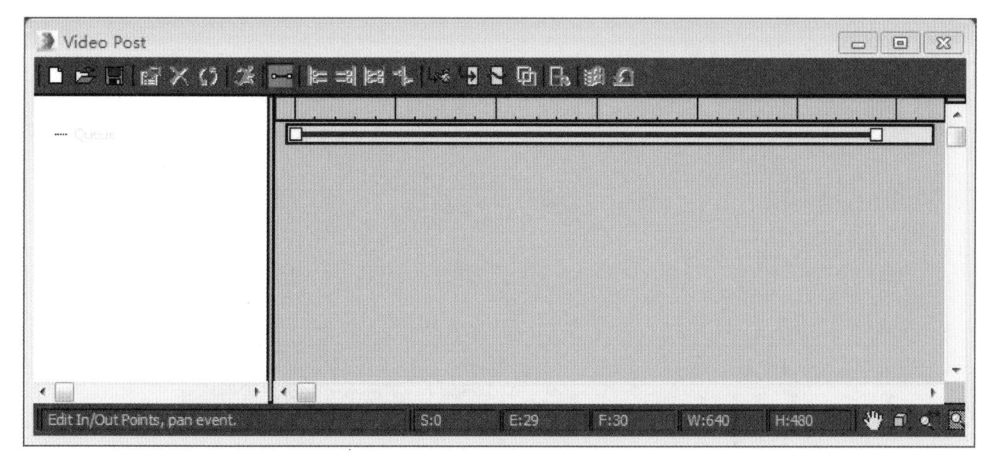


图 5-1　视频合成编辑器

### 5.1.1　概述

视频合成编辑器类似于轨迹视图，也是一个相对独立的非模态对话框，在对话框的编辑列表中显示了所有要输出到动画的事件，每个事件在窗口右侧的事件轨迹区中显示为一个轨迹滑杆，指示当前事件的作用时间范围。

视频合成编辑器对话框中主要包含以下构成元素。

### 1. Video Post Queue(视频合成序列)

Video Post Queue(视频合成序列)显示要进行合成的事件顺序,在该窗口中以层级列表的方式列出了动画中所有视频合成事件,在渲染输出时后面的视频合成事件会覆盖前面的视频合成事件,所以在视频合成的编辑过程中一定要注意事件之间的层级顺序。用鼠标左键双击视频合成事件,可以打开该事件的参数设置面板。

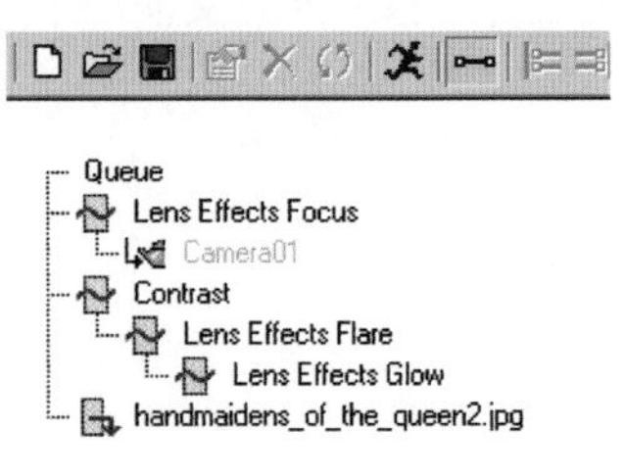

图 5-2　视频合成序列

在视频合成编辑器中的视频合成序列如图 5-2 所示。

在视频合成序列中以层级列表的方式显示了所有参与合成过程的图像、场景、事件的名称,类似于在轨迹视图或材质/贴图浏览器中的层级列表。

事件在视频合成序列中从上到下的顺序就是执行合成操作的顺序,例如要想正确合成图像,背景图像必须在列表的最顶部;如果背景图像在列表的最下部,在最后的合成输出结果中,背景图像将遮盖所有其他图像。

### 2. Video Post Status Bar/View Controls(视频合成状态栏/视图控制)

Video Post Status Bar/View Controls(视频合成状态栏/视图控制)在状态栏中显示当前激活的视频合成控制的执行状态和简要提示信息;视图控制工具用于调整在事件轨迹区中的显示。

### 3. Video Post Toolbar(视频合成工具栏)

Video Post Toolbar(视频合成工具栏)提供各种控制视频合成过程的工具。

### 4. Event tracks area.(事件轨迹区)

Event tracks area.(事件轨迹区)在事件轨迹区中,每个事件显示为一个轨迹滑杆,指示当前事件的作用时间范围和关键点,该区域上部有一个时间标尺用于对视频合成事件持续时间进行精确控制。

## 5.1.2　视频合成工具栏

视频合成工具栏如图 5-3 所示。

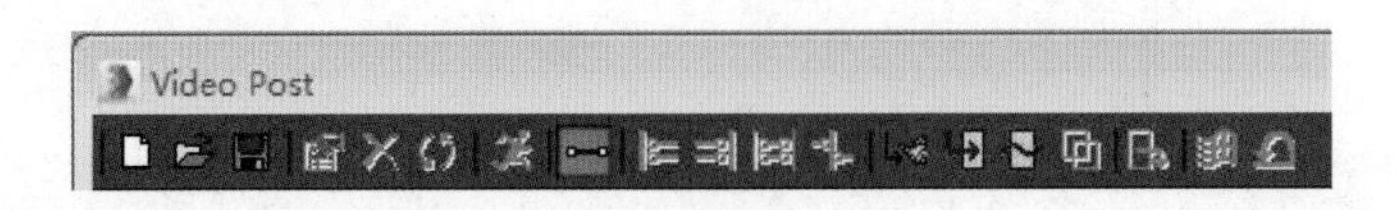


图 5-3　视频合成工具栏

在视频合成工具栏中主要包含四组工具按钮:视频合成文件 VPX 的操作工具、事件序列编辑工具、轨迹滑杆控制工具和添加事件工具。

New Sequence(新建视频序列):用于清除现有视频序列,创建新的视频序列。

Open Sequence(打开视频序列):用于打开.vpx 格式的视频序列设置文件,该文件默认存储在 3ds max\vpost 文件夹中。视频序列的设置信息同时也被保存在场景文件中,打开一个场景文件的同时,会同时导入视频序列的设置信息。

Save Sequence(保存视频序列):用于将当前视频序列以.vpx 格式进行保存,这样便可以将视频序列的设置信息与其他场景文件共享。.vpx 文件默认存储在 3ds max \ vpost 文件夹中，也可以选择菜单命令 Customize→Configure User Paths，改变.vpx 文件的默认存储路径。

Edit Current Event（编辑当前事件）：用于打开当前选定视频事件的参数设置对话框。

Delete Current Event（删除当前事件）：用于删除当前在序列中选定的视频事件，可以删除激活的事件，也可以删除灰色的不激活事件。

Swep Event（交换视频事件）：用于交换当前选定的两个相邻视频事件，颠倒它们的顺序，配合使用 Ctrl 键可以同时选定两个相邻事件。如果当前交换的是主事件，其下的次级事件会随同主事件一同被交换。

Execute Sequence（执行视频序列）：用于打开 Execute Sequence（执行视频序列）对话框，对视频合成编辑器进行渲染输出的设置。

Edit Range Bar（编辑时间范围滑杆）：单击该按钮后，通过拖动时间范围滑杆两侧的端点，可以放缩时间范围；在时间范围滑杆中间拖动，可以改变时间范围滑杆的位置；用鼠标左键双击时间范围滑杆，可以选择对应的事件。按住 Ctrl 键可以同时选择多个分离的时间范围滑杆，按住 Shift 键可以同时选择两个时间范围滑杆之间的所有时间范围滑杆。

**注意**：当选择多个时间范围滑杆后，最后选择的滑杆作为当前的事件，该时间范围滑杆的端点是红色的，以后所执行的所有对齐操作都是对齐到当前的事件。

Align Selected Left（左对齐选定的时间范围滑杆）：用于将当前选定时间范围滑杆的左端点与最后一个选定时间范围滑杆的左端点对齐。

Align Selected Right（右对齐选定的时间范围滑杆）：用于将当前选定时间范围滑杆的右端点与最后一个选定时间范围滑杆的右端点对齐。

Align Selected Same Size（对齐选定时间范围滑杆的长度）：用于将当前选定时间范围滑杆的长度与最后一个选定时间范围滑杆的长度对齐。

Abut Selected（首尾连接选定的时间范围滑杆）：用于将所有选定的时间范围滑杆，依照由上至下的层级顺序，进行首尾对齐连接。

Add Scene Event（输入场景动画事件）：用于打开 Add Scene Event（输入场景动画事件）对话框，将当前场景的动画渲染后输入到视频合成编辑器。

Add Image Input Event（增加图像输入事件）：用于在视频合成编辑器中增加图像输入事件。

Add Image Filter Event（增加图像滤镜事件）：为视频合成编辑器中的图像事件增加特殊的滤镜效果。

Add Image Layer Event（增加图像层事件）：用于将当前选定的两个事件进行特殊的合成效果处理，如两段事件之间的淡入、淡出处理等，这时这两个选定的事件成为当前图像层事件的子级事件。

Add Image Output Event（增加图像输出事件）：用于将视频合成编辑器中的合成结果进行输出。

Add External Event（增加外部程序事件）：用于将编辑完成的事件渲染后，在其他的平面或视频设计软件中打开，再对其进行进一步的编辑制作。

Add Loop Event（增加循环事件）：用于为当前选定的事件增加循环事件，这时选定的事件变成循环事件的子级事件。

## 5.2 创建与执行事件

### 1. Add Scene Event(输入场景动画事件)

单击按钮后,将当前选定视图中的场景,依据在渲染场景对话框和输入场景事件对话框中的设置,渲染输入到视频合成序列中,场景渲染输入的图像或动画中包含透明通道。

在输入场景动画事件之后,场景事件的时间范围滑杆出现在事件轨迹区中,可以对场景事件的时间范围进行编辑。

### 2. Add Image Input Event(增加图像输入事件)

单击按钮后,可以将当前选定的静止图像或图像序列加入到视频合成序列中,增加图像输入事件支持的图像格式包括 Avi、bmp、Autodesk animation format(flc、fli、cel)、gif、ifl、jpeg、QuickTime、rla、SGI、tga、tif、yuv 。

### 3. Add Image Filter Event(增加图像滤镜事件)

单击按钮后,图像滤镜事件被加入到视频合成序列中,用于对图像或场景进行特效处理,例如 Negative(负片)滤镜可以将图像的色彩进行互补色反转。

图像滤镜事件常常作为一个父级事件,在其下可以挂接一个子级事件。子级事件可以是场景事件、图像输入事件、包含场景事件或图像输入事件的层事件、包含场景事件或图像输入事件的图像滤镜事件。图像滤镜事件也可以是不包含子级事件的独立事件,它将针对上一个事件进行特效处理。

可以指定的图像滤镜主要包括:Adobe Photoshop Plug-In Filter(Adobe Photoshop 外挂滤镜)、Adobe Premier Video Filter (Adobe Premier 视频滤镜)、Contrast Filter (对比度滤镜)、Fade Filter (淡入淡出滤镜)、Image Alpha Filter (图像透明通道滤镜)、Lens Effects Filter (镜头特效滤镜)、Negative Filter (负片滤镜)、Pseudo Alpha Filter (准透明通道滤镜)、Simple Wipe Filter(普通穿插滤镜)、Starfield Filter(星空滤镜)等。

### 4. Add Image Layer Event(增加图像层事件)

单击按钮后,图像层事件被加入到视频合成序列中,可以对图像或场景进行特效转换处理。

图像层事件将序列中前一个事件作为源事件,然后利用特殊的转换效果,控制源事件与下一个目标事件的转换合成。

图像层事件常常作为一个父级事件,在其下挂接两个子级事件(源事件与目标事件),子级事件还可以挂接再下一级的子级事件。子级事件可以是场景事件、图像输入事件、包含场景事件或图像输入事件的层事件、包含场景事件或图像输入事件的图像滤镜事件。

可以指定的层转换效果包括:Adobe Premiere Transition Filter (Adobe Premiere 转换滤镜)、Alpha Compositor (透明通道转换)、Cross-Fade Compositor(淡入淡出转换)、Pseudo-Alpha Compositor (准透明通道转换)、Simple Additive Compositor (普通明度转换)、Simple Wipe Compositor (普通穿插转换)等。

### 5. Add Image Output Event(增加图像输出事件)

单击按钮可以将图像输出事件加入到视频合成序列中,图像输出事件用于将当前视频合成序列的执行结果,输出到一个文件(静止图像或动画)或外部设备中,图像输出事件的时间范围滑杆必须能包容要输出的所有动画帧。

在同一视频合成序列中可以有多个图像输出事件，用于将视频合成结果输出到不同的设备中，或者在不同的视频合成序列层级进行输出。图像输出事件支持的图像格式包括 Avi、bmp、Autodesk animation format（flc, fli, cel）、Encapsulated PostScript format（eps, ps）、jpeg、QuickTime、rla、SGI、tga、tif。

### 6. Add External Event（增加外部程序事件）

单击按钮可以将外部程序事件加入到视频合成序列中，外部程序事件用于将当前视频合成序列的执行结果，使用一个外部程序进行图像处理，外部程序可以是一个图像处理软件（如 Photoshop），也可以是一个批处理文件。

### 7. Add Loop Event（增加循环事件）

单击按钮可以将循环事件加入到视频合成序列中，循环事件用于将当前视频合成序列的执行结果，依照指定的顺序不断循环播放。

循环事件常作为其他事件的父级事件，其下的子级事件还可以包含更下一级的子级事件。任何类型的事件都可以作为循环事件的子级事件，甚至可以将另一个循环事件作为子级事件。

在事件轨迹区中，子级事件的原始持续时间范围滑杆显示为彩色，循环事件的时间范围滑杆显示为灰色。可以在事件轨迹区中直接拖动鼠标，调整子级事件时间范围滑杆的持续长度和相对位置；如果要调整循环事件时间范围滑杆的长度，只能通过在 Edit Loop Event（编辑循环事件）对话框中设置 Number of Times（次数）参数。

### 8. Execute Sequence（执行视频合成）

执行视频合成工具可以依据当前的视频合成序列，将合成结果渲染输出。与场景渲染的区别是，在视频合成过程中可以只合成图像和动画，不必非要包含当前的场景。尽管 Execute Video Post 对话框与 Render Scene 对话框相似，但它们的参数设置项目是彼此独立、互不影响的。

在执行输出过程中，可以移动或关闭虚拟帧缓冲预览窗口，但只有执行完输出后，才能重新操作 3ds Max 2016 的其他项目。

## 5.3 视频合成特效

### 1. Adobe Photoshop Plug-In Filter（Adobe Photoshop 外挂滤镜）

调用第三方开发商为 Adobe Photoshop 设计的外挂滤镜，对视频合成序列中的图像进行特效处理，由于 Adobe Photoshop 的外挂滤镜是针对静态图像设计的，所以如果将该滤镜指定给序列中的动画文件，在每一动画帧上创建相同的滤镜效果。

**注意**：只能调用第三方开发商为 Adobe Photoshop 设计的外挂滤镜，不能调用 Photoshop 程序自带的滤镜。

### 2. Adobe Premiere Video Filter（Adobe Premiere 视频滤镜）

调用 Adobe Premiere 的视频滤镜，对视频合成序列中的动画图像进行特效处理，在视频合成序列的一个滤镜事件中，可以指定多个 Adobe Premiere 视频滤镜。

### 3. Contrast Filter（对比度滤镜）

使用对比度滤镜可以调整图像的亮度和对比度。

### 4. Fade Filter（淡入淡出滤镜）

淡入淡出滤镜可以指定图像或动画逐渐显现和逐渐消隐的效果，淡入淡出的速度由当前图像滤镜事件的时间范围滑杆长度决定。

### 5. Image Alpha Filter（图像透明通道滤镜）

图像透明通道滤镜使用滤镜遮罩通道取代图像的 Alpha 通道，如果没有选择一个遮罩文件，该滤镜不起作用。滤镜遮罩通道可以在 Add Image Filter Event 对话框的 Mask 项目中选定，可以选择的滤镜遮罩通道包括：Alpha 通道、Red 通道、Green 通道、Blue 通道、Luminance 通道、Z-Buffer 通道、Material Effects 通道、Object ID（G-Buffer）通道。

为对象指定 G-Buffer ID 通道，可以在对象上右击，在弹出的右键快捷菜单中选择 Properties，在弹出的 Object Properties 对话框中，将对象的 G-Buffer 数值指定为一个非 0 的正整数。

**注意**：如果将同一个 G-Buffer ID 数值指定给多个对象，这些对象将被同时进行合成处理。

### 6. Negative Filter（负片滤镜）

负片滤镜用于将当前图像中的所有色彩反转为对应的互补色，创建类似摄影负片的效果。

### 7. Pseudo Alpha Filter（准透明通道滤镜）

准透明通道滤镜使用图像左上角的像素色彩创建一个准 Alpha 通道，在当前图像中所有使用该色彩的像素都是透明的，由于只有一个像素色彩是透明的，所以不透明区域的边缘是抗锯齿的。

### 8. Simple Wipe Filter（普通穿插滤镜）

将前景图像推拉或擦除，以显示出背景的图像，与 Wipe 层事件不同，穿插滤镜使用固定的图像。这种穿插转换方式是匀速的，转换的速度取决于当前使用该转换效果的图像层事件时间范围滑杆的长度。

### 9. Starfield Filter（星空滤镜）

星空滤镜必须作用于一个摄像机视图的场景输入事件。星空可以随同摄像机的运动拍摄而运动，如果再指定运动虚化处理，可以创建非常真实的自然星空效果。

### 10. Lens Effects Filter（镜头特效滤镜）

在视频合成对话框中的镜头特效滤镜用于模拟真实摄像机的镜头光斑、发光、闪烁、景深模糊等效果，这些效果作用于场景中指定的对象，在 3ds Max 2016 中主要包含以下镜头特效滤镜。

Lens Effects Flare（镜头特效光斑）：创建强光照射到镜头上时，由镜头反射回的光斑效果。

Lens Effects Focus（镜头特效焦距）：依据对象离摄像机的距离，创建景深虚化的效果，3ds Max 2016 将对象离摄像机距离远近的信息保存在 Z-Buffer（Z 缓冲）中，镜头特效焦距使用 Z-Buffer 中保存的信息创建对象虚化的效果。

Lens Effects Glow（镜头特效发光）：用于在选定对象的周围创建发光的效果，可以模拟激光光束、太空船推进器的喷射效果等。

Lens Effects Highlight（镜头特效高光）：用于在场景中选定的对象上，创建闪亮的十字星光芒。

**注意**：如果对镜头特效滤镜的参数指定了动画设置，该动画设置直接指向到当前场景，所以将视频合成序列保存到.vpx 文件后，参数的动画设置信息会丢失，这些镜头特效的动画信息只能随同 MAX 场景文件一起被保存。

## 5.4 视频合成范例

本节将通过两个具体的设计范例，详细讲述如何使用视频合成编辑器创建与编辑视频合成效果。

### 5.4.1 太空机器巨人制作范例

本节要创建的三维动画场景是太空机器巨人从外星球来到地球的镜头画面，效果如图 5-4 所示，设计步骤如下。

图 5-4 三维动画场景效果

(1) 选择菜单命令 File→Open 打开如图 5-5 所示的动画场景文件。在这个三维动画场景中包含一个地球模型；一个聚光灯光源；一个大气层模型；太空机器巨人模型；一架目标摄像机 Camera01。

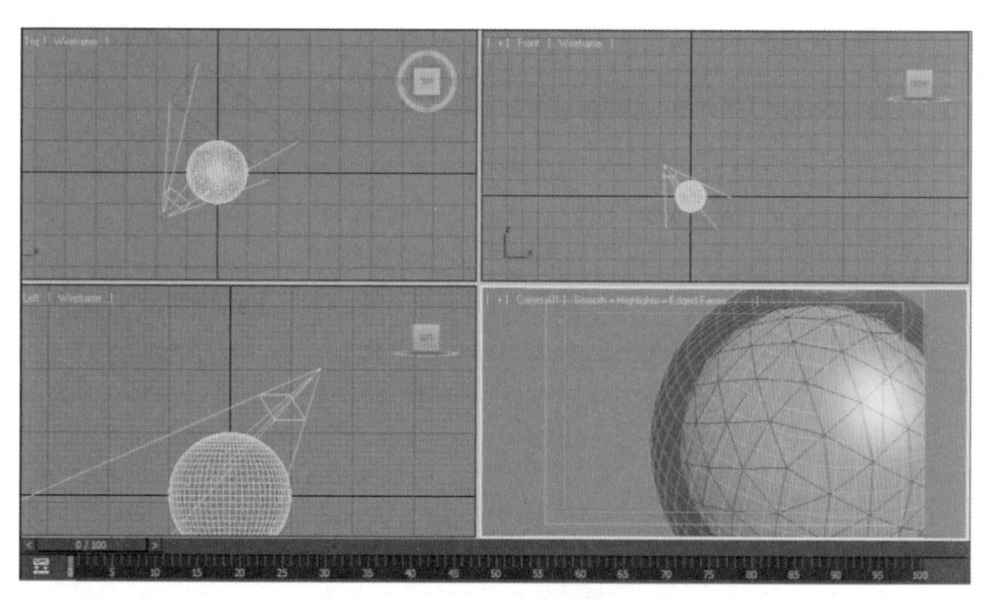

图 5-5 打开动画场景文件

(2) 在创建命令面板中单击按钮进入灯光创建命令面板，单击 Omni 按钮，在地球大气层模型的旁边创建一盏泛光灯，如图 5-6 所示。

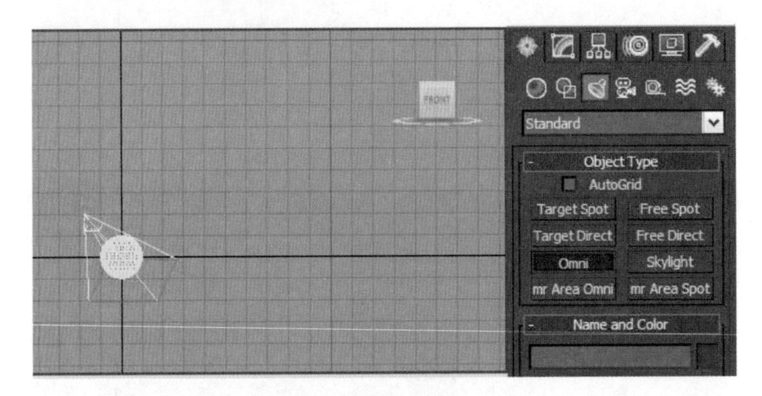


图 5-6 创建泛光灯

(3) 单击主工具栏中的移动按钮，在其他场景视图中将泛光灯移动到地球大气层的左侧上方位置，如图 5-7 所示。

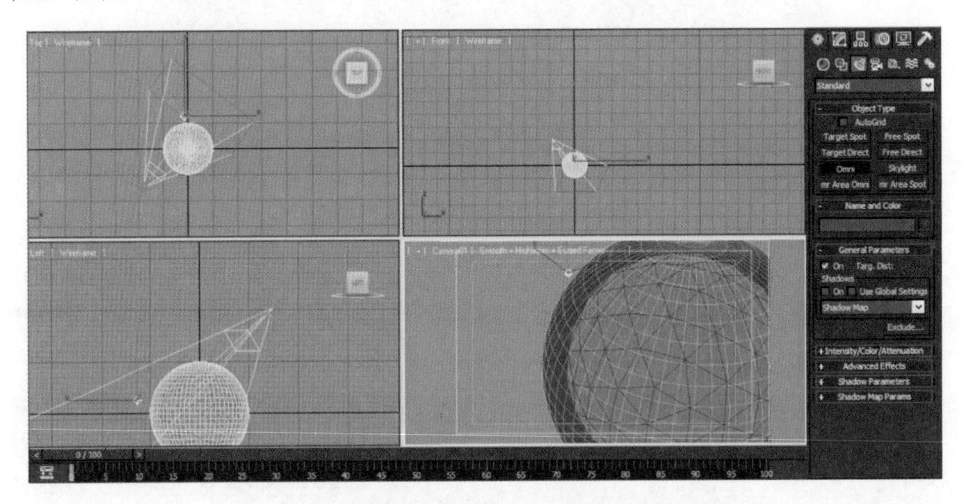

图 5-7 将泛光灯移动到地球大气层的左侧上方位置

(4) 选择菜单命令 Rendering→Video Post，打开如图 5-8 所示的 Video Post 对话框。

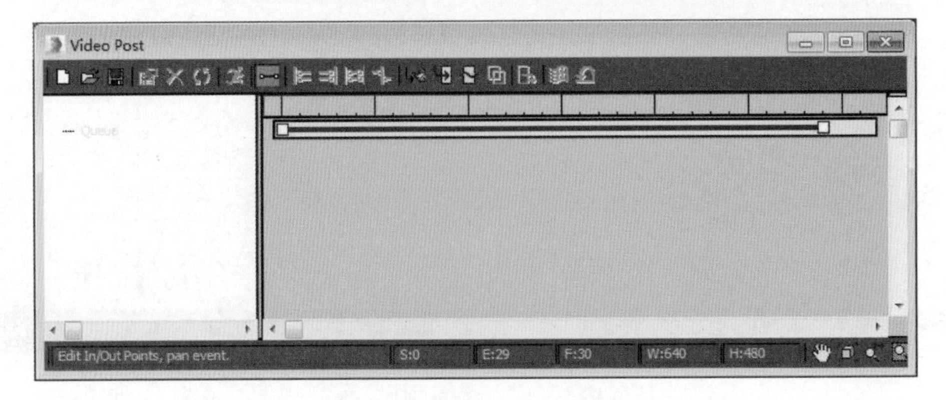


图 5-8 打开 Video Post 对话框

(5) 在工具栏中单击 按钮，弹出 Add Scene Event 对话框，参数设置如图 5-9 所示。

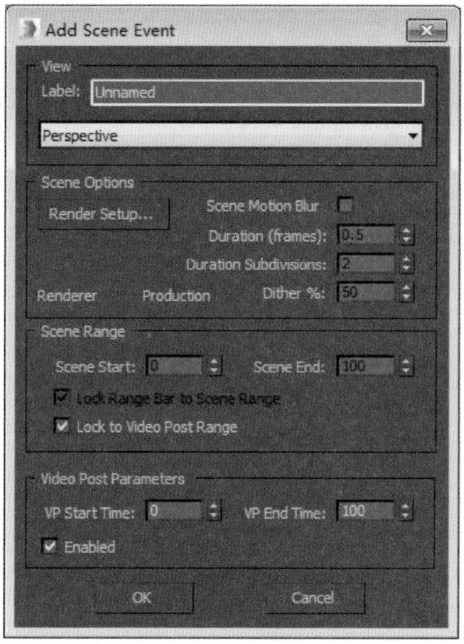

图 5-9　加入场景事件

(6) 在 Add Scene Event 对话框中单击 OK 按钮，将摄像机场景事件加入到 Video Post 对话框中，如图 5-10 所示。

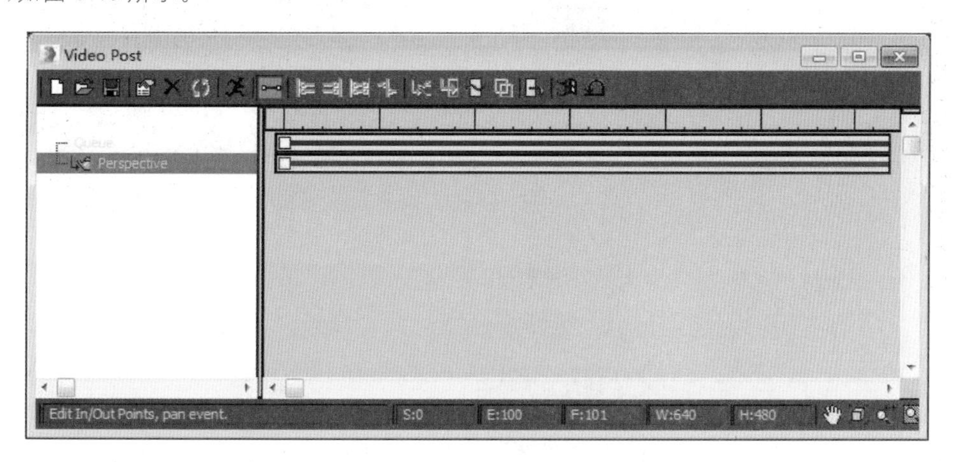


图 5-10　加入摄像机事件

(7) 在工具栏中单击 按钮，弹出 Add Image Filter Event 对话框，如图 5-11 所示，从中选择 Lens Effects Flare(镜头特效闪光)。

(8) 在 Add Image Filter Event 对话框中单击 OK 按钮，打开 Lens Effects Flare 设置对话框，如图 5-12 所示，在 Lens Flare Properties 中单击 Node Sources(节点源)按钮。

(9) 在弹出的 Select Flare Objects(选择闪光对象)对话框中，选择场景中的泛光灯作为发光源，如图 5-13 所示。

(10) 在 Lens Effects Flare 对话框中单击 Preview 和 VP Queue 按钮，查看当前设置的效果，选项卡中的参数设置如图 5-14 所示。

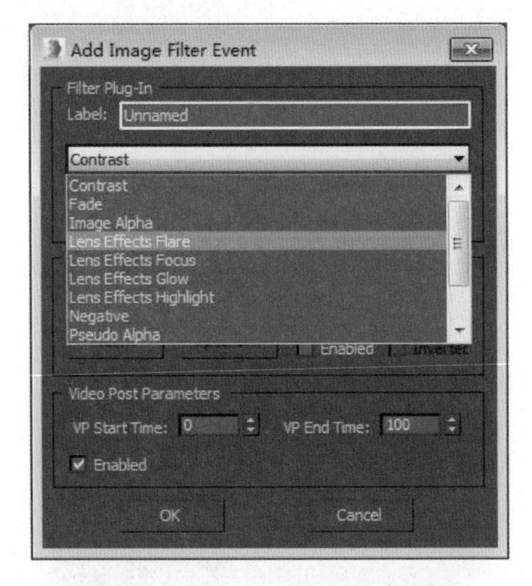


图 5-11　加入 Lens Effects Flare 效果

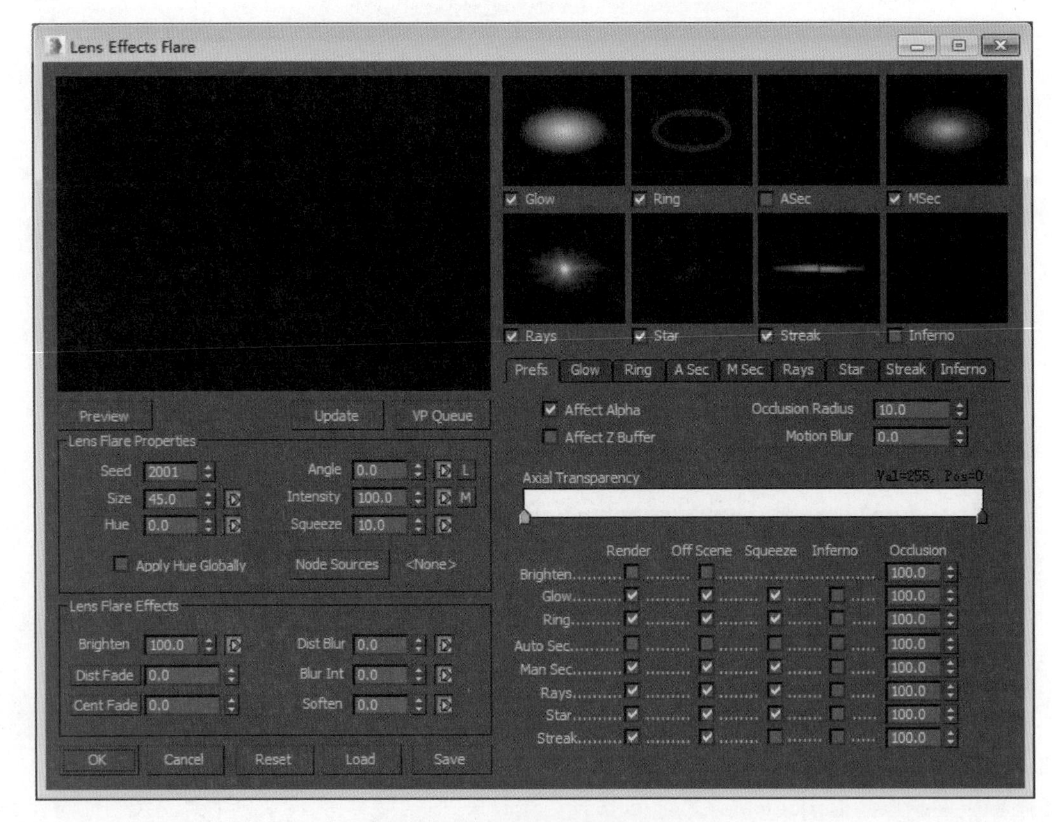


图 5-12　单击 Node Sources 按钮

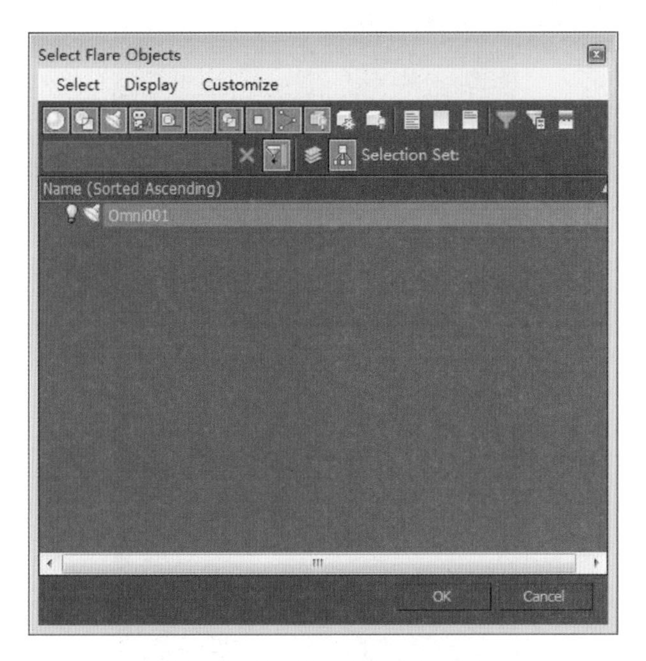


图 5-13　选择泛光灯作为发光源

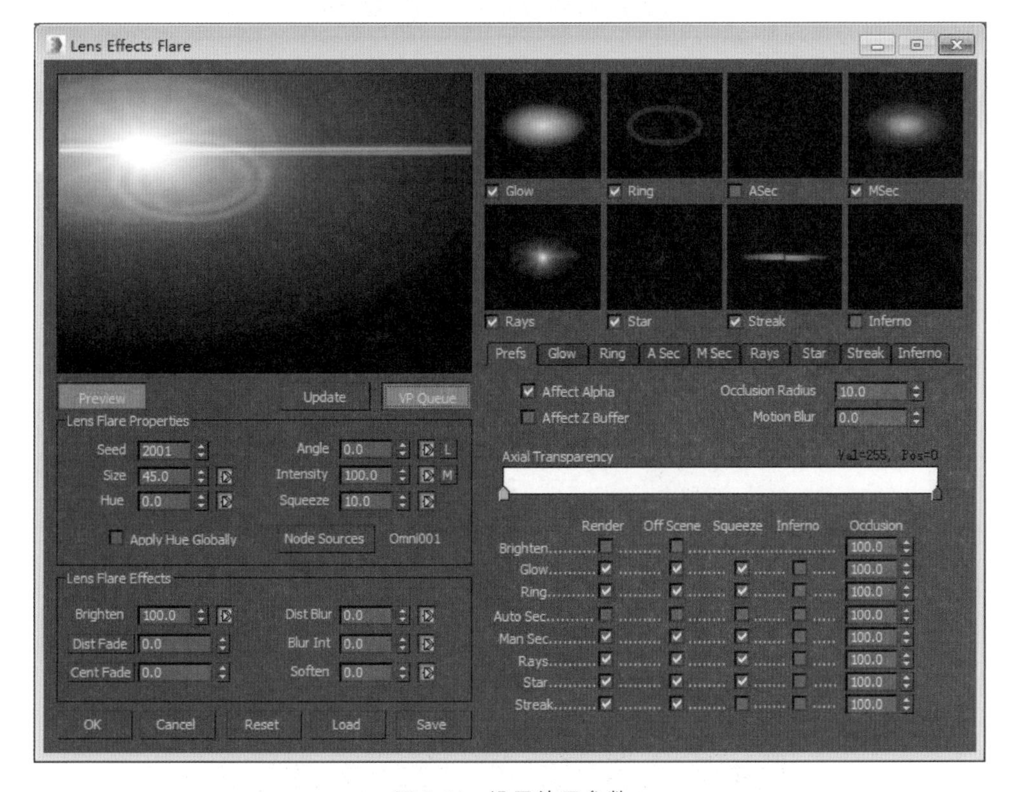


图 5-14　设置效果参数

（11）选择菜单命令 Rendering→Environment，打开如图 5-15 所示的环境与特效对话框。

（12）在环境与特效对话框通用参数卷展栏中单击环境贴图下方的 None 按钮，在弹出的材质/贴图浏览器中选择 Bitmap 贴图类型，如图 5-16 所示。

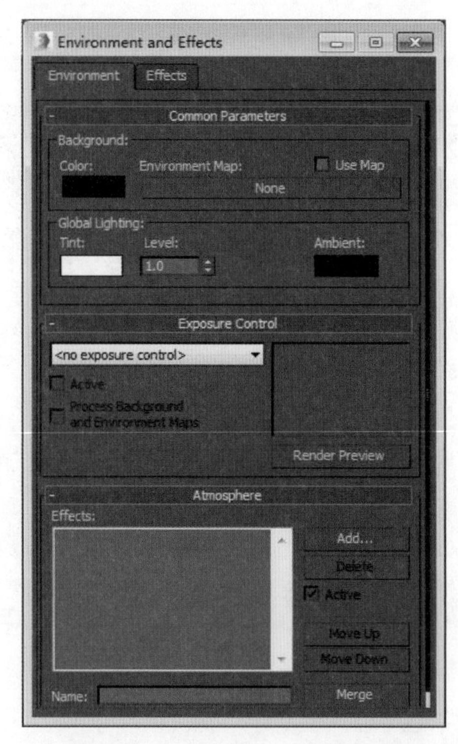


图 5-15　打开环境与特效对话框

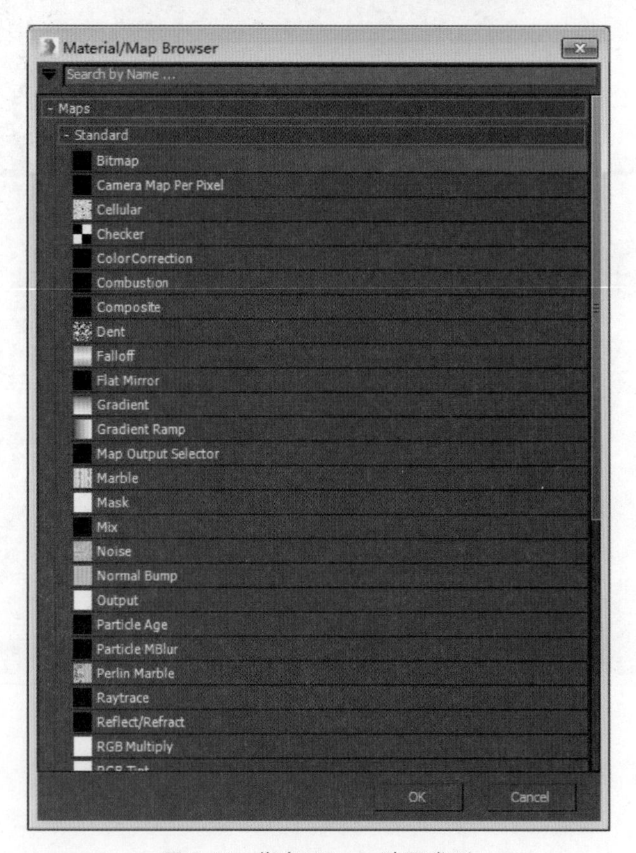


图 5-16　指定 Bitmap 贴图类型

(13) 在弹出的选择图像文件对话框中选择环境背景图,如图 5-17 所示。

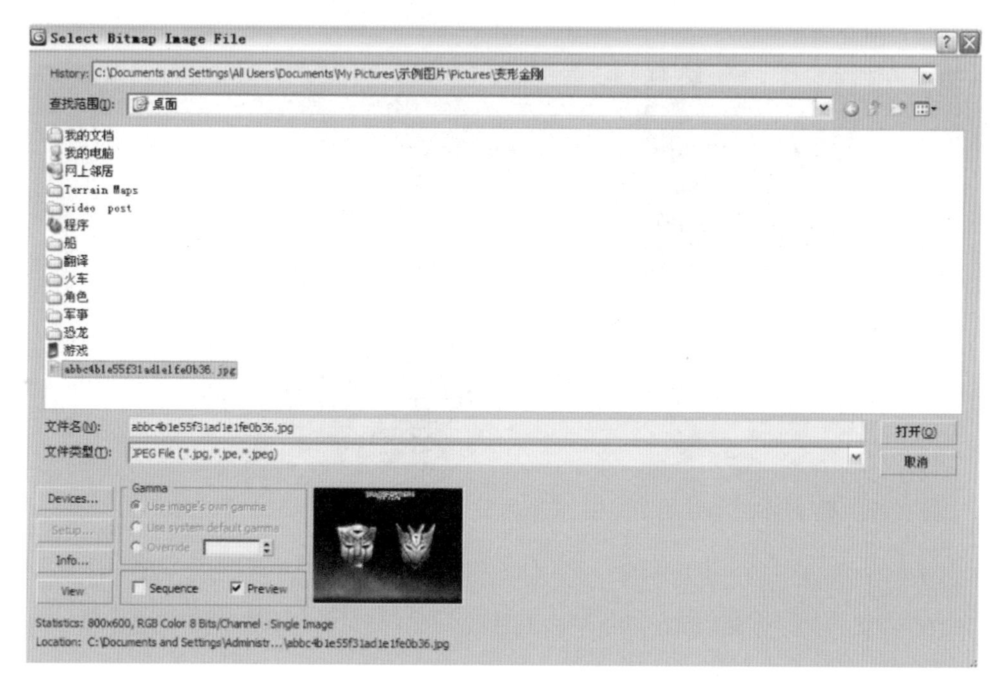


图 5-17　选择图像文件对话框

## 5.4.2 辉光机器人范例

本节将通过具体的设计范例,详细讲述如何使用视频合成编辑器创建与编辑如图 5-18 所示的视频合成效果。操作步骤如下。

图 5-18　辉光机器人动画效果

(1) 选择菜单命令 File→Open 打开如图 5-19 所示的动画场景文件，场景中已经包含一台摄影机，切换到摄像机视图。

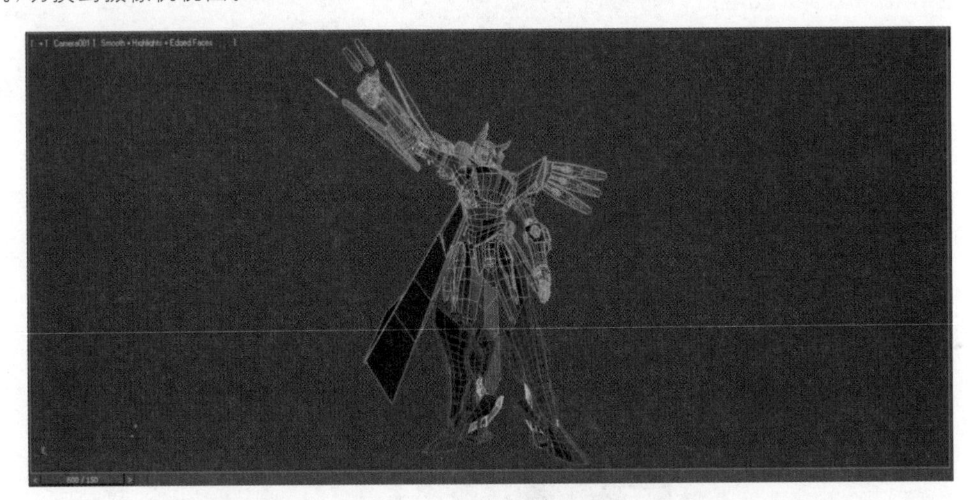

图 5-19　打开动画场景文件

(2) 单击工具栏中的按钮，打开材质编辑器，激活第一个示例窗口，单击工具栏中的按钮，将该材质赋予机器人翅膀，材质设置参数如图 5-20 所示。

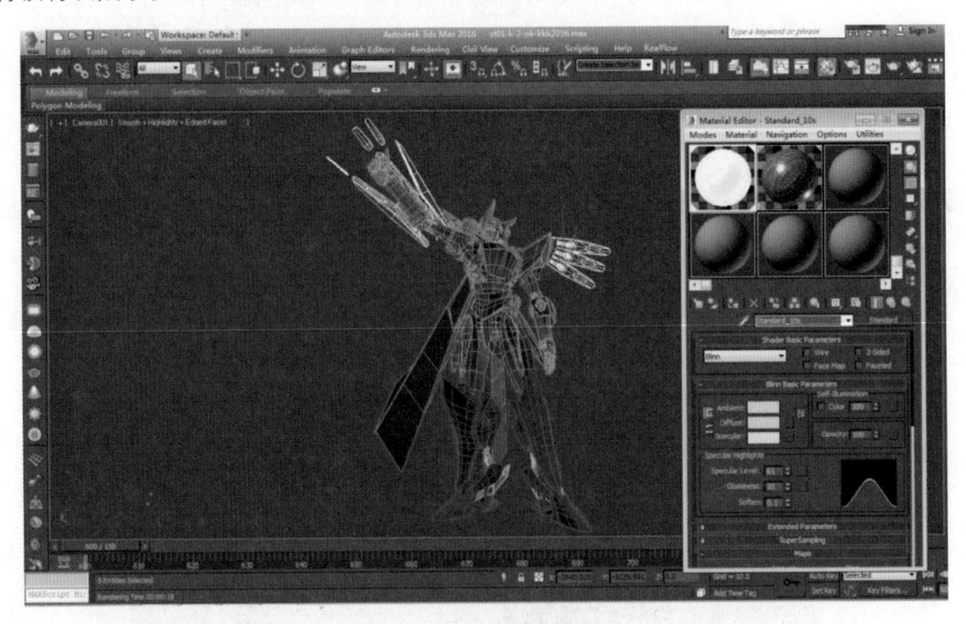

图 5-20　设置材质参数

(3) 打开 Maps 卷展栏，单击 Reflection(反射)右侧的 None 按钮，在弹出的材质/贴图浏览器中双击选择 Falloff 贴图类型，如图 5-21 所示。

(4) 设置 Falloff 贴图的参数，如图 5-22 所示。

(5) 选择场景中机器人的翅膀，并在其上右击，在弹出的右键快捷菜单中选择对象属性，如图 5-23 所示。

(6) 在弹出的对象属性对话框中，将 Object ID 参数设为为 1，如图 5-24 所示。

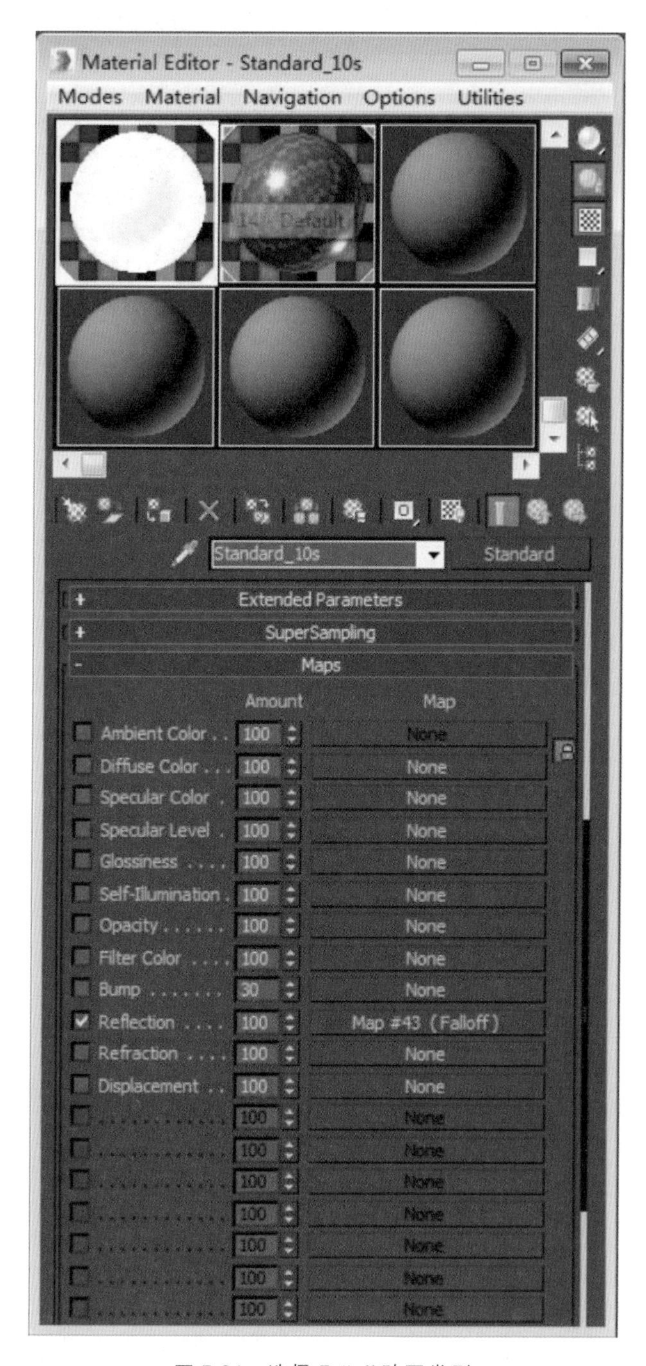


图 5-21 选择 Falloff 贴图类型

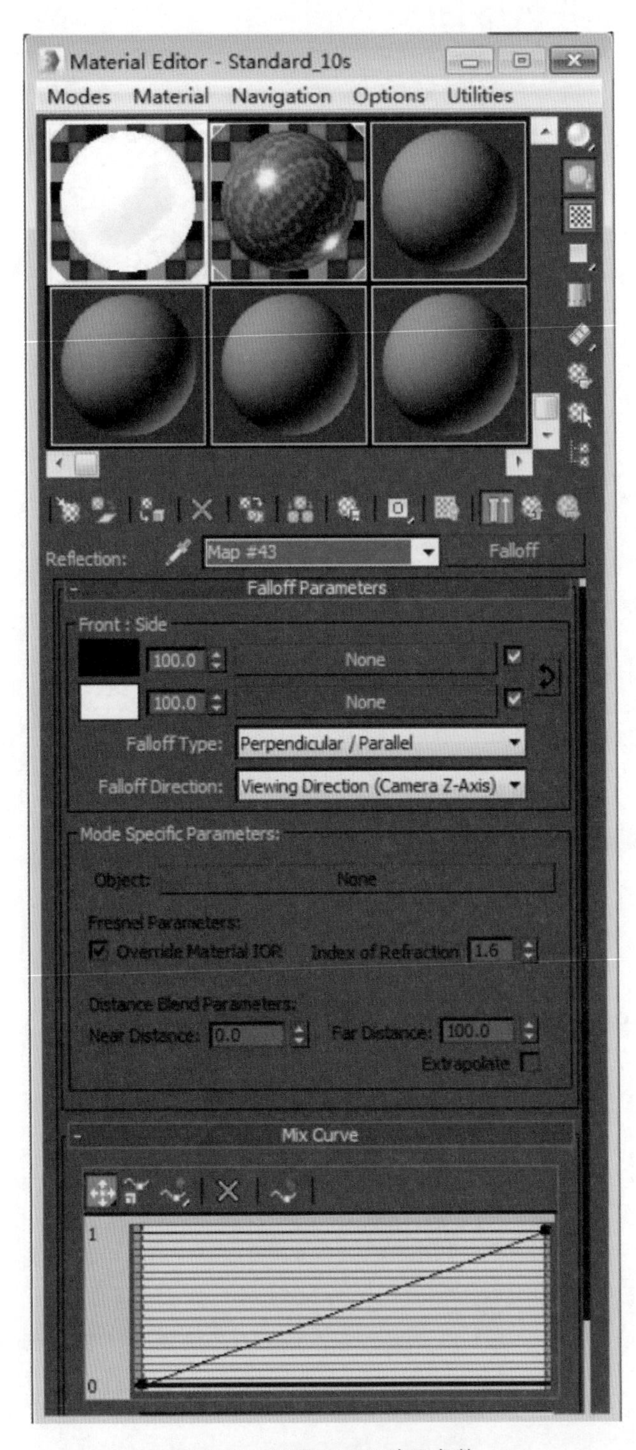


图 5-22 设置 Falloff 贴图参数

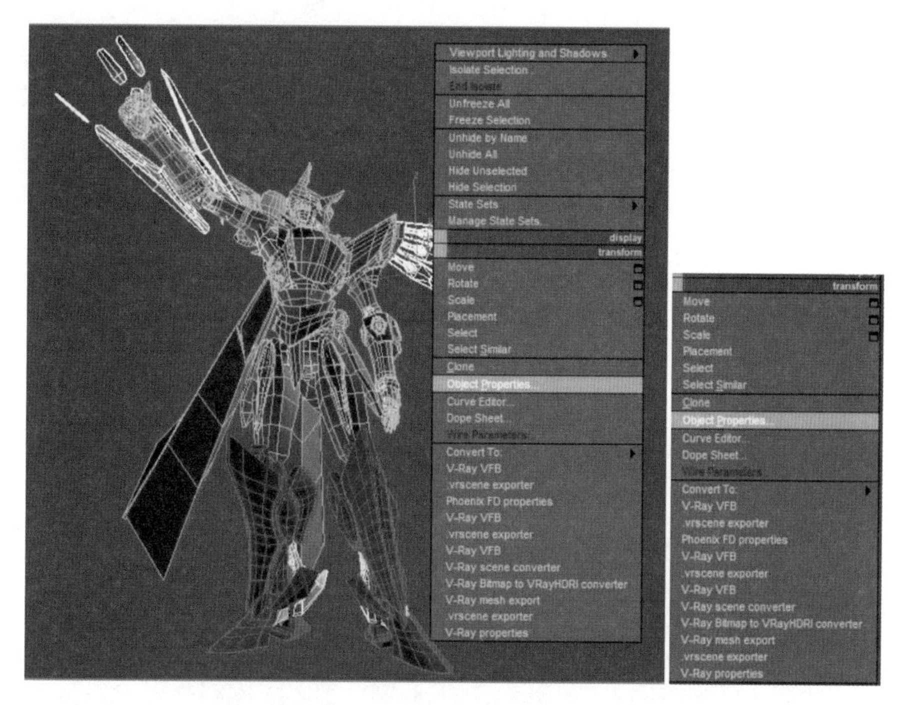


图 5-23　右键快捷菜单

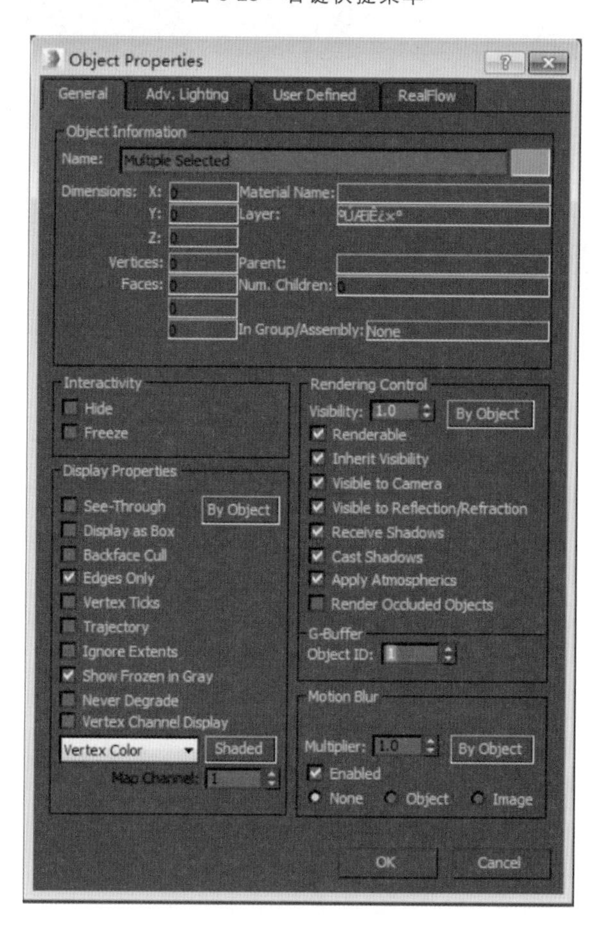


图 5-24　设置 Object ID 参数

(7) 在创建命令面板中单击按钮，进入二维图形创建命令面板，从创建类型下拉列表中选择 Splines(样条曲线)，单击 Helix(螺旋线)按钮，在场景中单击并拖动鼠标创建一根螺旋线，如图 5-25 所示。

图 5-25　创建螺旋线

(8) 在创建命令面板中单击按钮，单击 Standard Primitives 右侧的下拉标记，从下拉的创建对象类型列表中选择 Particle Systems。

(9) 单击 Super Spray(超级喷雾)，在场景中单击并拖动鼠标创建一个粒子发生器，如图 5-26 所示。

(10) 选中刚刚创建的粒子发生器，再选择菜单命令 Animation→Constraints→Path Constraint (动画→约束→路径约束)，在修改编辑命令面板中单击 Add Path(加入路径)按钮，选择场景中的螺旋线。

(11) 将时间滑块拖动到第 0 帧，将粒子发生器放在如图 5-27 所示的位置。

(12) 将时间滑块拖动到第 626 帧，将粒子发生器放在如图 5-28 所示的位置。

(13) 超级喷雾粒子的参数设置如图 5-29 所示。

(14) 选中粒子发生器，并在其上右击，在弹出的快捷菜单中选择 Object Properties，在弹出的对象属性对话框中，将 Object ID 参数设为 2，如图 5-30 所示。

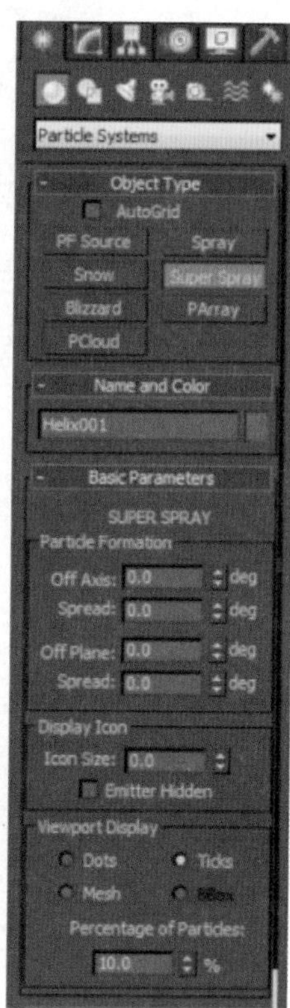


图 5-26　创建超级喷雾粒子发生器

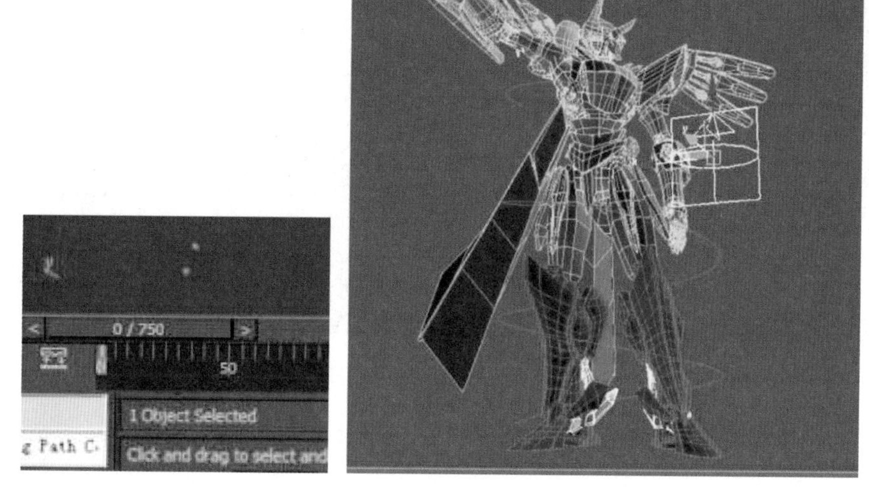


图 5-27　路径约束初始位置

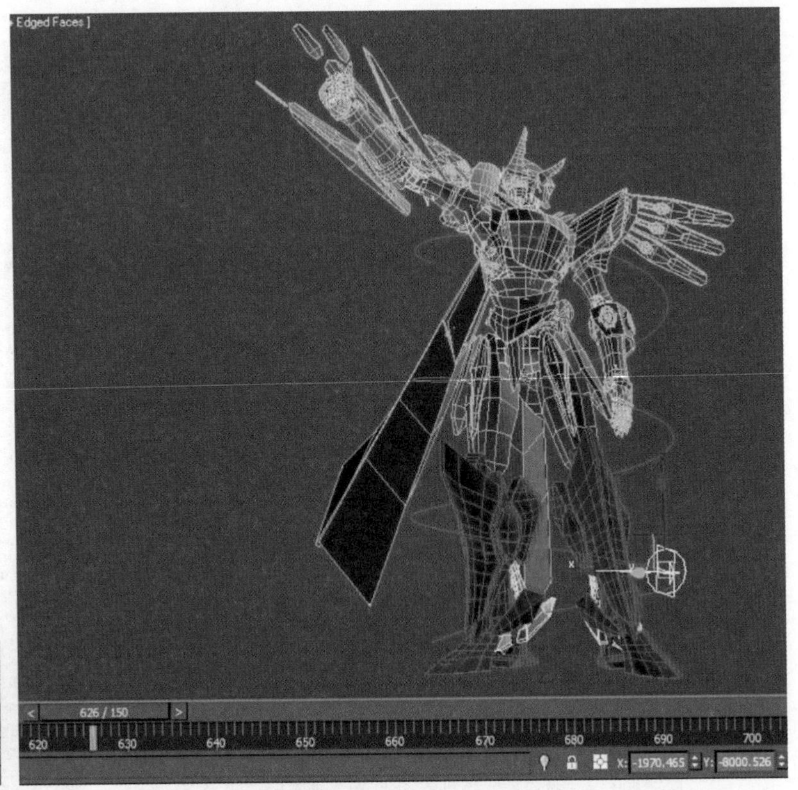


图 5-28　路径约束结束位置

图 5-29　设置超级喷雾粒子的参数

（15）在创建命令面板中单击按钮，再在灯光创建命令面板中单击 Omni 按钮，在场景中单击并拖动鼠标创建一盏泛光灯，位置如图 5-31 所示。

（16）选择菜单命令 Rendering→Video Post，打开视频合成编辑器对话框。

（17）在工具栏中单击按钮，弹出 Add Scene Event 对话框，参数设置如图 5-32 所示。

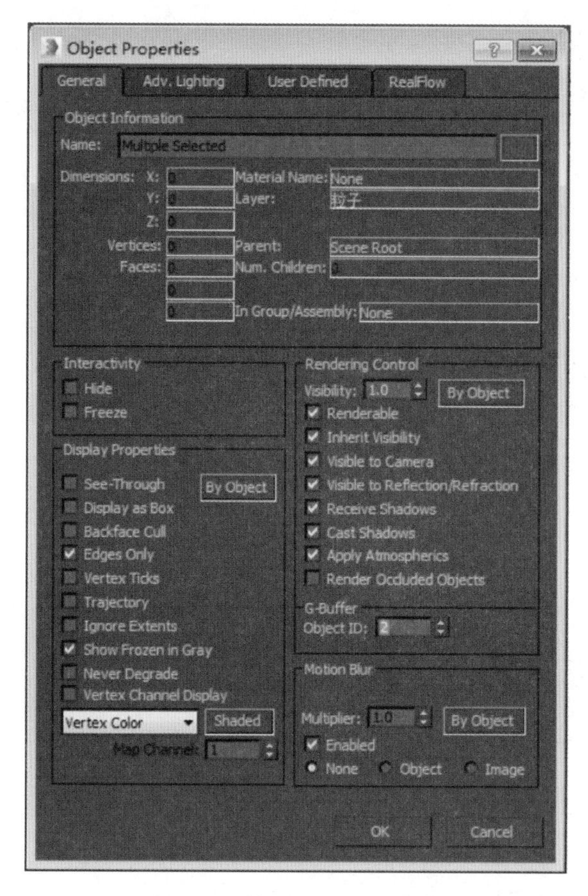


图 5-30　设置 Object ID 参数

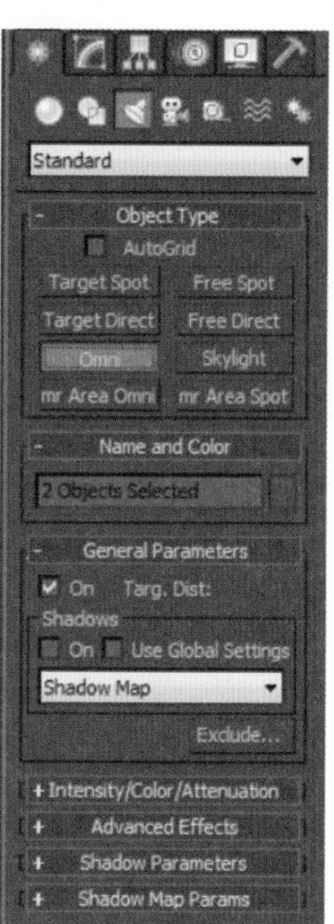


图 5-31　创建一盏泛光灯

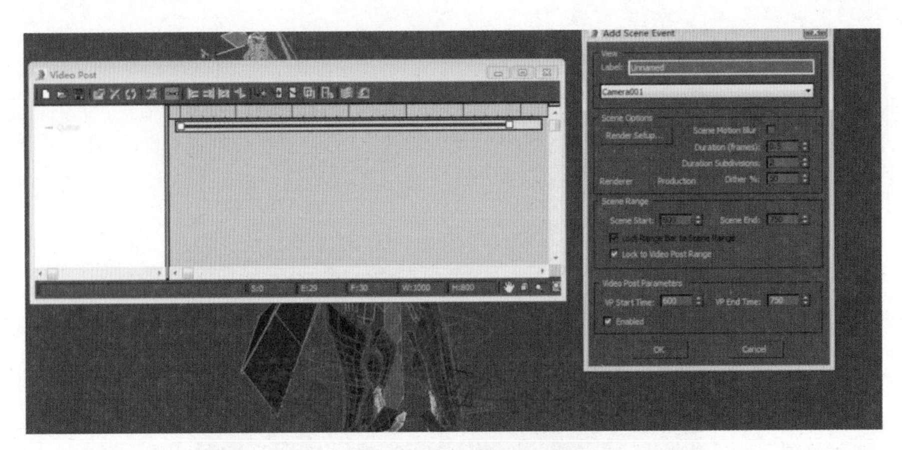


图 5-32　加入场景事件

(18) 在工具栏中单击▣按钮,弹出 Add Image Filter Event 对话框,如图 5-33 所示,从中选择 Lens Effects Glow(镜头特效光晕)。

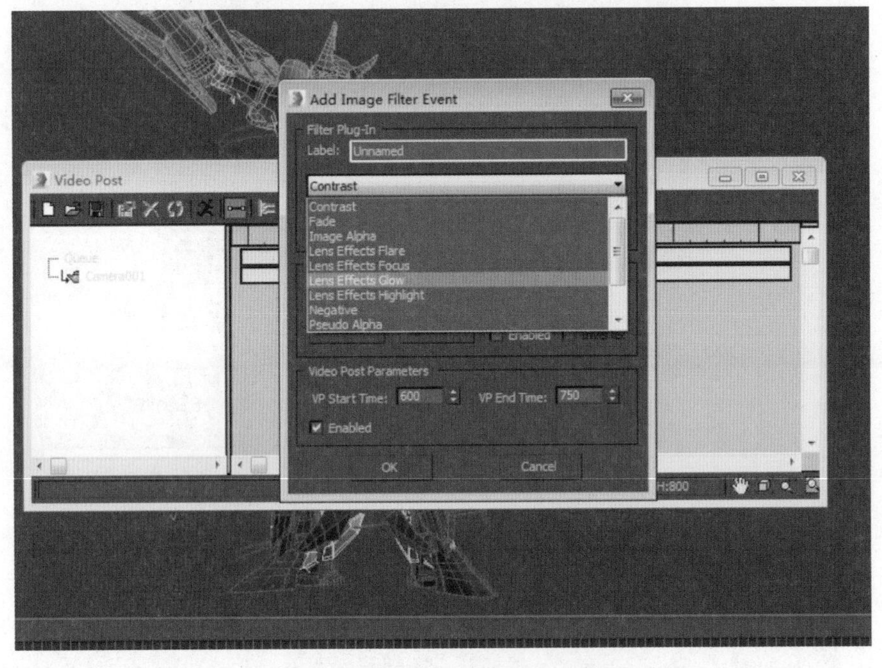


图 5-33　加入 Lens Effects Glow 效果

(19) 在 Add Image Filter Event 对话框中单击 Setup(设置)按钮,在弹出的 Lens Effects Glow 滤镜设置对话框中单击 VP Queue 按钮和 Preview 按钮,可以实时地观察不同参数下滤镜呈现出的不同效果,方便后续的参数调节。

(20) 单击 Properties(属性)选项卡将 Object ID 参数设置为 1,如图 5-34 所示。

(21) 单击 Preferences(参数)选项卡,将 Size 参数设置为 0.5,其余参数设置如图 5-35 所示。

(22) 在工具栏中单击▣按钮,弹出 Add Image Filter Event 对话框,如图 5-36 所示,从中选择 Lens Effects Highlight(镜头特效高光)。

(23) 在 Add Image Filter Event 对话框中单击 Setup 按钮,在弹出的 Lens Effects Highlight 滤镜设置对话框中单击 Properties 选项卡,将 Object ID 参数设置为 2,如图 5-37 所示。

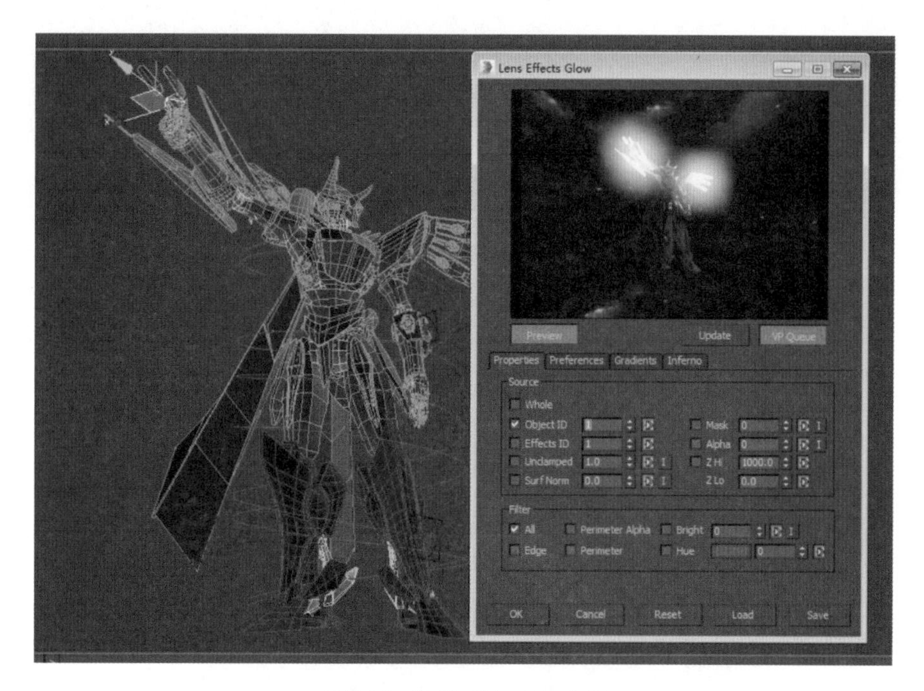


图 5-34 设置 Object ID 参数

图 5-35 设置镜头特效光晕参数

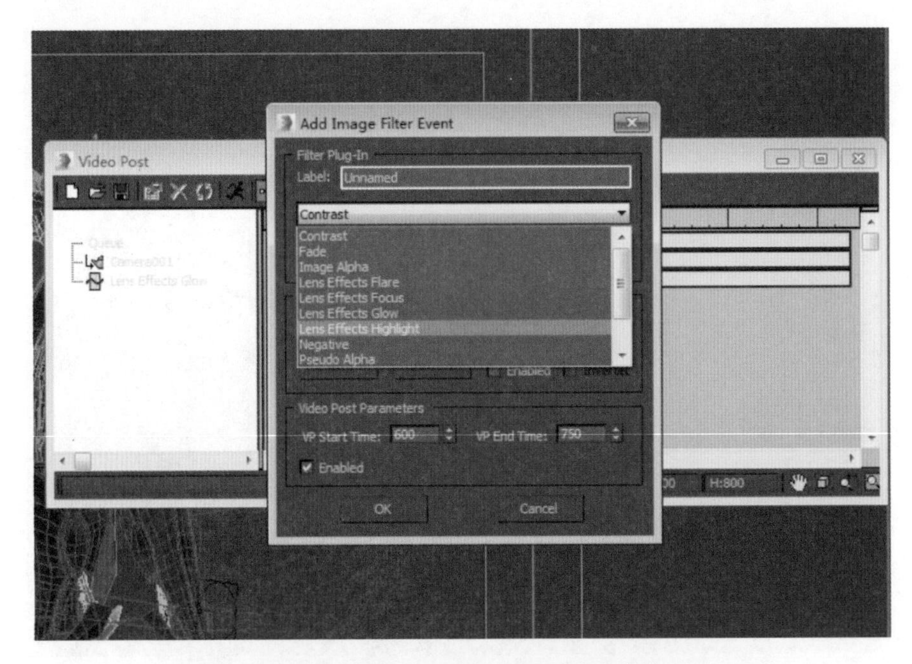


图 5-36　选择 Lens Effects Highlight 滤镜

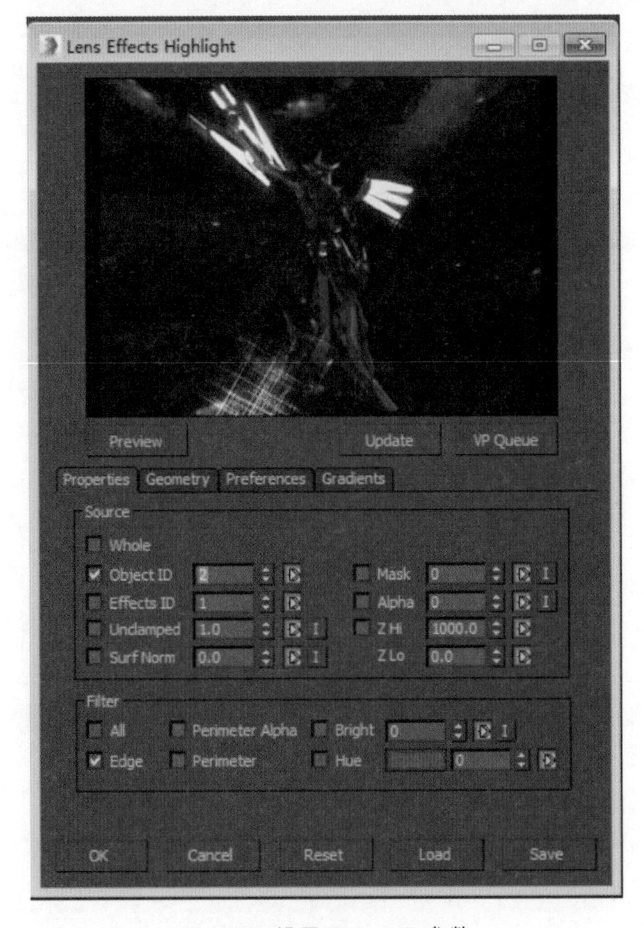


图 5-37　设置 Object ID 参数

(24) 单击 Preferences 选项卡，将 Size 参数设置为 3.5，其余参数设置如图 5-38 所示。

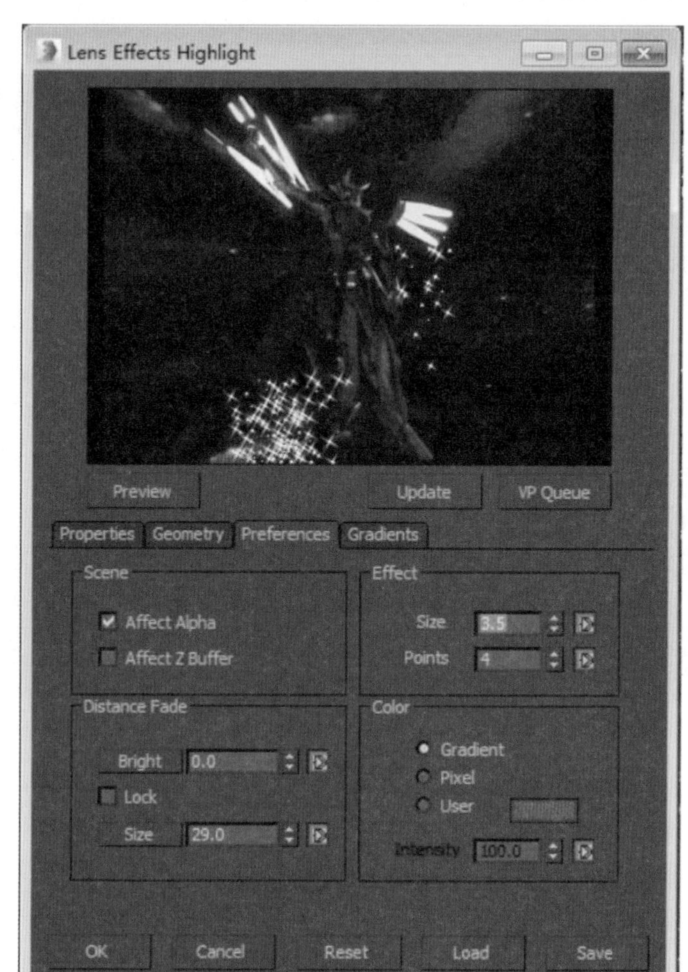


图 5-38 设置 Size 参数

(25) 单击工具栏中的按钮，在弹出的 Execute Video Post(执行视频合成)对话框中设置渲染输出的参数，如图 5-39 所示。

(26) 在工具栏中单击按钮，弹出 Add Image Filter Event 对话框，如图 5-40 所示，从中选择 Lens Effects Glow。

(27) 在 Add Image Filter Event 对话框中单击 Setup 按钮，在弹出的 Lens Effects Glow 滤镜设置对话框中单击 Properties 选项卡，将 Effects ID(效果 ID)参数设置为 4，如图 5-41 所示。

(28) 单击 Preferences 选项卡，将 Size 参数设置为 0.8，其余参数设置如图 5-42 所示。

(29) 单击 Inferno(火焰)选项卡中，参数设置如图 5-43 所示。

到目前为止，视频合成的效果如图 5-44 所示。

(30) 在工具栏中单击按钮，弹出 Add Image Filter Event 对话框，从中选择 Lens Effects Flare。

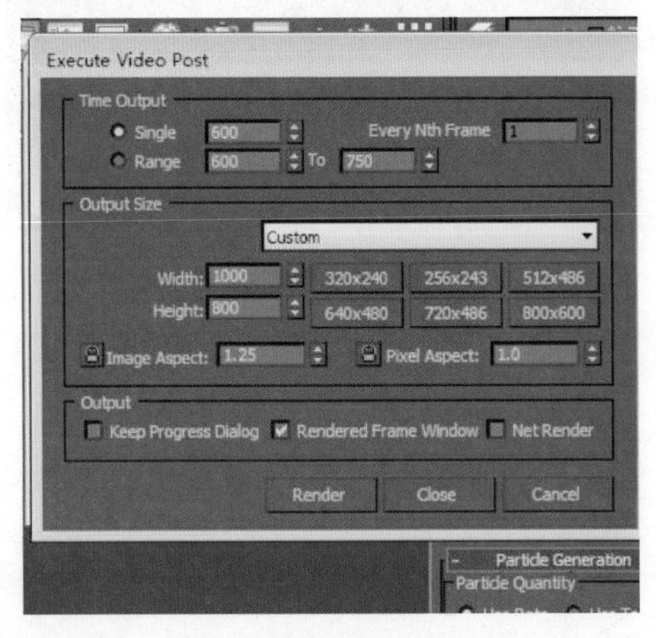


图 5-39　设置渲染输出的参数

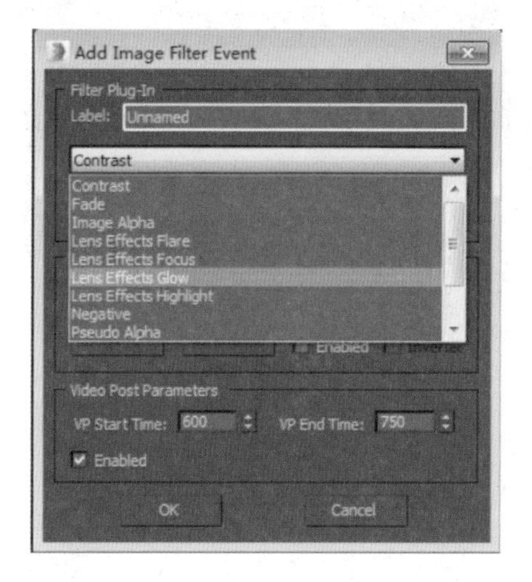


图 5-40　加入 Lens Effects Glow 效果

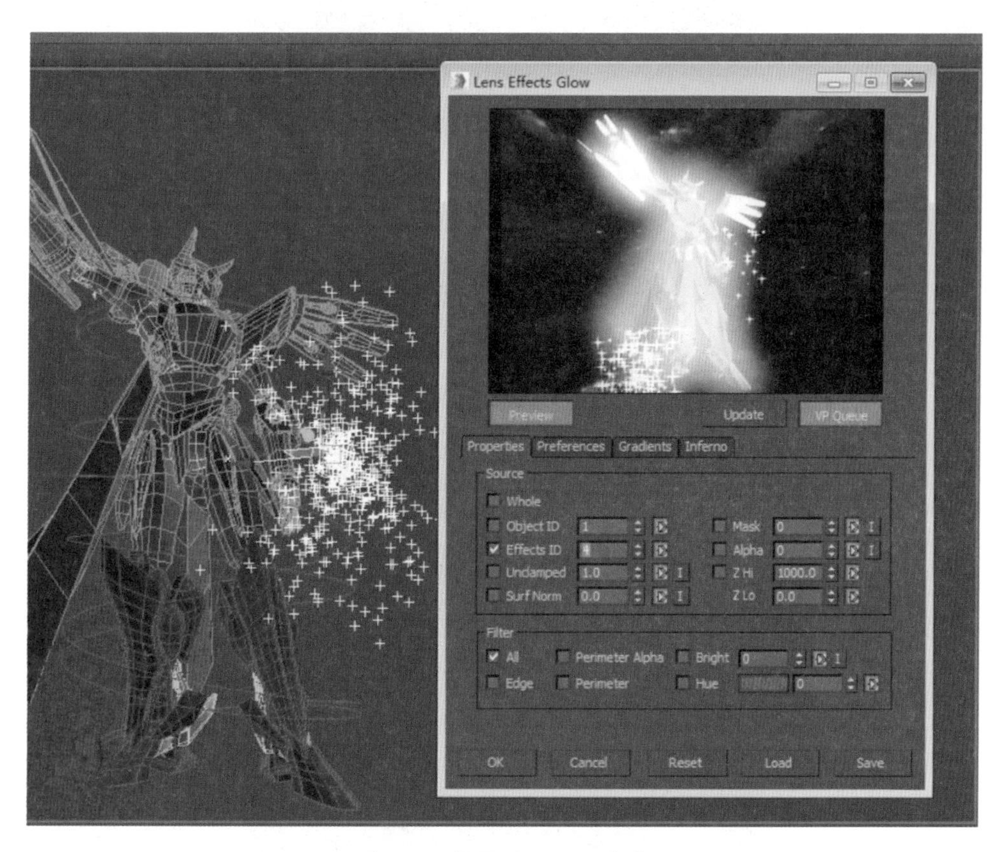


图 5-41　设置 Effects ID 参数

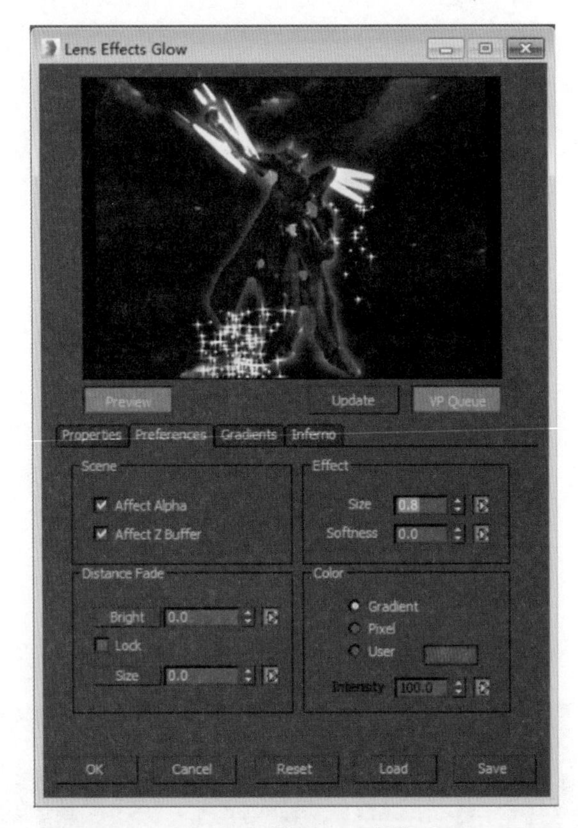


图 5-42 设置 Size 参数

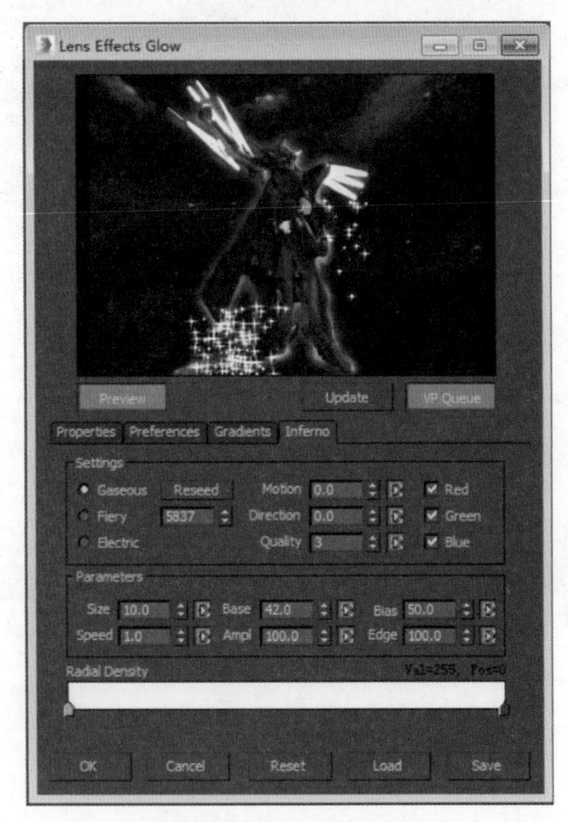


图 5-43 设置 Inferno 参数

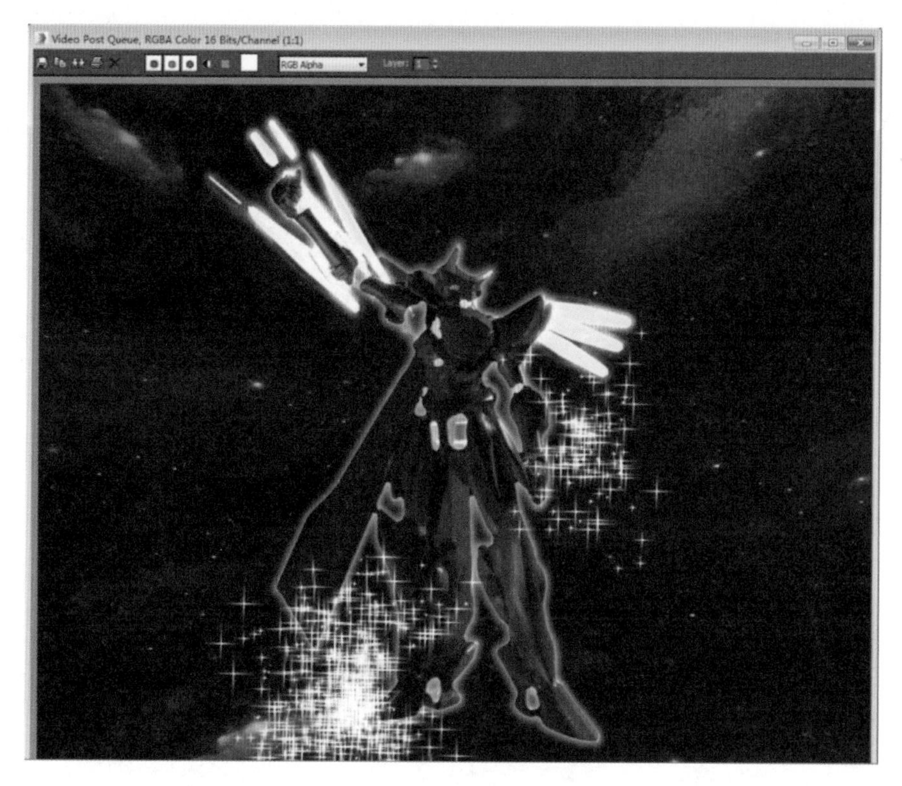


图 5-44 视频合成效果预演

(31) 在 Add Image Filter Event 对话框中单击 OK 按钮，打开 Lens Effects Flare 设置对话框，在 Lens Flare Properties 中单击 Node Sources 按钮。在弹出的 Select Flare Objects 对话框中，选择场景中的粒子系统作为发光源，如图 5-45 所示。

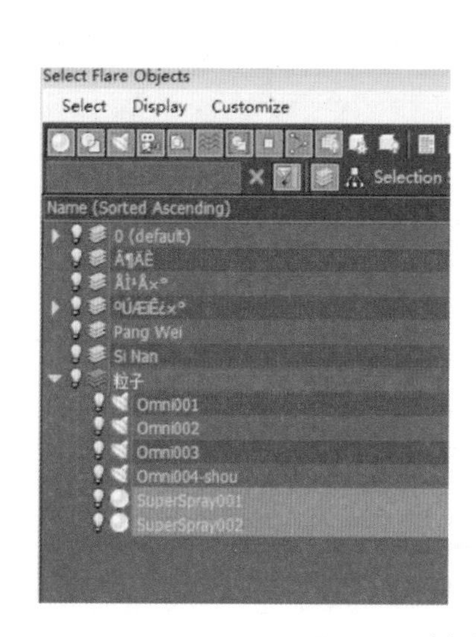


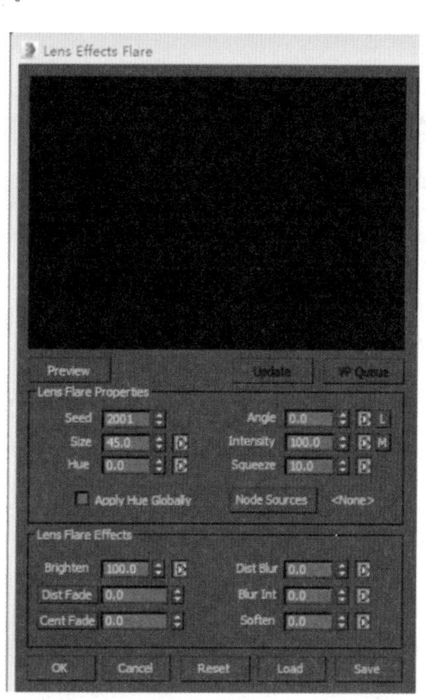


图 5-45 选择粒子系统作为发光源

(32) 在 Lens Effects Flare 对话框中单击 Preview 和 VP Queue 按钮，查看当前设置的效果，选项卡中的参数设置如图 5-46 所示。

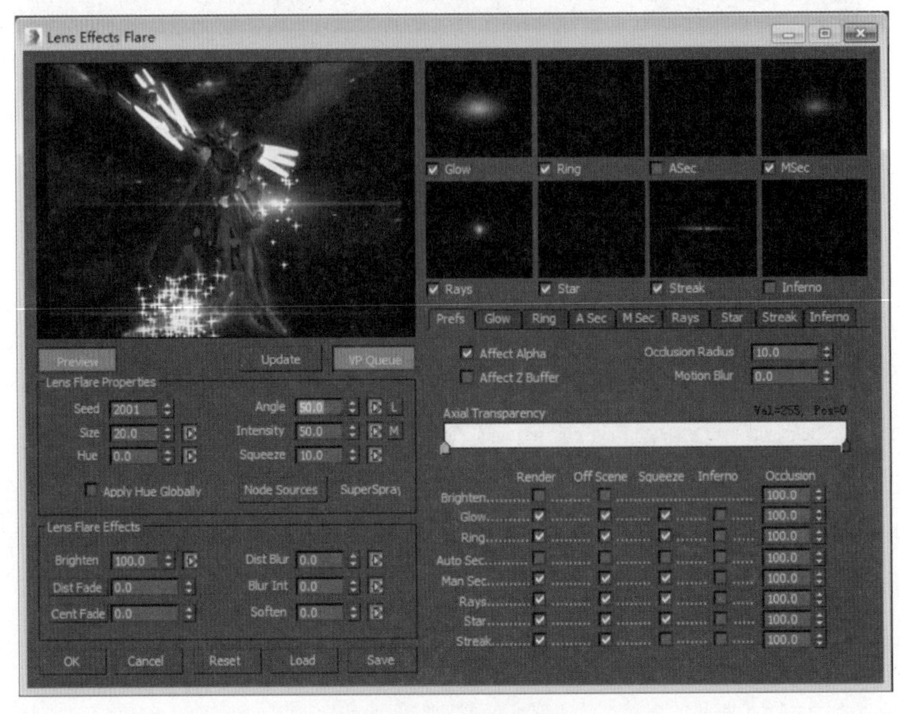


图 5-46　设置效果参数

(33) 单击 Streak(条纹)选项卡，参数设置如图 5-47 所示。

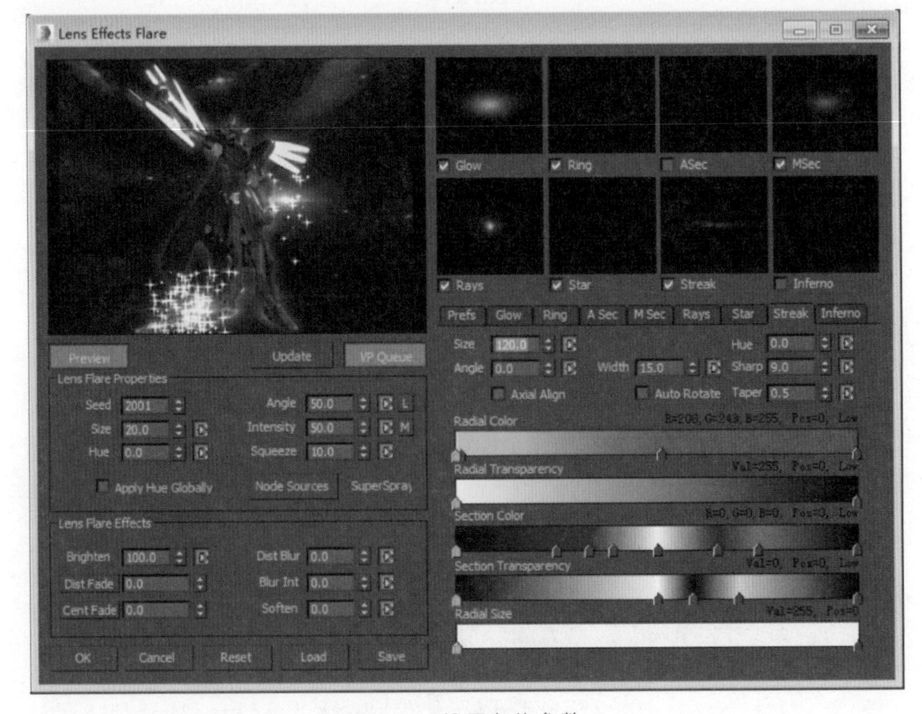


图 5-47　设置条纹参数

（34）在工具栏中单击 按钮，弹出 Add Image Filter Event 对话框，从中选择 Lens Effects Flare。

（35）在 Add Image Filter Event 对话框中单击 OK 按钮，打开 Lens Effects Flare 设置对话框，在 Lens Flare Properties 中单击 Node Sources 按钮。

（36）在弹出的 Select Flare Objects 对话框中，选择场景中的泛光灯作为发光源，如图 5-48 所示。

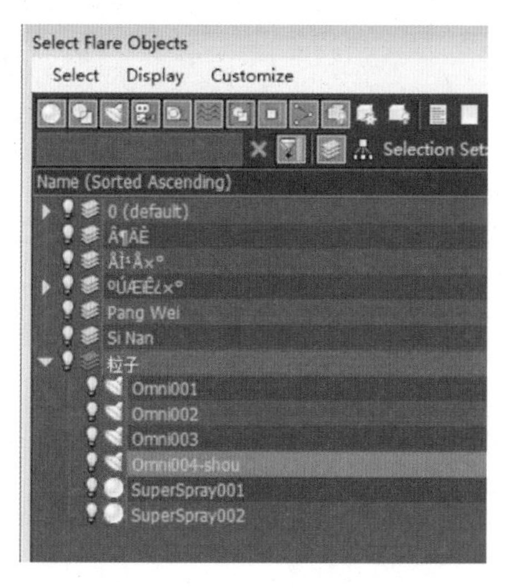


图 5-48　选择发光源

（37）在 Lens Effects Flare 对话框中单击 Preview 和 VP Queue 按钮，查看当前设置的效果，选项卡中的参数设置如图 5-49 所示。

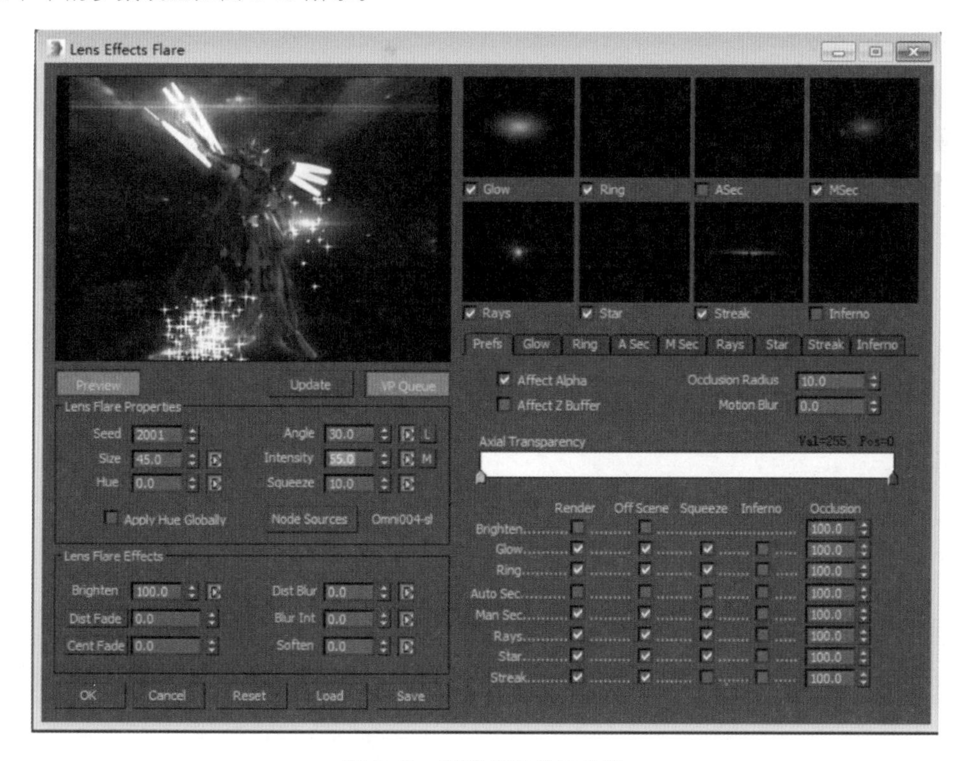


图 5-49　调节闪光效果参数

(38) 单击 Streak 选项卡，参数设置如图 5-50 所示。

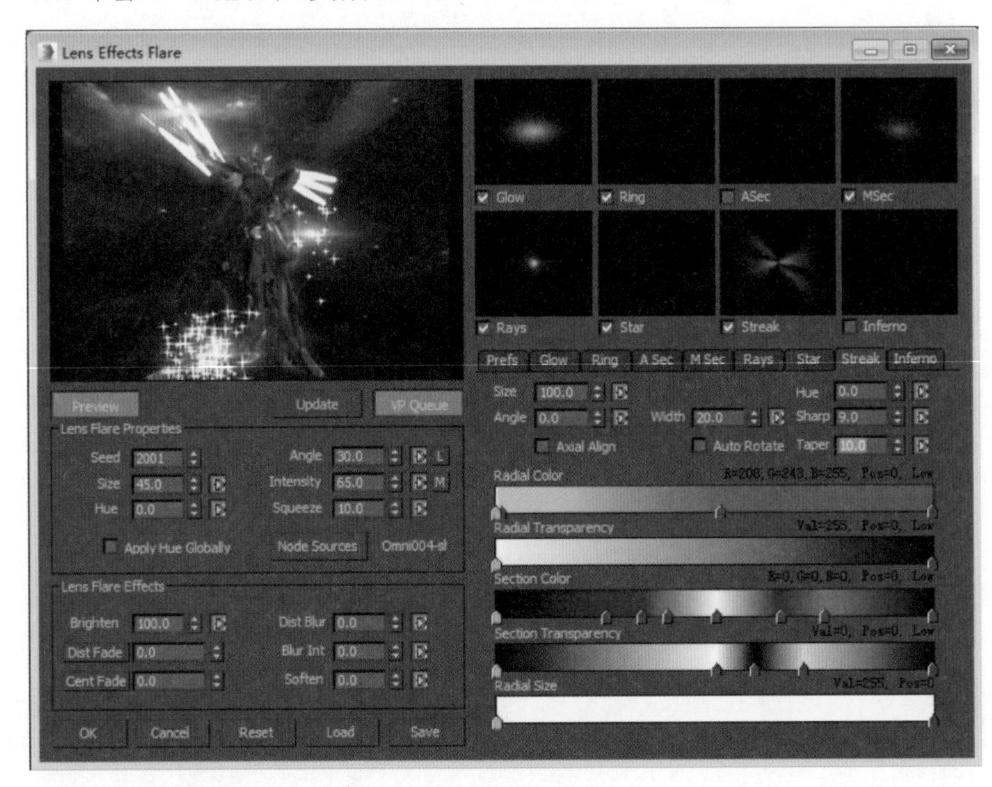


图 5-50　设置条纹参数

(39) 单击工具栏中的按钮，在弹出的 Execute Video Post 对话框中设置渲染输出的参数，查看视频合成效果的设置结果，如图 5-51 所示。

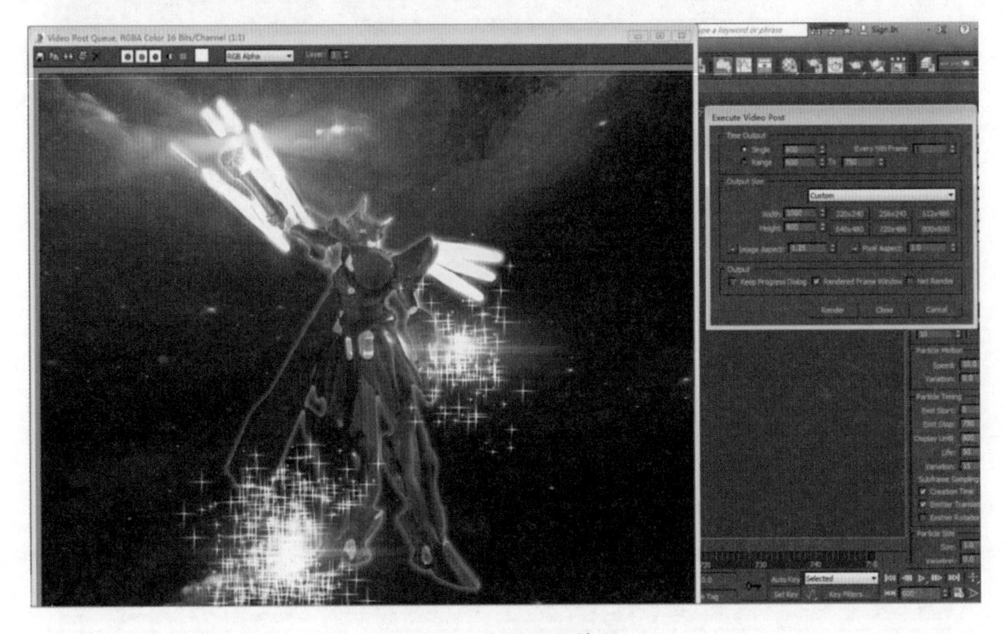


图 5-51　查看设置效果

(40) 在视频合成编辑器工具栏中单击按钮，在弹出的 Add Image Output Event 对话框中，单击 Files(文件)按钮，设置图像输出的名称和路径，如图 5-52 所示。

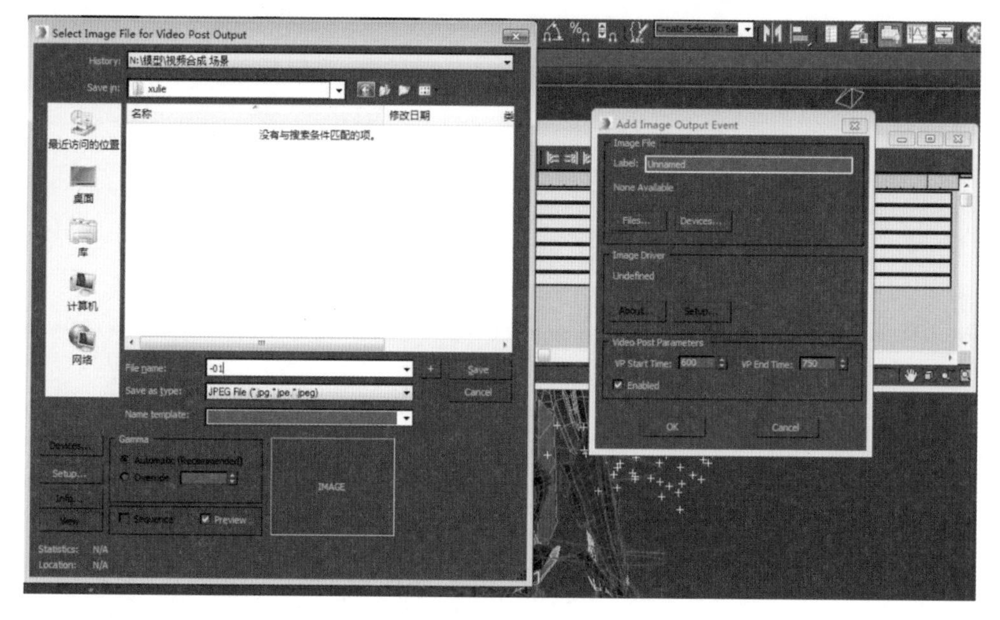


图 5-52 设置图像输出的路径

## 习题

5-1 事件在视频合成序列中的顺序是否对合成结果产生影响？

5-2 Execute Video Post 对话框与 Render Scene 对话框相似，它们的渲染输出参数设置是否相互关联？

5-3 在 Video Post 对话框中包含哪些视频合成特效？

5-4 如何为动画场景中的对象指定特效通道？特效通道具有哪些功能？

# 第6章 渲染输出

本章概述了渲染输出及渲染场景对话框的结构；详细讲述渲染场景对话框的参数设置项目；介绍安装 V-ray 渲染器的方法；通过一个设计范例详细讲述 mental ray 渲染器的使用技巧。本章还详细讲述了渲染到纹理的参数设置和操作步骤；介绍了网络渲染的流程和设置。

## 6.1 渲染输出设置

渲染输出是三维动画制作过程的最后一步，也是决定动画影片最终效果的重要环节。在 3ds Max 2016 中渲染输出的既可以是一幅静态图像，也可以是一部动画影片。

渲染输出一部动画影片，要耗费大量的时间。如果在渲染输出过程中发现动画的前期编辑有误，往往会造成工作任务的延误，所以在最后渲染输出之前，应当不断使用菜单命令 Tools→Previews-Grab Viewport→Create Preview Animation（工具→预演-激活视图→创建预演动画），以较低质量快速渲染动画影片的特定区段，通过生成的预演影片可以发现并改正动画前期编辑的错误。

选择菜单命令 Rendering→Render Setup 打开 Render Setup（渲染设置）对话框，在该对话框中可以指定场景渲染输出的参数设置项目，如图 6-1 所示。

图 6-1　渲染设置对话框

在渲染设置对话框中的参数设置选项卡如下。

Common(通用参数)：包含所有渲染器的通用参数设置项目。

Render Elements(渲染元素)：利用该选项卡可以分别渲染输出不同的场景元素，在后期制作过程中可以将这些文件重新合成在一起，该项目只有进行产品级渲染，并使用默认的扫描线渲染器时才出现。

可以被分解渲染的场景元素包括过渡区色彩、阴影区色彩、高光区色彩、自发光效果、反射效果、折射效果、大气效果、背景图像、Z Depth 通道、Alpha 通道、Ink'n Paint 材质的 Ink 和 Paint 部分。

Renderers(渲染器)：用于分别为产品级渲染输出、草稿级渲染输出、动态渲染指定渲染器。

Raytracer(光线跟踪)和 Advanced Lighting(高级灯光)：用于与高级灯光系统配合使用。

设置好渲染参数后，单击 Render(渲染)按钮开始依据参数设置进行渲染，弹出如图 6-2 所示的渲染进程对话框。单击 Pause(暂停)按钮后该按钮变为 Resume (继续)，单击 Resume 按钮可以继续进行渲染；单击 Cancel (取消)按钮中止渲染过程。

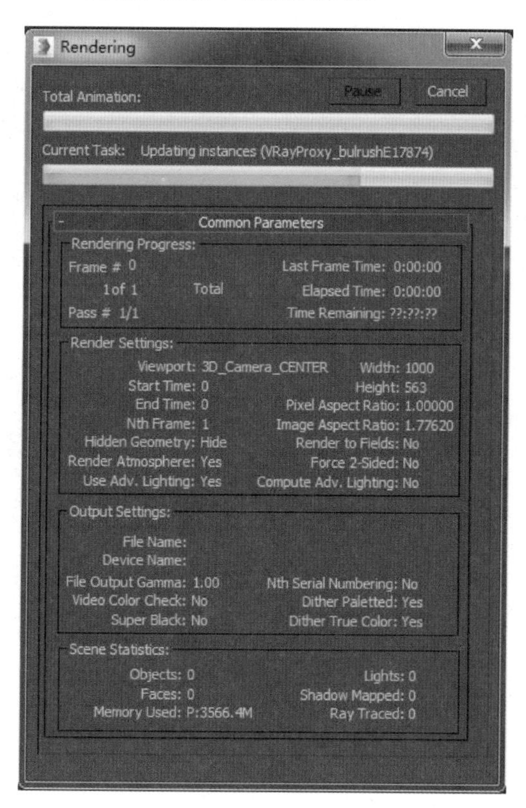


图 6-2 渲染进程对话框

**注意**：如果未能查找到场景使用的贴图图像，就会弹出一个 Missing Exet mal Files (丢失贴图文件)对话框，如图 6-3 所示，在该对话框中可以浏览指定贴图图像的存储位置，或者在不使用该贴图图像的情况下继续渲染。

渲染设置对话框的通用参数卷展栏如图 6-4 所示。

### 1. Time Output(时间输出)项目

Single(单帧)选项用于将当前帧渲染为单幅图像；Active Time Segment(活动时间段)选项用

Missing External Files

E:\书\c10\砌石11.jpg
E:\书\c10\意大利1g.jpg
E:\书\c10\WYG1.jpg
E:\书\c10\ruspicmaps (2165).jpg
E:\书\c10\efef.TIF
E:\书\c10\wall-1.jpg
E:\书\c10_dingjiping_3.jpg
E:\书\c10\20120320044147500852.jpg
E:\书\c10\20120320044147500605.jpg

图 6-3　丢失贴图文件对话框

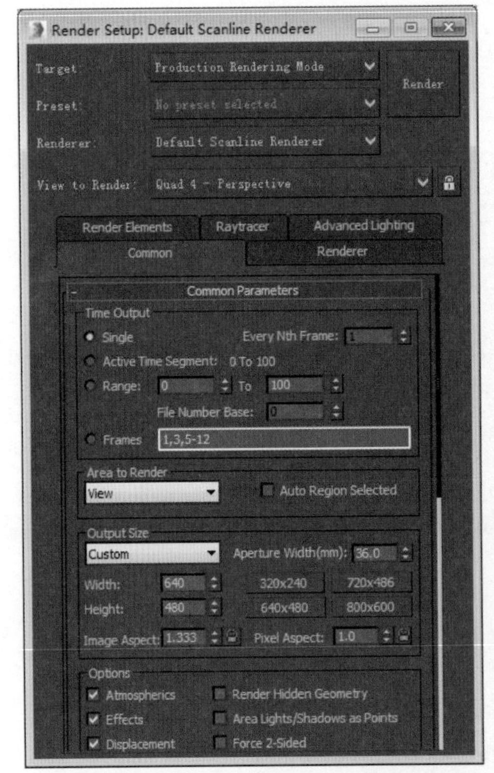

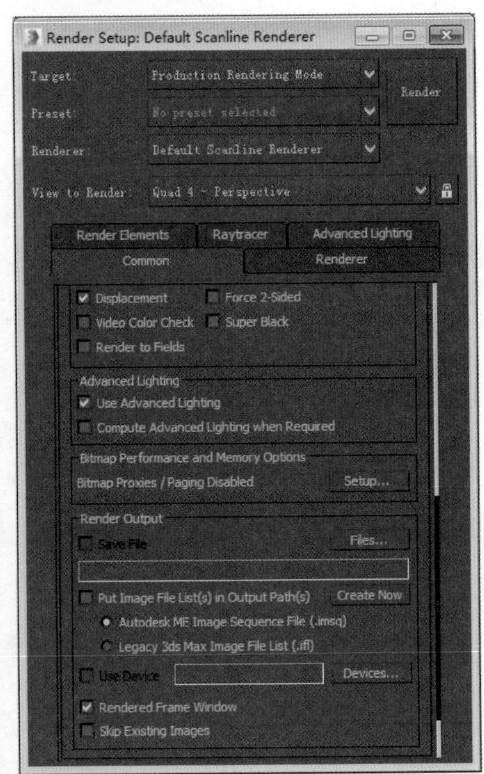


图 6-4　通用参数卷展栏

于依据时间滑块指定的活动时间段渲染动画；Range(范围)选项用于依据指定的时间范围渲染动画；Frames(帧)选项用于依据指定的不连续帧号渲染动画。

### 2. Output Size(输出尺寸)项目

在列表中可以选择预定义的标准输出尺寸，如果选择Custom（自定义），用户可以自己设定输出尺寸。

Aperture Width(光圈宽度)选项用于指定渲染输出使用的摄像机光圈宽度，改变该设置会同时改变场景摄像机的Lens(镜头)参数，该参数同时定义了Lens与FOV(视场)参数之间的相对关系，但不会影响摄像机视图的观看效果。

Image Aspect(图像纵横比)参数用于设定图像高度与宽度之间的比例关系；Pixel Aspect(像素纵横比)参数用于设定像素高度与宽度之间的比例关系。

### 3. Options(选项)项目

Video Color Check(视频色彩检查)选项用于标记或修正超过 NTSC 或 PAL 视频再现范围的像素色彩,默认超出视频显示范围的像素色彩渲染为黑色。

Force 2-sided(强制双面渲染)选项用于将对象内外双面同时渲染,利用该选项可以纠正对象表面面法线方向的错误,但同时会增加场景渲染输出的时间。

Atmospherics(大气效果)选项用于渲染场景中设置的大气效果。

Effects(效果)选项用于渲染在效果编辑器中设置的场景渲染效果。

勾选 Area Lights/Shadows as Points(区域灯光/阴影作为点)选项后,在渲染区域灯光或阴影的过程中,认为它们是从点对象发射出来的,从而可以节省渲染的时间。

Super Black(超级黑)选项用于在视频压缩过程中限定场景中几何对象的黑色。

Displacement(置换)选项用于渲染场景中的贴图置换效果。

Render Hidden(渲染隐藏)选项指定可以渲染场景中的隐藏对象。

Render to Fields(渲染为场)选项指定渲染输出动画为电视视频的扫描场而不是帧。

### 4. Advanced Lighting(高级灯光)项目

勾选 Use Advanced Lighting(使用高级灯光)选项后,在渲染输出过程中使用 radiosity 或 light tracing 高级灯光的设置;勾选 Compute Advanced Lighting When Required(在需要时计算高级灯光)选项后,在渲染输出过程中只有当逐帧渲染需要时,才计算 radiosity 高级灯光的设置。

### 5. Render Output(渲染输出)项目

勾选 Save File(保存文件)选项将渲染输出的图像或动画保存为磁盘文件;单击 Files(文件)按钮,可以在弹出的文件对话框中选择存储的文件类型,并指定存储的文件名称。

勾选 Use Device(使用设备)选项可以指定渲染输出的视频硬件设备;单击 Devices(设备)按钮,可以选择一个输出图像文件的外部硬件设备,如数字视频存储器,且该设备必须已经安装到了当前的计算机中。

勾选 Net Render(网络渲染)选项可以使用多台计算机同时渲染一个动画,勾选该选项后,单击 Render 按钮弹出 Network Job Assignment(网络任务分配)对话框。

## 6.2 渲染器

在渲染设置对话框中单击 Renderer(渲染器)右侧的下拉列表,在其中可以选择已经安装的渲染器,如图 6-5 所示。

默认在 3ds Max 2016 中包含 VUE File Renderer(VUE 文件渲染器)、NVIDIA mental ray (mental ray 渲染器)、Default Scanline Renderer(默认的扫描线渲染器)、Quicksilver Hardware Renderer(迅银硬件渲染器)等,基于当前选定的不同渲染器类型,在渲染设置对话框中包含不同的卷展栏。

其中,VUE File Renderer(VUE 文件渲染器)使用一种可编辑的 ASCII 文件格式,在执行渲染过程中类似于脚本语言的作用方式。mental ray 渲染器来自 mental images,是一种通用渲染器,可以生成灯光效果的物理校正模拟,包括光线跟踪反射、折射、焦散和全局照明等。

除了上面提到的内置渲染器,还可以在 3ds Max 2016 中安装和使用其他外挂渲染器,下面以安装 V-ray 渲染器为例,详细讲述如何使用外挂渲染器。

(1) 双击 V-Ray 的安装程序开始安装 V-Ray 渲染器,首先弹出如图 6-6 所示的欢迎对话框,在欢迎对话框中阅读完注册协议后勾选 I agree(我同意)选项。

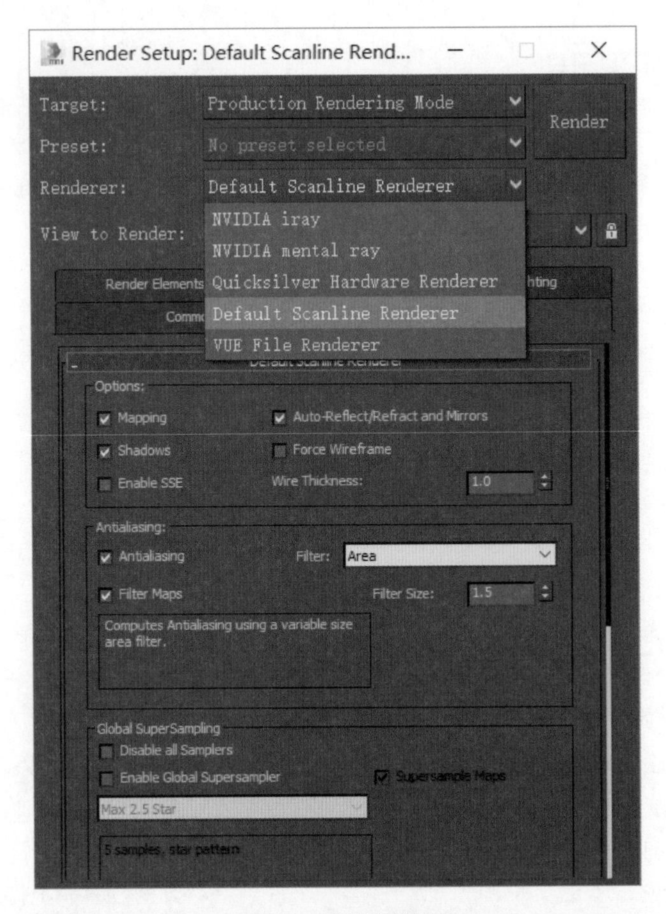


图 6-5　选择渲染器

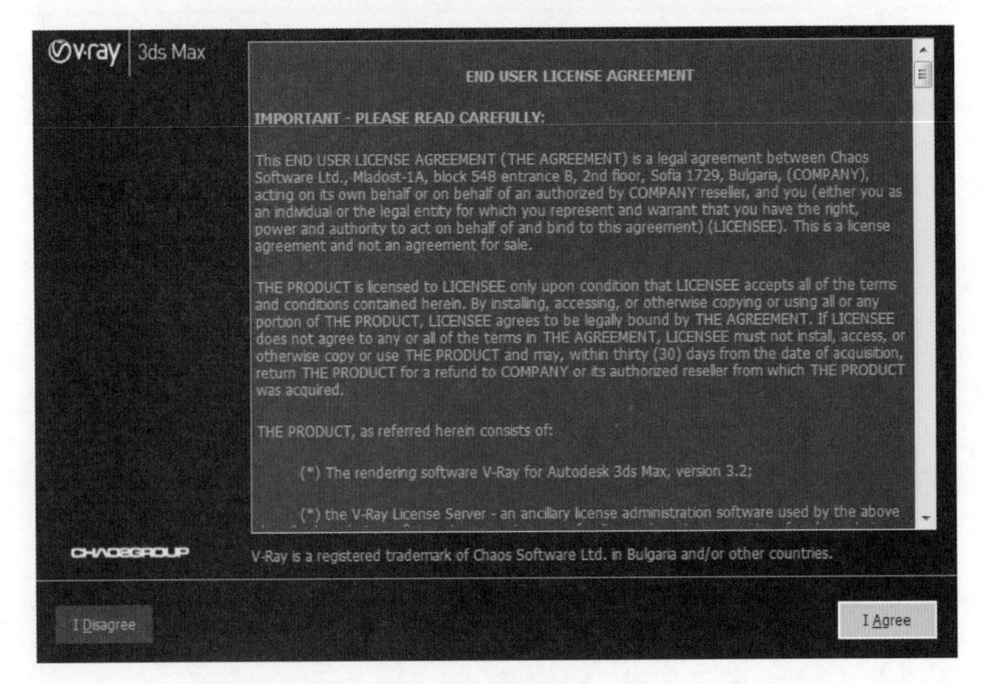


图 6-6　欢迎对话框

（2）在 V-Ray 渲染器安装对话框中单击 Install Now（现在安装）按钮，如图 6-7 所示。

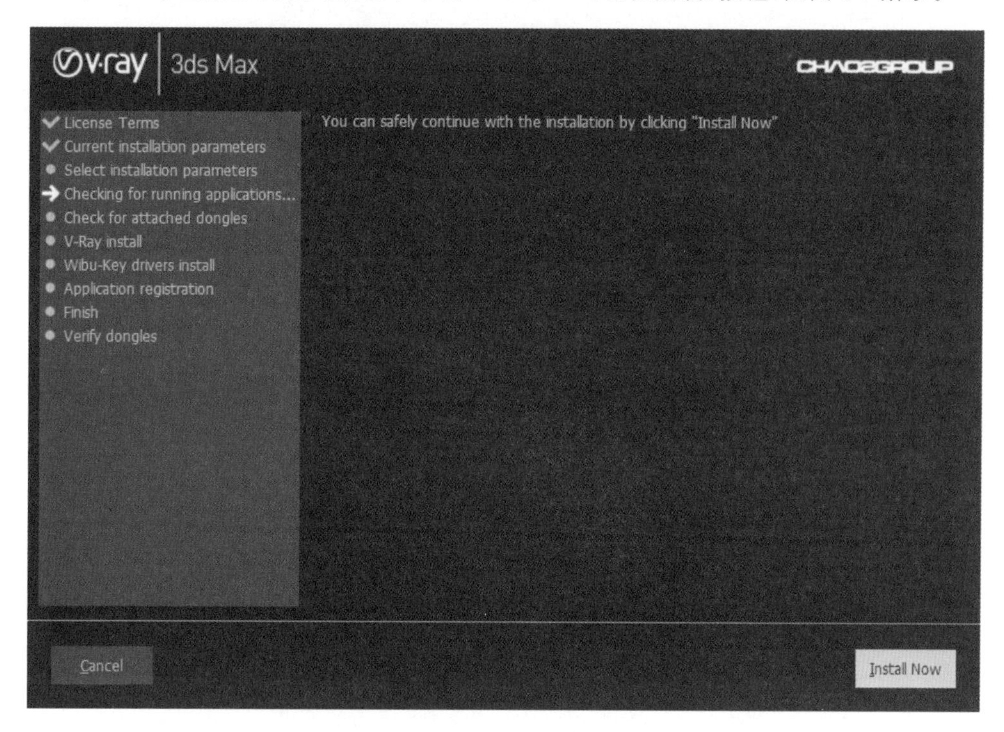


图 6-7 单击 Install Now（现在安装）按钮

（3）V-Ray 渲染器开始自动安装至 3ds Max 软件的根目录中，如图 6-8 所示。

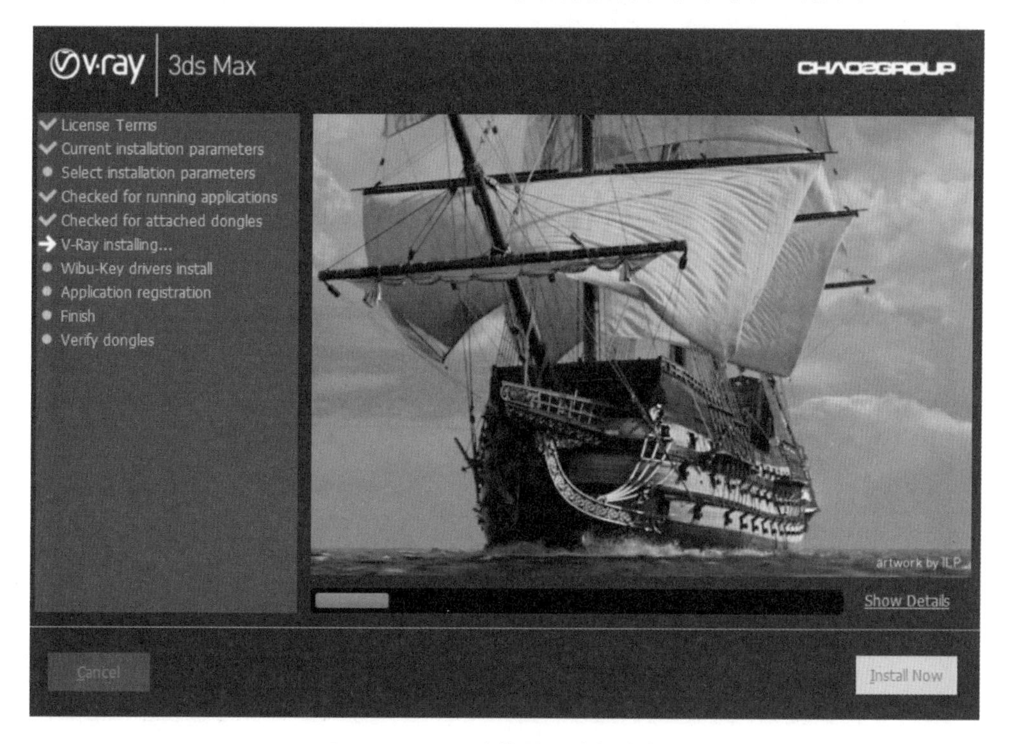


图 6-8 V-Ray 渲染器开始自动安装

(4) 如图 6-9 所示,V-Ray 渲染器自动安装完成后单击 Finish(完成)按钮。

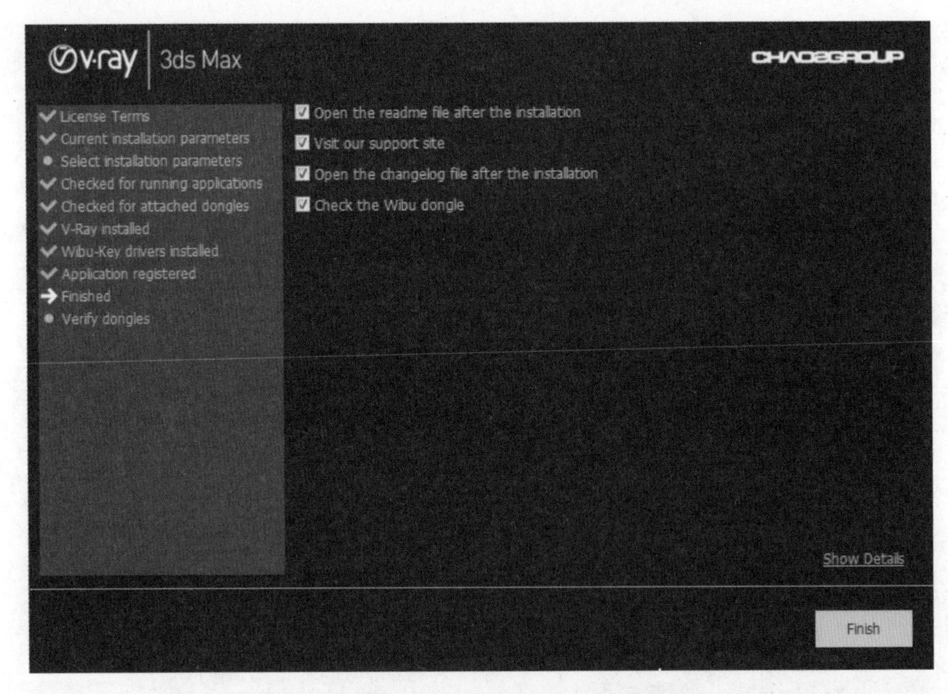


图 6-9　单击 Finish(完成)按钮完成安装过程

(5) 在弹出的如图 6-10 所示的界面中,提示将威博适配器插入到 USB 端口,操作完成后就可以使用 V-ray 渲染器了。目前在 3ds Max 2016 软件中的 V-ray 渲染器 3.20.02 版本主要用于建筑漫游动画、工业设计、电影特效制作、栏目包装等制作领域。

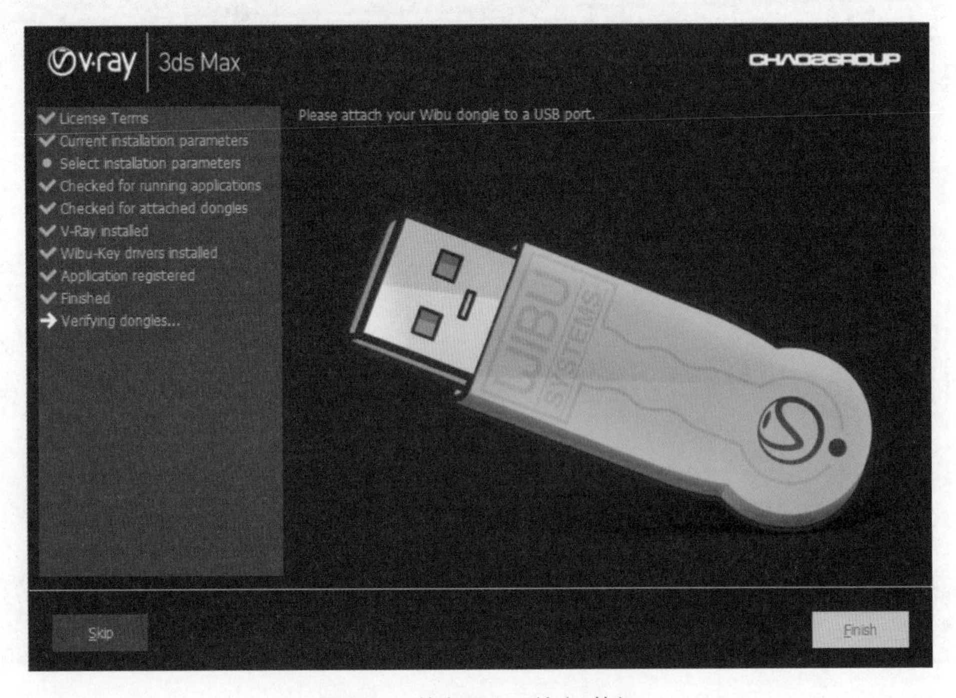


图 6-10　单击 Finish(结束)按钮

（6）在渲染设置对话框中单击 Renderer 右侧的下拉列表，在其中可以选择已经安装的外挂 V-ray 渲染器了，如图 6-11 所示。

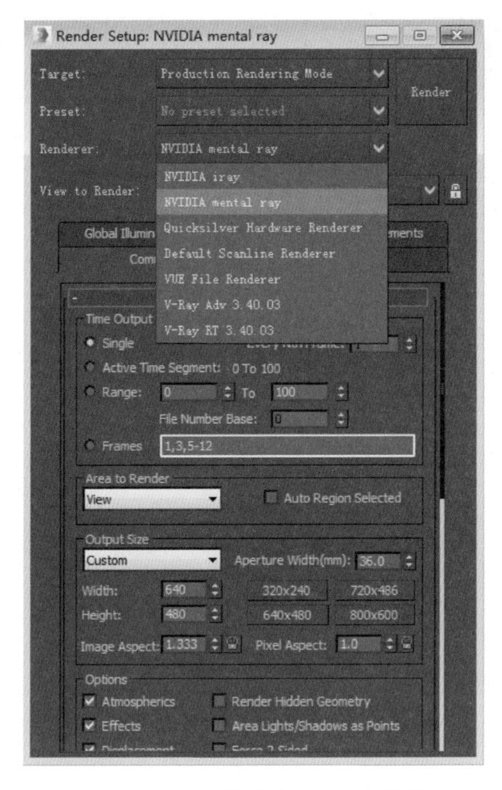


图 6-11 已经安装的 V-ray 渲染器

## 6.3 mental ray 渲染器使用范例

本节将使用特殊的材质和贴图设置，配合渲染场景命令面板、场景和特效命令面板使用 mental ray 渲染器进行输出，渲染输出效果如图 6-12 所示。

图 6-12 使用 mental ray 渲染器渲染动画场景效果

（1）选择菜单命令 File→Open，打开如图 6-13 所示的动画场景文件，在该场景中包含一个兔子角色模型，这个动画角色已经被指定了骨骼和贴图坐标。

图 6-13　打开动画场景文件

（2）单击按钮进入创建命令面板，再单击按钮进入摄像机创建模式，在场景中单击并拖动鼠标创建一个目标摄像机，创建参数如图 6-14 所示。

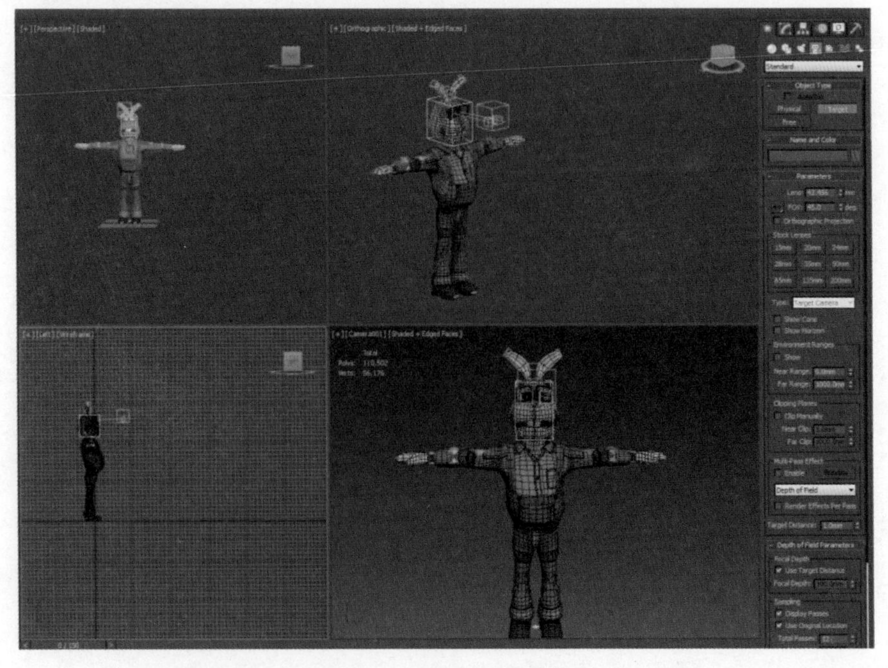

图 6-14　创建目标摄像机

(3) 在视图名称上右击，在弹出的右键快捷菜单中选择 Cameras→Camera001，将当前视图切换为摄像机视图，如图 6-15 所示。

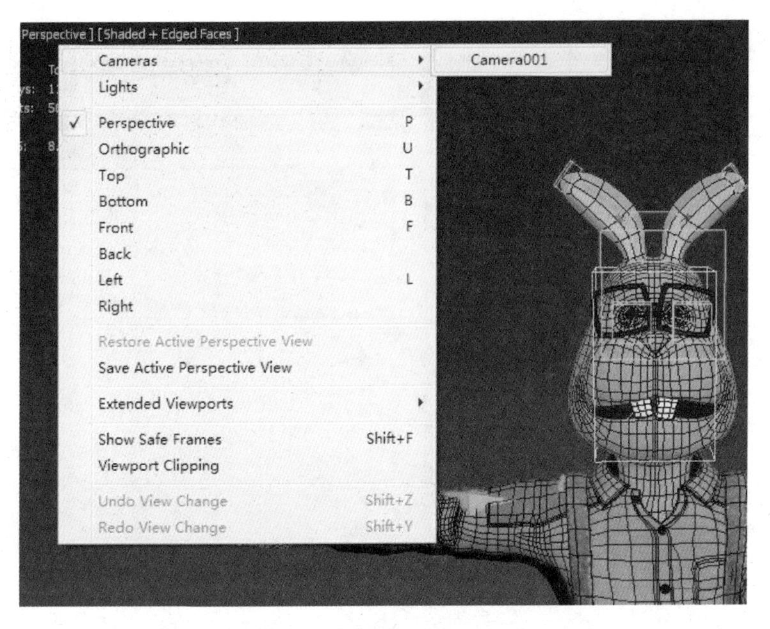


图 6-15 切换为摄像机视图

(4) 在主工具栏中单击按钮打开材质编辑器，如图 6-16 所示。

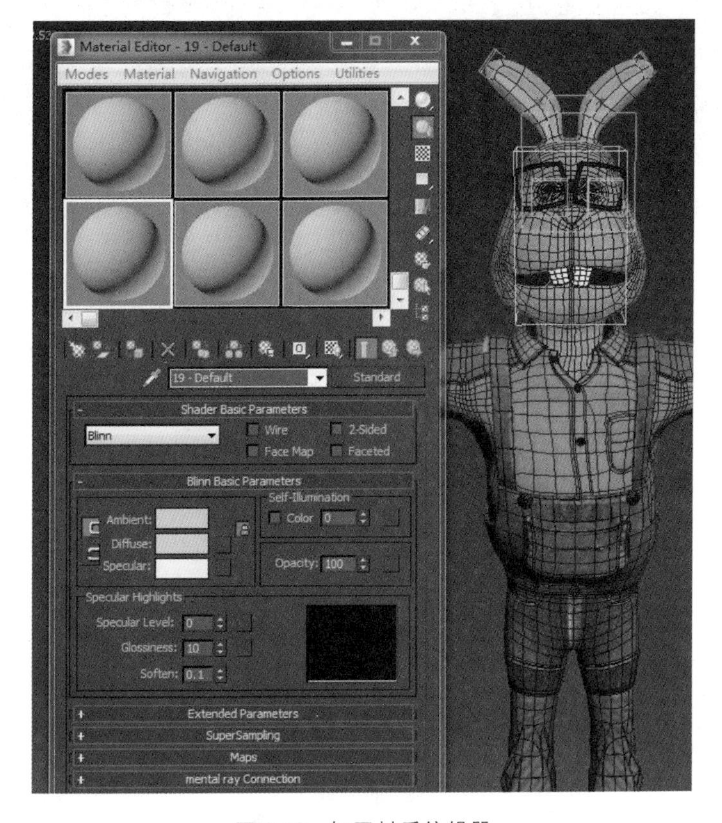


图 6-16 打开材质编辑器

(5) 在材质编辑器中单击 Standard(标准)按钮打开如图 6-17 所示的材质/贴图浏览器，在其中双击选择 Multi/Sub-Object(多维次对象)材质类型。

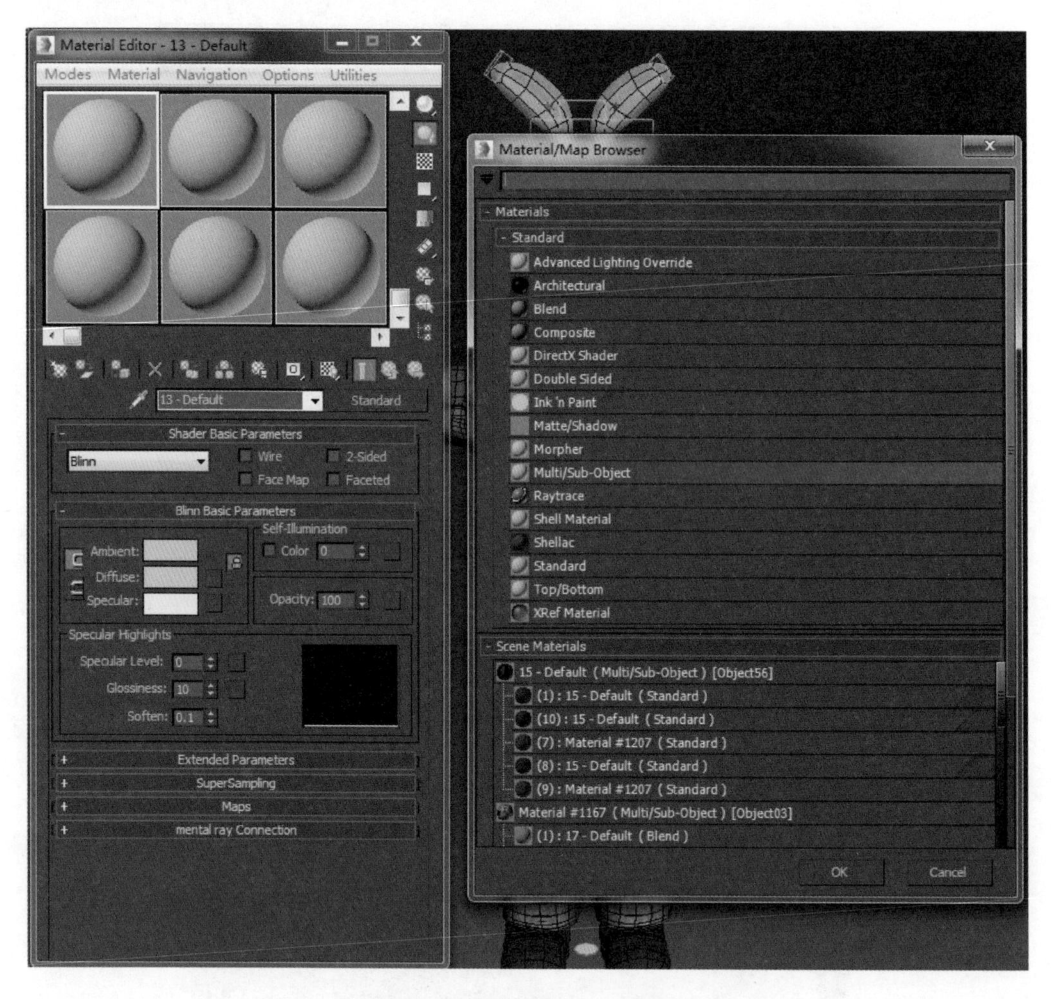


图 6-17　指定多维次对象材质

(6) 在弹出的 Replace Material(替换材质)对话框中勾选 Keep old material as sub- material (将老材质作为子级材质)，如图 6-18 所示。

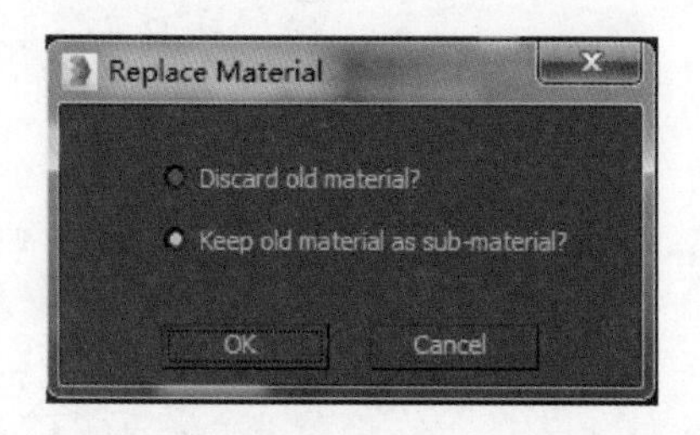


图 6-18　设置替换材质的选项

(7) 在材质编辑器中单击 Set Number(设置数量)按钮，弹出如图 6-19 所示的 Set Number of Materials(设置材质数量)对话框，将子级材质的数量设置为 7。

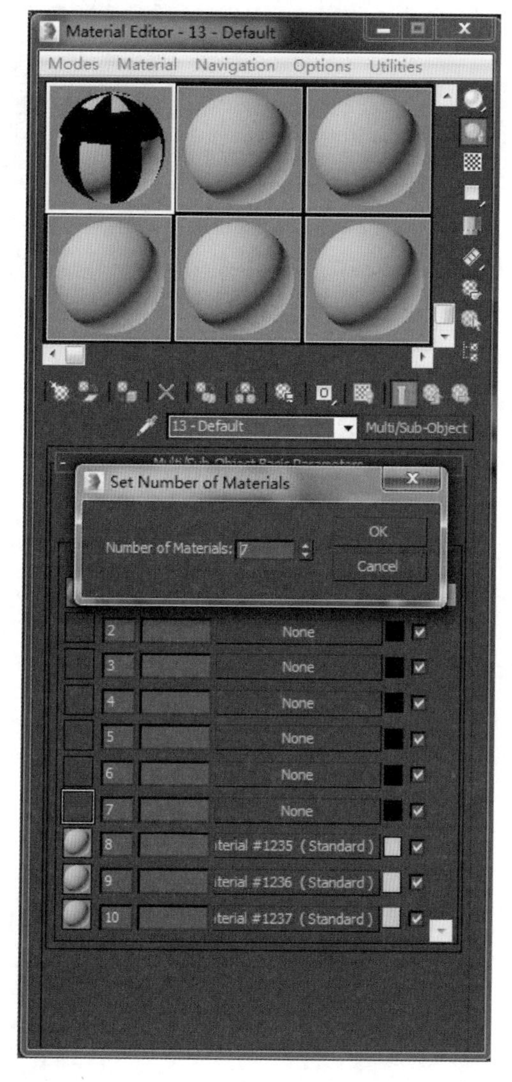


图 6-19 设置子级材质的数量

(8) 如图 6-20 所示，分别为 7 个子级材质指定不同的名称，使它们对应于兔子角色的身体、衣服、裤子、鞋子、眼镜、眼球、金属扣。

(9) 在主工具栏中单击按钮，打开如图 6-21 所示的 Render Setup 对话框。在 Renderer 右侧的下拉列表中选择 NVIDIA mental ray 渲染器。

(10) 单击主工具栏中的按钮，快速渲染查看角色的渲染效果，如图 6-22 所示。

(11) 在灯光创建命令面板中单击按钮，在场景中单击并拖动鼠标创建一盏 Target Spot(目标聚光灯)，如图 6-23 所示。

(12) 调整场景中灯光的位置，并进入 Target Spot 修改编辑命令面板，在 Shadow 项目下选择 Area Shadow，如图 6-24 所示。

(13) 在创建命令面板中单击按钮，在场景中单击鼠标创建一盏 Sky Light(天空光源)，如图 6-25 所示。

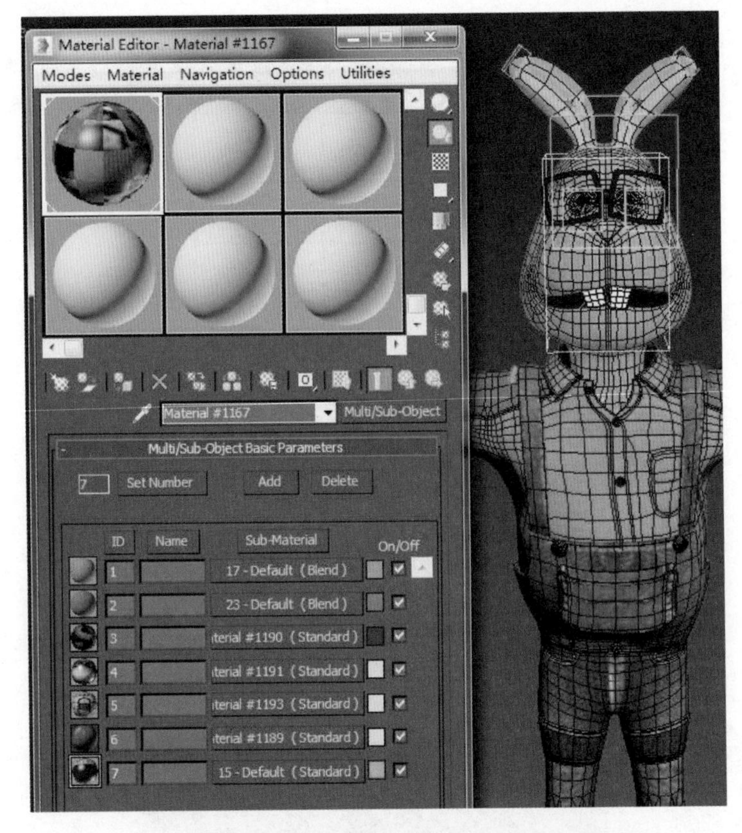


图 6-20 设置子级材质的名称

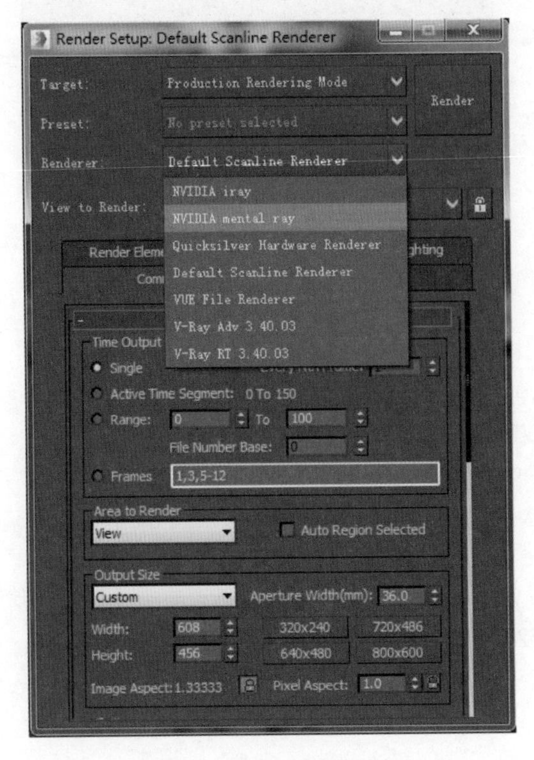


图 6-21 指定渲染器的类型

图 6-22　查看角色的贴图效果

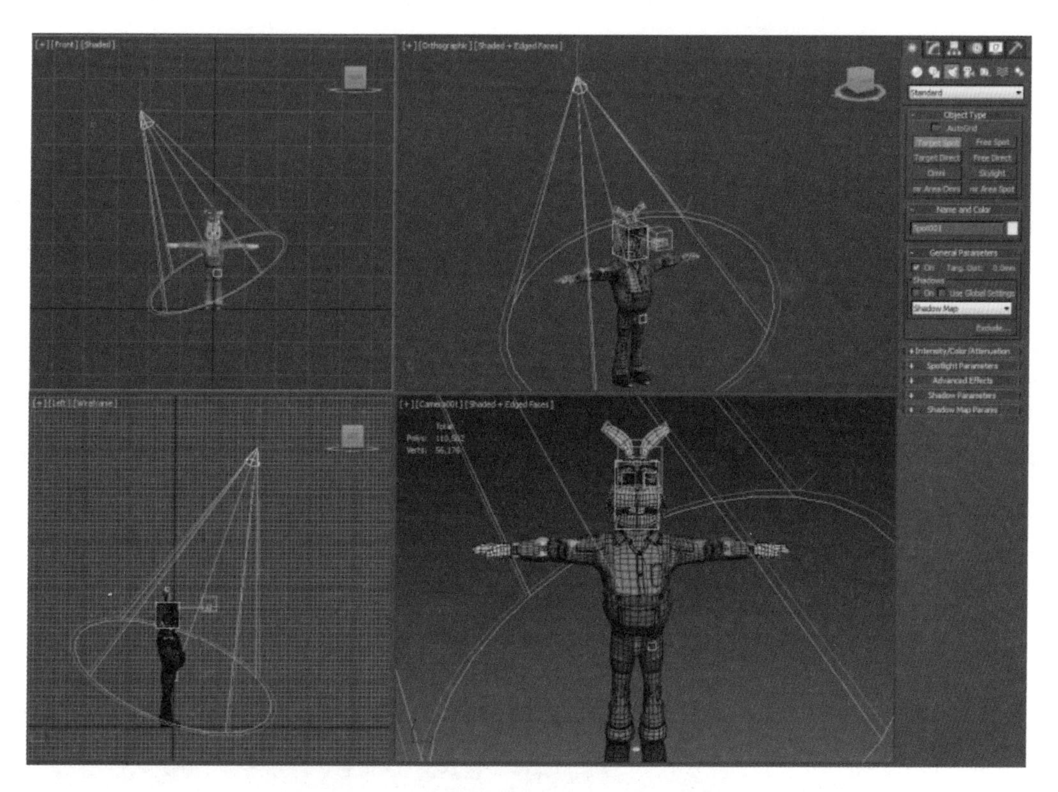

图 6-23　在场景中创建一盏目标聚光灯

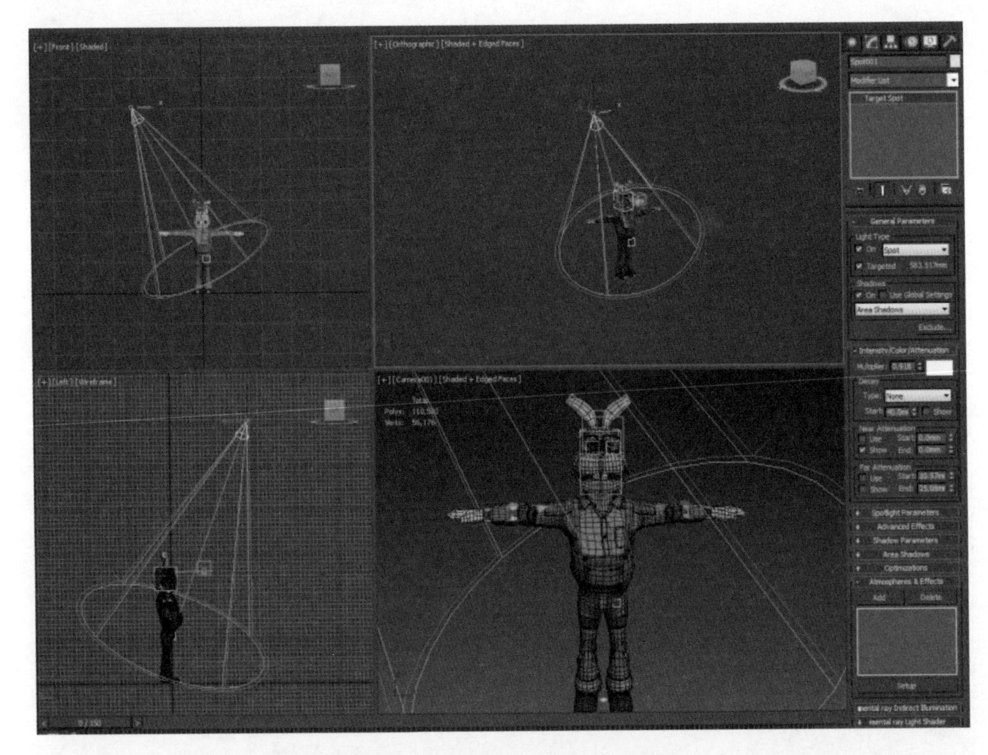

图 6-24　选择 Area Shadow 选项

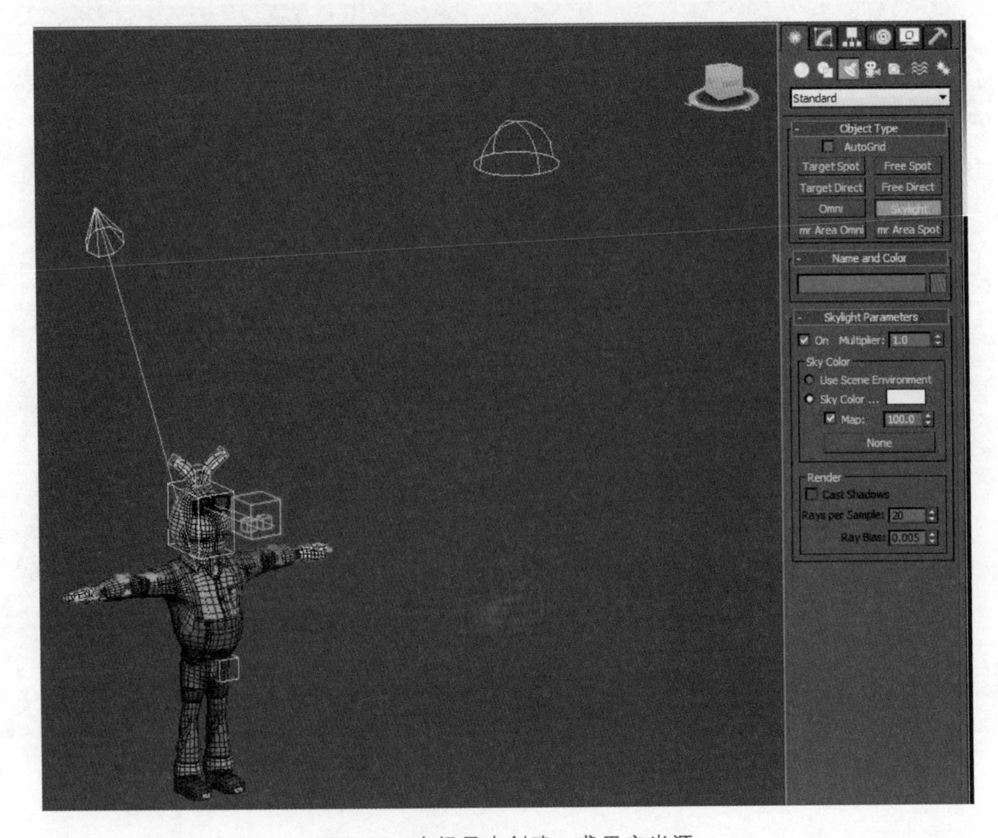


图 6-25　在场景中创建一盏天空光源

（14）单击主工具栏中的按钮，快速渲染查看角色的灯光照射效果，如图 6-26 所示。

图 6-26 渲染查看角色的灯光照射效果

（15）渲染后发现场景中灯光的照射强度太高，进入 Target Spot 修改编辑命令面板，在 Intensity/Color/Attenuation 卷展栏下调整 Multiple（强度）的数值为 0.6，如图 6-27 所示。

（16）单击主工具栏中的按钮，查看渲染效果，如图 6-28 所示。

图 6-27 调整灯光强度的数值

图 6-28 查看渲染效果

（17）在创建命令面板中单击按钮，再在标准几何体创建命令面板中单击 Plane 按钮，在场景中单击并拖动鼠标创建一个平面对象。单击主工具栏中的按钮，在视图中调整平面的位置如图 6-29 所示。

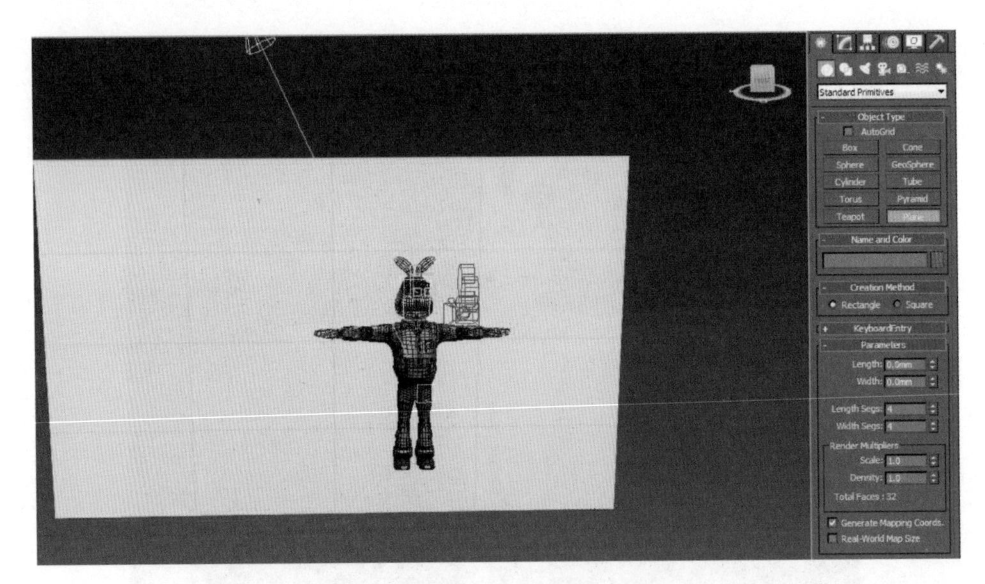


图 6-29　创建一个平面

（18）单击主工具栏中的 按钮打开材质编辑器，激活其中的一个示例窗口，单击 Diffuse 右侧的 None 按钮，在弹出的材质/贴图浏览器中双击选择 Bitmap 贴图类型，在弹出的 Select Bitmap Image File 对话框中选择背景图像后，单击 Open 按钮，如图 6-30 所示。

图 6-30　选择背景图像

（19）选择菜单命令 Rendering→Environment，打开环境和效果对话框。

（20）单击 Atmosphere（大气效果）卷展栏中的 Add 按钮，在弹出的 Add Atmospheric Effect（加入大气效果）对话框中选择 Fog（雾）大气效果，如图 6-31 所示。

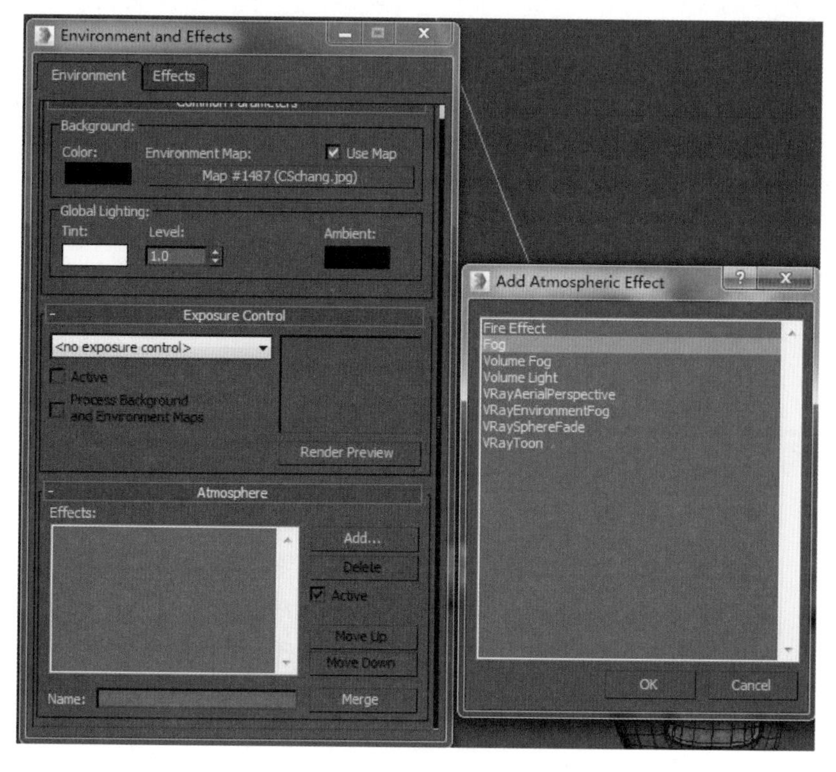


图 6-31　指定大气效果

(21) 单击 Fog 项目中的色彩样本，在弹出的色彩选择对话框中指定颜色，色彩参数如图 6-32 所示。

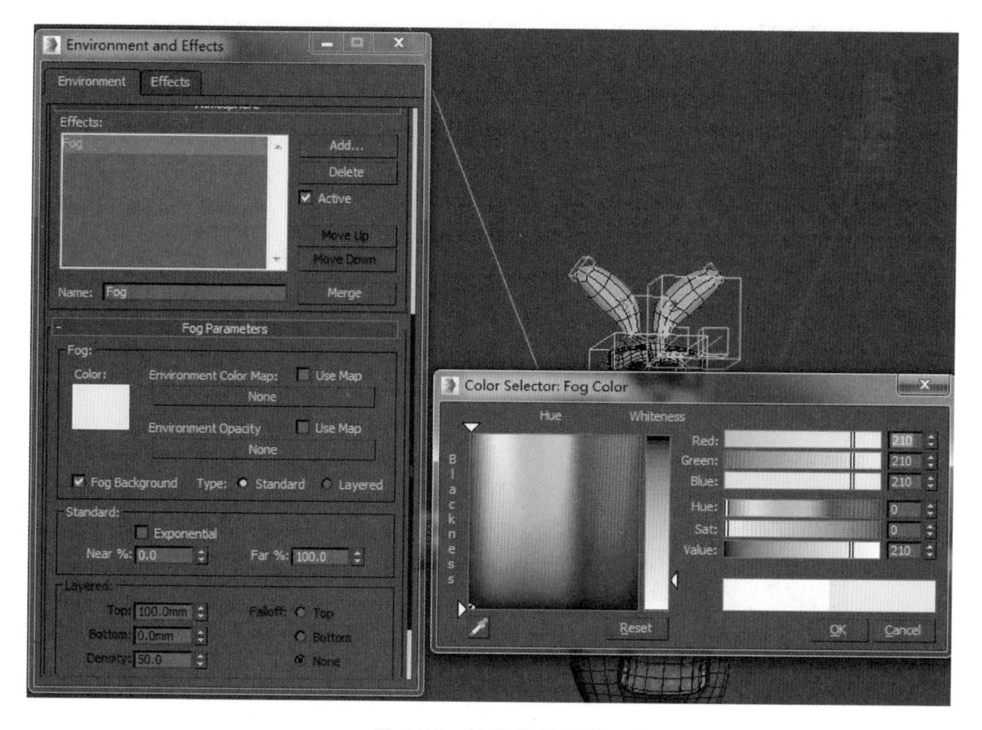


图 6-32　设置雾的色彩

(22) 雾大气效果的其余参数设置如图 6-33 所示。

图 6-33　设置雾大气效果的参数

(23) 单击 Effects 卷展栏中的 Add 按钮,在弹出的 Add Effect 对话框中选择 Brightness and Contrast(明度和对比度)效果,如图 6-34 所示。

图 6-34　选择明度和对比度效果

(24) 在 Brightness and Contrast Parameters 卷展栏中，将 Brightness 参数设置为 0.5，将 Contrast 参数设置为 0.7，如图 6-35 所示。

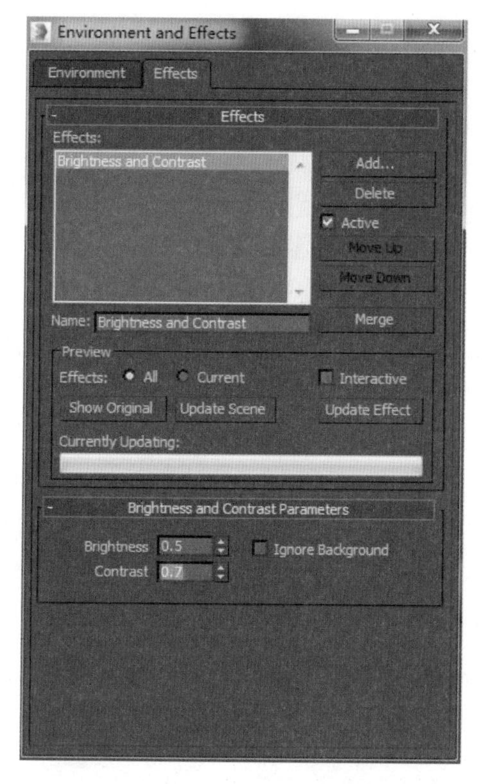


图 6-35 设置明度和对比度参数

(25) 单击主工具栏中的按钮，快速渲染查看场景设置的效果，如图 6-36 所示。

图 6-36 查看场景设置的效果

(26) 单击主工具栏中的 按钮,打开如图 6-37 所示的渲染设置对话框,单击 Renderer 选项卡,在 Samples per Pixel(每像素采样)项目中将 Minimum(最小值)参数设置为 4;将 Maximum(最大值)参数设置为 16。

(27) 在 View to Render 右侧的下拉列表中选择摄像机视图 Quad 4-Camera001,如图 6-38 所示。

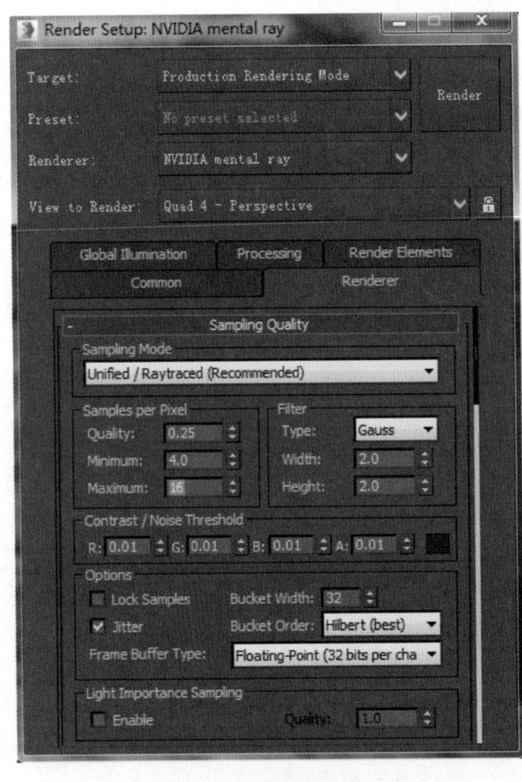


图 6-37　打开渲染设置对话框

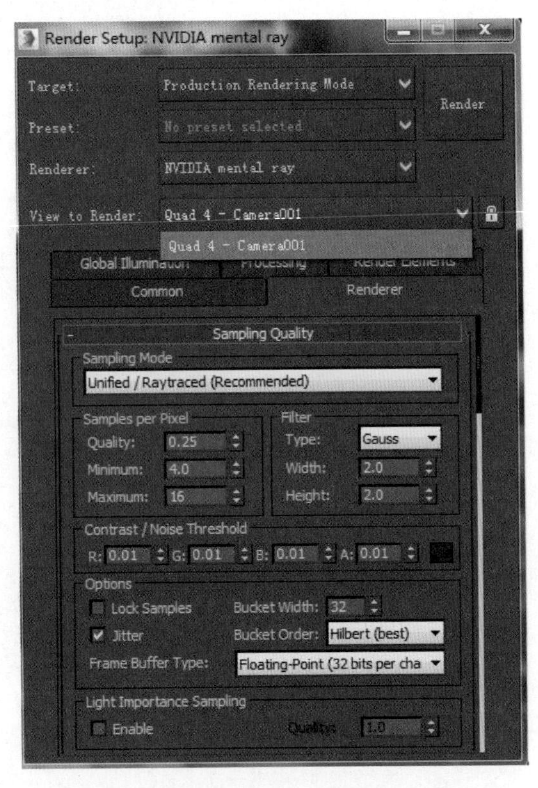


图 6-38　在下拉列表中选择摄像机视图

(28) 在 Renderer 选项卡的 Global Tuning Parameters(全局调整参数)卷展栏中,确定 Soft Shadows Precision(软化阴影精确度)参数设置为 1,如图 6-39 所示。

(29) 在 Renderer 选项卡的 Sampling Quality(采样质量)卷展栏,调整 Samples per Pixel(每个像素的采样值)的参数,将 Filter(过滤器)方式改为 Gauss(高斯),如图 6-40 所示。

(30) 在 Global Illumination(全局光照)选项卡的 Caustics & Photon Mapping(GI)(焦散和光子映射)卷展栏中,勾选 Enable(使用)选项,将 Maximum Num. Photons per Sample(每个采样点使用的光子数)改为 100,如图 6-41 所示。

(31) 将 Light Properties(灯光属性)项目中的 Average Caustic Photons per Light(每个灯光的平均焦散光子数)参数改为 20000,如图 6-42 所示。

(32) 在 Caustics and Global Illumination Photon Map(焦散和全局光照光子图)项目下,选择保存光子图的文件路径后,单击 Generate Photon Map File Now(生成光子映射文件),如图 6-43 所示。

(33) 在摄像机视图中左上角的 Camera 文字上右击,在弹出的下拉列表中选择 Show Safe Frames(显示安全框),如图 6-44 所示。

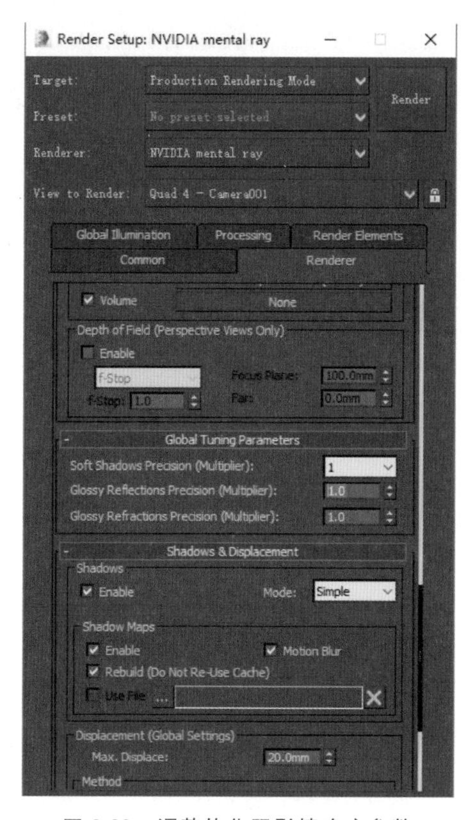


图 6-39 调整软化阴影精确度参数

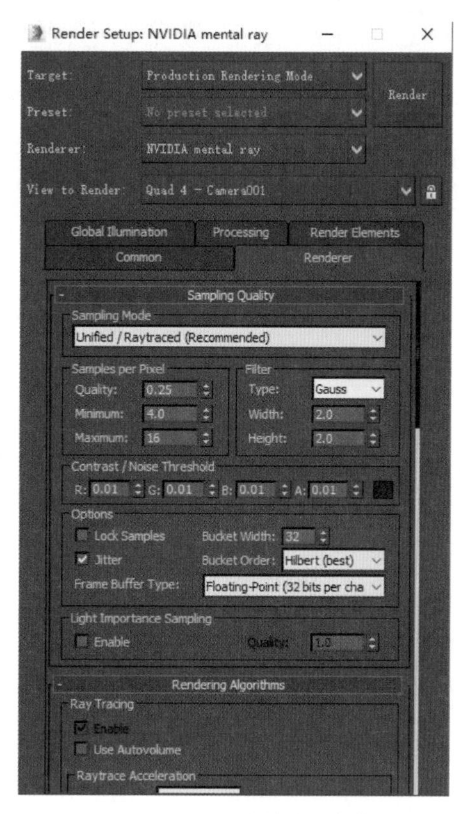


图 6-40 设置采样质量参数

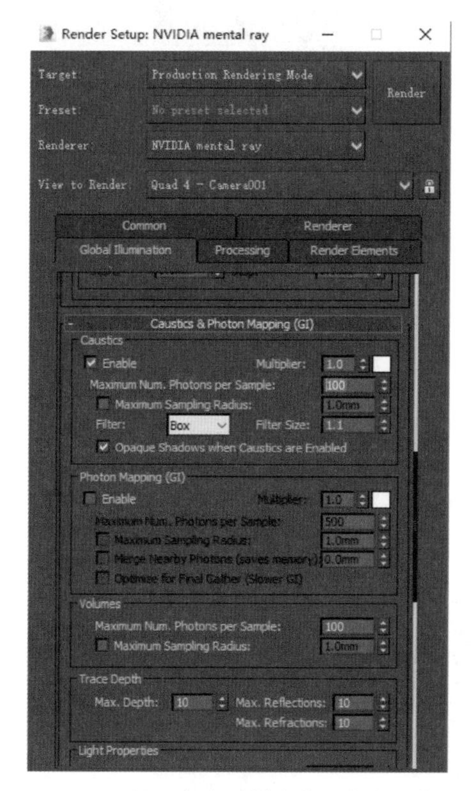


图 6-41 设置每个采样点使用的光子数

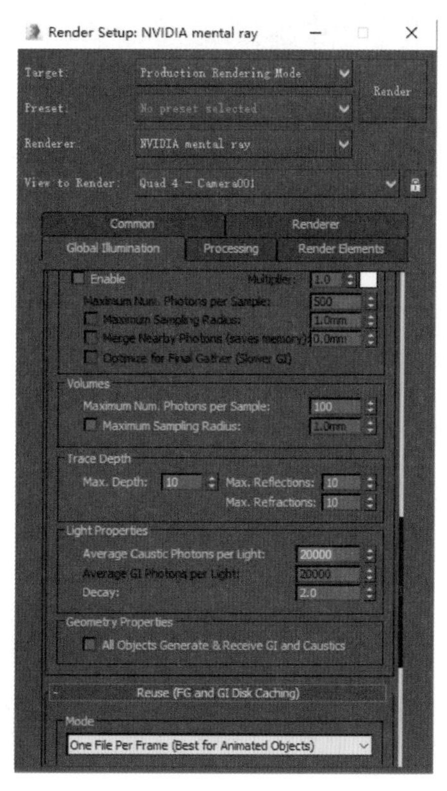


图 6-42 将每个灯光的平均焦散光子数参数改为 20000

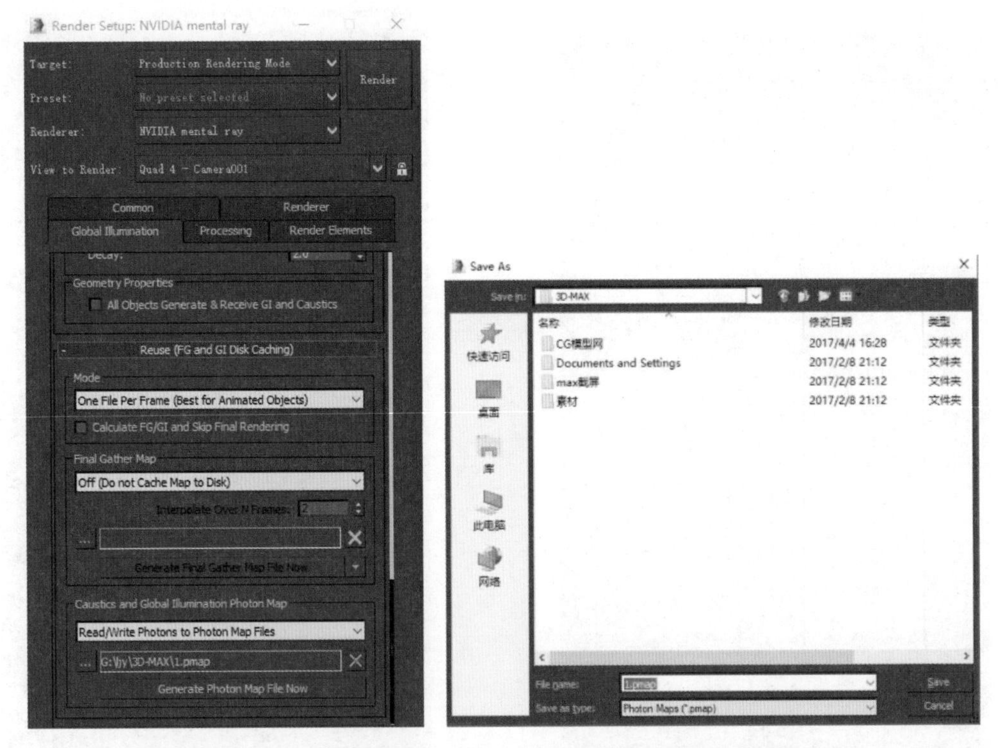


图 6-43　选择保存光子图路径

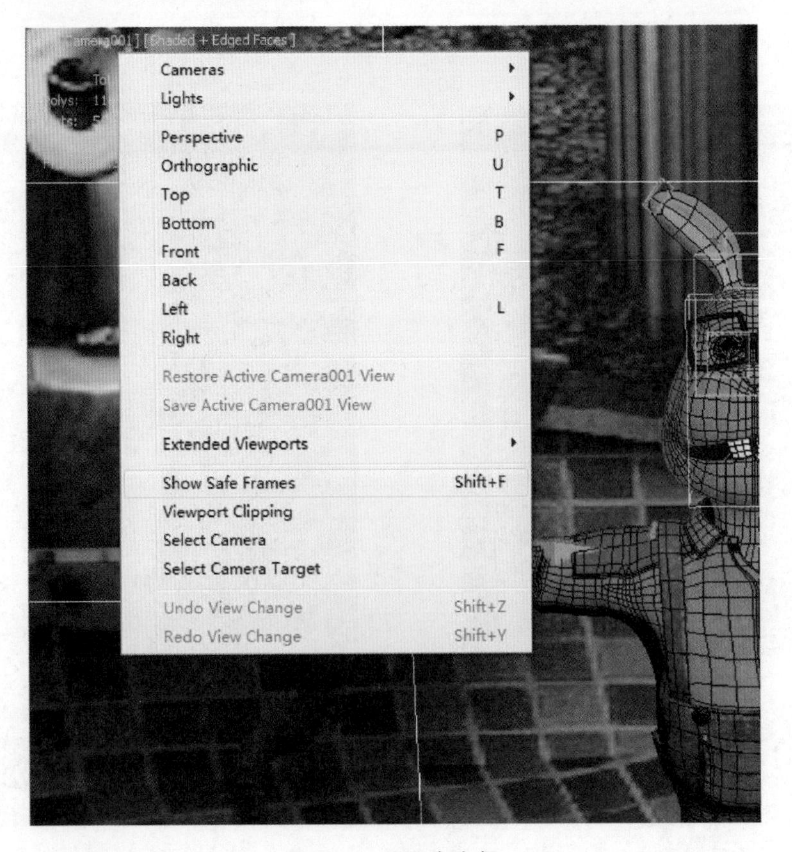


图 6-44　显示安全框

(34) 在渲染设置对话框中单击 Render 按钮，使用 mental ray 渲染器渲染输出，最终动画角色在场景中的渲染效果如图 6-45 所示。

图 6-45　渲染输出效果

## 6.4 渲染到纹理

Render To Texture(渲染到纹理)功能也被称为 Texture Baking(纹理烘焙)。利用渲染到纹理功能可以创建场景中对象在灯光照射下各个次级结构面的贴图，然后可以将输出的贴图再重新指定到场景中原先的对象上。利用该功能可以有效降低渲染输出的计算量，还可以在 Direct3D 硬件设备(如图形显示卡或游戏引擎)的支持下即时、快速地显示该对象的渲染效果。

选择菜单命令 Rendering→Render To Texture 后弹出 Render To Texture 对话框，如图 6-46 所示。在这个对话框中可以选择哪些渲染元素要制作为纹理，渲染元素就是对象的 diffuse color、shadows、Alpha (transparency/opacity)等属性。

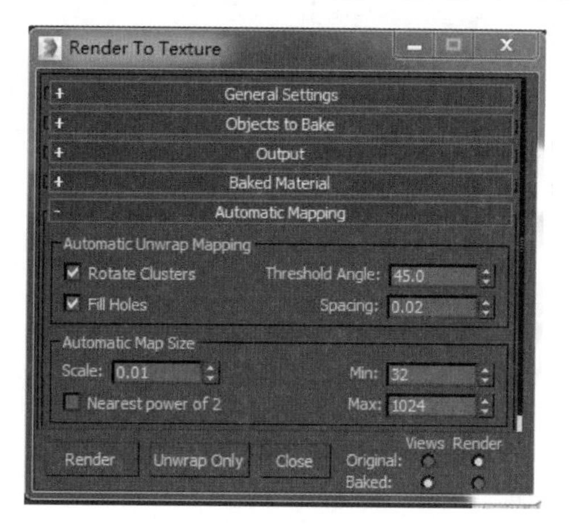


图 6-46　渲染到纹理对话框

在该对话框中包含：General Settings(通用设置)卷展栏、Objects to Bake(烘焙对象)、Output(输出)卷展栏、Baked Material(烘焙材质)卷展栏、Automatic Mapping(自动贴图)卷展栏。

单击 Render 按钮后，就可以创建当前选定对象的纹理贴图，每一种选定的渲染元素都会被渲染为独立的图像文件。默认纹理图像被保存为 Targa 文件，并被放置在 3ds Max 安装路径下的\images 子文件夹中。实际上创建的纹理贴图就是三维对象表面被“展平”后的样子，这有点像将地球表面展平绘制成世界地图的效果，如图 6-47 所示。

下面将制作一个三维动画角色的烘焙材质。在使用渲染到纹理功能之前，首先要设置场景灯光。然后再在场景中选择要进行渲染到纹理操作的对象。

(1) 选择菜单命令 File→Open，打开如图 6-48 所示的角色场景文件。

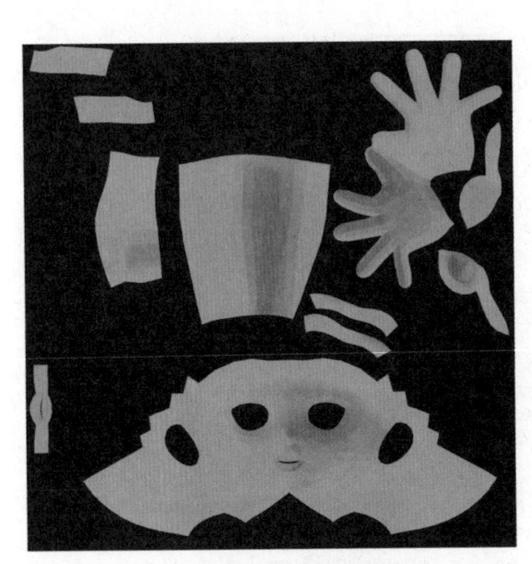

图 6-47　创建的纹理贴图

图 6-48　打开动画角色场景文件

(2) 在创建命令面板中单击按钮，进入灯光创建命令面板，单击其下的 Target Spot 按钮，在场景中单击并拖动鼠标创建一盏目标聚光灯，并将目标点移动到角色的位置，如图 6-49 所示。

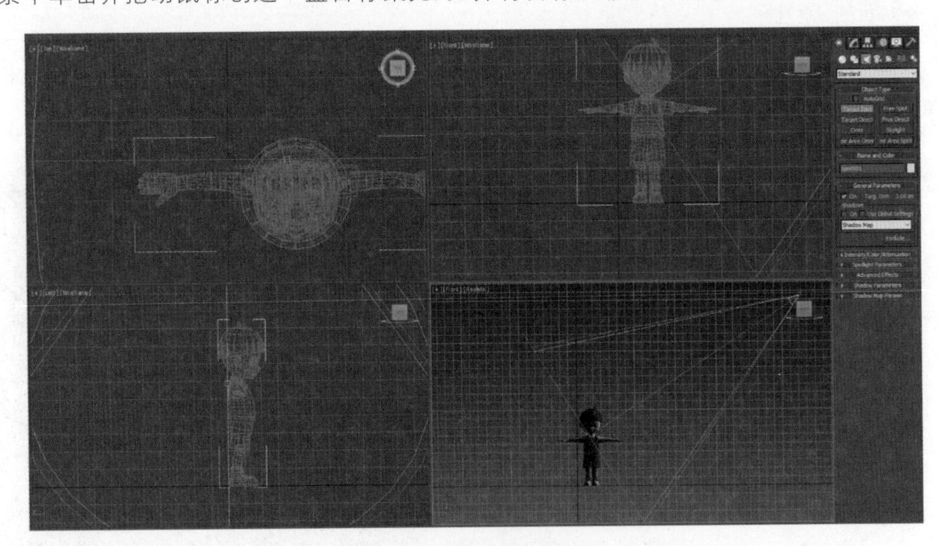

图 6-49　创建目标聚光灯

(3) 在修改编辑命令面板中设置灯光的属性参数，如图 6-50 所示。

(4) 单击灯光色彩样本，在弹出的色彩选择对话框中选择浅黄色，色彩参数如图 6-51 所示。

(5) 在灯光创建命令面板中单击 Skylight(天光)按钮，在场景中单击鼠标创建天光，灯光的参数设置如图 6-52 所示。

(6) 选择菜单命令 Rendering→Light Tracer(渲染→光线追踪器)，弹出如图 6-53 所示的渲染设置对话框，保持大多数的默认参数设置，将 Bounces(反弹)参数设置为 1，该参数用于设置全局灯光在物体表面的反射次数，反射次数越多，渲染输出的效果越真实，相应渲染输出的时间也会成倍增长。

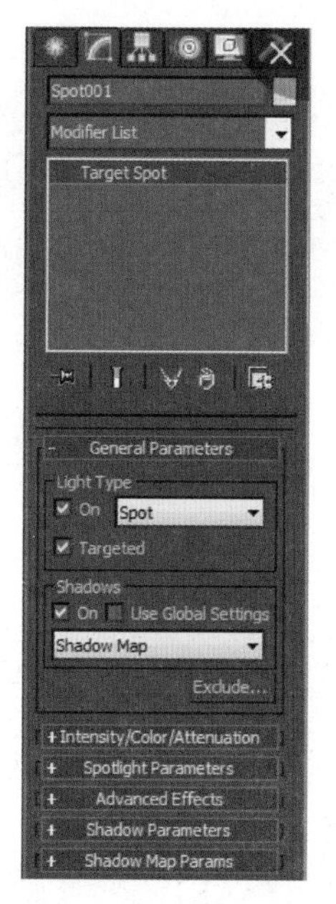


图 6-50　设置灯光的属性参数

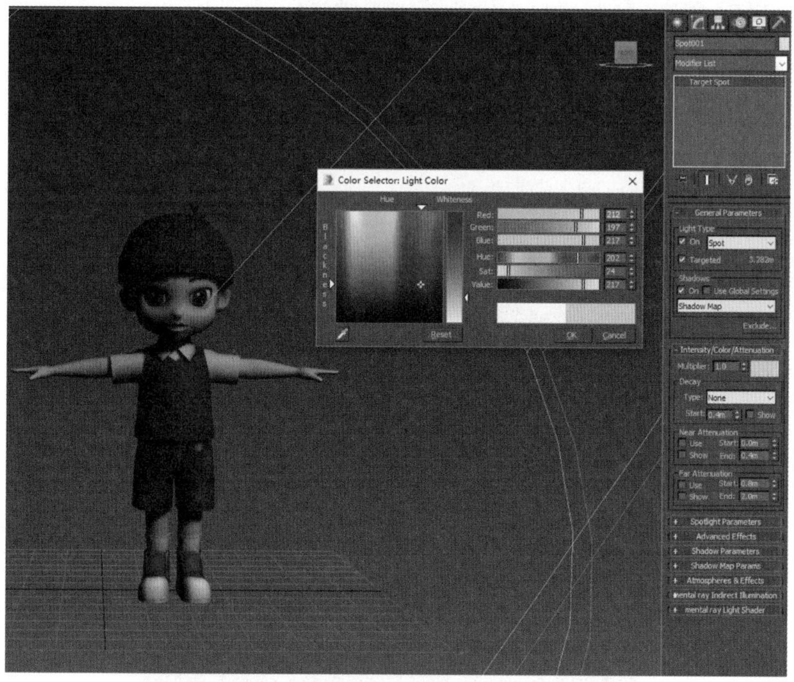


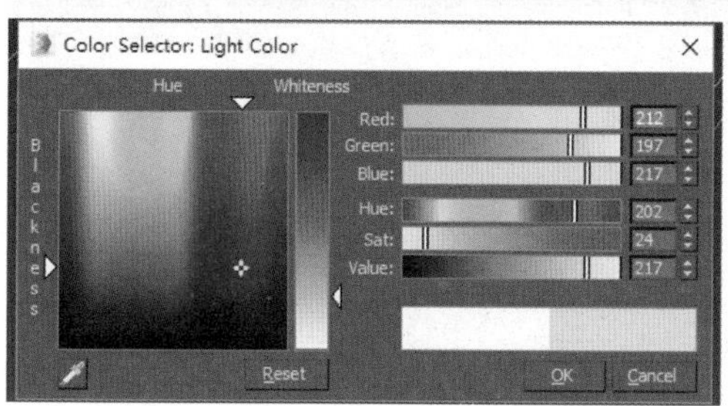


图 6-51　指定灯光的色彩

图 6-52　创建天光

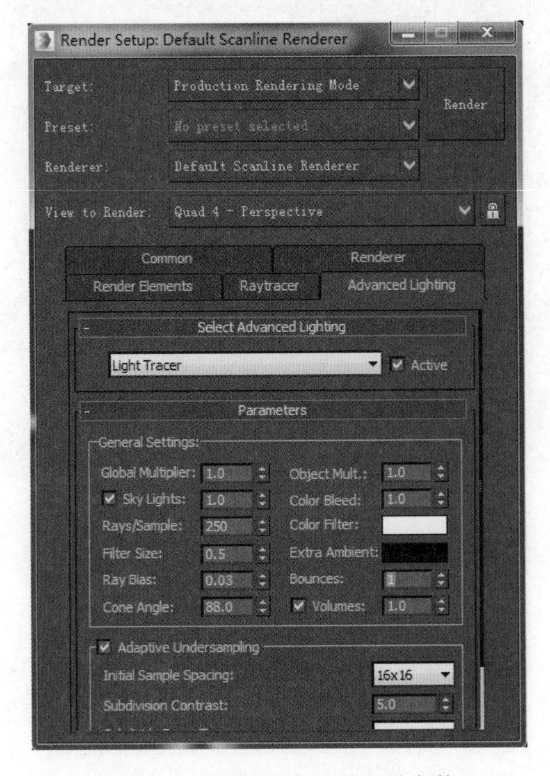


图 6-53　设置高级灯光的属性参数

（7）选择菜单命令 Rendering→Environment，打开如图 6-54 所示的环境和效果对话框，单击 Ambient 下面的色彩样本，在弹出的色彩选择对话框中指定环境光的色彩。

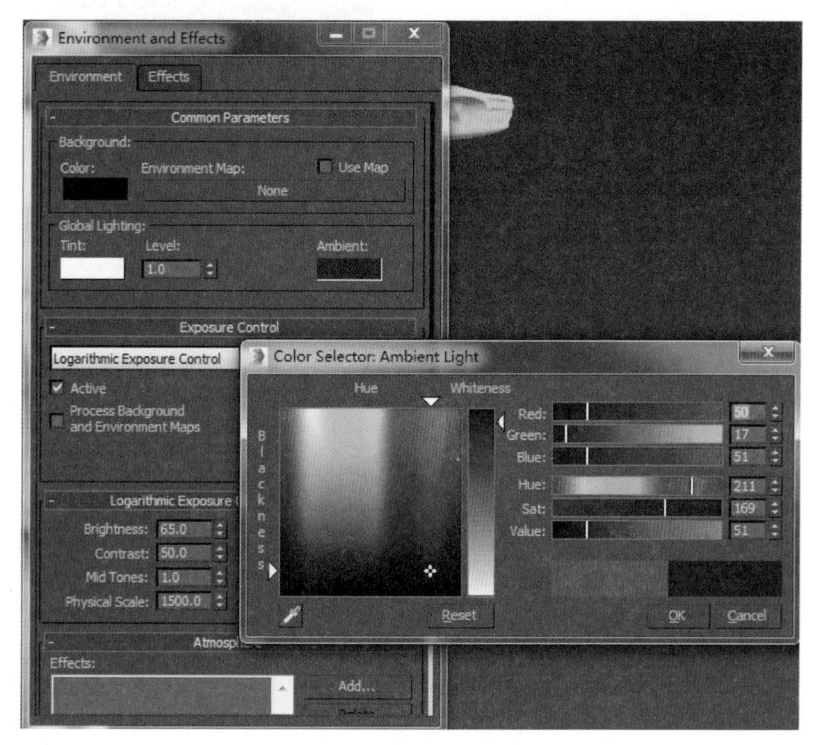


图 6-54 指定环境光的色彩

（8）在环境和效果对话框中单击 Effects 选项卡，在 Effects 卷展栏中再单击 Add 按钮，如图 6-55 所示。

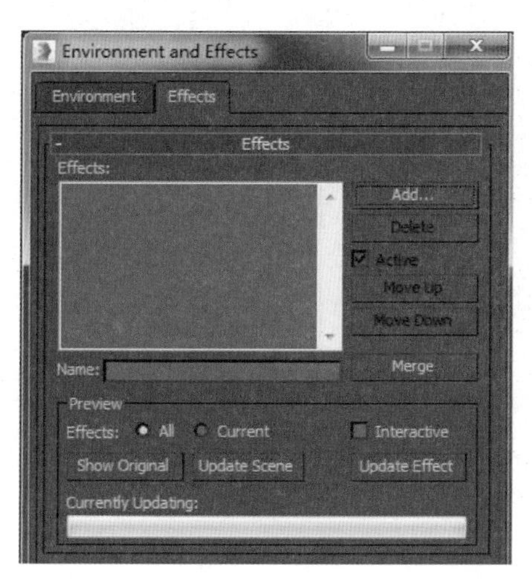


图 6-55 在 Effects 选项卡中单击 Add 按钮

（9）弹出如图 6-56 所示的 Add Effect 对话框，在其中选择 Brightness and Contrast 效果，单击 OK 按钮关闭该对话框。

（10）在环境和效果对话框中设置 Brightness and Contrast 效果的参数，如图 6-57 所示。

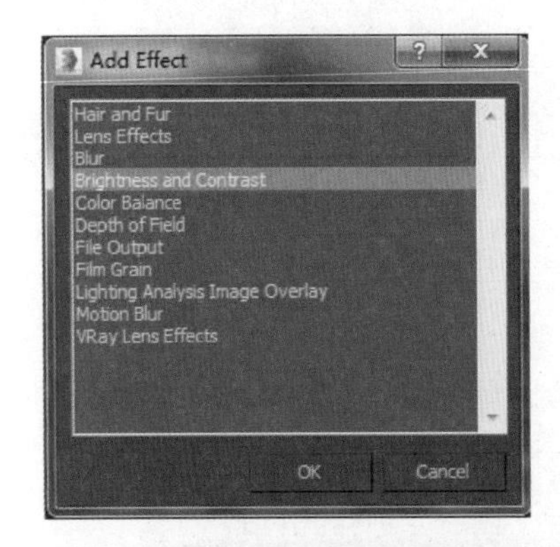


图 6-56　增加亮度和对比度效果

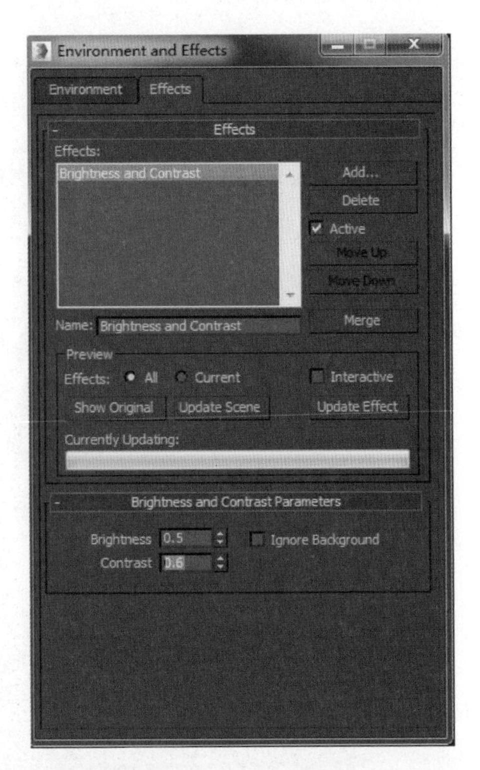


图 6-57　设置 Brightness and Contrast 效果的参数

（11）在主工具栏中单击按钮，渲染查看场景编辑的最终效果，如图 6-58 所示。

图 6-58　渲染查看场景编辑的最终效果

（12）选择菜单命令 Rendering→Render To Texture，打开如图 6-59 所示的渲染到纹理对话框，在 Render Settings（渲染设置）的下拉列表中选择一个 RPS 文件。

（13）弹出如图 6-60 所示的 Select Preset Categories（选择预设分类）对话框，在其中可以框选 Environment（环境）、Default Scanline Renderer（默认扫描线渲染器）、Advanced Lighting（高级灯光）。

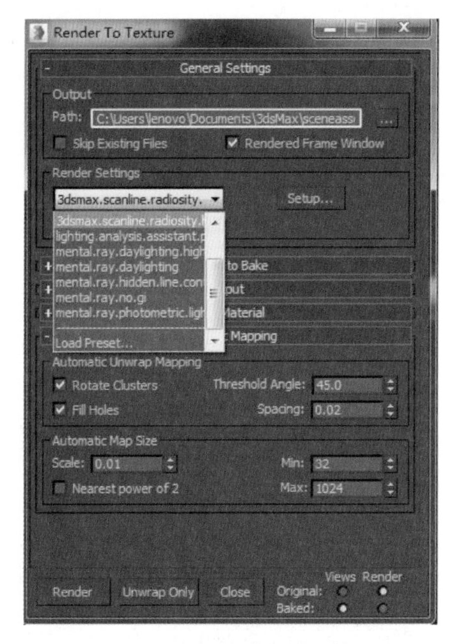


图 6-59　打开渲染到纹理对话框

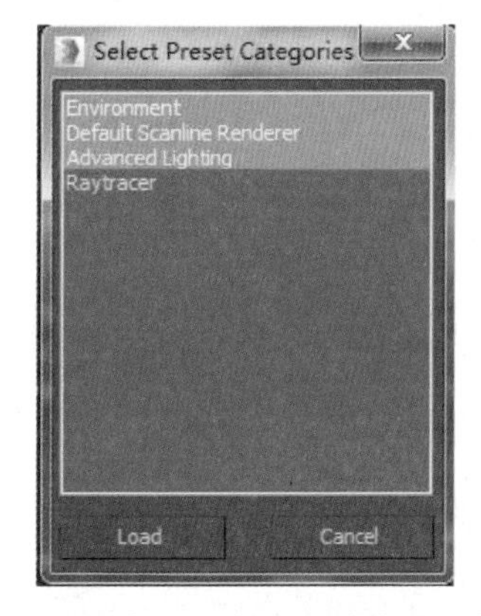


图 6-60　打开选择预设分类对话框

（14）在 Render To Texture 对话框的 Output（输出）卷展栏中单击 Add 按钮，弹出 Add Texture Elements（增加纹理元素）对话框，在其中选择 CompleteMap（完全贴图）后，如图 6-61 所示，单击 Add Elements 按钮关闭该对话框。

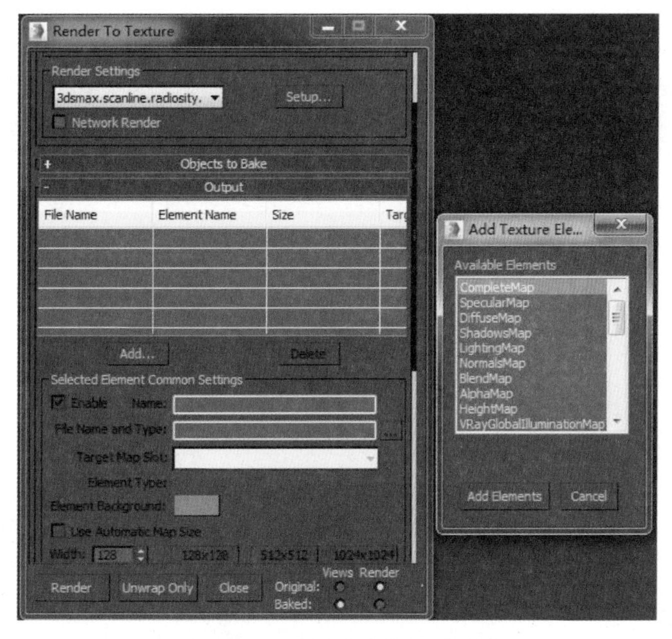


图 6-61　选择要输出的纹理元素

（15）在 Objects to Bake（对象烘焙）卷展栏中勾选 Use Existing Channel（使用现有通道）选项，其余参数设置如图 6-62 所示。

（16）在 Output 卷展栏中，将长度与宽度参数设置为 1024，单击 File Name and Type（文件名称和类型）项目右侧的按钮，如图 6-63 所示。

图 6-62　设置烘焙材质的参数

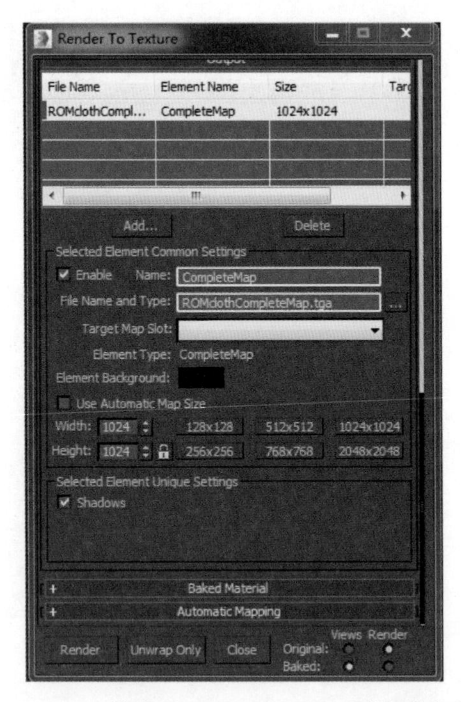


图 6-63　单击 File Name and Type 右侧按钮

（17）弹出如图 6-64 所示的 Select Element File Name and Type（选择元素文件名称和类型）对话框，在其中选择烘焙贴图的名称、存储路径、文件类型，单击 Save（保存）按钮关闭该对话框。

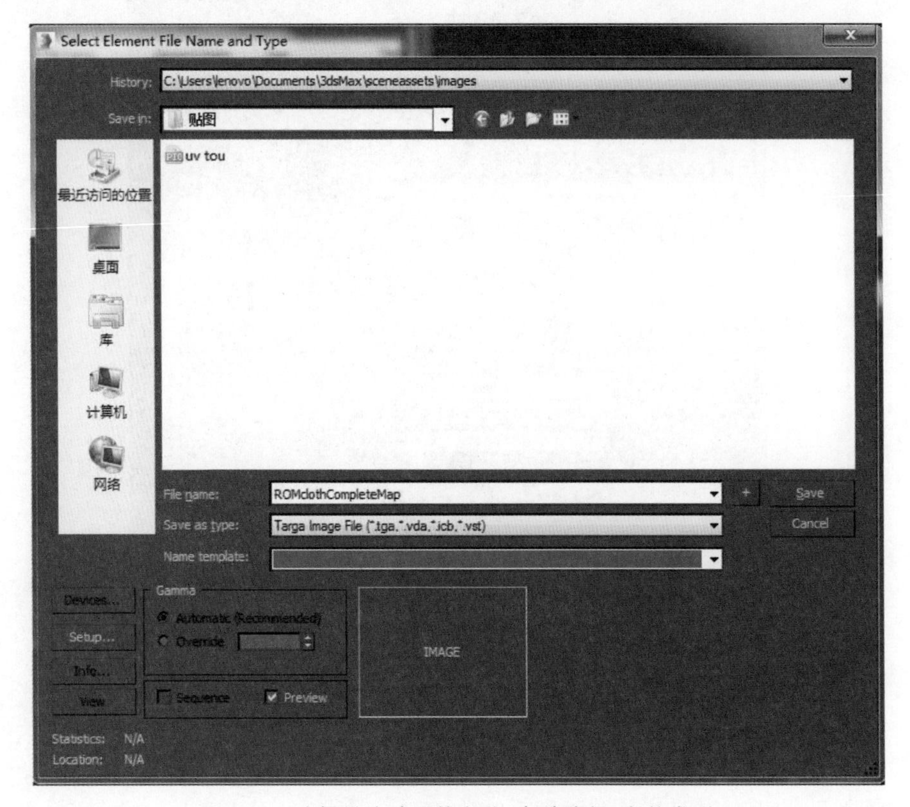


图 6-64　选择烘焙贴图的名称、存储路径、文件类型

（18）如图 6-65 所示，在 Render To Texture 对话框中单击 Render 按钮，开始进行烘焙材质的渲染输出过程。

（19）烘焙完成的贴图如图 6-66 所示，在贴图中包含了所有的场景灯光和环境效果属性。

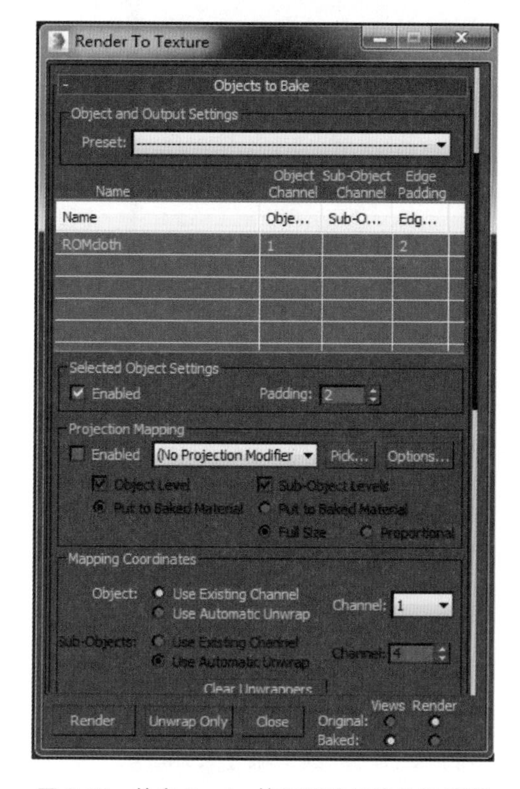


图 6-65　单击 Render 按钮开始渲染输出进程

图 6-66　烘焙完成的贴图

## 6.5　网络渲染

单击渲染设置对话框 Target 右侧的下拉标记，在弹出的下拉列表中选择 Submit To Network Rendering（执行为网络渲染）后，弹出 Network Job Assignment（网络任务分配）对话框，如图 6-67 所示，在该对话框中可以命名网络渲染任务，指定参与渲染输出过程的计算机，为渲染服务器指派任务。

### 1. Job Name（工作名称）项目

在工作名称区域中可以指定当前网络渲染任务的名称。

### 2. EnterSubnet Mask（输入网络遮罩）项目

取消勾选 Automatic Search（自动搜索）选项后，输入网络管理器的机器名称或 IP 地址。单击 Connect（连接）按钮连接到网络管理器，程序将连接到的网络管理器作为通用设置进行保护，在连接之后该按钮变为 Disconnect（取消连接）按钮。

### 3. Priority（优先权）项目

可以指定任务序列中不同工作的优先权，该参数的数值越小，工作的优先权越高，默认为 50。

图 6-67　网络任务分配对话框

勾选 Critical(临界)选项,则将当前工作移动到任务序列的前面,优先执行该工作。如果当前服务器正在渲染一项工作,当将另一项工作指定为临界状态后,服务器中止渲染当前的工作,开始渲染处于临界状态的工作,渲染完临界工作后返回到任务序列中的下一个工作开始进行渲染。

单击 Dependencies(从属)按钮弹出 Job Dependencies (任务从属)对话框,在该对话框中可以指定现有哪些任务必须优先完成后才能执行当前任务。

## 4. Options(选项)项目

勾选 Enabled Notifications(激活通告)选项后启用通告功能,可以指定将通告发送到一个外部程序中。该通告信息被称为 Notify(通报),当外部程序接到通报后可以作出反应,如发送电子邮件、发出警告声等,以提示当前网络渲染任务的进程。

勾选 Split Scan Lines(分离扫描线)选项可以对在渲染过程中的一帧进行细分。

勾选 Include Maps(包含贴图)选项,在归档压缩文件中包含场景所有的贴图、插入的外部参考及其所有贴图,该归档压缩文件被传送到所有的服务器,未压缩的文件保存在\network 目录下 serverjob 临时文件夹中,默认为取消勾选状态。如果当前采用比较缓慢的国际互联网而不是局域网进行网络渲染,就要勾选该选项。

取消勾选 Ignore Scene Path(忽略场景路径)选项后,服务器将场景文件从管理器复制到服务器中，如果管理器安装了 Windows 2000 Professional 或 Windows NT4 Workstation 操作系统，只能有 10 个服务器从管理器复制场景文件，其他机器将使用 TCP/IP 协议取得场景文件；勾选该选项后，服务器仅使用 TCP/IP 协议取得场景文件，默认为取消勾选状态。

勾选 Initially Suspended（初始延迟）选项，将命名的任务加入到不激活状态的序列中。该渲染任务不被激活，直到在 Queue Monitor 中将其指定为激活状态为止。

当连接到网络渲染管理器之后，在服务器列表中显示所有已经注册到当前管理器的服务器名称。取消勾选 Use All Servers 选项后，可以手动指定服务器组，该服务器组显示在列表最上面的选项卡中。

默认情况下，每个服务器都包含一个着色的状态图标。绿色表示服务器正在运行但没被指定任何渲染工作；黄色表示服务器正在渲染一项工作；红色表示断开连接的服务器，可以尝试重新启动该服务器；灰色表示不被激活的服务器。

下面讲述单个计算机上网络渲染的用法。与标准渲染相比较，这种方法的优势在于可以将多个渲染作业提交给一个计算机进行渲染，可用于执行批处理渲染。单机网络渲染操作流程如下。

（1）单击“开始”菜单按钮，选择“所有程序”→Autodesk→Backburner→Manager（管理器），启动管理器并在 backburner\network 文件夹中创建 backburner.xml 文件。

（2）第一次运行管理器时，将会弹出 Backburner Manager General Properties（Backburner 管理器通用属性）对话框，如图 6-68 所示。

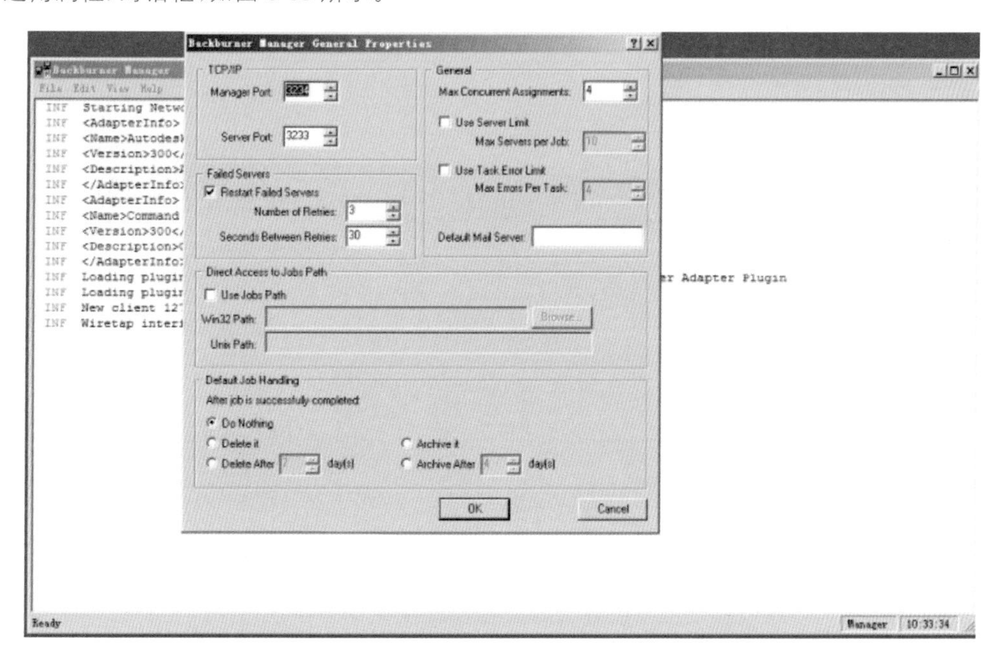


图 6-68　打开 Backburner Manager General Properties 对话框

（3）单击 OK 按钮保持默认设置，弹出如图 6-69 所示的 Backburner Manager 对话框。

（4）单击“开始”菜单按钮，选择“所有程序”→Autodesk→Backburner→Server（服务器），启动服务器并创建存储在 backburner.xml 文件中的服务器数据。

（5）第一次运行服务器时，将会弹出 Backburner Server General Properties（Backburner 服务器通用属性）对话框，如图 6-70 所示。

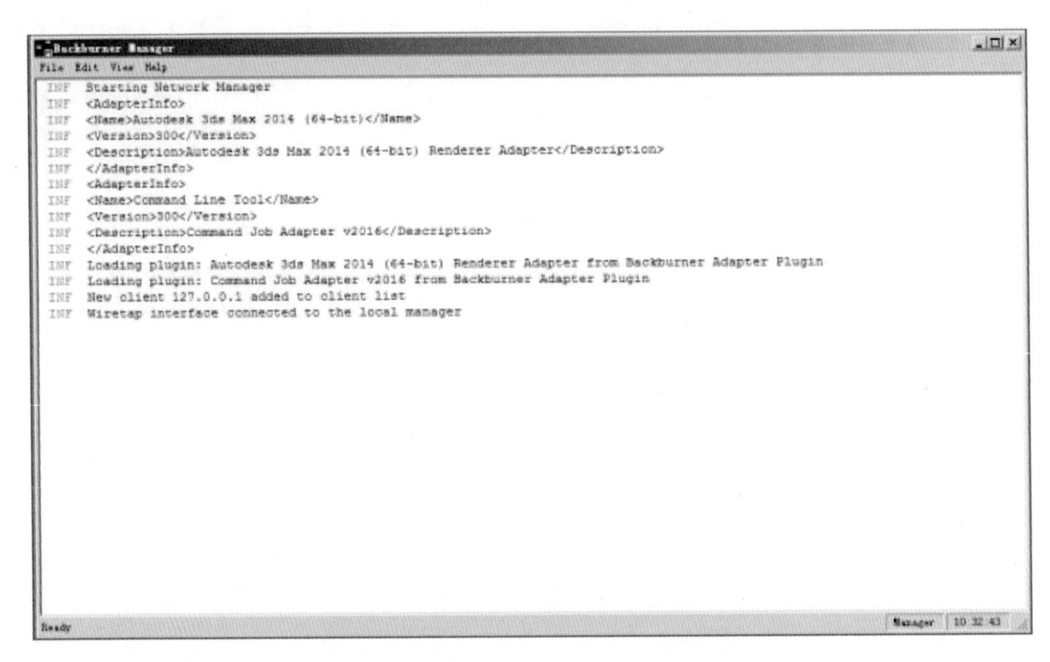


图 6-69　打开 Backburner Manager 对话框

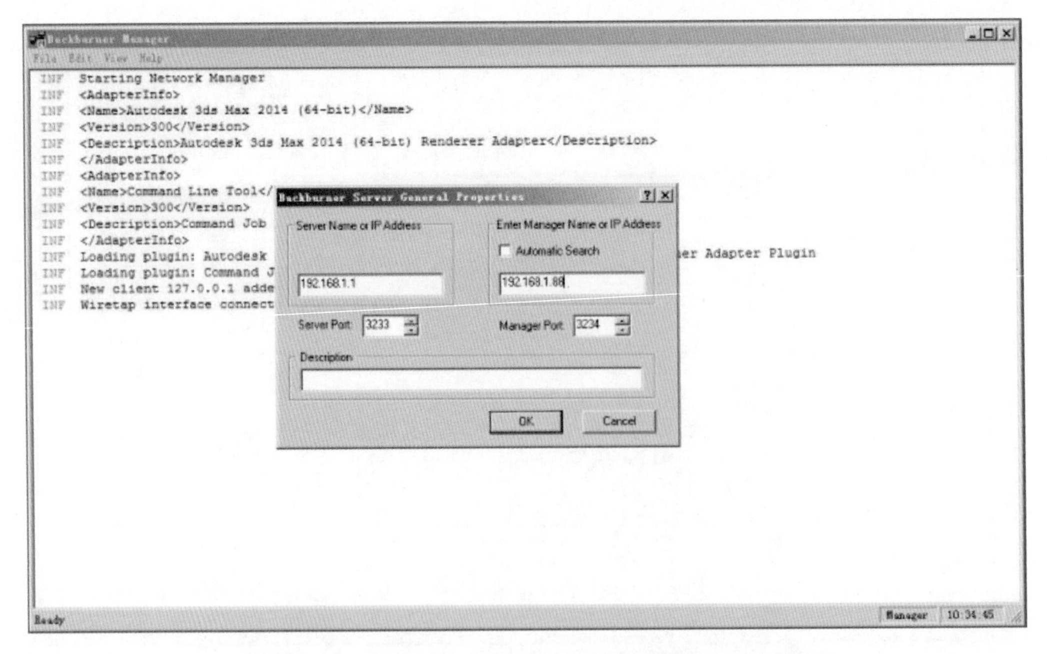


图 6-70　打开 Backburner Server General Properties 对话框

(6) 单击 OK 按钮保持默认设置，弹出如图 6-71 所示的 Backburner Server 对话框，稍后，消息将会出现在服务器和管理器窗口中表明服务器已经成功注册到管理器。

(7) 启动 3ds Max 2016 并加载要渲染的第一个场景。

(8) 选择菜单命令 Rendering→Render Setup，打开渲染设置对话框，在该对话框中可以指定场景渲染输出的参数设置项目。

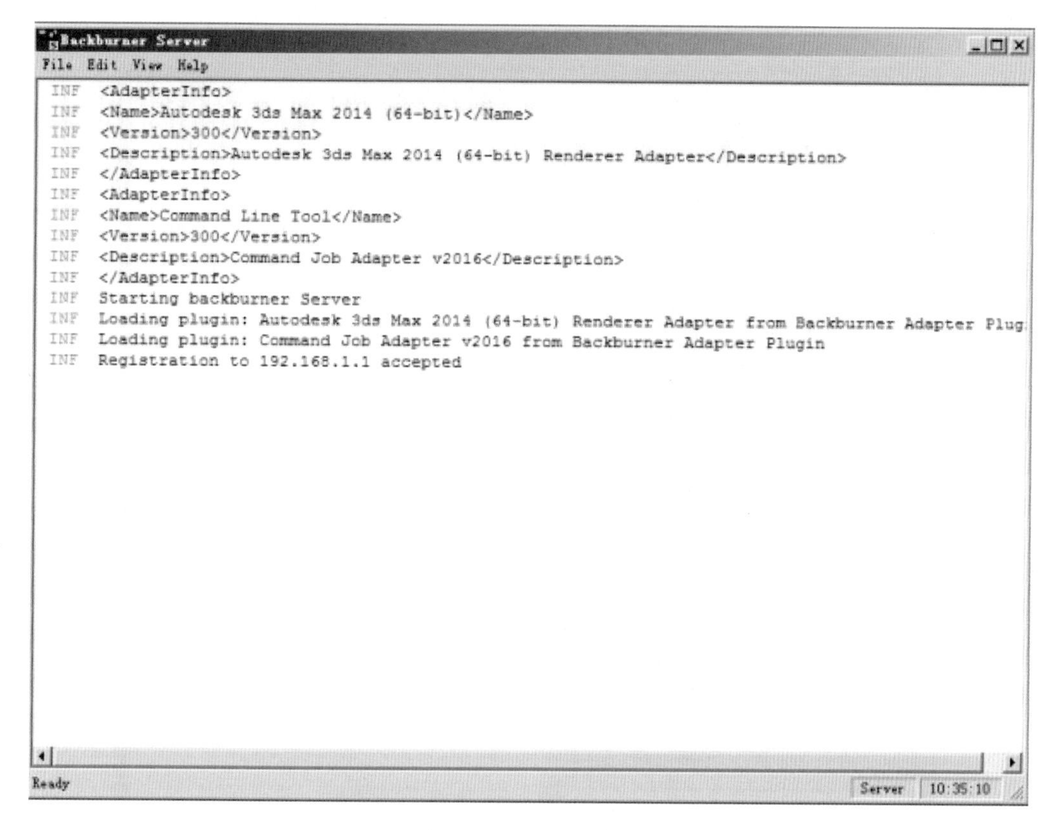

图 6-71　打开 Backburner Server 对话框

(9) 单击渲染设置对话框 Target 右侧的下拉标记，在弹出的下拉列表中选择 Submit To Network Rendering 后，弹出 Network Job Assignment 对话框。

(10) Network Job Assignment 对话框中显示运行管理器的服务器站，输入作业名称后单击 Connect(连接)按钮，如图 6-72 所示，计算机名称(服务器)出现在右边的服务器窗口中，名称旁边出现一个绿色的点，表示服务器系统已经准备好进行渲染工作。

(11) 单击服务器名称使其在列表窗口中高亮显示，然后单击 Submit(提交)按钮。

(12) 管理器将任务提交给服务器，管理器和服务器都在该系统上运行，服务器开始渲染每个静态帧或动画。

(13) 要渲染其他任务，将它们加载到 3ds Max 2016，重复上面的操作步骤。可根据需要提交任意多任务，软件会将任务排在队列中，并按照提交顺序进行渲染。

下面讲述网络渲染。首先要将一台计算机指定为管理器，然后指定任意数目的其他计算机为服务器。在此过程中，管理器计算机也将作为渲染服务器。网络渲染操作流程如下。

(1) 单击“开始”菜单按钮，选择“所有程序”→Autodesk→Backburner→Manager(管理器)，启动管理器并在 backburner\network 文件夹中创建 backburner.xml 文件。

(2) 第一次运行管理器时，将会弹出 Backburner Manager General Properties(Backburner 管理器通用属性)对话框。单击 OK 按钮保持默认设置，弹出 Backburner Manager 对话框。

(3) 在同一台计算机上，单击“开始”菜单按钮，选择“所有程序”→Autodesk→Backburner→Server(服务器)，启动服务器并创建存储在 backburner.xml 文件中的服务器数据。

(4) 第一次运行服务器时，将会弹出 Backburner Server General Properties(Backburner 服务器

图 6-72　打开 Network Job Assignment 对话框

通用属性)对话框。

(5) 单击 OK 按钮保持默认设置,弹出 Backburner Server 对话框,稍后,消息将会出现在服务器和管理器窗口中,表明服务器已经成功注册到管理器。

(6) 在所有要用来进行渲染作业的服务器系统上重复前两步操作。

(7) 回到管理器系统,启动 3ds Max 2016 并加载要渲染的第一个场景。

(8) 选择菜单命令 Rendering→Render Setup 打开渲染设置对话框,在该对话框中可以指定场景渲染输出的参数设置项目。

(9) 单击渲染设置对话框 Target 右侧的下拉标记,在弹出的下拉列表中选择 Submit To Network Rendering 后,弹出 Network Job Assignment 对话框,显示所有服务器站和运行服务器的管理器站,如图 6-73 所示。

(10) 输入任务名称,然后单击 Connect 按钮。所有服务器名称均出现在右边的服务器窗口中,名称旁边的绿点表示服务器已经准备好开始进行渲染。默认情况下,列出的所有服务器均参与渲染任务,要为特定服务器指定渲染任务,首先在 Server Usage 项目中勾选 Use All Servers 选项,然后高亮选择要渲染作业的服务器。

(11) 单击 Submit 按钮,管理器将作业提交给服务器,服务器开始渲染。第一个任务完成后,下一个任务会自动在服务器上开始渲染。

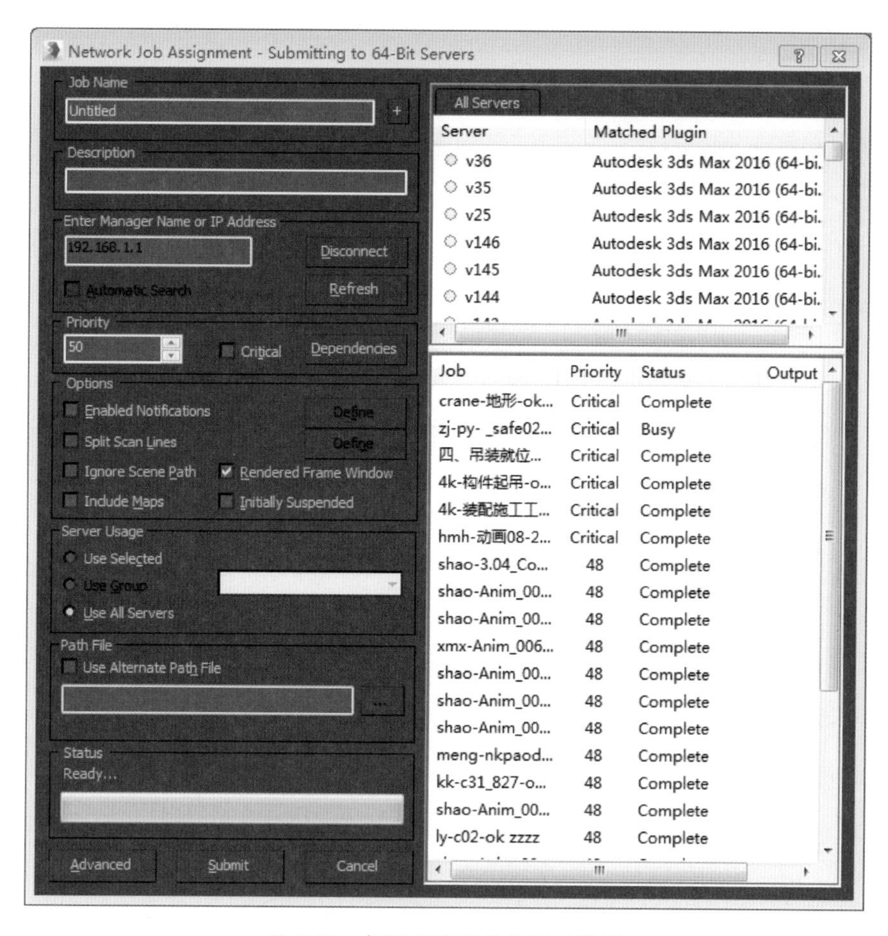


图 6-73 打开网络任务分配对话框

## 习题

6-1 如果在渲染过程中弹出一个 Missing Map Files 对话框，如何处理该问题？

6-2 默认在 3ds Max 2016 中包含哪些类型的渲染器？

6-3 Render To Texture 功能和烘焙材质在动画和游戏制作过程中有哪些作用？

6-4 概述网络渲染的设置流程。

# 社长致辞

蓦然回首，皮书的专业化历程已经走过了二十年。20年来从一个出版社的学术产品名称到媒体热词再到智库成果研创及传播平台，皮书以专业化为主线，进行了系列化、市场化、品牌化、数字化、国际化、平台化的运作，实现了跨越式的发展。特别是在党的十八大以后，以习近平总书记为核心的党中央高度重视新型智库建设，皮书也迎来了长足的发展，总品种达到600余种，经过专业评审机制、淘汰机制遴选，目前，每年稳定出版近400个品种。“皮书”已经成为中国新型智库建设的抓手，成为国际国内社会各界快速、便捷地了解真实中国的最佳窗口。

20年孜孜以求，“皮书”始终将自己的研究视野与经济社会发展中的前沿热点问题紧密相连。600个研究领域，3万多位分布于800余个研究机构的专家学者参与了研创写作。皮书数据库中共收录了15万篇专业报告，50余万张数据图表，合计30亿字，每年报告下载量近80万次。皮书为中国学术与社会发展实践的结合提供了一个激荡智力、传播思想的入口，皮书作者们用学术的话语、客观翔实的数据谱写出了中国故事壮丽的篇章。

20年跬步千里，“皮书”始终将自己的发展与时代赋予的使命与责任紧紧相连。每年百余场新闻发布会，10万余次中外媒体报道，中、英、俄、日、韩等12个语种共同出版。皮书所具有的凝聚力正在形成一种无形的力量，吸引着社会各界关注中国的发展，参与中国的发展，它是我们向世界传递中国声音、总结中国经验、争取中国国际话语权最主要的平台。

皮书这一系列成就的取得，得益于中国改革开放的伟大时代，离不开来自中国社会科学院、新闻出版广电总局、全国哲学社会科学规划办公室等主管部门的大力支持和帮助，也离不开皮书研创者和出版者的共同努力。他们与皮书的故事创造了皮书的历史，他们对皮书的拳拳之心将继续谱写皮书的未来！

现在，“皮书”品牌已经进入了快速成长的青壮年时期。全方位进行规范化管理，树立中国的学术出版标准；不断提升皮书的内容质量和影响力，搭建起中国智库产品和智库建设的交流服务平台和国际传播平台；发布各类皮书指数，并使之成为中国指数，让中国智库的声音响彻世界舞台，为人类的发展做出中国的贡献——这是皮书未来发展的图景。作为“皮书”这个概念的提出者，“皮书”从一般图书到系列图书和品牌图书，最终成为智库研究和社会科学应用对策研究的知识服务和成果推广平台这整个过程的操盘者，我相信，这也是每一位皮书人执着追求的目标。

“当代中国正经历着我国历史上最为广泛而深刻的社会变革，也正在进行着人类历史上最为宏大而独特的实践创新。这种前无古人的伟大实践，必将给理论创造、学术繁荣提供强大动力和广阔空间。”

在这个需要思想而且一定能够产生思想的时代，皮书的研创出版一定能创造出新的更大的辉煌！

社会科学文献出版社社长

中国社会学会秘书长

2017年11月

# 社会科学文献出版社简介

社会科学文献出版社（以下简称“社科文献出版社”）成立于1985年，是直属于中国社会科学院的人文社会科学学术出版机构。成立至今，社科文献出版社始终依托中国社会科学院和国内外人文社会科学界丰厚的学术出版和专家学者资源，坚持“创社科经典，出传世文献”的出版理念、“权威、前沿、原创”的产品定位以及学术成果和智库成果出版的专业化、数字化、国际化、市场化的经营道路。

社科文献出版社是中国新闻出版业转型与文化体制改革的先行者。积极探索文化体制改革的先进方向和现代企业经营决策机制，社科文献出版社先后荣获“全国文化体制改革工作先进单位”、中国出版政府奖·先进出版单位奖，中国社会科学院先进集体、全国科普工作先进集体等荣誉称号。多人次荣获“第十届韬奋出版奖”“全国新闻出版行业领军人才”“数字出版先进人物”“北京市新闻出版广电行业领军人才”等称号。

社科文献出版社是中国人文社会科学学术出版的大社名社，也是以皮书为代表的智库成果出版的专业强社。年出版图书2000余种，其中皮书400余种，出版新书字数5.5亿字，承印与发行中国社科院院属期刊72种，先后创立了皮书系列、列国志、中国史话、社科文献学术译库、社科文献学术文库、甲骨文书系等一大批既有学术影响又有市场价值的品牌，确立了在社会学、近代史、苏东问题研究等专业学科及领域出版的领先地位。图书多次荣获中国出版政府奖、“三个一百”原创图书出版工程、“五个‘一’工程奖”、“大众喜爱的50种图书”等奖项，在中央国家机关“强素质·做表率”读书活动中，入选图书品种数位居各大出版社之首。

社科文献出版社是中国学术出版规范与标准的倡议者与制定者，代表全国50多家出版社发起实施学术著作出版规范的倡议，承担学术著作规范国家标准的起草工作，率先编撰完成《皮书手册》对皮书品牌进行规范化管理，并在此基础上推出中国版芝加哥手册——《社科文献出版社学术出版手册》。

社科文献出版社是中国数字出版的引领者，拥有皮书数据库、列国志数据库、“一带一路”数据库、减贫数据库、集刊数据库等4大产品线11个数据库产品，机构用户达1300余家，海外用户百余家，荣获“数字出版转型示范单位”“新闻出版标准化先进单位”“专业数字内容资源知识服务模式试点企业标准化示范单位”等称号。

社科文献出版社是中国学术出版走出去的践行者。社科文献出版社海外图书出版与学术合作业务遍及全球40余个国家和地区，并于2016年成立俄罗斯分社，累计输出图书500余种，涉及近20个语种，累计获得国家社科基金中华学术外译项目资助76种、“丝路书香工程”项目资助60种、中国图书对外推广计划项目资助71种以及经典中国国际出版工程资助28种，被五部委联合认定为“2015-2016年度国家文化出口重点企业”。

如今，社科文献出版社完全靠自身积累拥有固定资产3.6亿元，年收入3亿元，设置了七大出版分社、六大专业部门，成立了皮书研究院和博士后科研工作站，培养了一支近400人的高素质与高效率的编辑、出版、营销和国际推广队伍，为未来成为学术出版的大社、名社、强社，成为文化体制改革与文化企业转型发展的排头兵奠定了坚实的基础。

# 宏观经济类

## 经济蓝皮书

**2018 年中国经济形势分析与预测**

李平 / 主编　2017 年 12 月出版　定价：89.00 元

◆　本书为总理基金项目，由著名经济学家李扬领衔，联合中国社会科学院等数十家科研机构、国家部委和高等院校的专家共同撰写，系统分析了 2017 年的中国经济形势并预测 2018 年中国经济运行情况。

## 城市蓝皮书

**中国城市发展报告 No.11**

潘家华　单菁菁 / 主编　2018 年 9 月出版　估价：99.00 元

◆　本书是由中国社会科学院城市发展与环境研究中心编著的，多角度、全方位地立体展示了中国城市的发展状况，并对中国城市的未来发展提出了许多建议。该书有强烈的时代感，对中国城市发展实践有重要的参考价值。

## 人口与劳动绿皮书

**中国人口与劳动问题报告 No.19**

张车伟 / 主编　2018 年 10 月出版　估价：99.00 元

◆　本书为中国社会科学院人口与劳动经济研究所主编的年度报告，对当前中国人口与劳动形势做了比较全面和系统的深入讨论，为研究中国人口与劳动问题提供了一个专业性的视角。

## 中国省域竞争力蓝皮书

**中国省域经济综合竞争力发展报告（2017 ～ 2018）**

李建平　李闽榕　高燕京 / 主编　2018 年 5 月出版　估价：198.00 元

◆　本书融多学科的理论为一体，深入追踪研究了省域经济发展与中国国家竞争力的内在关系，为提升中国省域经济综合竞争力提供有价值的决策依据。

## 金融蓝皮书

**中国金融发展报告（2018）**

王国刚 / 主编　2018 年 6 月出版　估价：99.00 元

◆　本书由中国社会科学院金融研究所组织编写，概括和分析了 2017 年中国金融发展和运行中的各方面情况，研讨和评论了 2017 年发生的主要金融事件，有利于读者了解掌握 2017 年中国的金融状况，把握 2018 年中国金融的走势。

# 区 域 经 济 类

## 京津冀蓝皮书

**京津冀发展报告（2018）**

祝合良　叶堂林　张贵祥 / 等著　2018 年 6 月出版　估价：99.00 元

◆　本书遵循问题导向与目标导向相结合、统计数据分析与大数据分析相结合、纵向分析和长期监测与结构分析和综合监测相结合等原则，对京津冀协同发展新形势与新进展进行测度与评价。

# 社会政法类

## 社会蓝皮书

### 2018 年中国社会形势分析与预测

李培林　陈光金　张翼 / 主编　2017 年 12 月出版　定价：89.00 元

◆　本书由中国社会科学院社会学研究所组织研究机构专家、高校学者和政府研究人员撰写，聚焦当下社会热点，对 2017 年中国社会发展的各个方面内容进行了权威解读，同时对 2018 年社会形势发展趋势进行了预测。

## 法治蓝皮书

### 中国法治发展报告 No.16（2018）

李林　田禾 / 主编　2018 年 3 月出版　定价：128.00 元

◆　本年度法治蓝皮书回顾总结了 2017 年度中国法治发展取得的成就和存在的不足，对中国政府、司法、检务透明度进行了跟踪调研，并对 2018 年中国法治发展形势进行了预测和展望。

## 教育蓝皮书

### 中国教育发展报告（2018）

杨东平 / 主编　2018 年 3 月出版　定价：89.00 元

◆　本书重点关注了 2017 年教育领域的热点，资料翔实，分析有据，既有专题研究，又有实践案例，从多角度对 2017 年教育改革和实践进行了分析和研究。

## 社会体制蓝皮书

**中国社会体制改革报告 No.6（2018）**

龚维斌 / 主编　2018 年 3 月出版　定价：98.00 元

◆　本书由国家行政学院社会治理研究中心和北京师范大学中国社会管理研究院共同组织编写，主要对 2017 年社会体制改革情况进行回顾和总结，对 2018 年的改革走向进行分析，提出相关政策建议。

## 社会心态蓝皮书

**中国社会心态研究报告（2018）**

王俊秀　杨宜音 / 主编　2018 年 12 月出版　估价：99.00 元

◆　本书是中国社会科学院社会学研究所社会心理研究中心“社会心态蓝皮书课题组”的年度研究成果，运用社会心理学、社会学、经济学、传播学等多种学科的方法进行了调查和研究，对于目前中国社会心态状况有较广泛和深入的揭示。

## 华侨华人蓝皮书

**华侨华人研究报告（2018）**

贾益民 / 主编　2017 年 12 月出版　估价：139.00 元

◆　本书关注华侨华人生产与生活的方方面面。华侨华人是中国建设 21 世纪海上丝绸之路的重要中介者、推动者和参与者。本书旨在全面调研华侨华人，提供最新涉侨动态、理论研究成果和政策建议。

## 民族发展蓝皮书

**中国民族发展报告（2018）**

王延中 / 主编　2018 年 10 月出版　估价：188.00 元

◆　本书从民族学人类学视角，研究近年来少数民族和民族地区的发展情况，展示民族地区经济、政治、文化、社会和生态文明“五位一体”建设取得的辉煌成就和面临的困难挑战，为深刻理解中央民族工作会议精神、加快民族地区全面建成小康社会进程提供了实证材料。

# 产业经济类

## 房地产蓝皮书

### 中国房地产发展报告 No.15（2018）

李春华　王业强 / 主编　2018 年 5 月出版　估价：99.00 元

◆　2018 年《房地产蓝皮书》持续追踪中国房地产市场最新动态，深度剖析市场热点，展望 2018 年发展趋势，积极谋划应对策略。对 2017 年房地产市场的发展态势进行全面、综合的分析。

## 新能源汽车蓝皮书

### 中国新能源汽车产业发展报告（2018）

中国汽车技术研究中心　日产（中国）投资有限公司

东风汽车有限公司 / 编著　2018 年 8 月出版　估价：99.00 元

◆　本书对中国 2017 年新能源汽车产业发展进行了全面系统的分析，并介绍了国外的发展经验。有助于相关机构、行业和社会公众等了解中国新能源汽车产业发展的最新动态，为政府部门出台新能源汽车产业相关政策法规、企业制定相关战略规划，提供必要的借鉴和参考。

# 行业及其他类

## 旅游绿皮书

### 2017 ~ 2018 年中国旅游发展分析与预测

中国社会科学院旅游研究中心 / 编　2018 年 1 月出版　定价：99.00 元

◆　本书从政策、产业、市场、社会等多个角度勾画出 2017 年中国旅游发展全貌，剖析了其中的热点和核心问题，并就未来发展作出预测。

## 民营医院蓝皮书

### 中国民营医院发展报告（2018）

薛晓林 / 主编　2018 年 11 月出版　估价：99.00 元

◆　本书在梳理国家对社会办医的各种利好政策的前提下，对我国民营医疗发展现状、我国民营医院竞争力进行了分析，并结合我国医疗体制改革对民营医院的发展趋势、发展策略、战略规划等方面进行了预估。

## 会展蓝皮书

### 中外会展业动态评估研究报告（2018）

张敏 / 主编　　2018 年 12 月出版　估价：99.00 元

◆　本书回顾了2017年的会展业发展动态，结合“供给侧改革”、“互联网 +”、“绿色经济”的新形势分析了我国展会的行业现状，并介绍了国外的发展经验，有助于行业和社会了解最新的展会业动态。

## 中国上市公司蓝皮书

### 中国上市公司发展报告（2018）

张平　王宏淼 / 主编　　2018 年 9 月出版　　估价：99.00 元

◆　本书由中国社会科学院上市公司研究中心组织编写的，着力于全面、真实、客观反映当前中国上市公司财务状况和价值评估的综合性年度报告。本书详尽分析了 2017 年中国上市公司情况，特别是现实中暴露出的制度性、基础性问题，并对资本市场改革进行了探讨。

## 工业和信息化蓝皮书

### 人工智能发展报告（2017 ~ 2018）

尹丽波 / 主编　　2018 年 6 月出版　　估价：99.00 元

◆　本书国家工业信息安全发展研究中心在对 2017 年全球人工智能技术和产业进行全面跟踪研究基础上形成的研究报告。该报告内容翔实、视角独特，具有较强的产业发展前瞻性和预测性，可为相关主管部门、行业协会、企业等全面了解人工智能发展形势以及进行科学决策提供参考。

# 国际问题与全球治理类

## 世界经济黄皮书

2018 年世界经济形势分析与预测

张宇燕 / 主编　2018 年 1 月出版　定价：99.00 元

◆　本书由中国社会科学院世界经济与政治研究所的研究团队撰写，分总论、国别与地区、专题、热点、世界经济统计与预测等五个部分，对 2018 年世界经济形势进行了分析。

## 国际城市蓝皮书

国际城市发展报告（2018）

屠启宇 / 主编　2018 年 2 月出版　定价：89.00 元

◆　本书作者以上海社会科学院从事国际城市研究的学者团队为核心，汇集同济大学、华东师范大学、复旦大学、上海交通大学、南京大学、浙江大学相关城市研究专业学者。立足动态跟踪介绍国际城市发展时间中，最新出现的重大战略、重大理念、重大项目、重大报告和最佳案例。

## 非洲黄皮书

非洲发展报告 No.20（2017 ~ 2018）

张宏明 / 主编　2018 年 7 月出版　估价：99.00 元

◆　本书是由中国社会科学院西亚非洲研究所组织编撰的非洲形势年度报告，比较全面、系统地分析了 2017 年非洲政治形势和热点问题，探讨了非洲经济形势和市场走向，剖析了大国对非洲关系的新动向；此外，还介绍了国内非洲研究的新成果。

# 国别类

## 美国蓝皮书

### 美国研究报告（2018）

郑秉文　黄平 / 主编　2018 年 5 月出版　估价：99.00 元

◆　本书是由中国社会科学院美国研究所主持完成的研究成果，它回顾了美国 2017 年的经济、政治形势与外交战略，对美国内政外交发生的重大事件及重要政策进行了较为全面的回顾和梳理。

## 德国蓝皮书

### 德国发展报告（2018）

郑春荣 / 主编　2018 年 6 月出版　估价：99.00 元

◆　本报告由同济大学德国研究所组织编撰，由该领域的专家学者对德国的政治、经济、社会文化、外交等方面的形势发展情况，进行全面的阐述与分析。

## 俄罗斯黄皮书

### 俄罗斯发展报告（2018）

李永全 / 编著　2018 年 6 月出版　估价：99.00 元

◆　本书系统介绍了 2017 年俄罗斯经济政治情况，并对 2016 年该地区发生的焦点、热点问题进行了分析与回顾；在此基础上，对该地区 2018 年的发展前景进行了预测。

# 文化传媒类

## 新媒体蓝皮书

### 中国新媒体发展报告 No.9（2018）

唐绪军 / 主编　2018 年 6 月出版　估价：99.00 元

◆　本书是由中国社会科学院新闻与传播研究所组织编写的关于新媒体发展的最新年度报告，旨在全面分析中国新媒体的发展现状，解读新媒体的发展趋势，探析新媒体的深刻影响。

## 移动互联网蓝皮书

### 中国移动互联网发展报告（2018）

余清楚 / 主编　　2018 年 6 月出版　估价：99.00 元

◆　本书着眼于对 2017 年度中国移动互联网的发展情况做深入解析，对未来发展趋势进行预测，力求从不同视角、不同层面全面剖析中国移动互联网发展的现状、年度突破及热点趋势等。

## 文化蓝皮书

### 中国文化消费需求景气评价报告（2018）

王亚南 / 主编　2018 年 3 月出版　定价：99.00 元

◆　本书首创全国文化发展量化检测评价体系，也是至今全国唯一的文化民生量化检测评价体系，对于检验全国及各地＂以人民为中心＂的文化发展具有首创意义。

# 地方发展类

## 北京蓝皮书

### 北京经济发展报告（2017 ~ 2018）

杨松 / 主编　2018 年 6 月出版　估价：99.00 元

◆　本书对 2017 年北京市经济发展的整体形势进行了系统性的分析与回顾，并对 2018 年经济形势走势进行了预测与研判，聚焦北京市经济社会发展中的全局性、战略性和关键领域的重点问题，运用定量和定性分析相结合的方法，对北京市经济社会发展的现状、问题、成因进行了深入分析，提出了可操作性的对策建议。

## 温州蓝皮书

### 2018 年温州经济社会形势分析与预测

蒋儒标　王春光　金浩 / 主编　2018 年 6 月出版　估价：99.00 元

◆　本书是中共温州市委党校和中国社会科学院社会学研究所合作推出的第十一本温州蓝皮书，由来自党校、政府部门、科研机构、高校的专家、学者共同撰写的 2017 年温州区域发展形势的最新研究成果。

## 黑龙江蓝皮书

### 黑龙江社会发展报告（2018）

王爱丽 / 主编　2018 年 1 月出版　定价：89.00 元

◆　本书以千份随机抽样问卷调查和专题研究为依据，运用社会学理论框架和分析方法，从专家和学者的独特视角，对 2017 年黑龙江省关系民生的问题进行广泛的调研与分析，并对 2017 年黑龙江省诸多社会热点和焦点问题进行了有益的探索。这些研究不仅可以为政府部门更加全面深入了解省情、科学制定决策提供智力支持，同时也可以为广大读者认识、了解、关注黑龙江社会发展提供理性思考。

# 宏观经济类

**城市蓝皮书**
**中国城市发展报告（No.11）**
著(编)者：潘家华 单菁菁
2018年9月出版 / 估价：99.00元
PSN B-2007-091-1/1

**城乡一体化蓝皮书**
**中国城乡一体化发展报告（2018）**
著(编)者：付崇兰
2018年9月出版 / 估价：99.00元
PSN B-2011-226-1/2

**城镇化蓝皮书**
**中国新型城镇化健康发展报告（2018）**
著(编)者：张占斌
2018年8月出版 / 估价：99.00元
PSN B-2014-396-1/1

**创新蓝皮书**
**创新型国家建设报告（2018～2019）**
著(编)者：詹正茂
2018年12月出版 / 估价：99.00元
PSN B-2009-140-1/1

**低碳发展蓝皮书**
**中国低碳发展报告（2018）**
著(编)者：张希良 齐晔
2018年6月出版 / 估价：99.00元
PSN B-2011-223-1/1

**低碳经济蓝皮书**
**中国低碳经济发展报告（2018）**
著(编)者：薛进军 赵忠秀
2018年11月出版 / 估价：99.00元
PSN B-2011-194-1/1

**发展和改革蓝皮书**
**中国经济发展和体制改革报告No.9**
著(编)者：邹东涛 王再文
2018年1月出版 / 估价：99.00元
PSN B-2008-122-1/1

**国家创新蓝皮书**
**中国创新发展报告（2017）**
著(编)者：陈劲 2018年5月出版 / 估价：99.00元
PSN B-2014-370-1/1

**金融蓝皮书**
**中国金融发展报告（2018）**
著(编)者：王国刚
2018年6月出版 / 估价：99.00元
PSN B-2004-031-1/7

**经济蓝皮书**
**2018年中国经济形势分析与预测**
著(编)者：李平 2017年12月出版 / 定价：89.00元
PSN B-1996-001-1/1

**经济蓝皮书春季号**
**2018年中国经济前景分析**
著(编)者：李扬 2018年5月出版 / 估价：99.00元
PSN B-1999-008-1/1

**经济蓝皮书夏季号**
**中国经济增长报告（2017～2018）**
著(编)者：李扬 2018年9月出版 / 估价：99.00元
PSN B-2010-176-1/1

**农村绿皮书**
**中国农村经济形势分析与预测（2017～2018）**
著(编)者：魏后凯 黄秉信
2018年4月出版 / 定价：99.00元
PSN G-1998-003-1/1

**人口与劳动绿皮书**
**中国人口与劳动问题报告No.19**
著(编)者：张车伟 2018年11月出版 / 估价：99.00元
PSN G-2000-012-1/1

**新型城镇化蓝皮书**
**新型城镇化发展报告（2017）**
著(编)者：李伟 宋敏
2018年3月出版 / 定价：98.00元
PSN B-2005-038-1/1

**中国省域竞争力蓝皮书**
**中国省域经济综合竞争力发展报告（2016～2017）**
著(编)者：李建平 李闽榕
2018年2月出版 / 定价：198.00元
PSN B-2007-088-1/1

**中小城市绿皮书**
**中国中小城市发展报告（2018）**
著(编)者：中国城市经济学会中小城市经济发展委员会
中国城镇化促进会中小城市发展委员会
《中国中小城市发展报告》编纂委员会
中小城市发展战略研究院
2018年11月出版 / 估价：128.00元
PSN G-2010-161-1/1

# 区域经济类

**东北蓝皮书**
中国东北地区发展报告（2018）
著(编)者：姜晓秋　2018年11月出版 / 估价：99.00元
PSN B-2006-067-1/1

**金融蓝皮书**
中国金融中心发展报告（2017～2018）
著(编)者：王力 黄育华　2018年11月出版 / 估价：99.00元
PSN B-2011-186-6/7

**京津冀蓝皮书**
京津冀发展报告（2018）
著(编)者：祝合良 叶堂林 张贵祥
2018年6月出版 / 估价：99.00元
PSN B-2012-262-1/1

**西北蓝皮书**
中国西北发展报告（2018）
著(编)者：王福生 马廷旭 董秋生
2018年1月出版 / 定价：99.00元
PSN B-2012-261-1/1

**西部蓝皮书**
中国西部发展报告（2018）
著(编)者：璋勇 任保平　2018年8月出版 / 估价：99.00元
PSN B-2005-039-1/1

**长江经济带产业蓝皮书**
长江经济带产业发展报告（2018）
著(编)者：吴传清　2018年11月出版 / 估价：128.00元
PSN B-2017-666-1/1

**长江经济带蓝皮书**
长江经济带发展报告（2017～2018）
著(编)者：王振　2018年11月出版 / 估价：99.00元
PSN B-2016-575-1/1

**长江中游城市群蓝皮书**
长江中游城市群新型城镇化与产业协同发展报告（2018）
著(编)者：杨刚强　2018年11月出版 / 估价：99.00元
PSN B-2016-578-1/1

**长三角蓝皮书**
2017年创新融合发展的长三角
著(编)者：刘飞跃　2018年5月出版 / 估价：99.00元
PSN B-2005-038-1/1

**长株潭城市群蓝皮书**
长株潭城市群发展报告（2017）
著(编)者：张萍 朱有志　2018年6月出版 / 估价：99.00元
PSN B-2008-109-1/1

**特色小镇蓝皮书**
特色小镇智慧运营报告（2018）：顶层设计与智慧架构标准
著(编)者：陈劲　2018年1月出版 / 定价：79.00元
PSN B-2018-692-1/1

**中部竞争力蓝皮书**
中国中部经济社会竞争力报告（2018）
著(编)者：教育部人文社会科学重点研究基地南昌大学中国中部经济社会发展研究中心
2018年12月出版 / 估价：99.00元
PSN B-2012-276-1/1

**中部蓝皮书**
中国中部地区发展报告（2018）
著(编)者：宋亚平　2018年12月出版 / 估价：99.00元
PSN B-2007-089-1/1

**区域蓝皮书**
中国区域经济发展报告（2017～2018）
著(编)者：赵弘　2018年5月出版 / 估价：99.00元
PSN B-2004-034-1/1

**中三角蓝皮书**
长江中游城市群发展报告（2018）
著(编)者：秦尊文　2018年9月出版 / 估价：99.00元
PSN B-2014-417-1/1

**中原蓝皮书**
中原经济区发展报告（2018）
著(编)者：李英杰　2018年6月出版 / 估价：99.00元
PSN B-2011-192-1/1

**珠三角流通蓝皮书**
珠三角商圈发展研究报告（2018）
著(编)者：王先庆 林至颖　2018年7月出版 / 估价：99.00元
PSN B-2012-292-1/1

# 社会政法类

**北京蓝皮书**
中国社区发展报告（2017～2018）
著(编)者：于燕燕　2018年9月出版 / 估价：99.00元
PSN B-2007-083-5/8

**殡葬绿皮书**
中国殡葬事业发展报告（2017～2018）
著(编)者：李伯森　2018年6月出版 / 估价：158.00元
PSN G-2010-180-1/1

**城市管理蓝皮书**
中国城市管理报告（2017-2018）
著(编)者：刘林 刘承水　2018年5月出版 / 估价：158.00元
PSN B-2013-336-1/1

**城市生活质量蓝皮书**
中国城市生活质量报告（2017）
著(编)者：张连城 张平 杨春学 郎丽华
2017年12月出版 / 定价：89.00元
PSN B-2013-326-1/1

**城市政府能力蓝皮书**
中国城市政府公共服务能力评估报告（2018）
著(编)者：何艳玲　2018年5月出版 / 估价：99.00元
PSN B-2013-338-1/1

**创业蓝皮书**
中国创业发展研究报告（2017~2018）
著(编)者：黄群慧 赵卫星 钟宏武
2018年11月出版 / 估价：99.00元
PSN B-2016-577-1/1

**慈善蓝皮书**
中国慈善发展报告（2018）
著(编)者：杨团　2018年6月出版 / 估价：99.00元
PSN B-2009-142-1/1

**党建蓝皮书**
党的建设研究报告No.2（2018）
著(编)者：崔建民 陈东平　2018年6月出版 / 估价：99.00元
PSN B-2016-523-1/1

**地方法治蓝皮书**
中国地方法治发展报告No.3（2018）
著(编)者：李林 田禾　2018年6月出版 / 估价：118.00元
PSN B-2015-442-1/1

**电子政务蓝皮书**
中国电子政务发展报告（2018）
著(编)者：李季　2018年8月出版 / 估价：99.00元
PSN B-2003-022-1/1

**儿童蓝皮书**
中国儿童参与状况报告（2017）
著(编)者：苑立新　2017年12月出版 / 定价：89.00元
PSN B-2017-682-1/1

**法治蓝皮书**
中国法治发展报告No.16（2018）
著(编)者：李林 田禾　2018年3月出版 / 定价：128.00元
PSN B-2004-027-1/3

**法治蓝皮书**
中国法院信息化发展报告 No.2（2018）
著(编)者：李林 田禾　2018年2月出版 / 定价：118.00元
PSN B-2017-604-3/3

**法治政府蓝皮书**
中国法治政府发展报告（2017）
著(编)者：中国政法大学法治政府研究院
2018年3月出版 / 定价：158.00元
PSN B-2015-502-1/2

**法治政府蓝皮书**
中国法治政府评估报告（2018）
著(编)者：中国政法大学法治政府研究院
2018年9月出版 / 估价：168.00元
PSN B-2016-576-2/2

**反腐倡廉蓝皮书**
中国反腐倡廉建设报告 No.8
著(编)者：张英伟　2018年12月出版 / 估价：99.00元
PSN B-2012-259-1/1

**扶贫蓝皮书**
中国扶贫开发报告（2018）
著(编)者：李培林 魏后凯　2018年12月出版 / 估价：128.00元
PSN B-2016-599-1/1

**妇女发展蓝皮书**
中国妇女发展报告 No.6
著(编)者：王金玲　2018年9月出版 / 估价：158.00元
PSN B-2006-069-1/1

**妇女教育蓝皮书**
中国妇女教育发展报告 No.3
著(编)者：张李玺　2018年10月出版 / 估价：99.00元
PSN B-2008-121-1/1

**妇女绿皮书**
2018年：中国性别平等与妇女发展报告
著(编)者：谭琳　2018年12月出版 / 估价：99.00元
PSN G-2006-073-1/1

**公共安全蓝皮书**
中国城市公共安全发展报告（2017~2018）
著(编)者：黄育华 杨文明 赵建辉
2018年6月出版 / 估价：99.00元
PSN B-2017-628-1/1

**公共服务蓝皮书**
中国城市基本公共服务力评价（2018）
著(编)者：钟君 刘志昌 吴正杲
2018年12月出版 / 估价：99.00元
PSN B-2011-214-1/1

**公民科学素质蓝皮书**
中国公民科学素质报告（2017~2018）
著(编)者：李群 陈雄 马宗文
2017年12月出版 / 定价：89.00元
PSN B-2014-379-1/1

**公益蓝皮书**
中国公益慈善发展报告（2016）
著(编)者：朱健刚 胡小军　2018年6月出版 / 估价：99.00元
PSN B-2012-283-1/1

**国际人才蓝皮书**
中国国际移民报告（2018）
著(编)者：王辉耀　2018年6月出版 / 估价：99.00元
PSN B-2012-304-3/4

**国际人才蓝皮书**
中国留学发展报告（2018）No.7
著(编)者：王辉耀 苗绿　2018年12月出版 / 估价：99.00元
PSN B-2012-244-2/4

**海洋社会蓝皮书**
中国海洋社会发展报告（2017）
著(编)者：崔凤 宋宁而　2018年3月出版 / 定价：99.00元
PSN B-2015-478-1/1

**行政改革蓝皮书**
中国行政体制改革报告No.7（2018）
著(编)者：魏礼群　2018年6月出版 / 估价：99.00元
PSN B-2011-231-1/1

**华侨华人蓝皮书**
华侨华人研究报告（2017）
著(编)者：张禹东 庄国土　2017年12月出版 / 定价：148.00元
PSN B-2011-204-1/1

**互联网与国家治理蓝皮书**
互联网与国家治理发展报告（2017）
著(编)者：张志安　2018年1月出版 / 定价：98.00元
PSN B-2017-671-1/1

**环境管理蓝皮书**
中国环境管理发展报告（2017）
著(编)者：李金惠　2017年12月出版 / 定价：98.00元
PSN B-2017-678-1/1

**环境竞争力绿皮书**
中国省域环境竞争力发展报告（2018）
著(编)者：李建平 李闽榕 王金南
2018年11月出版 / 估价：198.00元
PSN G-2010-165-1/1

**环境绿皮书**
中国环境发展报告（2017～2018）
著(编)者：李波　2018年6月出版 / 估价：99.00元
PSN G-2006-048-1/1

**家庭蓝皮书**
中国"创建幸福家庭活动"评估报告（2018）
著(编)者：国务院发展研究中心"创建幸福家庭活动评估"课题组
2018年12月出版 / 估价：99.00元
PSN B-2015-508-1/1

**健康城市蓝皮书**
中国健康城市建设研究报告（2018）
著(编)者：王鸿春 盛继洪　2018年12月出版 / 估价：99.00元
PSN B-2016-564-2/2

**健康中国蓝皮书**
社区首诊与健康中国分析报告（2018）
著(编)者：高和荣 杨叔禹 姜杰
2018年6月出版 / 估价：99.00元
PSN B-2017-611-1/1

**教师蓝皮书**
中国中小学教师发展报告（2017）
著(编)者：曾晓东 鱼霞
2018年6月出版 / 估价：99.00元
PSN B-2012-289-1/1

**教育扶贫蓝皮书**
中国教育扶贫报告（2018）
著(编)者：司树杰 王文静 李兴洲
2018年12月出版 / 估价：99.00元
PSN B-2016-590-1/1

**教育蓝皮书**
中国教育发展报告（2018）
著(编)者：杨东平　2018年3月出版 / 定价：89.00元
PSN B-2006-047-1/1

**金融法治建设蓝皮书**
中国金融法治建设年度报告（2015～2016）
著(编)者：朱小黄　2018年6月出版 / 估价：99.00元
PSN B-2017-633-1/1

**京津冀教育蓝皮书**
京津冀教育发展研究报告（2017～2018）
著(编)者：方中雄　2018年6月出版 / 估价：99.00元
PSN B-2017-608-1/1

**就业蓝皮书**
2018年中国本科生就业报告
著(编)者：麦可思研究院　2018年6月出版 / 估价：99.00元
PSN B-2009-146-1/2

**就业蓝皮书**
2018年中国高职高专生就业报告
著(编)者：麦可思研究院　2018年6月出版 / 估价：99.00元
PSN B-2015-472-2/2

**科学教育蓝皮书**
中国科学教育发展报告（2018）
著(编)者：王康友　2018年10月出版 / 估价：99.00元
PSN B-2015-487-1/1

**劳动保障蓝皮书**
中国劳动保障发展报告（2018）
著(编)者：刘燕斌　2018年9月出版 / 估价：158.00元
PSN B-2014-415-1/1

**老龄蓝皮书**
中国老年宜居环境发展报告（2017）
著(编)者：党俊武 周燕珉　2018年6月出版 / 估价：99.00元
PSN B-2013-320-1/1

**连片特困区蓝皮书**
中国连片特困区发展报告（2017～2018）
著(编)者：游俊 冷志明 丁建军
2018年6月出版 / 估价：99.00元
PSN B-2013-321-1/1

**流动儿童蓝皮书**
中国流动儿童教育发展报告（2017）
著(编)者：杨东平　2018年6月出版 / 估价：99.00元
PSN B-2017-600-1/1

**民调蓝皮书**
中国民生调查报告（2018）
著(编)者：谢耘耕　2018年12月出版 / 估价：99.00元
PSN B-2014-398-1/1

**民族发展蓝皮书**
中国民族发展报告（2018）
著(编)者：王延中　2018年10月出版 / 估价：188.00元
PSN B-2006-070-1/1

**女性生活蓝皮书**
中国女性生活状况报告No.12（2018）
著(编)者：高博燕　2018年7月出版 / 估价：99.00元
PSN B-2006-071-1/1

**汽车社会蓝皮书**
中国汽车社会发展报告（2017～2018）
著(编)者：王俊秀　2018年6月出版 / 估价：99.00元
PSN B-2011-224-1/1

**青年蓝皮书**
中国青年发展报告（2018）No.3
著(编)者：廉思　2018年6月出版 / 估价：99.00元
PSN B-2013-333-1/1

**青少年蓝皮书**
中国未成年人互联网运用报告（2017～2018）
著(编)者：季为民 李文革 沈杰
2018年11月出版 / 估价：99.00元
PSN B-2010-156-1/1

**人权蓝皮书**
中国人权事业发展报告No.8（2018）
著(编)者：李君如　2018年9月出版 / 估价：99.00元
PSN B-2011-215-1/1

**社会保障绿皮书**
中国社会保障发展报告No.9（2018）
著(编)者：王延中　2018年6月出版 / 估价：99.00元
PSN G-2001-014-1/1

**社会风险评估蓝皮书**
风险评估与危机预警报告（2017～2018）
著(编)者：唐钧　2018年8月出版 / 估价：99.00元
PSN B-2012-293-1/1

**社会工作蓝皮书**
中国社会工作发展报告（2016~2017）
著(编)者：民政部社会工作研究中心
2018年8月出版 / 估价：99.00元
PSN B-2009-141-1/1

**社会管理蓝皮书**
中国社会管理创新报告No.6
著(编)者：连玉明　2018年11月出版 / 估价：99.00元
PSN B-2012-300-1/1

**社会蓝皮书**
2018年中国社会形势分析与预测
著(编)者：李培林 陈光金 张翼
2017年12月出版 / 定价：89.00元
PSN B-1998-002-1/1

**社会体制蓝皮书**
中国社会体制改革报告No.6（2018）
著(编)者：龚维斌　2018年3月出版 / 定价：98.00元
PSN B-2013-330-1/1

**社会心态蓝皮书**
中国社会心态研究报告（2018）
著(编)者：王俊秀　2018年12月出版 / 估价：99.00元
PSN B-2011-199-1/1

**社会组织蓝皮书**
中国社会组织报告（2017-2018）
著(编)者：黄晓勇　2018年6月出版 / 估价：99.00元
PSN B-2008-118-1/2

**社会组织蓝皮书**
中国社会组织评估发展报告（2018）
著(编)者：徐家良　2018年12月出版 / 估价：99.00元
PSN B-2013-366-2/2

**生态城市绿皮书**
中国生态城市建设发展报告（2018）
著(编)者：刘举科 孙伟平 胡文臻
2018年9月出版 / 估价：158.00元
PSN G-2012-269-1/1

**生态文明绿皮书**
中国省域生态文明建设评价报告（ECI 2018）
著(编)者：严耕　2018年12月出版 / 估价：99.00元
PSN G-2010-170-1/1

**退休生活蓝皮书**
中国城市居民退休生活质量指数报告（2017）
著(编)者：杨一帆　2018年6月出版 / 估价：99.00元
PSN B-2017-618-1/1

**危机管理蓝皮书**
中国危机管理报告（2018）
著(编)者：文学国 范正青
2018年8月出版 / 估价：99.00元
PSN B-2010-171-1/1

**学会蓝皮书**
2018年中国学会发展报告
著(编)者：麦可思研究院　2018年12月出版 / 估价：99.00元
PSN B-2016-597-1/1

**医改蓝皮书**
中国医药卫生体制改革报告（2017～2018）
著(编)者：文学国 房志武
2018年11月出版 / 估价：99.00元
PSN B-2014-432-1/1

**应急管理蓝皮书**
中国应急管理报告（2018）
著(编)者：宋英华　2018年9月出版 / 估价：99.00元
PSN B-2016-562-1/1

**政府绩效评估蓝皮书**
中国地方政府绩效评估报告 No.2
著(编)者：贠杰　2018年12月出版 / 估价：99.00元
PSN B-2017-672-1/1

**政治参与蓝皮书**
中国政治参与报告（2018）
著(编)者：房宁　2018年8月出版 / 估价：128.00元
PSN B-2011-200-1/1

**政治文化蓝皮书**
中国政治文化报告（2018）
著(编)者：邢元敏 魏大鹏 龚克
2018年8月出版 / 估价：128.00元
PSN B-2017-615-1/1

**中国传统村落蓝皮书**
中国传统村落保护现状报告（2018）
著(编)者：胡彬彬 李向军 王晓波
2018年12月出版 / 估价：99.00元
PSN B-2017-663-1/1

**中国农村妇女发展蓝皮书**
**农村流动女性城市生活发展报告（2018）**
著(编)者：谢丽华　　2018年12月出版 / 估价：99.00元
PSN B-2014-434-1/1

**宗教蓝皮书**
**中国宗教报告（2017）**
著(编)者：邱永辉　　2018年8月出版 / 估价：99.00元
PSN B-2008-117-1/1

# 产业经济类

**保健蓝皮书**
**中国保健服务产业发展报告 No.2**
著(编)者：中国保健协会　　中共中央党校
2018年7月出版 / 估价：198.00元
PSN B-2012-272-3/3

**保健蓝皮书**
**中国保健食品产业发展报告 No.2**
著(编)者：中国保健协会
中国社会科学院食品药品产业发展与监管研究中心
2018年8月出版 / 估价：198.00元
PSN B-2012-271-2/3

**保健蓝皮书**
**中国保健用品产业发展报告 No.2**
著(编)者：中国保健协会
国务院国有资产监督管理委员会研究中心
2018年6月出版 / 估价：198.00元
PSN B-2012-270-1/3

**保险蓝皮书**
**中国保险业竞争力报告（2018）**
著(编)者：保监会　　2018年12月出版 / 估价：99.00元
PSN B-2013-311-1/1

**冰雪蓝皮书**
**中国冰上运动产业发展报告（2018）**
著(编)者：孙承华 杨占武 刘戈 张鸿俊
2018年9月出版 / 估价：99.00元
PSN B-2017-648-3/3

**冰雪蓝皮书**
**中国滑雪产业发展报告（2018）**
著(编)者：孙承华 伍斌 魏庆华 张鸿俊
2018年9月出版 / 估价：99.00元
PSN B-2016-559-1/3

**餐饮产业蓝皮书**
**中国餐饮产业发展报告（2018）**
著(编)者：邢颖
2018年6月出版 / 估价：99.00元
PSN B-2009-151-1/1

**茶业蓝皮书**
**中国茶产业发展报告（2018）**
著(编)者：杨江帆 李闽榕
2018年10月出版 / 估价：99.00元
PSN B-2010-164-1/1

**产业安全蓝皮书**
**中国文化产业安全报告（2018）**
著(编)者：北京印刷学院文化产业安全研究院
2018年12月出版 / 估价：99.00元
PSN B-2014-378-12/14

**产业安全蓝皮书**
**中国新媒体产业安全报告（2016～2017）**
著(编)者：肖丽　　2018年6月出版 / 估价：99.00元
PSN B-2015-500-14/14

**产业安全蓝皮书**
**中国出版传媒产业安全报告（2017～2018）**
著(编)者：北京印刷学院文化产业安全研究院
2018年6月出版 / 估价：99.00元
PSN B-2014-384-13/14

**产业蓝皮书**
**中国产业竞争力报告（2018）No.8**
著(编)者：张其仔　　2018年12月出版 / 估价：168.00元
PSN B-2010-175-1/1

**动力电池蓝皮书**
**中国新能源汽车动力电池产业发展报告（2018）**
著(编)者：中国汽车技术研究中心
2018年8月出版 / 估价：99.00元
PSN B-2017-639-1/1

**杜仲产业绿皮书**
**中国杜仲橡胶资源与产业发展报告（2017～2018）**
著(编)者：杜红岩 胡文臻 俞锐
2018年6月出版 / 估价：99.00元
PSN G-2013-350-1/1

**房地产蓝皮书**
**中国房地产发展报告No.15（2018）**
著(编)者：李春华 王业强
2018年5月出版 / 估价：99.00元
PSN B-2004-028-1/1

**服务外包蓝皮书**
**中国服务外包产业发展报告（2017～2018）**
著(编)者：王晓红 刘德军
2018年6月出版 / 估价：99.00元
PSN B-2013-331-2/2

**服务外包蓝皮书**
**中国服务外包竞争力报告（2017～2018）**
著(编)者：刘春生 王力 黄育华
2018年12月出版 / 估价：99.00元
PSN B-2011-216-1/2

**工业和信息化蓝皮书**
**世界信息技术产业发展报告（2017～2018）**
著(编)者：尹丽波　　2018年6月出版 / 估价：99.00元
PSN B-2015-449-2/6

**工业和信息化蓝皮书**
**战略性新兴产业发展报告（2017～2018）**
著(编)者：尹丽波　　2018年6月出版 / 估价：99.00元
PSN B-2015-450-3/6

**海洋经济蓝皮书**
**中国海洋经济发展报告（2015～2018）**
著(编)者：殷克东 高金田 方胜民
2018年3月出版 / 定价：128.00元
PSN B-2018-697-1/1

**康养蓝皮书**
**中国康养产业发展报告（2017）**
著(编)者：何莽　　2017年12月出版 / 定价：88.00元
PSN B-2017-685-1/1

**客车蓝皮书**
**中国客车产业发展报告（2017～2018）**
著(编)者：姚蔚　　2018年10月出版 / 估价：99.00元
PSN B-2013-361-1/1

**流通蓝皮书**
**中国商业发展报告（2018～2019）**
著(编)者：王雪峰 林诗慧
2018年7月出版 / 估价：99.00元
PSN B-2009-152-1/2

**能源蓝皮书**
**中国能源发展报告（2018）**
著(编)者：崔民选 王军生 陈义和
2018年12月出版 / 估价：99.00元
PSN B-2006-049-1/1

**农产品流通蓝皮书**
**中国农产品流通产业发展报告（2017）**
著(编)者：贾敬敦 张东科 张玉玺 张鹏毅 周伟
2018年6月出版 / 估价：99.00元
PSN B-2012-288-1/1

**汽车工业蓝皮书**
**中国汽车工业发展年度报告（2018）**
著(编)者：中国汽车工业协会
中国汽车技术研究中心
丰田汽车公司
2018年5月出版 / 估价：168.00元
PSN B-2015-463-1/2

**汽车工业蓝皮书**
**中国汽车零部件产业发展报告（2017～2018）**
著(编)者：中国汽车工业协会
中国汽车工程研究院深圳市沃特玛电池有限公司
2018年9月出版 / 估价：99.00元
PSN B-2016-515-2/2

**汽车蓝皮书**
**中国汽车产业发展报告（2018）**
著(编)者：中国汽车工程学会
大众汽车集团（中国）
2018年11月出版 / 估价：99.00元
PSN B-2008-124-1/1

**世界茶业蓝皮书**
**世界茶业发展报告（2018）**
著(编)者：李闽榕 冯廷佺
2018年5月出版 / 估价：168.00元
PSN B-2017-619-1/1

**世界能源蓝皮书**
**世界能源发展报告（2018）**
著(编)者：黄晓勇　　2018年6月出版 / 估价：168.00元
PSN B-2013-349-1/1

**石油蓝皮书**
**中国石油产业发展报告（2018）**
著(编)者：中国石油化工集团公司经济技术研究院
中国国际石油化工联合有限责任公司
中国社会科学院数量经济与技术经济研究所
2018年2月出版 / 定价：98.00元
PSN B-2018-690-1/1

**体育蓝皮书**
**国家体育产业基地发展报告（2016～2017）**
著(编)者：李颖川　　2018年6月出版 / 估价：168.00元
PSN B-2017-609-5/5

**体育蓝皮书**
**中国体育产业发展报告（2018）**
著(编)者：阮伟 钟秉枢
2018年12月出版 / 估价：99.00元
PSN B-2010-179-1/5

**文化金融蓝皮书**
**中国文化金融发展报告（2018）**
著(编)者：杨涛 金巍
2018年6月出版 / 估价：99.00元
PSN B-2017-610-1/1

**新能源汽车蓝皮书**
**中国新能源汽车产业发展报告（2018）**
著(编)者：中国汽车技术研究中心
日产（中国）投资有限公司
东风汽车有限公司
2018年8月出版 / 估价：99.00元
PSN B-2013-347-1/1

**薏仁米产业蓝皮书**
**中国薏仁米产业发展报告No.2（2018）**
著(编)者：李发耀 石明　秦礼康
2018年8月出版 / 估价：99.00元
PSN B-2017-645-1/1

**邮轮绿皮书**
**中国邮轮产业发展报告（2018）**
著(编)者：汪泓　　2018年10月出版 / 估价：99.00元
PSN G-2014-419-1/1

**智能养老蓝皮书**
**中国智能养老产业发展报告（2018）**
著(编)者：朱勇　　2018年10月出版 / 估价：99.00元
PSN B-2015-488-1/1

**中国节能汽车蓝皮书**
**中国节能汽车发展报告（2017～2018）**
著(编)者：中国汽车工程研究院股份有限公司
2018年9月出版 / 估价：99.00元
PSN B-2016-565-1/1

**中国陶瓷产业蓝皮书**
中国陶瓷产业发展报告（2018）
著(编)者：左和平 黄速建
2018年10月出版 / 估价：99.00元
PSN B-2016-573-1/1

**装备制造业蓝皮书**
中国装备制造业发展报告（2018）
著(编)者：徐东华
2018年12月出版 / 估价：118.00元
PSN B-2015-505-1/1

# 行业及其他类

**“三农”互联网金融蓝皮书**
中国“三农”互联网金融发展报告（2018）
著(编)者：李勇坚 王弢
2018年8月出版 / 估价：99.00元
PSN B-2016-560-1/1

**SUV蓝皮书**
中国SUV市场发展报告（2017～2018）
著(编)者：靳军 2018年9月出版 / 估价：99.00元
PSN B-2016-571-1/1

**冰雪蓝皮书**
中国冬季奥运会发展报告（2018）
著(编)者：孙承华 伍斌 魏庆华 张鸿俊
2018年9月出版 / 估价：99.00元
PSN B-2017-647-2/3

**彩票蓝皮书**
中国彩票发展报告（2018）
著(编)者：益彩基金 2018年6月出版 / 估价：99.00元
PSN B-2015-462-1/1

**测绘地理信息蓝皮书**
测绘地理信息供给侧结构性改革研究报告（2018）
著(编)者：库热西・买合苏提
2018年12月出版 / 估价：168.00元
PSN B-2009-145-1/1

**产权市场蓝皮书**
中国产权市场发展报告（2017）
著(编)者：曹和平
2018年5月出版 / 估价：99.00元
PSN B-2009-147-1/1

**城投蓝皮书**
中国城投行业发展报告（2018）
著(编)者：华景斌
2018年11月出版 / 估价：300.00元
PSN B-2016-514-1/1

**城市轨道交通蓝皮书**
中国城市轨道交通运营发展报告（2017～2018）
著(编)者：崔学忠 贾文峥
2018年3月出版 / 定价：89.00元
PSN B-2018-694-1/1

**大数据蓝皮书**
中国大数据发展报告（No.2）
著(编)者：连玉明 2018年5月出版 / 估价：99.00元
PSN B-2017-620-1/1

**大数据应用蓝皮书**
中国大数据应用发展报告No.2（2018）
著(编)者：陈军君 2018年8月出版 / 估价：99.00元
PSN B-2017-644-1/1

**对外投资与风险蓝皮书**
中国对外直接投资与国家风险报告（2018）
著(编)者：中债资信评估有限责任公司
中国社会科学院世界经济与政治研究所
2018年6月出版 / 估价：189.00元
PSN B-2017-606-1/1

**工业和信息化蓝皮书**
人工智能发展报告（2017～2018）
著(编)者：尹丽波 2018年6月出版 / 估价：99.00元
PSN B-2015-448-1/6

**工业和信息化蓝皮书**
世界智慧城市发展报告（2017～2018）
著(编)者：尹丽波 2018年6月出版 / 估价：99.00元
PSN B-2017-624-6/6

**工业和信息化蓝皮书**
世界网络安全发展报告（2017～2018）
著(编)者：尹丽波 2018年6月出版 / 估价：99.00元
PSN B-2015-452-5/6

**工业和信息化蓝皮书**
世界信息化发展报告（2017～2018）
著(编)者：尹丽波 2018年6月出版 / 估价：99.00元
PSN B-2015-451-4/6

**工业设计蓝皮书**
中国工业设计发展报告（2018）
著(编)者：王晓红 于炜 张立群 2018年9月出版 / 估价：168.00元
PSN B-2014-420-1/1

**公共关系蓝皮书**
中国公共关系发展报告（2017）
著(编)者：柳斌杰 2018年1月出版 / 定价：89.00元
PSN B-2016-579-1/1

**公共关系蓝皮书**
中国公共关系发展报告（2018）
著(编)者：柳斌杰　　2018年11月出版 / 估价：99.00元
PSN B-2016-579-1/1

**管理蓝皮书**
中国管理发展报告（2018）
著(编)者：张晓东　　2018年10月出版 / 估价：99.00元
PSN B-2014-416-1/1

**轨道交通蓝皮书**
中国轨道交通行业发展报告（2017）
著(编)者：仲建华 李闽榕
2017年12月出版 / 定价：98.00元
PSN B-2017-674-1/1

**海关发展蓝皮书**
中国海关发展前沿报告（2018）
著(编)者：干春晖　　2018年6月出版 / 估价：99.00元
PSN B-2017-616-1/1

**互联网医疗蓝皮书**
中国互联网健康医疗发展报告（2018）
著(编)者：芮晓武　　2018年6月出版 / 估价：99.00元
PSN B-2016-567-1/1

**黄金市场蓝皮书**
中国商业银行黄金业务发展报告（2017～2018）
著(编)者：平安银行　　2018年6月出版 / 估价：99.00元
PSN B-2016-524-1/1

**会展蓝皮书**
中外会展业动态评估研究报告（2018）
著(编)者：张敏 任中峰 聂鑫焱 牛盼强
2018年12月出版 / 估价：99.00元
PSN B-2013-327-1/1

**基金会蓝皮书**
中国基金会发展报告（2017~2018）
著(编)者：中国基金会发展报告课题组
2018年6月出版 / 估价：99.00元
PSN B-2013-368-1/1

**基金会绿皮书**
中国基金会发展独立研究报告（2018）
著(编)者：基金会中心网　　中央民族大学基金会研究中心
2018年6月出版 / 估价：99.00元
PSN G-2011-213-1/1

**基金会透明度蓝皮书**
中国基金会透明度发展研究报告（2018）
著(编)者：基金会中心网
清华大学廉政与治理研究中心
2018年9月出版 / 估价：99.00元
PSN B-2013-339-1/1

**建筑装饰蓝皮书**
中国建筑装饰行业发展报告（2018）
著(编)者：葛道顺 刘晓一
2018年10月出版 / 估价：198.00元
PSN B-2016-553-1/1

**金融监管蓝皮书**
中国金融监管报告（2018）
著(编)者：胡滨　　2018年3月出版 / 定价：98.00元
PSN B-2012-281-1/1

**金融蓝皮书**
中国互联网金融行业分析与评估（2018～2019）
著(编)者：黄国平 伍旭川　　2018年12月出版 / 估价：99.00元
PSN B-2016-585-7/7

**金融科技蓝皮书**
中国金融科技发展报告（2018）
著(编)者：李扬 孙国峰　　2018年10月出版 / 估价：99.00元
PSN B-2014-374-1/1

**金融信息服务蓝皮书**
中国金融信息服务发展报告（2018）
著(编)者：李平　　2018年5月出版 / 估价：99.00元
PSN B-2017-621-1/1

**金蜜蜂企业社会责任蓝皮书**
金蜜蜂中国企业社会责任报告研究（2017）
著(编)者：殷格非 于志宏 管竹笋
2018年1月出版 / 定价：99.00元
PSN B-2018-693-1/1

**京津冀金融蓝皮书**
京津冀金融发展报告（2018）
著(编)者：王爱俭 王璟怡　　2018年10月出版 / 估价：99.00元
PSN B-2016-527-1/1

**科普蓝皮书**
国家科普能力发展报告（2018）
著(编)者：王康友　　2018年5月出版 / 估价：138.00元
PSN B-2017-632-4/4

**科普蓝皮书**
中国基层科普发展报告（2017～2018）
著(编)者：赵立新 陈玲　　2018年9月出版 / 估价：99.00元
PSN B-2016-568-3/4

**科普蓝皮书**
中国科普基础设施发展报告（2017～2018）
著(编)者：任福君　　2018年6月出版 / 估价：99.00元
PSN B-2010-174-1/3

**科普蓝皮书**
中国科普人才发展报告（2017～2018）
著(编)者：郑念 任嵘嵘　　2018年7月出版 / 估价：99.00元
PSN B-2016-512-2/4

**科普能力蓝皮书**
中国科普能力评价报告（2018～2019）
著(编)者：李富强 李群　　2018年8月出版 / 估价：99.00元
PSN B-2016-555-1/1

**临空经济蓝皮书**
中国临空经济发展报告（2018）
著(编)者：连玉明　　2018年9月出版 / 估价：99.00元
PSN B-2014-421-1/1

**旅游安全蓝皮书**
中国旅游安全报告（2018）
著(编)者：郑向敏 谢朝武 2018年5月出版 / 估价：158.00元
PSN B-2012-280-1/1

**旅游绿皮书**
2017~2018年中国旅游发展分析与预测
著(编)者：宋瑞 2018年1月出版 / 定价：99.00元
PSN G-2002-018-1/1

**煤炭蓝皮书**
中国煤炭工业发展报告（2018）
著(编)者：岳福斌 2018年12月出版 / 估价：99.00元
PSN B-2008-123-1/1

**民营企业社会责任蓝皮书**
中国民营企业社会责任报告（2018）
著(编)者：中华全国工商业联合会
2018年12月出版 / 估价：99.00元
PSN B-2015-510-1/1

**民营医院蓝皮书**
中国民营医院发展报告（2017）
著(编)者：薛晓林 2017年12月出版 / 定价：89.00元
PSN B-2012-299-1/1

**闽商蓝皮书**
闽商发展报告（2018）
著(编)者：李闽榕 王日根 林琛
2018年12月出版 / 估价：99.00元
PSN B-2012-298-1/1

**农业应对气候变化蓝皮书**
中国农业气象灾害及其灾损评估报告（No.3）
著(编)者：矫梅燕 2018年6月出版 / 估价：118.00元
PSN B-2014-413-1/1

**品牌蓝皮书**
中国品牌战略发展报告（2018）
著(编)者：汪同三 2018年10月出版 / 估价：99.00元
PSN B-2016-580-1/1

**企业扶贫蓝皮书**
中国企业扶贫研究报告（2018）
著(编)者：钟宏武 2018年12月出版 / 估价：99.00元
PSN B-2016-593-1/1

**企业公益蓝皮书**
中国企业公益研究报告（2018）
著(编)者：钟宏武 汪杰 黄晓娟
2018年12月出版 / 估价：99.00元
PSN B-2015-501-1/1

**企业国际化蓝皮书**
中国企业全球化报告（2018）
著(编)者：王辉耀 苗绿 2018年11月出版 / 估价：99.00元
PSN B-2014-427-1/1

**企业蓝皮书**
中国企业绿色发展报告No.2（2018）
著(编)者：李红玉 朱光辉
2018年8月出版 / 估价：99.00元
PSN B-2015-481-2/2

**企业社会责任蓝皮书**
中资企业海外社会责任研究报告（2017~2018）
著(编)者：钟宏武 叶柳红 张蒽
2018年6月出版 / 估价：99.00元
PSN B-2017-603-2/2

**企业社会责任蓝皮书**
中国企业社会责任研究报告（2018）
著(编)者：黄群慧 钟宏武 张蒽 汪杰
2018年11月出版 / 估价：99.00元
PSN B-2009-149-1/2

**汽车安全蓝皮书**
中国汽车安全发展报告（2018）
著(编)者：中国汽车技术研究中心
2018年8月出版 / 估价：99.00元
PSN B-2014-385-1/1

**汽车电子商务蓝皮书**
中国汽车电子商务发展报告（2018）
著(编)者：中华全国工商业联合会汽车经销商商会
北方工业大学
北京易观智库网络科技有限公司
2018年10月出版 / 估价：158.00元
PSN B-2015-485-1/1

**汽车知识产权蓝皮书**
中国汽车产业知识产权发展报告（2018）
著(编)者：中国汽车工程研究院股份有限公司
中国汽车工程学会
重庆长安汽车股份有限公司
2018年12月出版 / 估价：99.00元
PSN B-2016-594-1/1

**青少年体育蓝皮书**
中国青少年体育发展报告（2017）
著(编)者：刘扶民 杨桦 2018年6月出版 / 估价：99.00元
PSN B-2015-482-1/1

**区块链蓝皮书**
中国区块链发展报告（2018）
著(编)者：李伟 2018年9月出版 / 估价：99.00元
PSN B-2017-649-1/1

**群众体育蓝皮书**
中国群众体育发展报告（2017）
著(编)者：刘国永 戴健 2018年5月出版 / 估价：99.00元
PSN B-2014-411-1/3

**群众体育蓝皮书**
中国社会体育指导员发展报告（2018）
著(编)者：刘国永 王欢 2018年6月出版 / 估价：99.00元
PSN B-2016-520-3/3

**人力资源蓝皮书**
中国人力资源发展报告（2018）
著(编)者：余兴安 2018年11月出版 / 估价：99.00元
PSN B-2012-287-1/1

**融资租赁蓝皮书**
中国融资租赁业发展报告（2017~2018）
著(编)者：李光荣 王力 2018年8月出版 / 估价：99.00元
PSN B-2015-443-1/1

**商会蓝皮书**
中国商会发展报告No.5（2017）
著(编)者：王钦敏　2018年7月出版 / 估价：99.00元
PSN B-2008-125-1/1

**商务中心区蓝皮书**
中国商务中心区发展报告No.4（2017~2018）
著(编)者：李国红 单菁菁　2018年9月出版 / 估价：99.00元
PSN B-2015-444-1/1

**设计产业蓝皮书**
中国创新设计发展报告（2018）
著(编)者：王晓红 张立群 于炜
2018年11月出版 / 估价：99.00元
PSN B-2016-581-2/2

**社会责任管理蓝皮书**
中国上市公司社会责任能力成熟度报告No.4（2018）
著(编)者：肖红军 王晓光 李伟阳
2018年12月出版 / 估价：99.00元
PSN B-2015-507-2/2

**社会责任管理蓝皮书**
中国企业公众透明度报告No.4（2017~2018）
著(编)者：黄速建 熊梦 王晓光 肖红军
2018年6月出版 / 估价：99.00元
PSN B-2015-440-1/2

**食品药品蓝皮书**
食品药品安全与监管政策研究报告（2016~2017）
著(编)者：唐民皓　2018年6月出版 / 估价：99.00元
PSN B-2009-129-1/1

**输血服务蓝皮书**
中国输血行业发展报告（2018）
著(编)者：孙俊　2018年12月出版 / 估价：99.00元
PSN B-2016-582-1/1

**水利风景区蓝皮书**
中国水利风景区发展报告（2018）
著(编)者：董建文 兰思仁
2018年10月出版 / 估价：99.00元
PSN B-2015-480-1/1

**数字经济蓝皮书**
全球数字经济竞争力发展报告（2017）
著(编)者：王振　2017年12月出版 / 定价：79.00元
PSN B-2017-673-1/1

**私募市场蓝皮书**
中国私募股权市场发展报告（2017~2018）
著(编)者：曹和平　2018年12月出版 / 估价：99.00元
PSN B-2010-162-1/1

**碳排放权交易蓝皮书**
中国碳排放权交易报告（2018）
著(编)者：孙永平　2018年11月出版 / 估价：99.00元
PSN B-2017-652-1/1

**碳市场蓝皮书**
中国碳市场报告（2018）
著(编)者：定金彪　2018年11月出版 / 估价：99.00元
PSN B-2014-430-1/1

**体育蓝皮书**
中国公共体育服务发展报告（2018）
著(编)者：戴健　2018年12月出版 / 估价：99.00元
PSN B-2013-367-2/5

**土地市场蓝皮书**
中国农村土地市场发展报告（2017~2018）
著(编)者：李光荣　2018年6月出版 / 估价：99.00元
PSN B-2016-526-1/1

**土地整治蓝皮书**
中国土地整治发展研究报告（No.5）
著(编)者：国土资源部土地整治中心
2018年7月出版 / 估价：99.00元
PSN B-2014-401-1/1

**土地政策蓝皮书**
中国土地政策研究报告（2018）
著(编)者：高延利 张建平 吴次芳
2018年1月出版 / 定价：98.00元
PSN B-2015-506-1/1

**网络空间安全蓝皮书**
中国网络空间安全发展报告（2018）
著(编)者：惠志斌 覃庆玲
2018年11月出版 / 估价：99.00元
PSN B-2015-466-1/1

**文化志愿服务蓝皮书**
中国文化志愿服务发展报告（2018）
著(编)者：张永新 良警宇　2018年11月出版 / 估价：128.00元
PSN B-2016-596-1/1

**西部金融蓝皮书**
中国西部金融发展报告（2017~2018）
著(编)者：李忠民　2018年8月出版 / 估价：99.00元
PSN B-2010-160-1/1

**协会商会蓝皮书**
中国行业协会商会发展报告（2017）
著(编)者：景朝阳 李勇　2018年6月出版 / 估价：99.00元
PSN B-2015-461-1/1

**新三板蓝皮书**
中国新三板市场发展报告（2018）
著(编)者：王力　2018年8月出版 / 估价：99.00元
PSN B-2016-533-1/1

**信托市场蓝皮书**
中国信托业市场报告（2017~2018）
著(编)者：用益金融信托研究院
2018年6月出版 / 估价：198.00元
PSN B-2014-371-1/1

**信息化蓝皮书**
中国信息化形势分析与预测（2017~2018）
著(编)者：周宏仁　2018年8月出版 / 估价：99.00元
PSN B-2010-168-1/1

**信用蓝皮书**
中国信用发展报告（2017~2018）
著(编)者：章政 田侃　2018年6月出版 / 估价：99.00元
PSN B-2013-328-1/1

**休闲绿皮书**
2017～2018年中国休闲发展报告
著(编)者：宋瑞　2018年7月出版 / 估价：99.00元
PSN G-2010-158-1/1

**休闲体育蓝皮书**
中国休闲体育发展报告（2017～2018）
著(编)者：李相如 钟秉枢
2018年10月出版 / 估价：99.00元
PSN B-2016-516-1/1

**养老金融蓝皮书**
中国养老金融发展报告（2018）
著(编)者：董克用 姚余栋
2018年9月出版 / 估价：99.00元
PSN B-2016-583-1/1

**遥感监测绿皮书**
中国可持续发展遥感监测报告（2017）
著(编)者：顾行发 汪克强 潘教峰 李闽榕 徐东华 王琦安
2018年6月出版 / 估价：298.00元
PSN B-2017-629-1/1

**药品流通蓝皮书**
中国药品流通行业发展报告（2018）
著(编)者：佘鲁林 温再兴
2018年7月出版 / 估价：198.00元
PSN B-2014-429-1/1

**医疗器械蓝皮书**
中国医疗器械行业发展报告（2018）
著(编)者：王宝亭 耿鸿武
2018年10月出版 / 估价：99.00元
PSN B-2017-661-1/1

**医院蓝皮书**
中国医院竞争力报告（2017~2018）
著(编)者：庄一强　2018年3月出版 / 定价：108.00元
PSN B-2016-528-1/1

**瑜伽蓝皮书**
中国瑜伽业发展报告（2017~2018）
著(编)者：张永建 徐华锋 朱泰余
2018年6月出版 / 估价：198.00元
PSN B-2017-625-1/1

**债券市场蓝皮书**
中国债券市场发展报告（2017～2018）
著(编)者：杨农　2018年10月出版 / 估价：99.00元
PSN B-2016-572-1/1

**志愿服务蓝皮书**
中国志愿服务发展报告（2018）
著(编)者：中国志愿服务联合会
2018年11月出版 / 估价：99.00元
PSN B-2017-664-1/1

**中国上市公司蓝皮书**
中国上市公司发展报告（2018）
著(编)者：张鹏 张平 黄胤英
2018年9月出版 / 估价：99.00元
PSN B-2014-414-1/1

**中国新三板蓝皮书**
中国新三板创新与发展报告（2018）
著(编)者：刘平安 闻召林
2018年8月出版 / 估价：158.00元
PSN B-2017-638-1/1

**中国汽车品牌蓝皮书**
中国乘用车品牌发展报告（2017）
著(编)者：《中国汽车报》社有限公司
博世（中国）投资有限公司
中国汽车技术研究中心数据资源中心
2018年1月出版 / 定价：89.00元
PSN B-2017-679-1/1

**中医文化蓝皮书**
北京中医药文化传播发展报告（2018）
著(编)者：毛嘉陵　2018年6月出版 / 估价：99.00元
PSN B-2015-468-1/2

**中医文化蓝皮书**
中国中医药文化传播发展报告（2018）
著(编)者：毛嘉陵　2018年7月出版 / 估价：99.00元
PSN B-2016-584-2/2

**中医药蓝皮书**
北京中医药知识产权发展报告No.2
著(编)者：汪洪 屠志涛　2018年6月出版 / 估价：168.00元
PSN B-2017-602-1/1

**资本市场蓝皮书**
中国场外交易市场发展报告（2016～2017）
著(编)者：高峦　2018年6月出版 / 估价：99.00元
PSN B-2009-153-1/1

**资产管理蓝皮书**
中国资产管理行业发展报告（2018）
著(编)者：郑智　2018年7月出版 / 估价：99.00元
PSN B-2014-407-2/2

**资产证券化蓝皮书**
中国资产证券化发展报告（2018）
著(编)者：沈炳熙 曹彤 李哲平
2018年4月出版 / 定价：98.00元
PSN B-2017-660-1/1

**自贸区蓝皮书**
中国自贸区发展报告（2018）
著(编)者：王力 黄育华
2018年6月出版 / 估价：99.00元
PSN B-2016-558-1/1

# 国际问题与全球治理类

**“一带一路”跨境通道蓝皮书**
“一带一路”跨境通道建设研究报（2017～2018）
著(编)者：余鑫 张秋生　2018年1月出版 / 定价：89.00元
PSN B-2016-557-1/1

**“一带一路”蓝皮书**
“一带一路”建设发展报告（2018）
著(编)者：李永全　2018年3月出版 / 定价：98.00元
PSN B-2016-552-1/1

**“一带一路”投资安全蓝皮书**
中国“一带一路”投资与安全研究报告（2018）
著(编)者：邹统钎 梁昊光　2018年4月出版 / 定价：98.00元
PSN B-2017-612-1/1

**“一带一路”文化交流蓝皮书**
中阿文化交流发展报告（2017）
著(编)者：王辉　2017年12月出版 / 定价：89.00元
PSN B-2017-655-1/1

**G20国家创新竞争力黄皮书**
二十国集团（G20）国家创新竞争力发展报告（2017～2018）
著(编)者：李建平 李闽榕 赵新力 周天勇
2018年7月出版 / 估价：168.00元
PSN Y-2011-229-1/1

**阿拉伯黄皮书**
阿拉伯发展报告（2016～2017）
著(编)者：罗林　2018年6月出版 / 估价：99.00元
PSN Y-2014-381-1/1

**北部湾蓝皮书**
泛北部湾合作发展报告（2017～2018）
著(编)者：吕余生　2018年12月出版 / 估价：99.00元
PSN B-2008-114-1/1

**北极蓝皮书**
北极地区发展报告（2017）
著(编)者：刘惠荣　2018年7月出版 / 估价：99.00元
PSN B-2017-634-1/1

**大洋洲蓝皮书**
大洋洲发展报告（2017～2018）
著(编)者：喻常森　2018年10月出版 / 估价：99.00元
PSN B-2013-341-1/1

**东北亚区域合作蓝皮书**
2017年“一带一路”倡议与东北亚区域合作
著(编)者：刘亚政 金美花
2018年5月出版 / 估价：99.00元
PSN B-2017-631-1/1

**东盟黄皮书**
东盟发展报告（2017）
著(编)者：杨静林 庄国土　2018年6月出版 / 估价：99.00元
PSN Y-2012-303-1/1

**东南亚蓝皮书**
东南亚地区发展报告（2017～2018）
著(编)者：王勤　2018年12月出版 / 估价：99.00元
PSN B-2012-240-1/1

**非洲黄皮书**
非洲发展报告No.20（2017～2018）
著(编)者：张宏明　2018年7月出版 / 估价：99.00元
PSN Y-2012-239-1/1

**非传统安全蓝皮书**
中国非传统安全研究报告（2017～2018）
著(编)者：潇枫 罗中枢　2018年8月出版 / 估价：99.00元
PSN B-2012-273-1/1

**国际安全蓝皮书**
中国国际安全研究报告（2018）
著(编)者：刘慧　2018年7月出版 / 估价：99.00元
PSN B-2016-521-1/1

**国际城市蓝皮书**
国际城市发展报告（2018）
著(编)者：屠启宇　2018年2月出版 / 定价：89.00元
PSN B-2012-260-1/1

**国际形势黄皮书**
全球政治与安全报告（2018）
著(编)者：张宇燕　2018年1月出版 / 定价：99.00元
PSN Y-2001-016-1/1

**公共外交蓝皮书**
中国公共外交发展报告（2018）
著(编)者：赵启正 雷蔚真　2018年6月出版 / 估价：99.00元
PSN B-2015-457-1/1

**海丝蓝皮书**
21世纪海上丝绸之路研究报告（2017）
著(编)者：华侨大学海上丝绸之路研究院
2017年12月出版 / 定价：89.00元
PSN B-2017-684-1/1

**金砖国家黄皮书**
金砖国家综合创新竞争力发展报告（2018）
著(编)者：赵新力 李闽榕 黄茂兴
2018年8月出版 / 估价：128.00元
PSN Y-2017-643-1/1

**拉美黄皮书**
拉丁美洲和加勒比发展报告（2017～2018）
著(编)者：袁东振　2018年6月出版 / 估价：99.00元
PSN Y-1999-007-1/1

**澜湄合作蓝皮书**
澜沧江-湄公河合作发展报告（2018）
著(编)者：刘稚　2018年9月出版 / 估价：99.00元
PSN B-2011-196-1/1

**欧洲蓝皮书**
欧洲发展报告（2017～2018）
著(编)者：黄平 周弘 程卫东
2018年6月出版 / 估价：99.00元
PSN B-1999-009-1/1

**葡语国家蓝皮书**
葡语国家发展报告（2016～2017）
著(编)者：王成安 张敏 刘金兰
2018年6月出版 / 估价：99.00元
PSN B-2015-503-1/2

**葡语国家蓝皮书**
中国与葡语国家关系发展报告·巴西（2016）
著(编)者：张曙光
2018年8月出版 / 估价：99.00元
PSN B-2016-563-2/2

**气候变化绿皮书**
应对气候变化报告（2018）
著(编)者：王伟光 郑国光
2018年11月出版 / 估价：99.00元
PSN G-2009-144-1/1

**全球环境竞争力绿皮书**
全球环境竞争力报告（2018）
著(编)者：李建平 李闽榕 王金南
2018年12月出版 / 估价：198.00元
PSN G-2013-363-1/1

**全球信息社会蓝皮书**
全球信息社会发展报告（2018）
著(编)者：丁波涛 唐涛 2018年10月出版 / 估价：99.00元
PSN B-2017-665-1/1

**日本经济蓝皮书**
日本经济与中日经贸关系研究报告（2018）
著(编)者：张季风 2018年6月出版 / 估价：99.00元
PSN B-2008-102-1/1

**上海合作组织黄皮书**
上海合作组织发展报告（2018）
著(编)者：李进峰 2018年6月出版 / 估价：99.00元
PSN Y-2009-130-1/1

**世界创新竞争力黄皮书**
世界创新竞争力发展报告（2017）
著(编)者：李建平 李闽榕 赵新力
2018年6月出版 / 估价：168.00元
PSN Y-2013-318-1/1

**世界经济黄皮书**
2018年世界经济形势分析与预测
著(编)者：张宇燕 2018年1月出版 / 定价：99.00元
PSN Y-1999-006-1/1

**世界能源互联互通蓝皮书**
世界能源清洁发展与互联互通评估报告（2017）：欧洲篇
著(编)者：国网能源研究院
2018年1月出版 / 定价：128.00元
PSN B-2018-695-1/1

**丝绸之路蓝皮书**
丝绸之路经济带发展报告（2018）
著(编)者：任宗哲 白宽犁 谷孟宾
2018年1月出版 / 定价：89.00元
PSN B-2014-410-1/1

**新兴经济体蓝皮书**
金砖国家发展报告（2018）
著(编)者：林跃勤 周文
2018年8月出版 / 估价：99.00元
PSN B-2011-195-1/1

**亚太蓝皮书**
亚太地区发展报告（2018）
著(编)者：李向阳 2018年5月出版 / 估价：99.00元
PSN B-2001-015-1/1

**印度洋地区蓝皮书**
印度洋地区发展报告（2018）
著(编)者：汪戎 2018年6月出版 / 估价：99.00元
PSN B-2013-334-1/1

**印度尼西亚经济蓝皮书**
印度尼西亚经济发展报告（2017）：增长与机会
著(编)者：左志刚 2017年11月出版 / 定价：89.00元
PSN B-2017-675-1/1

**渝新欧蓝皮书**
渝新欧沿线国家发展报告（2018）
著(编)者：杨柏 黄森
2018年6月出版 / 估价：99.00元
PSN B-2017-626-1/1

**中阿蓝皮书**
中国-阿拉伯国家经贸发展报告（2018）
著(编)者：张廉 段庆林 王林聪 杨巧红
2018年12月出版 / 估价：99.00元
PSN B-2016-598-1/1

**中东黄皮书**
中东发展报告No.20（2017～2018）
著(编)者：杨光 2018年10月出版 / 估价：99.00元
PSN Y-1998-004-1/1

**中亚黄皮书**
中亚国家发展报告（2018）
著(编)者：孙力
2018年3月出版 / 定价：98.00元
PSN Y-2012-238-1/1

# 国别类

**澳大利亚蓝皮书**
澳大利亚发展报告（2017-2018）
著(编)者：孙有中 韩锋　2018年12月出版 / 估价：99.00元
PSN B-2016-587-1/1

**巴西黄皮书**
巴西发展报告（2017）
著(编)者：刘国枝　2018年5月出版 / 估价：99.00元
PSN Y-2017-614-1/1

**德国蓝皮书**
德国发展报告（2018）
著(编)者：郑春荣　2018年6月出版 / 估价：99.00元
PSN B-2012-278-1/1

**俄罗斯黄皮书**
俄罗斯发展报告（2018）
著(编)者：李永全　2018年6月出版 / 估价：99.00元
PSN Y-2006-061-1/1

**韩国蓝皮书**
韩国发展报告（2017）
著(编)者：牛林杰 刘宝全　2018年6月出版 / 估价：99.00元
PSN B-2010-155-1/1

**加拿大蓝皮书**
加拿大发展报告（2018）
著(编)者：唐小松　2018年9月出版 / 估价：99.00元
PSN B-2014-389-1/1

**美国蓝皮书**
美国研究报告（2018）
著(编)者：郑秉文 黄平　2018年5月出版 / 估价：99.00元
PSN B-2011-210-1/1

**缅甸蓝皮书**
缅甸国情报告（2017）
著(编)者：祝湘辉
2017年11月出版 / 定价：98.00元
PSN B-2013-343-1/1

**日本蓝皮书**
日本研究报告（2018）
著(编)者：杨伯江　2018年4月出版 / 定价：99.00元
PSN B-2002-020-1/1

**土耳其蓝皮书**
土耳其发展报告（2018）
著(编)者：郭长刚 刘义　2018年9月出版 / 估价：99.00元
PSN B-2014-412-1/1

**伊朗蓝皮书**
伊朗发展报告（2017～2018）
著(编)者：冀开运　2018年10月 / 估价：99.00元
PSN B-2016-574-1/1

**以色列蓝皮书**
以色列发展报告（2018）
著(编)者：张倩红　2018年8月出版 / 估价：99.00元
PSN B-2015-483-1/1

**印度蓝皮书**
印度国情报告（2017）
著(编)者：吕昭义　2018年6月出版 / 估价：99.00元
PSN B-2012-241-1/1

**英国蓝皮书**
英国发展报告（2017～2018）
著(编)者：王展鹏　2018年12月出版 / 估价：99.00元
PSN B-2015-486-1/1

**越南蓝皮书**
越南国情报告（2018）
著(编)者：谢林城　2018年11月出版 / 估价：99.00元
PSN B-2006-056-1/1

**泰国蓝皮书**
泰国研究报告（2018）
著(编)者：庄国土 张禹东 刘文正
2018年10月出版 / 估价：99.00元
PSN B-2016-556-1/1

# 文化传媒类

**“三农”舆情蓝皮书**
中国“三农”网络舆情报告（2017～2018）
著(编)者：农业部信息中心
2018年6月出版 / 估价：99.00元
PSN B-2017-640-1/1

**传媒竞争力蓝皮书**
中国传媒国际竞争力研究报告（2018）
著(编)者：李本乾 刘强 王大可
2018年8月出版 / 估价：99.00元
PSN B-2013-356-1/1

**传媒蓝皮书**
中国传媒产业发展报告（2018）
著(编)者：崔保国
2018年5月出版 / 估价：99.00元
PSN B-2005-035-1/1

**传媒投资蓝皮书**
中国传媒投资发展报告（2018）
著(编)者：张向东 谭云明
2018年6月出版 / 估价：148.00元
PSN B-2015-474-1/1

**非物质文化遗产蓝皮书**
中国非物质文化遗产发展报告（2018）
著(编)者：陈平　　2018年6月出版 / 估价：128.00元
PSN B-2015-469-1/2

**非物质文化遗产蓝皮书**
中国非物质文化遗产保护发展报告（2018）
著(编)者：宋俊华　　2018年10月出版 / 估价：128.00元
PSN B-2016-586-2/2

**广电蓝皮书**
中国广播电影电视发展报告（2018）
著(编)者：国家新闻出版广电总局发展研究中心
2018年7月出版 / 估价：99.00元
PSN B-2006-072-1/1

**广告主蓝皮书**
中国广告主营销传播趋势报告No.9
著(编)者：黄升民 杜国清 邵华冬 等
2018年10月出版 / 估价：158.00元
PSN B-2005-041-1/1

**国际传播蓝皮书**
中国国际传播发展报告（2018）
著(编)者：胡正荣 李继东 姬德强
2018年12月出版 / 估价：99.00元
PSN B-2014-408-1/1

**国家形象蓝皮书**
中国国家形象传播报告（2017）
著(编)者：张昆　　2018年6月出版 / 估价：128.00元
PSN B-2017-605-1/1

**互联网治理蓝皮书**
中国网络社会治理研究报告（2018）
著(编)者：罗昕 支庭荣
2018年9月出版 / 估价：118.00元
PSN B-2017-653-1/1

**纪录片蓝皮书**
中国纪录片发展报告（2018）
著(编)者：何苏六　　2018年10月出版 / 估价：99.00元
PSN B-2011-222-1/1

**科学传播蓝皮书**
中国科学传播报告（2016~2017）
著(编)者：詹正茂　　2018年6月出版 / 估价：99.00元
PSN B-2008-120-1/1

**两岸创意经济蓝皮书**
两岸创意经济研究报告（2018）
著(编)者：罗昌智 董泽平
2018年10月出版 / 估价：99.00元
PSN B-2014-437-1/1

**媒介与女性蓝皮书**
中国媒介与女性发展报告（2017~2018）
著(编)者：刘利群　　2018年5月出版 / 估价：99.00元
PSN B-2013-345-1/1

**媒体融合蓝皮书**
中国媒体融合发展报告（2017~2018）
著(编)者：梅宁华 支庭荣
2017年12月出版 / 定价：98.00元
PSN B-2015-479-1/1

**全球传媒蓝皮书**
全球传媒发展报告（2017~2018）
著(编)者：胡正荣 李继东　　2018年6月出版 / 估价：99.00元
PSN B-2012-237-1/1

**少数民族非遗蓝皮书**
中国少数民族非物质文化遗产发展报告（2018）
著(编)者：肖远平（彝） 柴立（满）
2018年10月出版 / 估价：118.00元
PSN B-2015-467-1/1

**视听新媒体蓝皮书**
中国视听新媒体发展报告（2018）
著(编)者：国家新闻出版广电总局发展研究中心
2018年7月出版 / 估价：118.00元
PSN B-2011-184-1/1

**数字娱乐产业蓝皮书**
中国动画产业发展报告（2018）
著(编)者：孙立军 孙平 牛兴侦
2018年10月出版 / 估价：99.00元
PSN B-2011-198-1/2

**数字娱乐产业蓝皮书**
中国游戏产业发展报告（2018）
著(编)者：孙立军 刘跃军　　2018年10月出版 / 估价：99.00元
PSN B-2017-662-2/2

**网络视听蓝皮书**
中国互联网视听行业发展报告（2018）
著(编)者：陈鹏　　2018年2月出版 / 定价：148.00元
PSN B-2018-688-1/1

**文化创新蓝皮书**
中国文化创新报告（2017·No.8）
著(编)者：傅才武　　2018年6月出版 / 估价：99.00元
PSN B-2009-143-1/1

**文化建设蓝皮书**
中国文化发展报告（2018）
著(编)者：江畅 孙伟平 戴茂堂
2018年5月出版 / 估价：99.00元
PSN B-2014-392-1/1

**文化科技蓝皮书**
文化科技创新发展报告（2018）
著(编)者：于平 李凤亮　　2018年10月出版 / 估价：99.00元
PSN B-2013-342-1/1

**文化蓝皮书**
中国公共文化服务发展报告（2017~2018）
著(编)者：刘新成 张永新 张旭
2018年12月出版 / 估价：99.00元
PSN B-2007-093-2/10

**文化蓝皮书**
中国少数民族文化发展报告（2017~2018）
著(编)者：武翠英 张晓明 任乌晶
2018年9月出版 / 估价：99.00元
PSN B-2013-369-9/10

**文化蓝皮书**
中国文化产业供需协调检测报告（2018）
著(编)者：王亚南　　2018年3月出版 / 定价：99.00元
PSN B-2013-323-8/10

文化蓝皮书
中国文化消费需求景气评价报告（2018）
著(编)者：王亚南　2018年3月出版 / 定价：99.00元
PSN B-2011-236-4/10

文化蓝皮书
中国公共文化投入增长测评报告（2018）
著(编)者：王亚南　2018年3月出版 / 定价：99.00元
PSN B-2014-435-10/10

文化品牌蓝皮书
中国文化品牌发展报告（2018）
著(编)者：欧阳友权　2018年5月出版 / 估价：99.00元
PSN B-2012-277-1/1

文化遗产蓝皮书
中国文化遗产事业发展报告（2017~2018）
著(编)者：苏杨 张颖岚 卓杰 白海峰 陈晨 陈叙图
2018年8月出版 / 估价：99.00元
PSN B-2008-119-1/1

文学蓝皮书
中国文情报告（2017~2018）
著(编)者：白烨　2018年5月出版 / 估价：99.00元
PSN B-2011-221-1/1

新媒体蓝皮书
中国新媒体发展报告No.9（2018）
著(编)者：唐绪军　2018年7月出版 / 估价：99.00元
PSN B-2010-169-1/1

新媒体社会责任蓝皮书
中国新媒体社会责任研究报告（2018）
著(编)者：钟瑛　2018年12月出版 / 估价：99.00元
PSN B-2014-423-1/1

移动互联网蓝皮书
中国移动互联网发展报告（2018）
著(编)者：余清楚　2018年6月出版 / 估价：99.00元
PSN B-2012-282-1/1

影视蓝皮书
中国影视产业发展报告（2018）
著(编)者：司若 陈鹏 陈锐
2018年6月出版 / 估价：99.00元
PSN B-2016-529-1/1

舆情蓝皮书
中国社会舆情与危机管理报告（2018）
著(编)者：谢耘耕
2018年9月出版 / 估价：138.00元
PSN B-2011-235-1/1

中国大运河蓝皮书
中国大运河发展报告（2018）
著(编)者：吴欣　2018年2月出版 / 估价：128.00元
PSN B-2018-691-1/1

# 地方发展类-经济

澳门蓝皮书
澳门经济社会发展报告（2017~2018）
著(编)者：吴志良 郝雨凡
2018年7月出版 / 估价：99.00元
PSN B-2009-138-1/1

澳门绿皮书
澳门旅游休闲发展报告（2017~2018）
著(编)者：郝雨凡 林广志
2018年5月出版 / 估价：99.00元
PSN G-2017-617-1/1

北京蓝皮书
北京经济发展报告（2017~2018）
著(编)者：杨松　2018年6月出版 / 估价：99.00元
PSN B-2006-054-2/8

北京旅游绿皮书
北京旅游发展报告（2018）
著(编)者：北京旅游学会
2018年7月出版 / 估价：99.00元
PSN G-2012-301-1/1

北京体育蓝皮书
北京体育产业发展报告（2017~2018）
著(编)者：钟秉枢 陈杰 杨铁黎
2018年9月出版 / 估价：99.00元
PSN B-2015-475-1/1

滨海金融蓝皮书
滨海新区金融发展报告（2017）
著(编)者：王爱俭 李向前　2018年4月出版 / 估价：99.00元
PSN B-2014-424-1/1

城乡一体化蓝皮书
北京城乡一体化发展报告（2017~2018）
著(编)者：吴宝新 张宝秀 黄序
2018年5月出版 / 估价：99.00元
PSN B-2012-258-2/2

非公有制企业社会责任蓝皮书
北京非公有制企业社会责任报告（2018）
著(编)者：宋贵伦 冯培
2018年6月出版 / 估价：99.00元
PSN B-2017-613-1/1

**福建旅游蓝皮书**
福建省旅游产业发展现状研究（2017~2018）
著(编)者：陈敏华 黄远水　2018年12月出版 / 估价：128.00元
PSN B-2016-591-1/1

**福建自贸区蓝皮书**
中国(福建)自由贸易试验区发展报告(2017~2018)
著(编)者：黄茂兴　2018年6月出版 / 估价：118.00元
PSN B-2016-531-1/1

**甘肃蓝皮书**
甘肃经济发展分析与预测（2018）
著(编)者：安文华 罗哲　2018年1月出版 / 定价：99.00元
PSN B-2013-312-1/6

**甘肃蓝皮书**
甘肃商贸流通发展报告（2018）
著(编)者：张应华 王福生 王晓芳
2018年1月出版 / 定价：99.00元
PSN B-2016-522-6/6

**甘肃蓝皮书**
甘肃县域和农村发展报告（2018）
著(编)者：包东红 朱智文 王建兵
2018年1月出版 / 定价：99.00元
PSN B-2013-316-5/6

**甘肃农业科技绿皮书**
甘肃农业科技发展研究报告（2018）
著(编)者：魏胜文 乔德华 张东伟
2018年12月出版 / 估价：198.00元
PSN B-2016-592-1/1

**甘肃气象保障蓝皮书**
甘肃农业对气候变化的适应与风险评估报告（No.1）
著(编)者：鲍文中 周广胜
2017年12月出版 / 定价：108.00元
PSN B-2017-677-1/1

**巩义蓝皮书**
巩义经济社会发展报告（2018）
著(编)者：丁同民 朱军　2018年6月出版 / 估价：99.00元
PSN B-2016-532-1/1

**广东外经贸蓝皮书**
广东对外经济贸易发展研究报告（2017~2018）
著(编)者：陈万灵　2018年6月出版 / 估价：99.00元
PSN B-2012-286-1/1

**广西北部湾经济区蓝皮书**
广西北部湾经济区开放开发报告（2017~2018）
著(编)者：广西壮族自治区北部湾经济区和东盟开放合作办公室
广西社会科学院
广西北部湾发展研究院
2018年5月出版 / 估价：99.00元
PSN B-2010-181-1/1

**广州蓝皮书**
广州城市国际化发展报告（2018）
著(编)者：张跃国　2018年8月出版 / 估价：99.00元
PSN B-2012-246-11/14

**广州蓝皮书**
中国广州城市建设与管理发展报告（2018）
著(编)者：张其学 陈小钢 王宏伟　2018年8月出版 / 估价：99.00元
PSN B-2007-087-4/14

**广州蓝皮书**
广州创新型城市发展报告（2018）
著(编)者：尹涛　2018年6月出版 / 估价：99.00元
PSN B-2012-247-12/14

**广州蓝皮书**
广州经济发展报告（2018）
著(编)者：张跃国 尹涛　2018年7月出版 / 估价：99.00元
PSN B-2005-040-1/14

**广州蓝皮书**
2018年中国广州经济形势分析与预测
著(编)者：魏明海 谢博能 李华
2018年6月出版 / 估价：99.00元
PSN B-2011-185-9/14

**广州蓝皮书**
中国广州科技创新发展报告（2018）
著(编)者：于欣伟 陈爽 邓佑满　2018年8月出版 / 估价：99.00元
PSN B-2006-065-2/14

**广州蓝皮书**
广州农村发展报告（2018）
著(编)者：朱名宏　2018年7月出版 / 估价：99.00元
PSN B-2010-167-8/14

**广州蓝皮书**
广州汽车产业发展报告（2018）
著(编)者：杨再高 冯兴亚　2018年7月出版 / 估价：99.00元
PSN B-2006-066-3/14

**广州蓝皮书**
广州商贸业发展报告（2018）
著(编)者：张跃国 陈杰 荀振英
2018年7月出版 / 估价：99.00元
PSN B-2012-245-10/14

**贵阳蓝皮书**
贵阳城市创新发展报告No.3（白云篇）
著(编)者：连玉明　2018年5月出版 / 估价：99.00元
PSN B-2015-491-3/10

**贵阳蓝皮书**
贵阳城市创新发展报告No.3（观山湖篇）
著(编)者：连玉明　2018年5月出版 / 估价：99.00元
PSN B-2015-497-9/10

**贵阳蓝皮书**
贵阳城市创新发展报告No.3（花溪篇）
著(编)者：连玉明　2018年5月出版 / 估价：99.00元
PSN B-2015-490-2/10

**贵阳蓝皮书**
贵阳城市创新发展报告No.3（开阳篇）
著(编)者：连玉明　2018年5月出版 / 估价：99.00元
PSN B-2015-492-4/10

**贵阳蓝皮书**
贵阳城市创新发展报告No.3（南明篇）
著(编)者：连玉明　2018年5月出版 / 估价：99.00元
PSN B-2015-496-8/10

**贵阳蓝皮书**
贵阳城市创新发展报告No.3（清镇篇）
著(编)者：连玉明　2018年5月出版 / 估价：99.00元
PSN B-2015-489-1/10

**贵阳蓝皮书**
贵阳城市创新发展报告No.3（乌当篇）
著(编)者：连玉明　2018年5月出版 / 估价：99.00元
PSN B-2015-495-7/10

**贵阳蓝皮书**
贵阳城市创新发展报告No.3（息烽篇）
著(编)者：连玉明　2018年5月出版 / 估价：99.00元
PSN B-2015-493-5/10

**贵阳蓝皮书**
贵阳城市创新发展报告No.3（修文篇）
著(编)者：连玉明　2018年5月出版 / 估价：99.00元
PSN B-2015-494-6/10

**贵阳蓝皮书**
贵阳城市创新发展报告No.3（云岩篇）
著(编)者：连玉明　2018年5月出版 / 估价：99.00元
PSN B-2015-498-10/10

**贵州房地产蓝皮书**
贵州房地产发展报告No.5（2018）
著(编)者：武廷方　2018年7月出版 / 估价：99.00元
PSN B-2014-426-1/1

**贵州蓝皮书**
贵州册亨经济社会发展报告（2018）
著(编)者：黄德林　2018年6月出版 / 估价：99.00元
PSN B-2016-525-8/9

**贵州蓝皮书**
贵州地理标志产业发展报告（2018）
著(编)者：李发耀 黄其松　2018年8月出版 / 估价：99.00元
PSN B-2017-646-10/10

**贵州蓝皮书**
贵安新区发展报告（2017～2018）
著(编)者：马长青 吴大华　2018年6月出版 / 估价：99.00元
PSN B-2015-459-4/10

**贵州蓝皮书**
贵州国家级开放创新平台发展报告（2017～2018）
著(编)者：申晓庆 吴大华 季泓
2018年11月出版 / 估价：99.00元
PSN B-2016-518-7/10

**贵州蓝皮书**
贵州国有企业社会责任发展报告（2017～2018）
著(编)者：郭丽　2018年12月出版 / 估价：99.00元
PSN B-2015-511-6/10

**贵州蓝皮书**
贵州民航业发展报告（2017）
著(编)者：申振东 吴大华　2018年6月出版 / 估价：99.00元
PSN B-2015-471-5/10

**贵州蓝皮书**
贵州民营经济发展报告（2017）
著(编)者：杨静 吴大华　2018年6月出版 / 估价：99.00元
PSN B-2016-530-9/9

**杭州都市圈蓝皮书**
杭州都市圈发展报告（2018）
著(编)者：洪庆华 沈翔　2018年4月出版 / 定价：98.00元
PSN B-2012-302-1/1

**河北经济蓝皮书**
河北省经济发展报告（2018）
著(编)者：马树强 金浩 张贵　2018年6月出版 / 估价：99.00元
PSN B-2014-380-1/1

**河北蓝皮书**
河北经济社会发展报告（2018）
著(编)者：康振海　2018年1月出版 / 定价：99.00元
PSN B-2014-372-1/3

**河北蓝皮书**
京津冀协同发展报告（2018）
著(编)者：陈璐　2017年12月出版 / 定价：79.00元
PSN B-2017-601-2/3

**河南经济蓝皮书**
2018年河南经济形势分析与预测
著(编)者：王世炎　2018年3月出版 / 定价：89.00元
PSN B-2007-086-1/1

**河南蓝皮书**
河南城市发展报告（2018）
著(编)者：张占仓 王建国　2018年5月出版 / 估价：99.00元
PSN B-2009-131-3/9

**河南蓝皮书**
河南工业发展报告（2018）
著(编)者：张占仓　2018年5月出版 / 估价：99.00元
PSN B-2013-317-5/9

**河南蓝皮书**
河南金融发展报告（2018）
著(编)者：喻新安 谷建全
2018年6月出版 / 估价：99.00元
PSN B-2014-390-7/9

**河南蓝皮书**
河南经济发展报告（2018）
著(编)者：张占仓 完世伟
2018年6月出版 / 估价：99.00元
PSN B-2010-157-4/9

**河南蓝皮书**
河南能源发展报告（2018）
著(编)者：国网河南省电力公司经济技术研究院
河南省社会科学院
2018年6月出版 / 估价：99.00元
PSN B-2017-607-9/9

**河南商务蓝皮书**
河南商务发展报告（2018）
著(编)者：焦锦淼 穆荣国　2018年5月出版 / 估价：99.00元
PSN B-2014-399-1/1

**河南双创蓝皮书**
河南创新创业发展报告（2018）
著(编)者：喻新安 杨雪梅
2018年8月出版 / 估价：99.00元
PSN B-2017-641-1/1

**黑龙江蓝皮书**
黑龙江经济发展报告（2018）
著(编)者：朱宇　2018年1月出版 / 定价：89.00元
PSN B-2011-190-2/2

**湖南城市蓝皮书**
区域城市群整合
著(编)者：童中贤 韩未名 2018年12月出版 / 估价：99.00元
PSN B-2006-064-1/1

**湖南蓝皮书**
湖南城乡一体化发展报告（2018）
著(编)者：陈文胜 王文强 陆福兴
2018年8月出版 / 估价：99.00元
PSN B-2015-477-8/8

**湖南蓝皮书**
2018年湖南电子政务发展报告
著(编)者：梁志峰 2018年5月出版 / 估价：128.00元
PSN B-2014-394-6/8

**湖南蓝皮书**
2018年湖南经济发展报告
著(编)者：卞鹰 2018年5月出版 / 估价：128.00元
PSN B-2011-207-2/8

**湖南蓝皮书**
2016年湖南经济展望
著(编)者：梁志峰 2018年5月出版 / 估价：128.00元
PSN B-2011-206-1/8

**湖南蓝皮书**
2018年湖南县域经济社会发展报告
著(编)者：梁志峰 2018年5月出版 / 估价：128.00元
PSN B-2014-395-7/8

**湖南县域绿皮书**
湖南县域发展报告（No.5）
著(编)者：袁准 周小毛 黎仁寅
2018年6月出版 / 估价：99.00元
PSN G-2012-274-1/1

**沪港蓝皮书**
沪港发展报告（2018）
著(编)者：尤安山 2018年9月出版 / 估价：99.00元
PSN B-2013-362-1/1

**吉林蓝皮书**
2018年吉林经济社会形势分析与预测
著(编)者：邵汉明 2017年12月出版 / 定价：89.00元
PSN B-2013-319-1/1

**吉林省城市竞争力蓝皮书**
吉林省城市竞争力报告（2017~2018）
著(编)者：崔岳春 张磊
2018年3月出版 / 定价：89.00元
PSN B-2016-513-1/1

**济源蓝皮书**
济源经济社会发展报告（2018）
著(编)者：喻新安 2018年6月出版 / 估价：99.00元
PSN B-2014-387-1/1

**江苏蓝皮书**
2018年江苏经济发展分析与展望
著(编)者：王庆五 吴先满
2018年7月出版 / 估价：128.00元
PSN B-2017-635-1/3

**江西蓝皮书**
江西经济社会发展报告（2018）
著(编)者：陈石俊 龚建文 2018年10月出版 / 估价：128.00元
PSN B-2015-484-1/2

**江西蓝皮书**
江西设区市发展报告（2018）
著(编)者：姜玮 梁勇
2018年10月出版 / 估价：99.00元
PSN B-2016-517-2/2

**经济特区蓝皮书**
中国经济特区发展报告（2017）
著(编)者：陶一桃 2018年1月出版 / 估价：99.00元
PSN B-2009-139-1/1

**辽宁蓝皮书**
2018年辽宁经济社会形势分析与预测
著(编)者：梁启东 魏红江 2018年6月出版 / 估价：99.00元
PSN B-2006-053-1/1

**民族经济蓝皮书**
中国民族地区经济发展报告（2018）
著(编)者：李曦辉 2018年7月出版 / 估价：99.00元
PSN B-2017-630-1/1

**南宁蓝皮书**
南宁经济发展报告（2018）
著(编)者：胡建华 2018年9月出版 / 估价：99.00元
PSN B-2016-569-2/3

**内蒙古蓝皮书**
内蒙古精准扶贫研究报告（2018）
著(编)者：张志华 2018年1月出版 / 定价：89.00元
PSN B-2017-681-2/2

**浦东新区蓝皮书**
上海浦东经济发展报告（2018）
著(编)者：周小平 徐美芳
2018年1月出版 / 定价：89.00元
PSN B-2011-225-1/1

**青海蓝皮书**
2018年青海经济社会形势分析与预测
著(编)者：陈玮 2018年1月出版 / 定价：98.00元
PSN B-2012-275-1/2

**青海科技绿皮书**
青海科技发展报告（2017）
著(编)者：青海省科学技术信息研究所
2018年3月出版 / 定价：98.00元
PSN G-2018-701-1/1

**山东蓝皮书**
山东经济形势分析与预测（2018）
著(编)者：李广杰 2018年7月出版 / 估价：99.00元
PSN B-2014-404-1/5

**山东蓝皮书**
山东省普惠金融发展报告（2018）
著(编)者：齐鲁财富网
2018年9月出版 / 估价：99.00元
PSN B2017-676-5/5

**山西蓝皮书**
山西资源型经济转型发展报告（2018）
著(编)者：李志强　2018年7月出版 / 估价：99.00元
PSN B-2011-197-1/1

**陕西蓝皮书**
陕西经济发展报告（2018）
著(编)者：任宗哲 白宽犁 裴成荣
2018年1月出版 / 定价：89.00元
PSN B-2009-135-1/6

**陕西蓝皮书**
陕西精准脱贫研究报告（2018）
著(编)者：任宗哲 白宽犁 王建康
2018年4月出版 / 定价：89.00元
PSN B-2017-623-6/6

**上海蓝皮书**
上海经济发展报告（2018）
著(编)者：沈开艳　2018年2月出版 / 定价：89.00元
PSN B-2006-057-1/7

**上海蓝皮书**
上海资源环境发展报告（2018）
著(编)者：周冯琦 胡静　2018年2月出版 / 定价：89.00元
PSN B-2006-060-4/7

**上海蓝皮书**
上海奉贤经济发展分析与研判（2017～2018）
著(编)者：张兆安 朱平芳　2018年3月出版 / 定价：99.00元
PSN B-2018-698-8/8

**上饶蓝皮书**
上饶发展报告（2016～2017）
著(编)者：廖其志　2018年6月出版 / 估价：128.00元
PSN B-2014-377-1/1

**深圳蓝皮书**
深圳经济发展报告（2018）
著(编)者：张骁儒　2018年6月出版 / 估价：99.00元
PSN B-2008-112-3/7

**四川蓝皮书**
四川城镇化发展报告（2018）
著(编)者：侯水平 陈炜　2018年6月出版 / 估价：99.00元
PSN B-2015-456-7/7

**四川蓝皮书**
2018年四川经济形势分析与预测
著(编)者：杨钢　2018年1月出版 / 定价：158.00元
PSN B-2007-098-2/7

**四川蓝皮书**
四川企业社会责任研究报告（2017～2018）
著(编)者：侯水平 盛毅　2018年5月出版 / 估价：99.00元
PSN B-2014-386-4/7

**四川蓝皮书**
四川生态建设报告（2018）
著(编)者：李晟之　2018年5月出版 / 估价：99.00元
PSN B-2015-455-6/7

**四川蓝皮书**
四川特色小镇发展报告（2017）
著(编)者：吴志强　2017年11月出版 / 定价：89.00元
PSN B-2017-670-8/8

**体育蓝皮书**
上海体育产业发展报告（2017~2018）
著(编)者：张林 黄海燕
2018年10月出版 / 估价：99.00元
PSN B-2015-454-4/5

**体育蓝皮书**
长三角地区体育产业发展报（2017～2018）
著(编)者：张林　2018年6月出版 / 估价：99.00元
PSN B-2015-453-3/5

**天津金融蓝皮书**
天津金融发展报告（2018）
著(编)者：王爱俭 孔德昌
2018年5月出版 / 估价：99.00元
PSN B-2014-418-1/1

**图们江区域合作蓝皮书**
图们江区域合作发展报告（2018）
著(编)者：李铁　2018年6月出版 / 估价：99.00元
PSN B-2015-464-1/1

**温州蓝皮书**
2018年温州经济社会形势分析与预测
著(编)者：蒋儒标 王春光 金浩
2018年6月出版 / 估价：99.00元
PSN B-2008-105-1/1

**西咸新区蓝皮书**
西咸新区发展报告（2018）
著(编)者：李扬 王军
2018年6月出版 / 估价：99.00元
PSN B-2016-534-1/1

**修武蓝皮书**
修武经济社会发展报告（2018）
著(编)者：张占仓 袁凯声
2018年10月出版 / 估价：99.00元
PSN B-2017-651-1/1

**偃师蓝皮书**
偃师经济社会发展报告（2018）
著(编)者：张占仓 袁凯声 何武周
2018年7月出版 / 估价：99.00元
PSN B-2017-627-1/1

**扬州蓝皮书**
扬州经济社会发展报告（2018）
著(编)者：陈扬
2018年12月出版 / 估价：108.00元
PSN B-2011-191-1/1

**长垣蓝皮书**
长垣经济社会发展报告（2018）
著(编)者：张占仓 袁凯声 秦保建
2018年10月出版 / 估价：99.00元
PSN B-2017-654-1/1

**遵义蓝皮书**
遵义发展报告（2018）
著(编)者：邓彦 曾征 龚永育
2018年9月出版 / 估价：99.00元
PSN B-2014-433-1/1

# 地方发展类-社会

**安徽蓝皮书**
安徽社会发展报告（2018）
著(编)者：程桦　　2018年6月出版 / 估价：99.00元
PSN B-2013-325-1/1

**安徽社会建设蓝皮书**
安徽社会建设分析报告（2017～2018）
著(编)者：黄家海 蔡宪
2018年11月出版 / 估价：99.00元
PSN B-2013-322-1/1

**北京蓝皮书**
北京公共服务发展报告（2017～2018）
著(编)者：施昌奎　　2018年6月出版 / 估价：99.00元
PSN B-2008-103-7/8

**北京蓝皮书**
北京社会发展报告（2017～2018）
著(编)者：李伟东
2018年7月出版 / 估价：99.00元
PSN B-2006-055-3/8

**北京蓝皮书**
北京社会治理发展报告（2017～2018）
著(编)者：殷星辰　　2018年7月出版 / 估价：99.00元
PSN B-2014-391-8/8

**北京律师蓝皮书**
北京律师发展报告 No.4（2018）
著(编)者：王隽　　2018年12月出版 / 估价：99.00元
PSN B-2011-217-1/1

**北京人才蓝皮书**
北京人才发展报告（2018）
著(编)者：敏华　　2018年12月出版 / 估价：128.00元
PSN B-2011-201-1/1

**北京社会心态蓝皮书**
北京社会心态分析报告（2017～2018）
北京市社会心理服务促进中心
2018年10月出版 / 估价：99.00元
PSN B-2014-422-1/1

**北京社会组织管理蓝皮书**
北京社会组织发展与管理（2018）
著(编)者：黄江松
2018年6月出版 / 估价：99.00元
PSN B-2015-446-1/1

**北京养老产业蓝皮书**
北京居家养老发展报告（2018）
著(编)者：陆杰华 周明明
2018年8月出版 / 估价：99.00元
PSN B-2015-465-1/1

**法治蓝皮书**
四川依法治省年度报告No.4（2018）
著(编)者：李林 杨天宗 田禾
2018年3月出版 / 定价：118.00元
PSN B-2015-447-2/3

**福建妇女发展蓝皮书**
福建省妇女发展报告（2018）
著(编)者：刘群英　　2018年11月出版 / 估价：99.00元
PSN B-2011-220-1/1

**甘肃蓝皮书**
甘肃社会发展分析与预测（2018）
著(编)者：安文华 谢增虎 包晓霞
2018年1月出版 / 定价：99.00元
PSN B-2013-313-2/6

**广东蓝皮书**
广东全面深化改革研究报告（2018）
著(编)者：周林生 涂成林
2018年12月出版 / 估价：99.00元
PSN B-2015-504-3/3

**广东蓝皮书**
广东社会工作发展报告（2018）
著(编)者：罗观翠　　2018年6月出版 / 估价：99.00元
PSN B-2014-402-2/3

**广州蓝皮书**
广州青年发展报告（2018）
著(编)者：徐柳 张强
2018年8月出版 / 估价：99.00元
PSN B-2013-352-13/14

**广州蓝皮书**
广州社会保障发展报告（2018）
著(编)者：张跃国　　2018年8月出版 / 估价：99.00元
PSN B-2014-425-14/14

**广州蓝皮书**
2018年中国广州社会形势分析与预测
著(编)者：张强 郭志勇 何镜清
2018年6月出版 / 估价：99.00元
PSN B-2008-110-5/14

**贵州蓝皮书**
贵州法治发展报告（2018）
著(编)者：吴大华　　2018年5月出版 / 估价：99.00元
PSN B-2012-254-2/10

**贵州蓝皮书**
贵州人才发展报告（2017）
著(编)者：于杰 吴大华
2018年9月出版 / 估价：99.00元
PSN B-2014-382-3/10

**贵州蓝皮书**
贵州社会发展报告（2018）
著(编)者：王兴骥　　2018年6月出版 / 估价：99.00元
PSN B-2010-166-1/10

**杭州蓝皮书**
杭州妇女发展报告（2018）
著(编)者：魏颖
2018年10月出版 / 估价：99.00元
PSN B-2014-403-1/1

**河北蓝皮书**
河北法治发展报告（2018）
著(编)者：康振海　2018年6月出版 / 估价：99.00元
PSN B-2017-622-3/3

**河北食品药品安全蓝皮书**
河北食品药品安全研究报告（2018）
著(编)者：丁锦霞
2018年10月出版 / 估价：99.00元
PSN B-2015-473-1/1

**河南蓝皮书**
河南法治发展报告（2018）
著(编)者：张林海　2018年7月出版 / 估价：99.00元
PSN B-2014-376-6/9

**河南蓝皮书**
2018年河南社会形势分析与预测
著(编)者：牛苏林　2018年5月出版 / 估价：99.00元
PSN B-2005-043-1/9

**河南民办教育蓝皮书**
河南民办教育发展报告（2018）
著(编)者：胡大白　2018年9月出版 / 估价：99.00元
PSN B-2017-642-1/1

**黑龙江蓝皮书**
黑龙江社会发展报告（2018）
著(编)者：王爱丽　2018年1月出版 / 定价：89.00元
PSN B-2011-189-1/2

**湖南蓝皮书**
2018年湖南两型社会与生态文明建设报告
著(编)者：卞鹰　2018年5月出版 / 估价：128.00元
PSN B-2011-208-3/8

**湖南蓝皮书**
2018年湖南社会发展报告
著(编)者：卞鹰　2018年5月出版 / 估价：128.00元
PSN B-2014-393-5/8

**健康城市蓝皮书**
北京健康城市建设研究报告（2018）
著(编)者：王鸿春 盛继洪
2018年9月出版 / 估价：99.00元
PSN B-2015-460-1/2

**江苏法治蓝皮书**
江苏法治发展报告No.6（2017）
著(编)者：蔡道通 龚廷泰
2018年8月出版 / 估价：99.00元
PSN B-2012-290-1/1

**江苏蓝皮书**
2018年江苏社会发展分析与展望
著(编)者：王庆五 刘旺洪
2018年8月出版 / 估价：128.00元
PSN B-2017-636-2/3

**民族教育蓝皮书**
中国民族教育发展报告（2017·内蒙古卷）
著(编)者：陈中永
2017年12月出版 / 定价：198.00元
PSN B-2017-669-1/1

**南宁蓝皮书**
南宁法治发展报告（2018）
著(编)者：杨维超　2018年12月出版 / 估价：99.00元
PSN B-2015-509-1/3

**南宁蓝皮书**
南宁社会发展报告（2018）
著(编)者：胡建华　2018年10月出版 / 估价：99.00元
PSN B-2016-570-3/3

**内蒙古蓝皮书**
内蒙古反腐倡廉建设报告 No.2
著(编)者：张志华　2018年6月出版 / 估价：99.00元
PSN B-2013-365-1/1

**青海蓝皮书**
2018年青海人才发展报告
著(编)者：王宇燕　2018年9月出版 / 估价：99.00元
PSN B-2017-650-2/2

**青海生态文明建设蓝皮书**
青海生态文明建设报告（2018）
著(编)者：张西明 高华　2018年12月出版 / 估价：99.00元
PSN B-2016-595-1/1

**人口与健康蓝皮书**
深圳人口与健康发展报告（2018）
著(编)者：陆杰华 傅崇辉
2018年11月出版 / 估价：99.00元
PSN B-2011-228-1/1

**山东蓝皮书**
山东社会形势分析与预测（2018）
著(编)者：李善峰　2018年6月出版 / 估价：99.00元
PSN B-2014-405-2/5

**陕西蓝皮书**
陕西社会发展报告（2018）
著(编)者：任宗哲 白宽犁 牛昉
2018年1月出版 / 定价：89.00元
PSN B-2009-136-2/6

**上海蓝皮书**
上海法治发展报告（2018）
著(编)者：叶必丰　2018年9月出版 / 估价：99.00元
PSN B-2012-296-6/7

**上海蓝皮书**
上海社会发展报告（2018）
著(编)者：杨雄 周海旺
2018年2月出版 / 定价：89.00元
PSN B-2006-058-2/7

社会建设蓝皮书
2018年北京社会建设分析报告
著(编)者：宋贵伦 冯虹 2018年9月出版 / 估价：99.00元
PSN B-2010-173-1/1

深圳蓝皮书
深圳法治发展报告（2018）
著(编)者：张骁儒 2018年6月出版 / 估价：99.00元
PSN B-2015-470-6/7

深圳蓝皮书
深圳劳动关系发展报告（2018）
著(编)者：汤庭芬 2018年8月出版 / 估价：99.00元
PSN B-2007-097-2/7

深圳蓝皮书
深圳社会治理与发展报告（2018）
著(编)者：张骁儒 2018年6月出版 / 估价：99.00元
PSN B-2008-113-4/7

生态安全绿皮书
甘肃国家生态安全屏障建设发展报告（2018）
著(编)者：刘举科 喜文华
2018年10月出版 / 估价：99.00元
PSN G-2017-659-1/1

顺义社会建设蓝皮书
北京市顺义区社会建设发展报告（2018）
著(编)者：王学武 2018年9月出版 / 估价：99.00元
PSN B-2017-658-1/1

四川蓝皮书
四川法治发展报告（2018）
著(编)者：郑泰安 2018年6月出版 / 估价：99.00元
PSN B-2015-441-5/7

四川蓝皮书
四川社会发展报告（2018）
著(编)者：李羚 2018年6月出版 / 估价：99.00元
PSN B-2008-127-3/7

四川社会工作与管理蓝皮书
四川省社会工作人力资源发展报告（2017）
著(编)者：边慧敏 2017年12月出版 / 定价：89.00元
PSN B-2017-683-1/1

云南社会治理蓝皮书
云南社会治理年度报告（2017）
著(编)者：晏雄 韩全芳
2018年5月出版 / 估价：99.00元
PSN B-2017-667-1/1

# 地方发展类-文化

北京传媒蓝皮书
北京新闻出版广电发展报告（2017~2018）
著(编)者：王志 2018年11月出版 / 估价：99.00元
PSN B-2016-588-1/1

北京蓝皮书
北京文化发展报告（2017~2018）
著(编)者：李建盛 2018年5月出版 / 估价：99.00元
PSN B-2007-082-4/8

创意城市蓝皮书
北京文化创意产业发展报告（2018）
著(编)者：郭万超 张京成 2018年12月出版 / 估价：99.00元
PSN B-2012-263-1/7

创意城市蓝皮书
天津文化创意产业发展报告（2017~2018）
著(编)者：谢思全 2018年6月出版 / 估价：99.00元
PSN B-2016-536-7/7

创意城市蓝皮书
武汉文化创意产业发展报告（2018）
著(编)者：黄永林 陈汉桥 2018年12月出版 / 估价：99.00元
PSN B-2013-354-4/7

创意上海蓝皮书
上海文化创意产业发展报告（2017~2018）
著(编)者：王慧敏 王兴全 2018年8月出版 / 估价：99.00元
PSN B-2016-561-1/1

非物质文化遗产蓝皮书
广州市非物质文化遗产保护发展报告（2018）
著(编)者：宋俊华 2018年12月出版 / 估价：99.00元
PSN B-2016-589-1/1

甘肃蓝皮书
甘肃文化发展分析与预测（2018）
著(编)者：马廷旭 戚晓萍 2018年1月出版 / 定价：99.00元
PSN B-2013-314-3/6

甘肃蓝皮书
甘肃舆情分析与预测（2018）
著(编)者：王俊莲 张谦元 2018年1月出版 / 定价：99.00元
PSN B-2013-315-4/6

广州蓝皮书
中国广州文化发展报告（2018）
著(编)者：屈哨兵 陆志强 2018年6月出版 / 估价：99.00元
PSN B-2009-134-7/14

广州蓝皮书
广州文化创意产业发展报告（2018）
著(编)者：徐咏虹 2018年7月出版 / 估价：99.00元
PSN B-2008-111-6/14

海淀蓝皮书
海淀区文化和科技融合发展报告（2018）
著(编)者：陈名杰 孟景伟 2018年5月出版 / 估价：99.00元
PSN B-2013-329-1/1

**河南蓝皮书**
河南文化发展报告（2018）
著(编)者：卫绍生　2018年7月出版 / 估价：99.00元
PSN B-2008-106-2/9

**湖北文化产业蓝皮书**
湖北省文化产业发展报告（2018）
著(编)者：黄晓华　2018年9月出版 / 估价：99.00元
PSN B-2017-656-1/1

**湖北文化蓝皮书**
湖北文化发展报告（2017~2018）
著(编)者：湖北大学高等人文研究院
中华文化发展湖北省协同创新中心
2018年10月出版 / 估价：99.00元
PSN B-2016-566-1/1

**江苏蓝皮书**
2018年江苏文化发展分析与展望
著(编)者：王庆五 樊和平　2018年9月出版 / 估价：128.00元
PSN B-2017-637-3/3

**江西文化蓝皮书**
江西非物质文化遗产发展报告（2018）
著(编)者：张圣才 傅安平　2018年12月出版 / 估价：128.00元
PSN B-2015-499-1/1

**洛阳蓝皮书**
洛阳文化发展报告（2018）
著(编)者：刘福兴 陈启明　2018年7月出版 / 估价：99.00元
PSN B-2015-476-1/1

**南京蓝皮书**
南京文化发展报告（2018）
著(编)者：中共南京市委宣传部
2018年12月出版 / 估价：99.00元
PSN B-2014-439-1/1

**宁波文化蓝皮书**
宁波“一人一艺”全民艺术普及发展报告（2017）
著(编)者：张爱琴　2018年11月出版 / 估价：128.00元
PSN B-2017-668-1/1

**山东蓝皮书**
山东文化发展报告（2018）
著(编)者：涂可国　2018年5月出版 / 估价：99.00元
PSN B-2014-406-3/5

**陕西蓝皮书**
陕西文化发展报告（2018）
著(编)者：任宗哲 白宽犁 王长寿
2018年1月出版 / 定价：89.00元
PSN B-2009-137-3/6

**上海蓝皮书**
上海传媒发展报告（2018）
著(编)者：强荧 焦雨虹　2018年2月出版 / 定价：89.00元
PSN B-2012-295-5/7

**上海蓝皮书**
上海文学发展报告（2018）
著(编)者：陈圣来　2018年6月出版 / 估价：99.00元
PSN B-2012-297-7/7

**上海蓝皮书**
上海文化发展报告（2018）
著(编)者：荣跃明　2018年6月出版 / 估价：99.00元
PSN B-2006-059-3/7

**深圳蓝皮书**
深圳文化发展报告（2018）
著(编)者：张骁儒　2018年7月出版 / 估价：99.00元
PSN B-2016-554-7/7

**四川蓝皮书**
四川文化产业发展报告（2018）
著(编)者：向宝云 张立伟　2018年6月出版 / 估价：99.00元
PSN B-2006-074-1/7

**郑州蓝皮书**
2018年郑州文化发展报告
著(编)者：王哲　2018年9月出版 / 估价：99.00元
PSN B-2008-107-1/1

## ✤ 皮书起源 ✤

“皮书”起源于十七、十八世纪的英国，主要指官方或社会组织正式发表的重要文件或报告，多以“白皮书”命名。在中国，“皮书”这一概念被社会广泛接受，并被成功运作、发展成为一种全新的出版形态，则源于中国社会科学院社会科学文献出版社。

## ✤ 皮书定义 ✤

皮书是对中国与世界发展状况和热点问题进行年度监测，以专业的角度、专家的视野和实证研究方法，针对某一领域或区域现状与发展态势展开分析和预测，具备原创性、实证性、专业性、连续性、前沿性、时效性等特点的公开出版物，由一系列权威研究报告组成。

## ✤ 皮书作者 ✤

皮书系列的作者以中国社会科学院、著名高校、地方社会科学院的研究人员为主，多为国内一流研究机构的权威专家学者，他们的看法和观点代表了学界对中国与世界的现实和未来最高水平的解读与分析。

## ✤ 皮书荣誉 ✤

皮书系列已成为社会科学文献出版社的著名图书品牌和中国社会科学院的知名学术品牌。2016 年，皮书系列正式列入“十三五”国家重点出版规划项目；2013~2018 年，重点皮书列入中国社会科学院承担的国家哲学社会科学创新工程项目；2018 年，59 种院外皮书使用“中国社会科学院创新工程学术出版项目”标识。

# 中国皮书网

（网址：www.pishu.cn）

发布皮书研创资讯，传播皮书精彩内容
引领皮书出版潮流，打造皮书服务平台

## 栏目设置

关于皮书：何谓皮书、皮书分类、皮书大事记、皮书荣誉、
皮书出版第一人、皮书编辑部

最新资讯：通知公告、新闻动态、媒体聚焦、网站专题、视频直播、下载专区

皮书研创：皮书规范、皮书选题、皮书出版、皮书研究、研创团队

皮书评奖评价：指标体系、皮书评价、皮书评奖

互动专区：皮书说、社科数托邦、皮书微博、留言板

## 所获荣誉

2008 年、2011 年，中国皮书网均在全国新闻出版业网站荣誉评选中获得“最具商业价值网站”称号；

2012 年，获得“出版业网站百强”称号。

## 网库合一

2014 年，中国皮书网与皮书数据库端口合一，实现资源共享。